改訂新版
エンジニアのための
データ分析基盤
入門 基本編

データ活用を促進する!
プラットフォーム&
データ品質の考え方

斎藤 友樹 [著]
Saito Yuki

技術評論社

本書に記載された内容は、情報の提供のみを目的としております。したがって、本書を参考にした運用は必ずご自身の責任と判断において行ってください。

本書記載の内容に基づく運用結果について、著者、ソフトウェアの開発元/提供元、㈱技術評論社は一切の責任を負いかねますので、あらかじめご了承ください。

本書に記載されている情報は、とくに断りがない限り、2024年10月時点での情報に基づいています。ご使用時には変更されている場合がありますので、ご注意ください。

本書に登場する会社名、製品名は一般に各社の登録商標または商標です。本文中では、™、©、®マークなどは表示しておりません。

はじめに

本書は、より多くのビジネス成果を生み出す「データ分析基盤」(*data platform for analytics/data analytics platform*, データ基盤)の構築／運用の知識を平易にまとめた本です。

データ分析基盤とは、すでに社内外に存在する各種システムのデータを統合し、ビジネス成果の創出をサポートするシステムのことです。

社内のシステムは大別すると、分析(レコメンドやSQLによるログ分析など)のために作られたシステムと、分析を主としないシステム(たとえば、動画配信やさまざまなWebサービス、勤怠管理システム)で成り立っています(本書では後者をスモールデータシステムと呼ぶ)。また、社外のシステムは、データ提供をサービスとして行っている企業や組織のシステムを指します。

データ分析基盤は分析のために作られたシステムであり、分析を主としないサービスや社外のシステムからのデータをデータ分析基盤の内部に蓄え、整形し、管理します。それらのデータをできる限り多くの人が利用できるようにして、データ活用(＝ビジネス成果の創出)を進めていくための中心となるシステムでもあります。

このデータ分析基盤においてデータを集めたり、整形したり、データの管理をするなど、データ活用するまでの一連の作業が「データエンジニアリング」(*data engineering*)です。実際の開発現場では、このようなデータ活用する前のステップに多大な時間がかかります。そこでは実に、80%以上もの時間をデータエンジニアリングに割いているとされています[※]。

見方を変えると、データエンジニアリングというデータ活用全体の80%を占めるプロセスを理解することにより、データ活用のアウトプットに影響する根幹を学ぶことができると言えるでしょう。

現在のデータエンジニアリングの立ち位置としては、パブリッククラウドやSaaS (*Software as a service*) の登場により、一部の単純なデータエンジニアリング(たとえば、サーバー構築や運用監視といったインフラ作業など)に割く時間が減っている感覚はある一方で、外部企業との連携の増加や組み合わせによるデータパイプライン(*data pipeline*)の複雑化、より多くの分析ユーザーとの関係を重視したシステム作りを求められるように変化してきています。

今回の改訂に合わせ本書では、時代の変化に対応し続けるデータエンジニアリングの基本を掴めるように、第0章と第9章を新設し大きく5つに分けて解説を行っています。

- 第0章：データ分析基盤と周辺知識
- 第1章～第4章：データ活用／データ分析基盤に関するベースとなる知識や技術
- 第5章～第7章：多くのユーザーを集め、より多くの成果を創り出せるデータ分析基盤を構築するための技術や開発方法
- 第8章：データ分析基盤における開発の方向性の定め方
- 第9章：第0章～第8章までの知識を活用した、データ分析基盤の設計における実践基礎

本書を通して、エンジニアやデータ分析に携わる方々をはじめ広くデータ活用を考えている方々が、新たなデータ分析基盤の構築やデータの利用価値を最大限に引き出す基盤の整備、データ分析基盤を取り巻く新たなしくみの創出にチャレンジをするきっかけにつながればうれしく思います。

※ **URL** https://www.pragmaticinstitute.com/resources/articles/data/overcoming-the-80-20-rule-in-data-science/

本書の構成

本書では、以下のような流れで解説を行います。

第0章　[速習]データ分析基盤と周辺知識　データ分析基盤入門プロローグ

本書を読みやすくするために基本的な技術や既存の知識とデータ分析基盤関連の技術へのつなぎ込みを行う章です。

第1章　[入門]データ分析基盤　データ分析基盤を取り巻く「人」「技術」「環境」

ビッグデータの歴史や現状を紹介します。はじめに、ビッグデータ世界の概略を押さえておきましょう。

第2章　データエンジニアリングの基礎知識　4つのレイヤー

データ分析基盤を管理する「データエンジニアリング」を想定して、職責やナレッジを含めた基礎知識を概説します。データエンジニアリングでカバーすべき範囲は多岐にわたるため、まずは大まかにデータ分析基盤全体を把握していきましょう。

第3章　データ分析基盤の管理&構築　セルフサービス、SSoT、タグ、ゾーン、メタデータ管理

データ分析基盤を構築/管理する上で大切なポイントである「セルフサービス」「SSoT」(*Single source of truth*)という考え方を中心によりビジネス成果を創出しやすいデータ分析基盤に求められる役割や考え方、方法論について解説します。

第4章　データ分析基盤の技術スタック　データソースからアクセスレイヤー、クラスター、ワークフローエンジンまで

データ分析基盤を4つの層に分割し、それぞれの層で登場する技術スタックを紹介します。

ユーザーがデータを利用した成果の創出に集中するためのベースとなる特定の技術スタックを取り上げて、特徴や用途を説明します。多々あるビッグデータの技術の中から、必要性を見極めて技術選択ができるようになることを目指します。

第5章　メタデータ管理　データを管理する「データ」の重要性

データを管理するためのメタデータを紹介します。「データの定義をSQLで都度調べている」「データが見つけづらい」「データが活用されない」などデータ分析基盤のユーザーの悩みを、メタデータを通して解決していきましょう。

第6章　データマート&データウェアハウスとデータ整備　DIKWモデル、データ設計、スキーマ設計、最小限のルール

データマートを作成し綺麗に整形することも大事ですが、単純な作成方法だけにとどまらず、ユーザーがデータマートを自由に素早く反復して作成できるようにすることが重要です。

データ利用の一つの障壁となる人とのコミュニケーションをシンプルにするための方法についても紹介します。

第7章　データ品質管理　質の高いデータを提供する

データの状態を常にモニタリングすることで、データの精度を高めるデータ品質管理について説明します。間違えたデータで意思決定をしないように、データの品質を継続的に測定し、データの設計書を残し継続的に成果の創出できるデータ分析基盤を作り上げます。

第8章　データ分析基盤から始まるデータドリブン　データ分析基盤の可視化&測定

データ分析基盤開発の方向を見失わないようにするために、KPI管理とKPI管理対象項目について紹介します。実際のデータ分析基盤の管理/運用で活用できる項目を重点的に取り上げます。

第9章　[事例で考える]データ分析　基盤のアーキテクチャ設計　豊富な知識と柔軟な思考で最適解を目指そう

本書の知識整理を目的として、第0章〜第8章までの知識を利用して、シンプルなユースケースを元にデータ分析基盤の設計に取り組みます。サンプルコードはサポートサイト(▶次ページ)からダウンロード可能です。

Appendix　[ビッグデータでも役立つ]RDB基礎講座

ビッグデータに関する技術要素は、リレーショナルデータベース(*relational database*, RDB)の技術要素と通ずるものがあります。第0章からの本編解説の理解の助けになるように、RDBの基本を解説します。

本書の想定読者と本書で想定する前提知識

　データの活用はエンジニアの部隊だけでは成り立ちません。そのため本書の想定読者はデータ活用に携わるすべての人となりますが、とくに以下カテゴリーに属する方々の悩みを多く解決してくれると思います。

- データ活用のためのデータ分析基盤開発に従事するエンジニア
- データ活用のためにデータ分析基盤を利用して分析を行っているユーザー

　本書を読むにあたり、必要な前提知識はそれほどありません。以下のような知識や経験があると、より読み進めやすくなるでしょう。

- （言語の種類は問わず）プログラミング言語の使用経験
- パブリッククラウドシステムの基本事項（クラウドコンピューティングの特徴、IAM）
- リレーショナルデータベースとSQLの基礎（SELECT/INSERT/VIEW/CREATE TABLE）

前提とする環境について

　本書でおもに前提としている環境は以下のとおりです。

- 社内外にてサービスを提供する各種システム（たとえば、記録系のシステムや配信系のシステム）はすでに存在している
- パブリッククラウド利用（解説はクラウド前提で進めているが、いずれも概ねオンプレミスでの環境でも適用できる考え方である）
- データ分析ユーザーが20名以上

　記録系のシステムとは、社内における勤怠管理系のシステムや商品などの売買を記録するためのシステムです。配信系のシステムとはECサイトや動画の配信サーバーといった自社が提供しているサービスを継続するためのシステムのことです。

　また、解説において規模は問いませんが、データエンジニアリングの知識体系がより伝わるようにデータ分析ユーザーが20人超規模を想定して解説を行っています。補足になりますが、データベースのレコード総数が1億件を超え始めたり（データベースでインデックス（▶ Appendix）の作成をしてもSQLの実行結果が遅くなってくる）、レコードを削除しているなどの状況にある場合は、データ分析基盤の導入を考えてみると良いでしょう。

動作確認環境について

　本書原稿執筆時に利用した動作確認環境は、以下のとおりです。

- （ローカル環境）MacBook Pro（M1 Max, 2021）
- Docker Desktop 4.34.2（167172）
- Python 3.12.4
- Java 8（Embulkで利用）/ Java 17（Embulk以外, 17.0.12）
- Spark 3.5.3

※第9章（クラウド環境）ではGlue 4.0（Spark 3.2）、Glue 4.0/Python shell（Python 3.9）を使用

本書の補足情報

　サポートサイトをはじめ、本書の補足情報は以下から辿れます。

URL https://gihyo.jp/book/2024/978-4-297-14563-7/

目次●改訂新版［エンジニアのための］データ分析基盤入門＜基本編＞
データ活用を促進する！ プラットフォーム＆データ品質の考え方

第0章 ［速習］データ分析基盤と周辺知識
データ分析基盤入門プロローグ 2

0.1 データ分析基盤とサービスの提供先
サービスの提供先は4つに分類される 4
SoR/SoE/SoI システムは3つに分類される 4
データ分析基盤とSoR/SoE/SoI/人 SoIはサービスの提供先とのハブ 4

0.2 データ分析基盤と周辺技術
データ開発以外でも利用するツールも活躍 6
データ分析基盤から見たデータベースとストレージ 役割が異なるストレージとデータベースを使いこなそう 6
オブジェクトストレージ データ分析基盤でデータを保存するといったらここ 7
RDB オーソドックスなデータベース 7
KVS 高速なアクセスを提供するデータベース 7
Web API システムを疎結合するためのインターフェース 8

0.3 データ分析基盤と外部との接点を理解しよう
データ分析基盤もユーザー接点が大事 10
データの可視化 データの可視化により行動の変革を促す 10
外部への付加価値の提供 データをアプリケーションと連携していこう 11

0.4 データ分析基盤開発とサポートツール
データ開発以外でも利用するツールも活躍 14
単体テスト テストの基本はデータ分析基盤も同じ 14
CI/CD 自動化してデータとシステムの品質を上げよう 16
コマンドライン オペレーションの効率を高める 16
監視/運用 監視対象を決め継続的に状況を可視化し対策する 17

0.5 本章のまとめ 17

第1章 ［入門］データ分析基盤
データ分析基盤を取り巻く「人」「技術」「環境」 18

1.1 データ分析基盤の変遷
多様化を受け入れるために進化する 20
データとは何か パターンと関係を捉えるための情報源 20
構造データと非構造データ 20
データ分析基盤とは何か パターンと関係を知るためのツールの一つ 21
データ分析基盤の変遷 単一のノードから複数ノードへ 22
シングルノード時代 個人のPCで分析する時代 22
マルチノード/クラスター時代 限られたグループで基盤を利用して分析する時代 22
クラウド時代 全社員が分析する時代 23
主要なクラウド関連のプロダクトとデータ利用の流れ 24
データ分析基盤が持つ役割 データレイク、データウェアハウス、データマートという名称 24
データレイク 非構造データを保持する役割 26
データウェアハウス 構造化されたデータを保持する役割 27
データマート テーブルを掛け合わせたデータを保持する役割 27
データレイク、データウェアハウス、データマートの違い データ量の規模は関係ない 27

1.2 処理基盤/クラスターの変遷
よりマネージレスにしてコストを減らし、より本来の業務へ集中する時代 28
分散処理の登場 Hadoop MPP、そしてオンプレミスからクラウドへ 28
スレッド処理と、マルチノードにおける分散処理 従来のスレッド処理との違いに注目 28
Hadoopの登場 Hadoopエコシステムとその進化 29
MPPDBの登場 RDBの技術要素をビッグデータにも 30
クラウドでのマネージレスなクラスターの登場（Hadoop、Kubernetes、MPPDB） Hadoopがクラウドへ 31

vi

1.3 データの変遷
ExcelからWeb、IoT、そして何でもあり (!?) へ 32
増え続けているデータ　有り余るほどあるデータ 32
重要性や認知を増すデータ　意思決定の大半はデータにより行われる 33
機密性を増すデータ　個人識別情報が含まれるのが普通 33
種類の増すデータ　決済情報、ログデータ、ストリーミングなど 34
活用方法の拡大　不正検知、パーソナライズ、機械学習、AI、検索 34

1.4 データ分析基盤に関わる人の変遷
データにまつわる多様な人材 35
データエンジニアのスキルセット　全米で急上昇な仕事8位 (IT業界以外含む) 36
データエンジニアリング領域 36
データエンジニアに求められる知識　データエンジニアとスモールシステムの知識 37
データサイエンティストのスキルセット　データから価値を掘り出す 37
データアナリストのスキルセット　データから価値を見い出す 37

1.5 データへの価値観の変化
データ品質の重要度が高まってきた 38
量より質＝Quality beats quantity 38
データ品質とデータ管理への注目度が高まっている 39

1.6 データに関わる開発の変遷
複雑化するプロダクトと人の関係 40
データエンジニア中心のシステム　何をするにもデータエンジニアを介さなければならなかった 40
とりあえずエンジニアに頼む　一部の玄人しか利用できない基盤 40
DataOpsチームの登場　価値のあるものを選択し素早くデータを届けることに価値を置く 41
セルフサービスモデルの登場　各個人に権限を委譲、大人数で長期間運用することを前提とした構成 42

1.7 本章のまとめ 43

第2章 データエンジニアリングの基礎知識
4つのレイヤー 44

2.1 データエンジニアリングの基本
ポイントと本書内の関連章について 46
みんなにデータを届けよう　ニーズを押さえた品質の高いインターフェース 46
パフォーマンスとコストの最適化　パーティション、圧縮、ディストリビューション 47
データドリブンの土台　数値で語る 47
シンプルイズベスト 48

2.2 データの世界のレイヤー
データ分析基盤の世界を俯瞰する 48
データ分析基盤の基本構造　データ分析基盤を俯瞰する 49
コレクティングレイヤー　データを収集するレイヤー 49
プロセシングレイヤー　収集したデータを処理するレイヤー 50
ストレージレイヤー　収集したデータを保存するレイヤー 50
アクセスレイヤー　ユーザーとの接点となるレイヤー 51

2.3 コレクティングレイヤー
データを集める 52
ストリーミング　絶え間なくデータを処理する 52
バッチ　一定以上の塊のデータを処理する 52
プロビジョニング　ひとまず仮にデータを配置する 52
イベントドリブン　イベントが発生したら都度処理を行う 53

vii

2.4 プロセシングレイヤー
データを変換する 55

ETL　次の入力のためにデータを変換する 55
データラングリング　データに対する付加価値をつける 55
データラングリングの3つの作業 56
データストラクチャリング　データを構造化する 57
データクレンジング　データの精度を高める 57
データエンリッチング　データ分析のための準備作業 58
ETLとデータラングリングの違い　データに対する付加価値をつける 59
暗号化/難読化/匿名化　データを推測しづらくしてセキュリティやプライバシーに配慮する ...59
トランスペアレントエンクリプション　シンプルな暗号化方式 59
エクスプリシットエンクリプション　機密データの暗号方式 59
ハッシュ化　元のデータをわかりにくく変換する 60
ディアイデンティフィケーション　特定しにくくする難読化手法の一つ 60
匿名化と匿名加工　個人情報を復元できないようにする加工 61
データ品質/メタデータ計算　データの状態を可視化する 63
モデルの作成　世の中の事象をルールに当てはめる 63
モデルを利用した推論　データをルールに通したらどうなったのか 65
リバースETL　データを外部システムに連携する 66

2.5 データ分析基盤におけるデータの種別とストレージ戦略
プロセスデータ、プレゼンテーションデータ、メタデータにおける保存先の選択 66
プロセスデータ/プレゼンテーションデータ/メタデータ　データの種別と利用用途の組み合わせにより格納場所が変わる ...67
各種データとデータ置き場オーバービュー　データの種類とアクティビティによって保存先を使い分けよう 67

2.6 ストレージレイヤー
データやメタデータを貯蔵する 69

データレイク/DWH　プロセスデータをメインとして管理する場所 69
マスターデータ管理　マスターデータによってデータはもっと活きる 69
データ活用型のマスターデータ管理　既存のシステムが大量にある場合はこの方式がお勧め 70
データのライフサイクル管理　データの誕生から役目の終わりまで 70
データのゾーン管理　データを管理するときの基本 70
プレゼンテーションデータストア　外部アプリケーションとの連携を前提とした保存場所 72
メタデータストア　メタデータを管理/保存する場所 74

2.7 アクセスレイヤー
データ分析基盤と外の世界との連携 75

GUI　Web画面の提供 75
GUIを通したメタデータの参照/更新　みんなの強い味方 76
GUIを通したデータ分析基盤へのオペレーションの提供 76
BIツール（SQL）アクセス　データアクセスの王道 77
ストレージへの直接アクセス　データの貯蔵庫へ直接アクセスをする 77
［参考］Sparkにて、プロセシングレイヤーからストレージレイヤーのParquetファイルを読み込む 78
ファイル連携　ファイルを介したデータの連携 78
データエンリッチング　データに付加価値をつける 79
クロスアカウントによるアクセス　アカウントを分けてアクセス 79
API連携　データ分析基盤へのアクセスをラップする 80
データ分析基盤をAPIを通して操作可能にする　ジョブの実行から指標提供まで 81
プレゼンテーションデータ向けのAPI活用　活用データを利用して改善サイクルを回そう 81
メタデータアクセス　指標提供を行う 81
分散メッセージングシステム　ストリーミングデータを一時保存するところ 81

2.8 セマンティックレイヤーとヘッドレスBI
アクセスレイヤーを拡張して外部へのデータ提供をより効率的に行う 83

セマンティックレイヤー　アクセスレイヤーを拡張して指標を統一しよう 83
データ利用における不確実性　同一目的に対するアプローチのばらつき 83
セマンティックレイヤーの効果と配置パターン　データの一貫性を確保するための最適なアプローチ 84
ヘッドレスBI　データ提供をより確実に簡単にするソリューション 85

2.9 本章のまとめ 86

第**3**章 データ分析基盤の管理&構築

セルフサービス、SSoT、タグ、ゾーン、メタデータ管理..88

3.1 セルフサービスの登場
全員参加時代への移行期..90

データ利用の多様化 データに対する価値観が異なる人たち...90

従来のエンジニア中心のモデル Analytics as IT Service..90

セルフサービスモデル Analytics as Self-Service...91

 セルフサービスモデルの特徴 ユーザーごとに適切なインターフェースを提供する 92

3.2 SSoT
データは1ヵ所に集めよう..92

データのサイロ化 とくに避けるべき事態..93

フィジカルSSoT 実際にデータを1ヵ所に集める...93

ロジカルSSoT 1ヵ所に集めたようにユーザーに見せる...93

3.3 データ管理デザインパターン
ゾーンとタグ..95

タグとゾーンを組み合わせる 管理の汎用性を向上させる..95

タグを使った論理ゾーン化によるゾーンの管理 物理的ロケーションに囚われずに管理する....96

タグによるデータ管理 物理ゾーン化の弱点を解消する..97

GAパターン 一般公開は少し待ってから...98

 GAパターンにおけるデータの動き データは手続きを得て公開される 98

プロビジョニングパターン お好きなときにお好きにどうぞ..99

 プロビジョニングパターンにおけるデータの動き ユーザー主体で分析可能 99

 プロビジョニングパターンとGAパターンの弱点 人のボトルネック 99

システムによる自動チェック データのチェックは機械（システム）にまかせる.................100

3.4 データの管理とバックアップ
データ整理と、もしものときの準備...101

テーブルによる管理 ビッグデータの世界でもテーブル..101

 ロケーション テーブル定義と物理データの分離に対応する 101

 パーティション ビッグデータでは必須。データの配置を分割する 102

データのバックアップと復元 一番怖いのは「人」..103

 フルバックアップ すべてのデータをバックアップしておく 104

 一部のデータをバックアップするパターン しくみやルールで解決..................................104

 復元方法も考えておく いざ戻せないと意味がない 104

 バージョニング 効率的なバックアップ&復元手段 104

3.5 データのアクセス制御
ほど良いアクセス権限の適用..105

データのアクセス権限 できる限りオープンな環境作り..105

 アクセス制御の種類 アクセス制御が必要になる背景にも注目 105

3.6 One Size Fits All問題
デカップリングで数々の問題を解決しよう..106

デカップリングを前提に考える One Size Fits All問題への対応..106

障害時の影響の最小化 できる限り持続可能なシステムに...107

計算リソースの最適化 システムによって、元々の要件が異なる.......................................108

ストレージレイヤーとプロセシングレイヤーの分離 デカップリングの基本戦略................108

コレクティングレイヤーやアクセスレイヤーの分離 ソフトウェアやミドルウェアのアップデートを簡単に 109

3.7 データのライフサイクル管理
不要なデータを残さないために...109

データの発生 絶え間なく生まれるデータ..110

ix

データの成長　データのバトン 110
データの最後　そして、生まれ変わる 110
　サマリー化　サマリーによるデータ圧縮 111
　コールドストレージへデータをアーカイブ　使用頻度の低いものは、アクセス速度の遅い場所に配置 111
　不要なデータは削除する　データマートやデータウェアハウスのデータ 113

3.8 メタデータとデータ品質による管理
データを知る基本ツール 113
メタデータストアはどのように管理される　データベースやマネージドツールなど 113

3.9 ハイブリット構成
柔軟に技術を選択しよう 114
ハイブリット構成の大きなメリット　柔軟な機能実現と、データ統合コスト削減 114
データバーチャライゼーション　そもそも取り込まない (!?) 115
ハイブリッドのデメリット　迷わせないことがデメリット解消の一歩 116
　❶データの所在、オーナーが不明になりやすい 117
　❷管理対象の増加によるコスト増大や障害復旧の複雑化 117

3.10 データ分析基盤とSLO/SLA
データ分析基盤の説明書を作る 118
SLO/SLAとは?　システムのお約束 118
　データ分析基盤とSLO　より目線を上げて規定する 118
可用性　どれだけ継続可能か 119
データの取り扱い　データはどのように管理されている? 120
パフォーマンス/拡張性　どこまでの規模を想定する? 121
セキュリティ　基本的な対策で思わぬ落とし穴を防ごう 123
技術/環境要件　データ分析基盤を構成する要素と動いている場所は? 124

3.11 本章のまとめ 125

第4章 データ分析基盤の技術スタック
データソースからアクセスレイヤー、クラスター、ワークフローエンジンまで 126

4.1 データ分析基盤の技術スタック
全体像を俯瞰する 128
データ分析基盤のクラスター選択　データ分析基盤における計算能力の要 128
　クラスターの計算能力　インプットを処理してアウトプットするための能力 128
コレクティングレイヤーの技術スタック　多種多様なデータを取り込む入口 129
プロセシングレイヤーの技術スタック　多種多様なデータを処理する場所 129
ストレージレイヤーの技術スタック　多種多様なデータを格納する場所 129
アクセスレイヤーの技術スタック　多種多様なアクセスを提供する場所 129
全体を通して利用する技術スタック　堅牢なデータ分析基盤運用を支えるツール 130

4.2 データ分析基盤のためのクラスター選択
無理な利用にも耐えられる必要がある 130
Hadoop　ビッグデータの黎明期、オンプレミスのHadoopの問題 130
デカップリングの登場　クラウド環境のクラスター 131
Hadoop on クラウド　Hadoopのマネージドは今でも便利 131
EMRとDataproc　クラウド上で簡単に分散処理を実現する 132
Kubernetes　コンテナライズされた環境 133
MPPDB　ビッグデータシステムでも使えるスモールデータシステムの技術 133
HA環境下のLinuxサーバー　切っても切り離せないLinuxサーバー 134
SaaS型データプラットフォーム　インフラの構築/管理の手間を省き別作業へシフトする 134

4.3 コレクティングレイヤーの技術スタック
セルフサービス時代のデータの取り込み 135

コレクティングレイヤーオーバービュー　データソースによって技術を使い分けよう 135

バッチ処理のデータ取り込み　データの塊を一度に処理する 136
Embulkを活用したデータ収集　プラグインが豊富な取り込みの王道 137
CLIを活用したデータ収集　さまざまなコマンドを使いこなしてデータ収集しよう 137
API経由でのデータ収集　制限や速度に注意しながら取り込み方法を工夫しよう 138

ストリーミングのデータ取り込み　組み合わせの基本 138
分散メッセージングシステム　Kafka pub/sub kinesissなど 139

プロビジョニング　データを簡単に素早く取り込む 140

イベントドリブンにおけるデータ取り込み　応答性を確保して逐次処理する 141

4.4 プロセシングレイヤーの技術スタック
データ変換を行うレイヤー 142

バッチ処理のデータ変換　王道のデータ変換 142
Apache Spark　最強のコンピューティングエンジンの登場 142
Apache Hive 143

ストリーミング処理のデータ変換　データを1行ずつ処理する 144
ストリーミングETL　データに付加価値をつける 144
Spark Structured Streamingと分散メッセージングシステム　ストリーミングにおける組み合わせの基本 ...145

データ転送　データ分析基盤間、プロダクト間、クラウドベンダー間の連携 146
データをバッチで転送する際に気をつけるポイント　正しく送られているか確認しよう 148

プロダクトの連携時によく使われるファイルのバッチ転送方法　クラウドベンダーのコマンド ...148

クラウド間でよく使われる転送方法　オンプレミス、クラウド間で使われるツール 149

ストリーミング処理における転送方法 149

ストリーミングデータの送受信で気をつける点　データの重複、遅延、偏りに注意 150

リバースETL　データ分析基盤から外部システムへデータを連携する 153

4.5 ワークフローエンジン
データ取り込みと変換を統括する 155

データパイプラインとワークフローエンジン　次へつながるインプットに着目する 155
汎用型と特化型　大まかな分類 156

データ分析基盤向けのワークフローエンジン選択　5つのポイント 156

Digdag　汎用型ワークフローエンジン 158

Apache Airflow　Pythonで定義可能 159

Rundeck　GUIが直感的で使いやすい 160

4.6 ストレージレイヤーの技術スタック
データの保存方法 161

データレイクやDWHで扱う技術スタック　データ保存の効率化と最適化 161

❶ストレージレイヤーが扱うフォーマット　データウェアハウス、データマートで何を使うか ...161

❷列指向フォーマットと行指向フォーマット　パフォーマンスと用途の違い 162
Parquet　多くのデータ分析基盤はこのフォーマットで事足りる 163
Avro　ストリーミングや、部門間にまたがり開発する際に有効 163

❸データ分析基盤が扱う圧縮形式　特性と選択基準に注目 165

❹その形式は「スプリッタブル」か　分散処理可能な組み合わせを選ぼう 166
スプリッタブル　適度に分割したほうが処理しやすい 166
圧縮形式とフォーマットの組み合わせ　スプリッタブルな組み合わせかどうかが重要 166

❺データストレージの種類　基本的なストレージから、データ分析基盤に特化したストレージまで ...168
オブジェクトストレージ　データレイク/DWHにおけるデータ保存候補としての筆頭 168
プロダクトストレージ　オブジェクトストレージより早い処理が可能 168
オンプレミスにおけるストレージ　安価になったSSD 169

❻データストレージへのデータ配置で気をつけたいポイント　偏りをできる限りなくそう ...169
1ファイルの大きさ　スモールファイルに注意 169
データスキューネス　データやファイルサイズの偏りに注意 171

❼オープンテーブルフォーマット　既存フォーマットを拡張するソフトウェア 172

xi

4.7 プレゼンテーションデータを扱う技術スタック
効果的なデータ参照のための設計戦略 174
- **データモデル設計** データ分析基盤では参照要件を気にしよう 174
- **プレゼンテーションデータストアにおけるデータ保存** データ分析基盤から外部システムへデータを書き込む 177

4.8 アクセスレイヤー構築の技術スタック
セルフサービス時代のユーザーへのデータ提供 178
- **BIツールを提供する** 万人とつながる可視化ツール 178
  - 参照者が多い場合に利用するBIツール シンプルなダッシュボード向け 178
  - 編集者が多い場合に利用するBIツール 大半のBIツールはこの部類 179
  - SQLの提供 最強のデータ分析/活用技術 180
  - Presto（Trino） BIツールを通して、よく実行されるSQLのタイプ❶ 180
  - PostgreSQL BIツールを通して、よく実行されるSQLのタイプ❷ 180
- **ノートブック** 多様なデータアクセスを提供するインターフェース 181
  - Jupyter Notebook オープンソースの対話型ツール 182
- **APIを提供する** データ分析基盤へのインターフェースとして活躍 182

4.9 セマンティックレイヤー
統一的なデータを提供しよう 184
- **セマンティックレイヤーとは何か** アクセスレイヤーを拡張する 184
  - BIツールと連携したセマンティックレイヤー セマンティックレイヤーの意義を実例を使って理解しよう 184
  - ヘッドレスBIの活用 データ提供をより確実に簡単に実現する 185

4.10 アクセス制御
アクセスレイヤーに対するアクセス制御 189
- **ユーザーの認証と制御の歴史** 大きなデータ（大量のファイル）を持つデータ分析基盤特有の悩み 189
  - chmod/chown ジェネラルアクセスパーミッション 190
  - IAM ロールベースパーミッション 190
  - タグ（属性）による管理 192

4.11 コーディネーションサービス
分散システムを支える影の立役者 193
- **コーディネーションサービスとは何か** ノード間の同期を円滑にする要 193
- **コーディネーションサービスの役割** システムの安定性を支えるしくみ 195
- **アンサンブル構成** コーディネーションサービスも冗長化する 196

4.12 本章のまとめ 197

第5章 メタデータ管理
データを管理する「データ」の重要性 198

5.1 データより深いメタデータの世界
データは氷山の一角 200
- **メタデータとは何者なのか** データを表すデータ 200
- **なぜメタデータを提供する必要があるのか** データを見つけるためにデータを検索するのは非効率 202
  - ❶疑問点の解消につながる 解答の糸口を持っている 202
  - ❷データに対するドメイン知識のギャップを緩和できる 暗黙のルールは言語化しにくく、またできる人が限られている ...202
  - ❸データを利用するシステムや人の動きを統一する 指標を用いて統一感を出す 203
  - ❹非同期にデータを利用する状況を作る 生産性向上に寄与 203
  - ❺アクセス権限に縛られずデータを見つけるヒントになる データを見つけられないジレンマ 204

5.2 メタデータとデータ
3つのメタデータを整理/整備しよう 204
- **データより深いメタデータ** データ理解へのインターフェースとなる 204
- **ビジネスメタデータ** テーブルやデータベースの意味を表すメタデータ 205
  - データプロファイリング データの形はどのような形か 205
- **テクニカルメタデータ** 技術的な内容を表すメタデータ 206

テーブルの抽出条件　実はオリジナルデータと違うかもしれない 206
リネージュとプロバナンス　テーブルのデータはどこから取得しているか 206
テーブルのフォーマットタイプ　フォーマットの違いがもたらす課題に注目 206
テーブルのロケーション　テーブルが参照しているデータはどこにあるか 207
ETLの完了時間　処理は終わっているか 207
テーブルの生成予定時間　次はいつ実行されるか 207
データの最終更新日時　データの鮮度を確認する 207
オペレーショナルメタデータ　データの5w1hを表すメタデータ 207
テーブルステータス　そのテーブルは使える、使えないか 208
メタデータの更新日時　ドキュメントはいつ更新したか 208
1ファイルのデータのサイズ　スモールファイルは常に気をつける 209
更新頻度　データ更新の誤解を防ぐ 209
誰がアクセスしているか　オペレーショナルメタデータにおける5W1H 209

5.3 データプロファイリング
データの状態を知る 210

データプロファイリングの基礎　データの特性からデータそのものを推論 210

データプロファイリング結果の表現方法　大別すると2パターン 211

データプロファイリングをどのレベル（単位）で表現するか　カラムレベルからデータベースレベルまで 212
カーディナリティ　どれくらい値はばらついている? 213
セレクティビティ　ユニークさを表現する。1なら、そのカラムはユニークである 213
デンシティNull　NullもしくはNullに匹敵するものの密度 214
コンシステンシー　一貫性があるか? 214
リファレンシャルインテグレティ（参照整合性）　データにはお互いに結合（SQLなどでJOIN）できるのか ...215
コンプリートネス　値はNullではないか 216
データ型　年齢は数字か 217
レンジ　特定の範囲内か? 217
フォーマット　郵便番号は7桁かなど 217
フォーマットフリークエンシー（形式出現頻度）　フォーマットのパターンはどれくらいある? 217
その他の基本的なプロファイリング項目　年齢は数字か 218
データリダンダンシー　データが何ヵ所に存在しているか 218
バリディティレベル　有効か否か 219
フリークエンシーアクセス　どれだけアクセスされているか? 219

5.4 データカタログ
手元にないメタデータはカタログ化しよう 219

データカタログとは　カタログを見て注文する 219

データカタログの必要性　データには3種類の認知が存在する 220

データカタログはECサイト　データを取り寄せる 220

5.5 データアーキテクチャ
メタデータの総合力としてのリネージュとプロバナンス 221

データアーキテクチャ　データフローの設計書 222

リネージュ　テーブルの紐付きを表す 223
❶データ生成の方法が記載されているので、利用している技術スタックの見通しが良くなる　改善のヒントになる場合も ...223
❷障害時のトラッキングが行いやすくなる　もしもの事態に備えよう 224
❸オーナーの明確化が可能　いざという時の問い合わせ先 224
❹データの設計書を残せる　データ分析基盤ユーザーのための設計書 224
❺プロバナンスやメタデータと統合する　データのルーツをめぐる 225

プロバナンス　データのDNAを表す 225

データモデル　表現の粒度 225

5.6 本章のまとめ 226

第6章 データマート&データウェアハウスとデータ整備
DIKWモデル、データ設計、スキーマ設計、最小限のルール 228

6.1 データを整備するためのモデル
DIKWモデル 230

xiii

DIKWモデル　データの整備されていくステージを示す 230
 Data　断片的なデータ 230
 Information（情報）　分類されたデータ 230
 Knowledge（知識）　データからパターンと関係を見つける 231
 Wisdom（知恵）　ルールから新たなひらめきを産む 232

6.2 データマートの役割
「Data」を整備して知恵の創出をサポートする 233

データマートとは何か　「Data」を「Information」にすること 233
KnowledgeやWisdomのない世界　知識と知恵を生み出すための土台がない 234
データマートとデータウェアハウスの違い　データを掛け合わせて新価値を作る 234
中間テーブルとデータマートの違い　中間テーブルで十分な場合が多い 234
データマートを生み出す苦しみ　使ってもらうのは大変です 235

6.3 スキーマ設計
データに関するルールを設計する 235

スキーマ設計の考え方　スキーマ設計によりデータの利活用効率を上げよう 235
スタースキーマ　オーソドックスなスキーマ設計の一つ 236
非正規化　データ分析基盤特有のテーブル設計 237
 データ分析基盤でJOINはコストの高い操作 238

6.4 データマートの生成サポート
コミュニケーションの省略&活用 238

データ分析基盤ができるサポート　データマートを代わりに作ることではない 238
コミュニケーションの不要な中間テーブルの生成方法　粛々と中間テーブルを作成する 239
アクセスログとExplainを使って機械的に生成する　アクセスの分析結果を活用する 239
 アクセスログを利用した方法のさらなるメリット 240
コミュニケーションの必要な中間テーブルの生成方法　ビジネスに直結したクエリーしやすいテーブルを作成する 241
Viewによる中間テーブルの作成　手軽にクエリーしやすくする 241
履歴テーブルを作ろう　過去に遡る分析に備えよう 243
 オープンテーブルフォーマットを利用しない場合（データレイクそのままの場合） 243
 オープンテーブルフォーマットを用いた場合 244

6.5 データマートのプロパゲーション
メタデータやルールの作成 244

データマートを自由に作成してもらうために　作りっぱなしを防ぐ 244
アクセス頻度を確認　要不要はアクセスログが知っている 245
データマート生成停止の条件を定める　作った後もしっかりとメンテナンスをする 245
アクセス数が減ってきたときの対応策　データマートは時間の経過とともに劣化する 246
環境整備におけるメタデータの役割　情報伝搬のツールとして使う 246
 オペレーショナルメタデータ　活用例❶ 246
 ビジネスメタデータとしてデータマートのテーブル定義を管理　活用例❷ 246

6.6 ストリーミングとデータマート
瞬時にKnowledge化する 247

ストリーミング処理におけるデータマート作成　バッチとは処理単位が違うだけ 247
ストリーミングにおけるデータマート作成の流れ　Avroフォーマットの活用 248
 Avroフォーマットとデータマート作成 249
分散メッセージングシステムの連鎖　Aの出力はBへの入力 250

6.7 本章のまとめ 251

目次

第7章 データ品質管理
質の高いデータを提供する 252

7.1 データ品質管理の基礎
データ蓄積から次の段階へ進む 254

本書で扱うデータ品質管理について 254
データ品質管理の三原則 事前に防ぐ。見つける。修正する 254
三原則の適切な割合 どれかに偏り過ぎるのはNG 255
データ品質について データの状態を継続的に可視化し改善を示唆する 256
データ分析基盤におけるデータ品質担保の難しさ ステークホルダーがあちらこちらにも ...256
データ品質を測定する 6つの要素 257
データ品質の指標とデータの見方 258
データ品質 システム観点での重要性＋コスト削減効果も 259
分析観点での「データ品質」の重要性 分析のための煩雑な作業を緩和する 260
不確実性観点での「データ品質」の重要性 揺らぎを排除できるか？ 260
生産性観点での「データ品質」の重要性 「ちょっと違う」に要注意! 262

7.2 データの劣化
データは放置するだけで劣化する 262

データの劣化の原因 データの移動時と時間の経過に注意 262
データの往来 データ分析基盤に到着する前にも劣化する 263
データの変換 システムの守備範囲、データマートの作成 263
時間の経過 10年前のデータは正しいデータか 264
人的要因 人にはミスがある 265
さまざまな劣化に早く気づき修正する 265

7.3 データ品質テスト
劣化に気づくための品質チェック 265

データ品質テスト実施の流れ 266
レベル 品質テストを行う粒度の設定 266
カラムレベルで行うことができるテスト データの単体テスト 267
正確性のテスト 基本的なデータ品質の項目 268
ユニーク性と有効性のテスト 社内の常識の範囲 269
一貫性のテスト 一貫性は取れているか 269
適時性のテスト 必要なときに正しいデータが存在しているか 270
完全性のテスト データはしっかりと情報を持っているか 270
テーブル間で行うことができる一貫性のテスト データを整えるために必要なテスト ...270
ナチュラルキーの特定を行う トランザクションIDなど 271
エクスターナルコンシステンシー 外部と一貫性をテストする 271
テーブル単位で行うことができるテスト シンプルなテストでも効果絶大 272
その他のテスト データの基本的な特徴を表す 273
単体テストとデータ品質のテストは違う（?!） 2つのテストで相乗効果を狙おう 273

7.4 メタデータ品質
生産性を向上させるために 274

メタデータの名寄せ テーブルの名称やカラムは統一されているか 274
言語の認識合わせ あなたの第一クォーターは、あの人の第一クォーターか 274

7.5 データ品質を向上させる
品質テストの結果を活かす 275

データのリペア データ不備を修正する／未然に防ぐ 275
データ品質管理におけるプリベンションにつなげる リペア方法❶ 275
すでにストレージレイヤーに存在するデータの不備を見つけ修正する リペア方法❷ ...275
ユーザーからのデータ修正依頼 リペア方法❸ 276
インサイドアウトとアウトサイドイン 内から、外からデータを修正する 276

XV

チェックし過ぎに注意 80%を善しとする 276
メタデータと連携したデータ品質の表現方法 277
　データの品質を事実で表現する 277
　データの品質を数値で表現する 278

7.6 本章のまとめ 279

第8章 データ分析基盤から始まるデータドリブン
データ分析基盤の可視化＆測定 280

8.1 データ分析基盤とデータドリブン
エンジニアもデータドリブンに行こう 282

データドリブンと狭義のデータドリブン　データのみを元に行動を起こす 282
広義のデータドリブン　メタデータとデータ、両方用いて行動する 282

8.2 データドリブンを実現するための準備
データ分析基盤のPDCAと数値 283

データドリブンのためのPDCA 284
KGI/（CSF）/KPIを定義して課題設定する　まずは目標設定から 284
　データ分析基盤におけるKGI/（CSF）/KPIの設定 284
測定用のツールで改善前後の数値を測定　事前の数値取得は忘れずに 285
　BIツールでの可視化　ベーシックな可視化手法 285
　監視ツールでの可視化　便利なツールはいっぱいあります 286
　他ツールでの可視化　見やすくすることを意識しよう 286
アクションを決める　簡単にできて効果の高いものを選ぶ 286
　アクションの実施　複数チームや組織における実行 287
SLO　システムが交わすユーザーに対して守るべきKPI 287
　コレクティングレイヤーにおけるSLO 287
　プロセシングレイヤーにおけるSLO 288
　ストレージレイヤーにおけるSLO 288
　アクセスレイヤーにおけるSLO 288

8.3 KPIをどのように開発に活かすのか
データ分析基盤の「コスト削減KGI」の例 288

PDCAを高速に回す　Planに時間をかけ過ぎない 289
コスト削減KGI　間接部門のわかりやすい成果指標 289
データ分析基盤のためのPDCAの例 290
　コスト削減KGIの設定　コストは安いほうが良い 290
　コスト削減CSFの設定　どのような課題があるか 291
　コスト削減KPIの設定　重要な指標を選択する 291
　KPI改善のためのアクション設定　意外とある簡単でも効果の高いもの 291
　アクションから得る学び　成功や失敗を次に活かそう 292

8.4 データ分析基盤観点のKGI/（CSF）/KPI
改善の着眼点 293

クエリーのしやすさKGI　SQLの実行しやすさ 293
　JOINの数　一体いくつのテーブルが結合されているのか 293
　クエリーの実行時間　クエリーが遅過ぎる 294
　データスキャン量　どれくらいのデータがスキャンされているか 294
フリクションKGI　データを利用するまでにかかる時間 294
　データパイプラインの処理時間　データを早く届ける 294
　調整コスト　より合理的に無駄を省く 295
データマネジメントKGI　データをしっかりと守っています 295
　データリダンダンシー　データの冗長性はどれくらいある? 296
　データ品質　データの「良さ」を定量的に表現する 296
データエンゲージメントKGI　データ利用はどれくらい広がっている? 296
　配置率　センサーやJavaScriptファイルなど 297
　参画人数　メタデータのエンゲージメントはどのくらいか 297

SQLの発行数　全体で発行されているSQLの数 297
発行ジョブ数　データ分析基盤の成長指標 298
参画人数　アクセスログを使う 298
さまざまな数値がKPIになり得る　数値管理との違い 298

8.5　本章のまとめ 299

第9章　[事例で考える]データ分析基盤のアーキテクチャ設計
豊富な知識と柔軟な思考で最適解を目指そう 300

9.1　テーマとゴールを考えてみよう
基本的な要件で思考の順番を掴もう 302
テーマとゴール　基本的な要件でアーキテクチャのイメージを掴もう 302
技術的な前提条件の整理　基本的な要件でアーキテクチャのイメージを掴もう 304

9.2　データ分析基盤の骨格を考えよう
まずは大きなデータの流れについて考慮しよう 306
データのアウトプットを起点に考えよう　目的のないデータ分析基盤の構築はやめよう 306
インプットとアウトプットを見比べて全体のロジックをつなげる　データソースとインプットは整合性が取れているだろうか 306
アウトプットとインプットデータの整合性確認 307
どのようなBIツールを利用するか 307
為替の考慮 307
どのようにデータを収集するか　技術的に達成可能か 308
データ取得および処理は時間内に終わるか 308
APIトークンはどのように扱うか 309
スケジューラーやワークフローの有無 310
どのようなストレージが最適か、どのように保存するか 311
データの保存先をどこにするか 311
メタデータストア 311
データのゾーン管理 311
ゴールドゾーンへ作成するテーブルのパーティションはどうするか 312
保存フォーマットをどうする? 312
データ処理をどのように行うか　目的に向けてどのようなデータ変換を実施するか 313
メタデータ　テーブルの定義はどのようにするか 313
[補足] 設定のポイント整理&リファレンス 314
データパイプラインはどのようになったか 315

9.3　データ分析基盤構築における不確実性に備えよう
ソフトスキルも大事にしよう 319
パズル台紙にはめられない場合はどうする?　ソフトスキルやソフトウェアエンジニアリングが必要な場面も 319
制約もアーキテクチャの考慮に入れよう　一つ違うだけで大局が変わることもある 320

9.4　データ分析基盤に必要な機能を揃えよう
非機能についても目を向けよう 321
データ品質実行アプリを付け足す　データを常に監視しよう 321
アーキテクチャにメタデータの管理の考慮を入れてみよう　データを多くの人に知ってもらおう 322

9.5　本章のまとめ 325

Appendix　[ビッグデータでも役立つ]RDB基礎講座 327

A.1　データベースとは何か?
検索、更新、制約機能を持った入れ物 328
データベースの機能と形態 328
Excelデータベースの限界　データベースの基本機能を満たせるか 329
RDBの誕生　データベースと言えばコレ 330

xvii

A.2 RDBの基本
データベースの基本を振り返る 330

RDB 現実世界を表す表形式のデータ集合体 331

テーブル テーブルを定義するのは3つの要素 332
　行(レコード) 横方向のデータ塊 332
　列(カラム) 縦方向のデータの塊 332
　スキーマ 行と列に制約を課す 332
　型情報 データの特性を決める 333
　主キーと外部キー RDBにおける大事な制約 333

SQL データを操作する最も汎用的な技術 334
　SELECT(検索) 目的のデータを見つける 335
　INSERT/UPDATE/DELETE(登録、更新、削除) 対象のデータを更新する 336
　CREATE TABLE テーブルを作成する 337
　CREATE View 別名を付ける 337

トランザクション 同時実行性を解決する 337

インデックス 検索性能を向上させる 338

代表的なRDB 概念理解が大事 340
　クエリーエンジン SQLを動かすソフトウェアやミドルウェア 340

A.3 RDBにおけるアーキテクチャ
RDBの設計 341

アーキテクチャとは何か 構成を考える 341

データアーキテクトとデータアーキテクチャ データの保持方法と表現方法 ... 341

正規化と正規型 データの保存方法の整理 341
　非正規型 横方向にカラムが増えていく 342
　第1正規化 横方向のカラム整理 342
　第2正規化 主キー属性における従属関係の分離 343
　第3正規化 非キー属性における従属関係の分離 344

正規化のメリットとデメリット 手順に囚われすぎないようにしよう 345

ER図 データやテーブルの表現方法 345

A.4 Appendixのまとめ 347

Column

BIツールでの可視化と機械学習の関係 13
シェアードナッシングとその対応 25
Apache Spark Pandas APIの登場 30
意外と変わらない技術の根底 31
データ/データ分析基盤のサイロ化 35
データにまつわる登場人物 39
移行は大仕事!? 43
ETLからELTへ(!?) 54
データラングリングとデータプレパレーション 56
データエンジニアリングの三種の神器(?) Python、Java、SQL ... 57
SaaS型データプラットフォームと各レイヤーの関係 87
[喩えてみる]データウェアハウス 92
データクラウド データレイク、データウェアハウス、データマート ... 94
データの削除は大仕事 タグによる管理の活用 96
使われていないデータを探す 112
データディスカバリーツール
データを見つける一番汎用的なツールはSQLではない!? 112
オーバーエンジニアリングに注意! 125
これからのデータ分析基盤エンジニアのスキル 134
Apache Sqoop 136
黒魔術Hive 144
ABC人材 146

A/Bテスト 147
データの正確性を確保する 転送できたで十分か? 148
まだまだあるワークフローエンジン 161
Apache Iceberg 開発のためにデータをコピーしなくても良い ... 167
ストレージのタイプ
ファイルストレージ、オブジェクトストレージ、ブロックストレージ ... 170
ストリーミングにおけるデータスキューネス 173
IaCでデータ分析基盤のインフラを管理する 175
さまざまなSQL ANSI対応、非ANSI対応、関数の違い 181
ノートブックサービスの選択肢 183
chmod&chownコマンド 188
技術の寄り道「Kerberos」 冥界の番人 194
DMBOK 208
CTASによる作成 242
データマートの作成、その前に データウェアハウスとの使い分け ... 248
スイスチーズモデル 272
dbt データ品質関連のツール 273
データ品質管理とデータプロファイリングの違い 278
VSM 292
KPIを測定するタイミング? 299
DR(ディシジョンレコード) 意思決定の履歴を残そう 326
RDBにおける障害対策 冗長化の基本的な考え 346

xviii

改訂新版
［エンジニアのための］
データ分析基盤入門
＜基本編＞
データ活用を促進する！
プラットフォーム&データ品質の考え方

第0章

[速習] データ分析基盤と周辺知識
データ分析基盤入門プロローグ

❶「データの取り込み」ではデータソースであるSoE/SoR（場合によっては別のSoI）からデータを収集する。SoE/SoR/SoIはそれぞれ、System of Records、System of Engagement、System of Insightの略

❷「データの処理」ではSoE/SoR（場合によっては別のSoI）からのデータを適切に処理する

❸「データの保存」ではSoE/SoR（場合によっては別のSoI）からのデータを適切に保存する

❹「データの提供」ではデータをSoE/SoR/データサイエンティストやデータアナリスト（場合によっては別のSoI）が参照する

❺「価値の利用」では得られたインサイトから価値提供を助言する、または一部のユーザー機能を実現する（ここでのユーザー機能とはユーザーが直接目に触れる機能のこと。たとえばWebページやネイティブアプリにおける分析結果の提供ページ、ユーザーごとのコンテンツの表示など）

❻「データの循環」はデータ提供によって生まれた新たなデータは再度データ分析基盤へ取り込まれ分析/活用に循環利用する処理を指す（コレクティングレイヤーへ戻る）

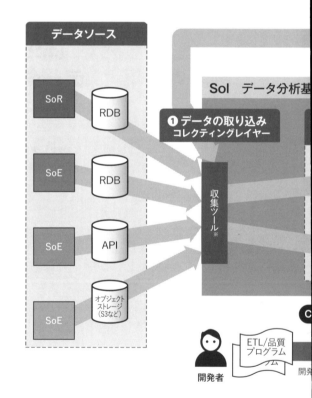

図0.A　データ分析基盤と周辺知識※

データ分析基盤は多くのシステムと密接に関係することからデータ分析基盤に関する知識だけでなく、その対向システムの機能、非機能の理解に加え、インフラからアプリケーションの構造理解に至るまで広範囲の知識を必要とします。これらの理解を助けるためには、データ分析基盤だけでなく、データ分析基盤を取り巻く外部環境の状況や技術要素も含め理解する必要があります。
　本章では、データ分析基盤をより良く理解するために役立つ「データ分析基盤の周辺知識」について説明します 図0.A 。

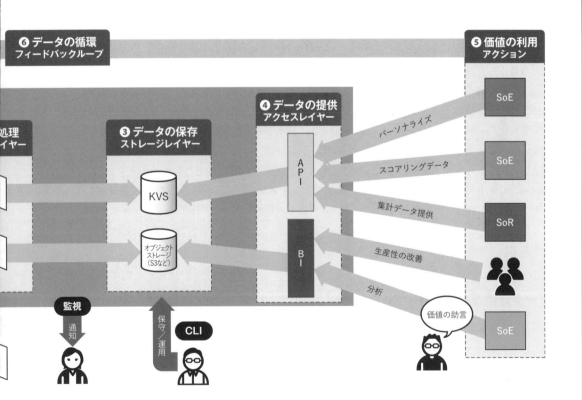

※ 図中❶〜❻については以下のような処理を行う。本書では、❶〜❹はそれぞれ「コレクティングレイヤー」「プロセシングレイヤー」「ストレージレイヤー」「アクセスレイヤー」、❺「アクション」、❻「フィードバックループ」と呼称する。詳しくは次章以降で後述。

第0章 [速習] データ分析基盤と周辺知識
データ分析基盤入門プロローグ

0.1 データ分析基盤とサービスの提供先
サービスの提供先は4つに分類される

本節では、データ分析基盤のサービス提供先であるシステムを「SoR」「SoI」「SoE」に分類して、データ分析基盤とデータ分析基盤以外のシステムとの関係について解説を行います。また、データ分析基盤はシステムだけでなく「人」（組織）への貢献も期待できるため、あわせて紹介します。

SoR/SoE/SoI　システムは3つに分類される

世の中のシステムは、大きく分けるとSoR/SoE/SoIの3つに分類されます。

SoR（*System of Records*）は、基本的なデータの蓄積や管理を担当するシステムです。これはおもにトランザクションデータ（▶A.2節の「トランザクション」項）を取り扱い、組織が日々の業務に必要な情報を確実に保管する役割を果たす、おもに「労務管理」や「受注管理」などの基幹系および社内業務に関わる情報を記録するシステムになります。

次に、**SoE**（*System of Engagement*）は、組織と顧客やステークホルダーとの対話やコミュニケーションを強化するための（CRMツールなども含む）システムです。SoRと混同しやすいですがSoRは社内に閉じたシステムやデータの話である一方で、SoEは顧客との接点データに重点が置かれており、「顧客の閲覧履歴」「購入履歴」などのデータを管理するための社外と社内をつなぐためのシステムになります。

最後に、**SoI**（*System of Insight/System of Intelligence*）は、先述のSoRやSoEで発生したデータ（おもにリレーショナルデータベースであったり、オブジェクトストレージに格納されていることが多い）を活用した新たな発見や、SoR/SoEと連携しプロダクトの最適化をサポートしたり、データを提供によりSoR/SoE機能の一部を実現するシステムになります。本書における解説のメインとなるデータ分析基盤はこのSoIに分類されるシステムとなります。

データ分析基盤とSoR/SoE/SoI/人　SoIはサービスの提供先とのハブ

SoI（データ分析基盤）といえば、データを利用して分析するというイメージが強いと思います。多くの人は分析というとBIツール（*Business Intelligence tool*）でのデータの可視化をイメージするかと思います。可視化をするまでのプロセスも多様化しており、単純に「ダッシュボードを作る」というだけでなく、組織の生産性を上げるために長年の運用によってチグハグになってしまった複雑怪奇なデータを繋ぎ直し整理することによって今まで組織内で属人化や部署によって確認している指標がバラバラだったりしていた作業を解消した上で「ダッシュボードを作る」といったこともしばしばです。他の活用方法としては、SoIがSoRとSoEの2つの間を取りもち、両者のやり取りを円滑にすることでデータ分析基盤も含め一つのプロダクトとして形成する利用方法もあります。

では、SoI（データ分析基盤）とデータ提供先との関係を概念的に示しました。SoIを中心に、SoEやSoRから取得したデータをもとにスコアリングデータ*1をSoEのシステムが利用したり、データ可視化ツール*2を介したインサイトを発見しサイトの改善の助言を行う価値提供といったように、SoIがデータ提供先とのハブ（hub）となってデータのやり取りを円滑に進める役割を果たします。

図0.1　データ分析基盤とSoR/SoI/SoEの関係性

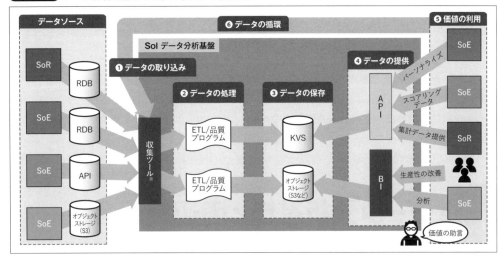

つまり、データ分析基盤を利用したデータ活用のエコシステムの基本は以下のようにまとめることができます（前出の 図0.A の注釈を一部再掲）。

❶「データの取り込み」ではSoE/SoR（場合によっては別のSoI、❷❸のSoE/SoRでも同様）からデータを収集する（本書では、コレクティングレイヤーと呼称）。SoE/SoRをはじめデータの源泉のことを「データソース」と呼ぶ（**コレクティングレイヤー**）

❷「データの処理」ではSoE/SoRからのデータを適切に処理する（**プロセシングレイヤー**）

❸「データの保存」ではSoE/SoRからのデータを適切に保存する（**ストレージレイヤー**）

❹「データの提供」ではデータをSoE/SoR（場合によっては別のSoI）/データサイエンティストやデータアナリストが参照する（**アクセスレイヤー**）

❺「価値の利用」では得られたインサイトから価値提供を助言する、または一部のユーザー機能を実現する（**アクション**、ここでのユーザー機能とはユーザーが直接目に触れる機能のこと。たとえばWebページやネイティブアプリにおける分析結果の提供ページ、ユーザーごとのコンテンツの表示など）。さらに、データを整理することにより指標が統一され利用者の生産性向上も見込まれる

❻「データの循環」はデータ提供によって生まれた新たなデータは再度データ分析基盤へ取り込まれ分析/活用に循環利用する処理を指す（**フィードバックループ**→コレクティングレイヤーへ戻る）

---

*1　データをもとに人や物の行動を点数（score）化したデータのこと。
*2　BIツール（さまざまなデータを分析/可視化して、経営や業務に役立てるソフトウェアのこと）とも呼びます。BIは「Business Intelligence」の略。

⑤についてはシステムの実装範囲外ではありますが、最終的な目的をもとに**①**〜**④⑥**を実装／構築していくことになるため技術的な部分だけでなく必ず最終的なアウトプットを意識した上で**①**〜**④⑥**の構築に臨みましょう。

そして、データ分析基盤は規模や難易度の違いはあれど、この**①**〜**⑥**の6種類の分類に対してコミットメントを行うシステムになります。本書でもこの6種類の分類を軸に解説を行っていますので、まずは流れをしっかりと掴んでいきましょう。

また、「（データを）活用する」という言葉は定義が広いですが、概念的にはBIツールでデータを可視化してアクションを起こすというのはデータ活用のほんの一側面にしか過ぎず、「データ分析基盤からデータを提供して活用する」「データのガバナンスを整理する」（たとえば、バラバラな指標を整理して統一化するなど）活動も含んでいることに注意をしてください。

続いて、次節以降で図表に登場する技術スタックについて確認していきましょう。

なお、以降本書では、便宜上SoR/SoEを「スモールデータシステム」とも呼称することがあります。また、文脈によっては「データプロダクト」と呼ぶこともあります。

0.2 データ分析基盤と周辺技術
データ開発以外でも利用するツールも活躍

本節では、データ分析基盤と周辺技術として、データベース／ストレージおよびAPIについて解説を行います。

データ分析基盤でもデータを扱う際には、データをそのまま保存するオブジェクトストレージのようなストレージタイプを用いたり、データの管理および提供機能を持つデータベースを用います。また、データのやり取りでよく利用されるAPIも、リクエストとレスポンスという基本的な流れは他のシステムと変わりません。本節で紹介する技術は、データ分析基盤以外でも利用されている技術であるため普段の業務と紐付けながら読み進めればより理解が深まるでしょう。

┃データ分析基盤から見たデータベースとストレージ
┃役割が異なるストレージとデータベースを使いこなそう

データ分析基盤から見ると、データベースやストレージはSoEやSoR内で利用されていればデータが格納されている「データソース」でもあり、データ分析基盤内でデータを溜めておく際には「ストレージレイヤー」としての機能を果たすことになります。ここでは、とくに本書を理解する助けになると考えられるスモールデータシステムでも利用されている「オブジェクトストレージ」「RDB」「KVS」について解説を行います。

オブジェクトストレージ　データ分析基盤でデータを保存するといったらここ

　Amaozn S3などの**オブジェクトストレージ**（*object storage*）は、SoR/SoE/SoIすべてにおいてログの保管から処理に至るまでデータの保管を担当する要_{かなめ}として利用されています。

　データ分析基盤では、保存容量が実質無制限で安価という特徴による相性の良さからおもにローデータ（*raw data*, 未加工のデータ）や加工後のデータを格納する場所（データレイクやDWHと呼ばれる。後述）としても利用されます。

RDB　オーソドックスなデータベース

　リレーショナルデータベース（*relational database*, **RDB**）は、**テーブル**（*table*, 表形式）という、**行**（*record*, **レコード**）と**列**（*column*, **カラム**）からできている現実世界を表す表形式[*3]のデータ集合体です。データ分析基盤においては、SoRやSoE内のRDBからデータを取得しETL（*Extract/Transform/Load*, 抽出/変換/転送。後述）を行いオブジェクトストレージなどに格納するという流れが頻繁に行われます。そのため、RDBに対する知識があることによってデータの扱いもより正確になります。

　トランザクション、SQLなどRDBの知識はデータ分析基盤の技術領域を理解する上でも、転用可能でかつ土台となる知識が多いです。本書のAppendixでも「［ビッグデータでも役立つ］RDB基礎講座」と題して概要を取り上げていますので必要に応じて参照してみてください。

KVS　高速なアクセスを提供するデータベース

　KVS（*Key-Vale Store*, NoSQL）とはデータを、キー（データの組みを識別する一意のキー）とバリュー（値）の形式でデータを保存するという単純な構造を持つデータベースです。KVSには、ドキュメント型、グラフ型、キーバリュー型など複数の種類がありますが、本書での説明に深く関係のある「ドキュメント型」に絞って解説を進めます。

　RDBでは、データはテーブルに格納され行と列で構成されます。対して、KVSでは、データの保存はバリューだけ、かつ他のデータとのリレーションを作りません。このようなシンプルなデータモデルに起因する高速なデータの読み書きと、複数のノードでデータを格納することによる可用性の向上およびスケールアウト[*4]によるスケーラビリティの高さがKVSの特徴です。

　代表的なKVSとしては以下があります。

- MongoDB　🆄🆁🅻 https://www.mongodb.com/ja-jp
- DynamoDB　🆄🆁🅻 https://aws.amazon.com/jp/dynamodb/
- Bigtable　🆄🆁🅻 https://cloud.google.com/bigtable?hl=ja
- Firestore　🆄🆁🅻 https://cloud.google.com/firestore/docs?hl=ja

---

[*3]　たとえば、現実世界の人を表現する場合にその人の体重や身長を表形式にまとめることで表形式のデータは現実世界の人を代表していることになります（▶Appendix）。

[*4]　スケールアウト（*scale out*）処理に必要なサーバー（ノードともいう）を複数台並べて処理規模を拡張すること。似たような言葉としてスケールアップ（*scale up*）がある。スケールアップは、CPUやメモリーそれぞれの単体性能を増強して処理規模を拡張すること。スケールアウトは理論上無限に処理規模を拡大可能。

- Apache Cassandra　🔗 https://cassandra.apache.org/_/index.html

　データ分析基盤ではデータソースとしてKVSからデータを取得する場合もありますが、分析後のデータを格納しAPI[*5]のバックエンドとして利用するケースがメジャーです。
　図0.2は、KVSに格納されたデータに対して対象のユーザーに関するデータを取得する構成です。KSVにはuser_idというキーに紐付けられ、バリューとして好きなジャンル(likes)が順番に1, 2, 3と並んでいるデータが処理され格納されています。ユーザーはAPIに対して、user_idが「bbbbb」であるデータを取得するためのリクエストを投げます(❶)。APIとKVSはそのリクエストを受け取り対象のデータを検索します(❷)。今回は「bbbbb」に対応するデータが存在しているため、対象のデータをレスポンスとして返却し処理が完了となります(❸)。

図0.2　KVSとデータ分析基盤

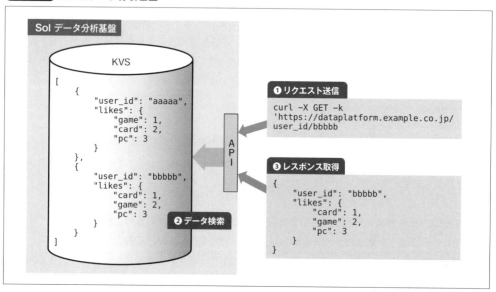

　他にも、データ分析基盤にはこれらのデータベースやストレージ以外にも「MPPDB」や「ブロックストレージ」という概念が登場します(▶4.6節の「データストレージの種類」項)。用途や環境によって利用するストレージやデータベースの種類は変化しますので、それぞれの特徴を押さえておくことは重要です。

Web API　システムを疎結合するためのインターフェース

　データ分析基盤でも大きな役割を果たす、APIについても基本から復習していきましょう。

[*5] 本書でいうAPIはOSやランタイムのAPIではなく、とくに断りのない限りWeb APIを指します。

API（*Application Programming Interface*）とは、サービスを利用する人が事前に定められた形式に従って使いたい機能や情報を添えて「リクエスト」（要求）します。それに対して、サービス側はリクエストを受け取ると、送信された条件をサーバー側で処理して「レスポンス」（応答）を返します。

リクエストの例
```
curl -k 'https://nominatim.openstreetmap.org/reverse?format=json&lat=35.5487429714954&l
on=139.81602098644987'
```

レスポンスの例
```
{
  "place_id": 386313336,
  "licence": "Data © OpenStreetMap contributors, ODbL 1.0. http://osm.org/copyright",
  "osm_type": "relation",
  "osm_id": 1758947,
  "lat": "35.561206",
  "lon": "139.715843",
  "class": "boundary",
  "type": "administrative",
  "place_rank": 14,
  "importance": 0.5312781068643009,
  "addresstype": "city",
  "name": "大田区",
  "display_name": "大田区, 東京都, 日本",
  "address": {
    "city": "大田区",
    "ISO3166-2-lvl4": "JP-13",
    "country": "日本",
    "country_code": "jp"
  },
  "boundingbox": [
    "35.4816556",
    "35.6130909",
    "139.6528251",
    "139.8578153"
  ]
}
```

上記のリクエスト＆レスポンスは、OpenStreetMap[6]のAPIを使って緯度と経度から住所を逆引きする処理（*reverse geocoding*, リバースジオコーディング）をAPI経由で実施した実行例です。

リクエストでは、住所を取得するため「https://nominatim.openstreetmap.org/reverse」というエンドポイントに対して、フォーマットはJSON（format=json）で、緯度と経度はlat=35.5487429714954&lon=139.81602098644987のようにして各パラメーターを指定しています。

レスポンスでは、そのリクエストに応答する形で「東京都大田区」という情報がJSON形式で返却（レスポンス）されたということになります[7]。データ分析基盤という立場から見ると、たとえば緯度/経度しか持たないデータに対して、ETLの一部として「リバースジオコーディングAPIを通して不

＊6　**URL** https://www.openstreetmap.org
＊7　補足ですが、この実行例よりも地番までなど詳細な結果を返すリバースジオコーディングAPIもあります。

第0章 [速習] データ分析基盤と周辺知識
データ分析基盤入門プロローグ

足している住所データを補完している」とみなすことができます。

APIには、本項以外の使い方として、データ分析基盤内のデータをレスポンスとして返却したり、メタデータをレスポンスとして返却したり、データ分析基盤へのオペレーションを提供するという利用方法もあります（次章以降で後述）。

0.3 データ分析基盤と外部との接点を理解しよう
データ分析基盤もユーザー接点が大事

本節では、0.1節と0.2節の知識を踏まえてSoRやSoEシステムに対してどのような価値提供をしていくのかという点について取り上げます。データ分析基盤として求められる2つの大きな役割である「データの可視化」「外部への付加価値の提供」について見ていきましょう。

▌データの可視化 データの可視化により行動の変革を促す

一つめの価値提供の方向はデータの可視化です。データの可視化とは、膨大なデータを効率よく理解するためにまとめて表、グラフ、画像で表現することです。

このデータの可視化を0.1節で紹介した6種類の分類に当てはめて考えてみると、データの「可視化」というデータ活用は以下のように分解できます。

❶社内外に点在するデータ[*8]をかき集め（**コレクティングレイヤー**）

❷データ統合し扱いやすくする（**プロセシングレイヤー**）

❸扱いやすく統一化したデータをS3などの分析向けのストレージに保存する（**ストレージレイヤー**）

❹保存したデータをBIツールなどのツールを通してサービスや事業の傾向を可視化する（**アクセスレイヤー**）

❺可視化した結果を利用して、プロダクトや組織改善の施策を実施する

❻プロダクト改善の施策の結果を確認するために必要なデータを再度データ分析基盤に取り込む（▶❶に戻る）

可視化において、よく陥りがちなのが❹で動きが止まってしまうことです。本来の目的は❺以降であるため、何のために可視化を行うのかを明確にした上で企画や設計を始めましょう。

[*8] ここでの社外のデータは、業務提携先のデータであったり、協業先のサードパーティデータや、政府などが提供しているオープンデータを指します。

外部への付加価値の提供　データをアプリケーションと連携していこう

二つめの価値提供の方向としては、外部への付加価値の提供です。

データ分析基盤には多くのデータが集まります。そのデータを可視化のほかにも活用していきましょう。たとえば、データ分析基盤内でデータに対して「付加価値」をつけてデータ分析基盤の外部へ価値提供を行うといったアプローチも可能です。

図0.3　データ分析基盤と外部への付加価値提供

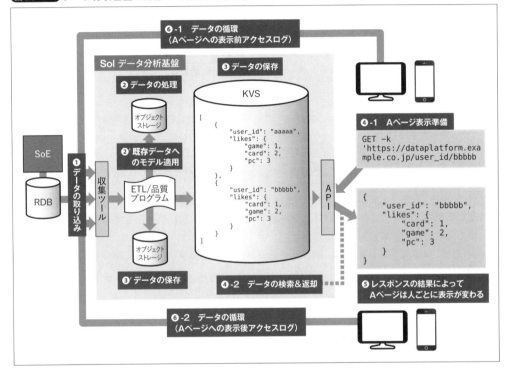

ここでは、データ分析基盤でモデルを用いてユーザーの興味を算出し利用する場合について見ていきましょう 図0.3 。

「モデル」(model)とは世の中の事象を「一定のルールに当てはめること」です。そのため、モデルという言葉を理解するのであれば、入力データに対して何かの条件(IF文等)によってデータを判断し「Aが好き」「Bが嫌い」といった戻り値を返却してくれるイメージを持つと良いと思います。「機械学習」モデルなど、モデルの前に形容詞が付くことが多いですが「モデル」という言葉が付くのであれば本質的には方式は違えど「一定のルールに当てはめること」ということになります。

このモデルを用いたデータ活用を0.1節で紹介した6種類の分類に当てはめて考えてみると、以下のように分解できます。

❶社内外に点在するデータに対してかき集め（**コレクティングレイヤー**）

❷モデルを既存データへ適用する（❷'）[9]目的の値を出す（**プロセシングレイヤー**）。ここでの「モデル」は、たとえば、ユーザーの特定分野へのクリック数の多さや特定ページの表示数の多さなどを用いて興味を判定するモデルを指す

❸適用後データをKVSなどのデータベースへ保存する（**ストレージレイヤー**）。また、後々の利用に備えて❸'としてS3などのオブジェクトストレージにもデータを保存する

❹保存したデータをAPIなどを利用してデータを取得し利用する（**アクセスレイヤー**）

❹-1 ユーザー（user_id=bbbb）がAページを表示しようとする。同時にAPIへ「GET -k 'https://dataplatform.example.co.jp/user_id/bbbb'」のようなユーザーごとのリクエストを投げる。また❻-1として同時にAページにアクセスした「表示前アクセス」というログがデータ分析基盤へ収集される

❹-2 ユーザーのリクエストに応じてKVSから一致する興味データを検索して返却する

❺レスポンスを取得した結果によりAページの表示内容を変更する

たとえば、bbbbユーザーであれば、cardが一番好きなので、ファセット検索（ジャンルで絞り込む等の画面上の機能。画面ではpc_card（10），fantasy_card（2）のように件数と一緒に表示していることが多い）の表示をcard関連に変えたり、aaaaユーザーであれば、gameが一番好きなので、ファセット検索の表示をgame関連に変えたりする。また❻-2として同時にAページに「アクセスした」という表示後ログがデータ分析基盤へ収集される[10]

❻循環したデータは❶へと戻り❷で紹介したようなページの表示回数の多さなどから新たな好きなジャンル順を生成するために利用される

　今回は表示ログだけでしたが、クリックログや広告が表示されたログなど多彩なデータを集めることでより多角的な分析が可能となります。

　さらには、上記のようなユーザー機能の実現だけにとどまらず、❸'でS3などの長期保存に適したストレージ（やDB）に保存することによってデータを別の用途（**例** セグメントごとの利用傾向分析など）にも利用することが可能であるため、可視化と外部への付加価値の提供のループ[11]を同時に行うことが可能となります。

　次章以降では、外部への付加価値の提供方法として、リバースETL、フロントアプリ（Webアプリやネイティブアプリなど）への集計データの表示[12]、ファイル連携、**ヘッドレスBI**（headless BI）による価値の提供などについても触れていきますが、外部との連携における基本的な流れや考え方はいずれも同様です。

---

[9]　しばしば、モデルを用いたデータの変換を適用するといいます。2.4節で再度取り上げます。

[10]　「表示前アクセス」が出ているのに表示後のログが出力されていない場合、ページの読み込みが遅い等の何かしらの原因でユーザーが離脱していることがわかります

[11]　得られたデータや知見を次の改善へとつなげていくアクションとその循環を「フィードバックループ」（feedback loop）といいます。

[12]　このような方式を**組み込みBI**（embedded BI）と呼ぶ場合もあります。

> **データ分析基盤と外部との接点を理解しよう** （0.3）
> データ分析基盤もユーザー接点が大事

Column

BIツールでの可視化と機械学習の関係

データ分析基盤を利用する際、BIツールによるデータ可視化と機械学習は、一見すると異なる目的を持っているように見えます。

データ可視化はおもに人間が理解しやすい形でデータを表現し、インサイトを得ることを目的としています。一方、機械学習はデータを基にした自動的な予測や分類を目的としています。

しかし、これらは実は同様のプロセスを辿っています。たとえば、データの可視化においては次のようなプロセスが一般的です。

❶前処理
インプット ローデータ（未加工のデータ）
アウトプット 整理されたデータセット ➡不要なデータが除去され、必要な情報が抽出された状態

❷中間処理
インプット 整理されたデータセット
アウトプット 分析用データセット ➡分析しやすい形に整えられ、必要なスキーマに変換されたデータ

❸活用
インプット 分析用データセット
アウトプット 可視化結果 ➡グラフやチャートなどの形式で表現されるインサイト

そして、機械学習のプロセスもこれと同様のプロセスが存在します。

①前処理
インプット ローデータ（未加工のデータ）
アウトプット 特徴量データセット ➡不要なデータが除去され、モデル訓練に適した形に加工されたデータ（もっと平たくいうと整理されたデータセットといっても間違いではない）

②中間処理 ➡モデルの訓練
インプット 特徴量データセット
アウトプット 訓練済みモデル ➡学習しやすい形にデータが整えられた結果として得られる機械学習モデル（ファイルの形式で保存されることが多い）

③活用
インプット 訓練済みモデル、テストデータまたは新規データ
アウトプット 予測結果または分類結果のデータセット ➡モデルがデータに適用され、予測や分類が行われた結果

このように、データの可視化と機械学習は、異なる目的であっても、前処理から最終的なアウトプットの生成に至るまで、基本的には同じプロセスに従っています。言葉や手法が異なるだけで、その根本的な流れは共通しています。

いずれもデータ活用ではありますが、データ分析基盤利用者の立場によって同じことでも別の言い方をする場合があるため、枠組みに照らして理解することで学習の労力を減らすことが可能です。

[速習] データ分析基盤と周辺知識
データ分析基盤入門プロローグ

0.4 データ分析基盤開発とサポートツール
データ開発以外でも利用するツールも活躍

本節では、データ分析基盤開発と、その開発をサポートするツールについて見ていきましょう。データ分析基盤の開発といっても、使うフレームワークや観点が異なるというだけでデータ分析基盤以外の開発と大きく変わりません。類似点に重点を置いて紹介します。

単体テスト　テストの基本はデータ分析基盤も同じ

通常のシステムの開発では開発したプログラムの**単体テスト**（*unit test*、ユニットテスト）を実施します。単体テストは、作成したプログラムにバグがないか確認するためのものですが、データ分析基盤でもその観点は同様かつ同様のライブラリを利用してテストを行うことが可能です。

参考までに以下のPytest[13]を利用してPySpark[14]の単体テストを確認してみましょう。

target.pyでは、PySparkで記述されたageという生年月日から年齢を出力する共通関数を定義しています。そのPySparkの共通関数の単体テストを行うプログラムを見てみましょう。

```
target.py※
from pyspark.sql import functions as F

# pyspark関数
def age(birth_year_col: str, birth_month_col: str):
    return (
            F.year(F.current_date())
            - F.col(birth_year_col)
            - F.when(F.month(F.current_date()) < F.col(birth_month_col), 1).otherwise (0)
            ).cast("int")
```

※ F.year, F.monthはそれぞれ与えられた日付から年と月を抜き出す。F.colはdataframe内のカラムを指定する。F.when, otherwiseはif elseのような条件分岐を実現する。

test/target.pyは、target.pyをテストするための以下のようなプログラムです。

❶ test_dataをもとにデータフレームであるdfを作成（Sparkでは「データフレーム」（*data frame*）というテーブルのような単位でデータの変換を行う
❷ target.pyのage関数を呼び出し結果を取得（calc_age）
❸ calc_ageとexpected_age（期待値）を比較し問題ないことを確認している

---

[13] URL https://docs.pytest.org/en/8.2.x/
[14] データ分析基盤でよく使われる分散処理フレームワークのこと（詳しくは後述）。

データ分析基盤開発とサポートツール 0.4
データ開発以外でも利用するツールも活躍

```
test/target.py (PytestでのApach Sparkプログラムtarget.pyの単体テスト)
import pytest
from pyspark.sql import types as T
from datetime import datetime

class TestAge:
    @pytest.fixture
    def schema (self) :
        schema = T.StructType([
            T.StructField(col_name, dtype)
            for col_name, dtype
            in (
                ("id", T.StringType()),
                ("birthday_year", T.StringType()),
                ("birthday_month", T.StringType()),
                ("values", T.IntegerType()),
            )
        ])
        return schema

    def test_age(self, spark_session, schema):
        from test.target import age
        # ❶テストデータを作成
        test_data = (
            ("1", "1983", "2",  1),
            ("2", "1794", "5",  2),
            ("3", "1293", "6",  3),
            ("4", "1193", "11", 4),
            ("5", "2010", "2",  5)
        )
        # データフレームの生成
        df = spark_session.createDataFrame(test_data, schema)

        # データフレームの中身
        # +---+-------------+--------------+------+
        # | id|birthday_year|birthday_month|values|
        # +---+-------------+--------------+------+
        # |  1|         1983|             2|     1|
        # |  2|         1794|             5|     2|
        # |  3|         1293|             6|     3|
        # |  4|         1193|            11|     4|
        # |  5|         2010|             2|     5|
        # +---+-------------+--------------+------+

        # ❷target.pyのage関数を呼び出し (ただしSpakは遅延実行のためこの部分では実行されない※)
        # withColumnを利用してageというカラムをデータフレームにカラムを付与する
        df = df.withColumn("age", age("birthday_year", "birthday_month"))

        # この時点でのデータフレームの中身
        # +---+-------------+--------------+------+---+
        # | id|birthday_year|birthday_month|values|age|
        # +---+-------------+--------------+------+---+
        # |  1|         1983|             2|     1| 41|
        # |  2|         1794|             5|     2|230|
        # |  3|         1293|             6|     3|731|
        # |  4|         1193|            11|     4|830|
        # |  5|         2010|             2|     5| 14|
```

15

[速習] データ分析基盤と周辺知識
データ分析基盤入門プロローグ

```
# +---+-------------+-------------+----+----+
now = datetime.now()
current_year = now.year
current_month = now.month

for _row in df.collect():
    _, _, birth_year, birth_month, _, calc_age = _row
    expected_age = current_year - int(birth_year) - (
        1 if current_month < int(birth_month) else 0)
    # ❸結果の確認
    assert calc_age == expected_age, "Age calculation is incorrect"
```

遅延実行（*lazy execution*）とは、終端処理（collect, 今回の例ではfor _row in df.collect():の部分や、count()など）が呼び出された場合に、以前の部分も含めて実行する実行形態。遅延実行では、Sparkの変換処理（たとえば、df.withColumnのような）を即座には実行しない。

　なお、データ分析基盤では、プログラムをテストするという上記の観点以外にも**データ自体のテスト**も実施します。詳しくは第7章で紹介します。

CI/CD　自動化してデータとシステムの品質を上げよう

　CI/CD（*Continuous Integration/Continuous Delivery*, 継続的インテグレーション／継続的デプロイメント）とは、システム開発においてテストや環境へのデプロイ作業を自動化した上で継続的に実行するという手法です。たとえば、デプロイ時にリリースのチェックリストを作成して逐次単体テストを実行したか確認したりするのは時間がかかりますし、見逃してしまうかもしれません[15]。
　その問題を防ぐための方策として、CI/CD環境を整備する必要があります。先ほどのPyTestを例にすると、テストを自動的に実行し（CIし）テストに成功した場合のみプログラムを自動的にデプロイする（CDする）環境が必要です[16]。
　このほか、データ分析基盤では、**データのテスト**もCI/CDパイプラインに組み込み継続的に評価を行います。

コマンドライン　オペレーションの効率を高める

　コマンドライン（*Command Line Interface*, CLI）は、GUI操作では実現できないような機械的なオペレーションを実現することが可能です。スモールデータシステムにおける開発でも頻繁に利用されるコマンドラインですが、その点はデータ分析基盤においても同様です。
　コマンドラインでのオブジェクトストレージ（データレイク想定）への操作例を以下に示しました。コマンドラインはgrepやAWK等の各種Linuxコマンド、シェルスクリプトと組み合わせて利用することが多いため、合わせて学習すると効果が増します。

---

[15] すべてのプロセスが自動化されるわけではありません。特定事象に対して個別でチェックリストを作り確認することは十分に有効な方式です。

[16] このような一連の流れをCI/CDパイプラインと呼びます。

```
オブジェクトストレージのデータの一覧を出してから「2024-02」を含む一覧のみを表示する
aws s3 ls s3://hoge.peke/datalake/gold/hoge/ --recursive | grep 2024-02
2024-03-26 12:13:45    983128 hoge.peke/datalake/gold/hoge/2024-02-27/22/aaaaaaaaa/dddddddd.bz2
2024-03-26 12:13:45   1259890 hoge.peke/datalake/gold/hoge/2024-02-27/22/bbbbbbbbb/ffffffff.bz2
2024-03-26 12:13:46   9861447 hoge.peke/datalake/gold/hoge/2024-02-28/19/ccccccccc/zzzzzzzz.bz2
```

データ分析基盤においては、データの取得（▶4.3節）、データ転送（▶4.4節）、運用（▶p.148のコラム「データの正確性を確保する」）など活躍の場面が非常に多い影の立役者のような存在なので、まずは利用しているサービスやツールにてコマンドラインでの操作が可能かどうかを確認すると良いでしょう。

▍監視／運用　監視対象を決め継続的に状況を可視化し対策する

監視／運用の基本としては、システムや処理が本来想定すべき範囲に収まっているかを継続的に監視することになります。たとえば、とあるプログラムの使用するCPUやメモリーが一定の範囲内かを確認するプロセスが運用監視です。

データ分析基盤では、そのような監視項目も確認しますし、第7章で紹介するようなデータ品質についても継続的に確認を行います。

本書では運用監視の設定方法について深く触れませんが、運用監視の項目を設定するための源泉となるデータ品質のテスト項目、SLO（*Service Level Objective*）やKPI（*Key Performance Indicator*）については後述します。

0.5　本章のまとめ

本章では、データ分析基盤と周辺のシステムとの関連性について解説を行いました。

データ分析基盤は単体で存在するシステムではなく、スモールデータシステムや人と協調しながら価値を生み出すシステムです。ユーザー機能とデータ分析基盤の融合には各種ハードルがありますが、システムの構想段階でスモールデータシステムにてデータ分析基盤活用を前提としたアーキテクチャにすることによりプロダクトのローンチ（*launch*, 立ち上げ）以降もスムーズにデータ活用する下地ができます。

また、データ分析基盤で利用している技術やツールはスモールデータシステム開発と似ているものが多く、エンジニアとしての基礎知識を活かせる場面が多く存在します。

一方で、これらをデータ分析基盤で利用する上では使い方、考え方、気をつけるべき点がスモールデータシステムとは異なる点が（当然ながら）あります。

次章以降ではそれらのギャップを埋めることによってデータ分析基盤やデータ活用について理解を深めていきましょう。

第1章

[入門] データ分析基盤
データ分析基盤を取り巻く
「人」「技術」「環境」

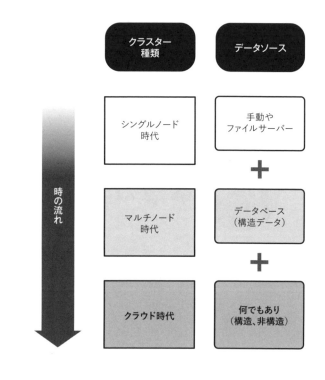

図1.A　データ利活用の現在地点[※]

本章では、データ分析の中心にあるシステム「データ分析基盤」（*data platform*, データ基盤）、人、データ、価値観、開発手法の変遷について紹介します 図1.A 。

データに関わる「物」「事」「人」は多様化し、複雑になってきています。時代の流れに合わせて、技術そのものだけでなくデータとの関わり方や技術をどう扱うかも変化してきているのです。データを取り巻く技術が多様化しているからこそ、より良いデータ分析基盤を構築するためにはその技術を選択すべき理由や技術が生まれた背景を知る必要があります。機械学習、レコメンド、不正検知、需給予測などデータ利用の多様化のなかで、データ分析基盤の役割として「データを放り込んで終わり」「BI（*Business intelligence*）ツールで参照するために綺麗にデータ整形して終わり」という時代は終わりました。

データを取り巻く環境を知るために、データにまつわる歴史や現況も交えて、基本事項を確認しておきましょう。

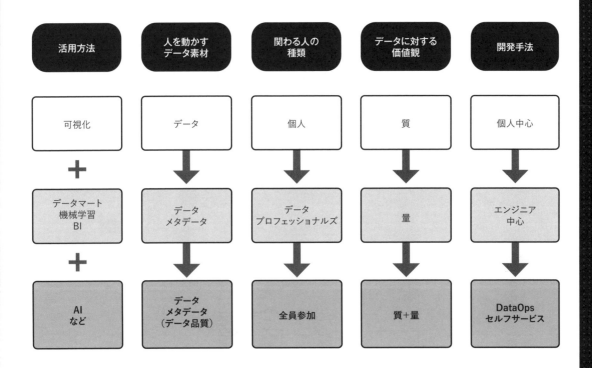

※ データの分析は昔から行われてきた。技術の進歩の背景には、進歩をサポートする考え方や状況の変遷がある。時代はクラウドに移り、セルフサービス（自分自身で分析を行う）でデータの構造に制限をつけずデータ分析全員参加の時代に突入している。そして、ビッグデータとしての代名詞であるデータの量だけではなく、データの質にも注目が集まっている。

第1章 [入門]データ分析基盤
データ分析基盤を取り巻く「人」「技術」「環境」

1.1 データ分析基盤の変遷
多様化を受け入れるために進化する

　データ分析基盤の変遷について、解説を行います。今でこそクラウドでのデータ分析基盤はスタンダードになりました。
　本節では、手元のPC（*Personal computer*）で行うシングルノード時代からクラウド時代に至るまでの道のりについて簡単に見ていくことにしましょう。

データとは何か　パターンと関係を捉えるための情報源

　データ分析基盤における**データ**（*data*）とは何でしょうか。データは**パターン**（*pattern*）と**関係**（*relation*）を捉えるための情報源です。普段当たり前のように使っているこれらの**データ**を元に、人間は**パターン**と**関係**を無意識に見出しています。たとえば「駐輪場にある自転車の写真」を見て、車体の傷、色、サドルの高さといった「パターン」から、自身の所有物であるという「関係」を理解するといった要領です。

構造データと非構造データ

　本書で扱う「データ」という用語ですが、ExcelやPDFや画像、はたまた手書きなどのスキーマ（*schema*）が決まっていない**非構造データ**（*unstructured data*）や、CSV（*Comma Separated Value*, カンマで分けられたテキストベースデータのこと。タブで分けられたテキストベースはTSVなどと呼ばれる）やJSON（*JavaScript Object Notation*, 異なるプログラミング言語間でデータをやり取りするための、共通のデータ記述形式）といった**半構造データ**（*semi-structured data*）、そしてリレーショナルデータベース（*relational database*, 以下RDB。▶Appendix）といったスキーマが決まっている**構造データ**（*structured data*）を指します **図1.1**。

図1.1　構造データと非構造データ※

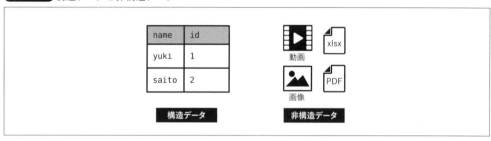

※ CSVやJSONも構造データの一部。

　構造データおよび半構造データは、ある定められた構造となるように定義されたデータのことです。一般に表形式（テーブル）で表現され、整理されているデータであるためデータの操作やSQLに

20

よる操作が容易です。

半構造データと構造データの違いは、構造データは**データの型**（▶Appendix）と配置場所が決まっているのに対し、半構造データであるCSVやJSONは配置場所は決まっているものの、データの型が決まっているわけではないので半構造データと呼ばれます。一方、非構造データは、スキーマが決まっていない状態で保存されているデータのことです。データが整形されていないため整形も含めてデータに対する操作の自由度が高く、多くの知識をデータから得ることが可能である一方で、非構造データの操作は難しいものとなります。

データ分析基盤とは何か　パターンと関係を知るためのツールの一つ

本書の解説のテーマである**データ分析基盤**について見ていきましょう。データ分析基盤とは、社内で（もしくは社外含め）利用される単一のデータ利用統合プラットフォームのことです。

社内のシステムは大別すると分析（レコメンドやSQLによるログ分析など）のために作られたシステムと、分析を主としないシステム（たとえば、動画配信や何らかのWebサービス）や社内の煩雑な業務の簡略化を目的としたシステム（勤怠など）で成り立っています[*1]。

また、社外のシステムはデータ提供をサービスとして行っている企業や組織を指します（おもにCSVなどのファイル形式やAPIによってデータのやり取りすることが多い）。

そして、本書で取り扱うデータ分析基盤は分析のために作られたシステムであり、分析を主としないサービスや社外のシステムからのデータをデータ分析基盤の内部に溜め込み、そのデータを利用してデータ活用を進めていきます。

社内外のありとあらゆるデータが混ざり合うことで、さまざまな知見をデータから得ようという動きがあり、データ分析基盤のおもな役割は、それらのデータから「パターン」や「関係」を知るためのサポートを行うことです。

たとえば、レコメンド（*recommendation*, 推薦／おすすめ機能）であれば「Aを買った人はBも買っています」というのもパターンや関係の代表例です。画像を使った顔認証などもパターンや関係を活用しています。このパターンや関係を知るために、社内外のありとあらゆるデータ（人事データやシステムのログデータなど）を集約し保存、利用します[*2]。

さまざまな知見を得るためには、大量のデータの保存および、それらを処理する相応のコンピューティング（計算）能力[*3]が必要になり、データ分析基盤が誕生しました。

なお、本書で扱うデータ分析基盤の規模としては、少なくとも分析を主としないサービスが1～2以上あり、そこからデータを取り込み分析を行う環境を想定しています。また、構築するプラットフォームはパブリッククラウドをメインとして解説していますが、オンプレミスやローカル環境でも適用

---

*1　本書ではSoR/SoEに分類されるシステムを「スモールデータシステム」と呼んでいます（▶0.1節「データ分析基盤とサービスの提供先」）。

*2　ときには外部から購入することもあります。

*3　ここでは、データを変換するためのCPUやメモリーのことを指します。

第1章 [入門]データ分析基盤
データ分析基盤を取り巻く「人」「技術」「環境」

できる考え方でもあります。

データ分析基盤の変遷 単一のノードから複数ノードへ

簡単に、現在のデータ分析基盤に到るまでの歴史の移り変わりを見ていきましょう 図1.2 。

シングルノード(*single node*)**時代**は、ExcelやRDBを使った単一PC上の分析が主でした。そこから、さまざまなデータを貯めていこうとするビッグデータ時代の到来とともに単一PCでの分析に限界がきたため、マルチノード(複数ノードを一つの処理のために結合したもの)時代に移行します。

マルチノード(*multi-node*)**時代**の管理運用は複雑であったり、新たなファイルフォーマットを格納するための容量を確保するリードタイムや利用形態の複雑化に伴い、クラウド上で分析基盤を構築する流れが出てきました。

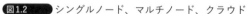

図1.2 シングルノード、マルチノード、クラウド

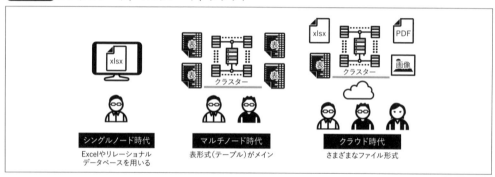

シングルノード時代　Excelやリレーショナルデータベースを用いる
マルチノード時代　表形式(テーブル)がメイン
クラウド時代　さまざまなファイル形式

シングルノード時代　個人のPCで分析する時代

はじめは、データ分析はシングルノード上で行うものとして普及しました。**ノード**(*node*)とはサーバーを示す単位のことを指し、シングルノードはサーバーが1台で、サーバーが2台あれば2ノードです。

ノードとはパソコンと読み換えても問題ありません(ただ、ノードのほうがより一般的です)。たとえば、Excelでの売上データの集計や人の雇用情報などをファイルサーバーなどに格納しておき、各個人のPCからファイルサーバーへアクセスし分析します。そこから「Aのお店は、雨が降ると、売上が上がる」といったパターンと関係を洗い出していたのです。

マルチノード/クラスター時代　限られたグループで基盤を利用して分析する時代

マルチノードおよびクラスター(後述)は、複数ノードで一つの目的を達成するために集められた集合体のことです。

シングルノードに収まる範囲のデータでは月並みの分析しかできず、分析界隈ではそのような時代は終わりを告げます。2010年代になると、データをできる限り集め、複数のシングルノードを束ねて一つのノードのように操作を行うマルチノードすなわちクラスター(*cluster*)上でデータを操作する時代が始まります。

さまざまなデータから「パターン」と「関係」を洗い出したら発見があるのではないかということで、いわゆるビッグデータの時代が到来しました。この時期から、ストリーミング (streaming) データやアドホック分析[*4]など、今現在データ分析基盤の界隈で議論される内容が生まれ育っていきます。この頃はまだデータ分析基盤を構築するときはオンプレミス (on-premises, **オンプレ**)[*5]の選択肢が主流で、一部のデータ分析に携わっている人が軽い会話を交わしながらデータ分析基盤を構築し、必要な機能を付け足していくようなものでした。ビッグデータの高度成長期と呼ぶにふさわしい時代です。

代表的なプロダクトとしては、

- Apache Hadoop
- Apache Spark
- Apache Hive
- Apache Kafka (Google Cloud Pub/Sub や Amazon Kinesis の先駆け)

といった、今でも使われているような技術が台頭してきたのは、このマルチノード時代です。

しかし、ユーザー[*6]の増加や処理の増加により、次第にリソースの取り合いが発生し、計算リソースが足りなくなるという課題に直面し始めます。この頃は、リソース不足は日常のことでした。

クラウド時代　全社員が分析する時代

そして、時は流れ、ビッグデータの用語の定着に伴い、2010年代後半から2020年代にかけてクラウド (cloud/cloud computing) 上でビッグデータ分析が容易になることが知れわたり、クラウドへの移行や、はじめからクラウドでデータ分析基盤を構築するようになってきました。**ストレージと計算処理能力がデカップリング (decoupling, 分離) 可能な選択肢を持てるようになった**のもクラウド時代です。

ストレージと計算能力を分離することによって、計算能力は実質無限にスケール可能 (scalable) になりました[*7]。現状では、オンプレミスからクラウドへ、ビッグデータの主要なプラットフォームが移動しただけであり、大きな技術的な変化は起きていません。昨今の流れを見ると、オンプレミス時代に育んだ技術を急いで (フル) マネージドサービス (Hadoop であれば、Amazon EMR や Google Dataproc) に置き換えている段階ともいえるでしょう。

本書では、**クラウドベンダーや最新の技術に依存しない考え方や概念**を想定して解説を行っていきます。理解の助けとなるように具体例を挙げる際には、本書原稿執筆時点で広く使われている AWS を中心に紹介します[*8]。

[*4]　アドホック (ad hoc) 分析は、その場限りで完了してしまうような分析のこと。

[*5]　サーバーやネットワーク機器を自社で保有し運用することです。

[*6]　本書では、「ユーザー」はデータ分析基盤内のデータを利用する人全般を指します。

[*7]　デカップリングされていないと、ファイルの位置を覚えるためのメモリ領域に限界がありました。

[*8]　Google のプロダクトについてはサービスの紹介をメインに取り上げます。Azure については、以下の参考情報や次項を必要に応じて参考にしてみてください。

- 「AWS サービスと Azure サービスの比較」
  URL https://docs.microsoft.com/ja-jp/azure/architecture/aws-professional/services/

主要なクラウド関連のプロダクトとデータ利用の流れ

有名なクラウドサービスとしてはAmazon Web Services（**AWS**）、Google Cloud（Google Cloud Platform, GCP）、Microsoft Azure（**Azure**）が挙げられます。それぞれのベンダーは、名称はそれぞれですが、同様の機能を持つビッグデータシステム用のサービスを展開しています。

- データを保存するサービス
- データを処理（計算能力を提供する）するサービス
- メタデータ（*metadata*）[*9] と連携するサービス
- SQLでデータを参照するサービス

この4つに関連するそれぞれのプロダクトにおけるサービスを、確認しておきましょう。すると、データ分析基盤の基礎活動であるデータを保存して、データを処理して、メタデータを整理して、SQLで分析を行うという一連の流れを把握できます。すべてのベンダーについて理解する必要はなく、まずは軸となるクラウドベンダーをご自身の中で決めて概念や流れを理解すると良いでしょう **表1.1**。

AWSを例に挙げると、データ利用までの基本的な流れは以下のとおりです。

- スケーラブルなオブジェクトストレージに配置（S3など）を行う
- 配置されたデータを処理して表形式に対応できるように構造化データに変更する（EMRで変換する）
- 構造化データに対してスキーマ（▶Appendix）を付与する（Glue Data Catalogを利用する）
- SQLでデータを参照し分析する（Athenaで参照する）

表1.1 ［参考］クラウド関連のプロダクトとサービスの対応

クラウドサービス	データの保存	データの処理	メタデータとの連携	データの利用（SQL）
Amazon Web Services	S3	EMR（旧 Elastic MapReduce）	Glue Data Catalog	Athena
	Redshift	Redshift		Redshift
Google Cloud	Cloud Storage（GCS）	BigQuery	Data Catalog	BigQuery
	BigQuery			
Microsoft Azure	Blob Storage	HDInsight	Data Catalog	Data Lake Analytics
	Synapse Analytics	Synapse Analytics		Synapse Analytics

データ分析基盤が持つ役割　データレイク、データウェアハウス、データマートという名称

データ分析基盤の変遷とともにデータ分析基盤の持つ**役割**にあわせて、「データウェアハウス」や「データマート」、そして「データレイク」という用語が誕生しました。たとえば、データウェアハウスの役割を持つデータ分析基盤、データレイクの役割を持つデータ分析基盤というように役割に沿って使い分けられます。

[*9] データを補足/説明するデータのこと。たとえば「12」というデータに「年齢」というメタデータが付くことで人間は理解が進みます。詳しくは第5章で後述。

Column

シェアードナッシングとその対応

プロセス（プログラムのようなもので、本書ではSparkのプログラムやHiveなどから実行されるSQLを指す）の処理速度のボトルネック（速度を制限している要因のこと）を考えるときに出現する概念が以下の3つです 図C1.A 。

- シェアードエブリシング
- シェアードナッシング
- シェアードオンリーデータ[注a]

ボトルネックとしては、ストレージやクラスター（後述）の性能（プロセスのボトルネック）、単一クラスターを通したプロセス実行が挙げられます。単一クラスターとは、たとえばHadoopマシン1クラスターのみですべてのプロセスを処理することを指します。

ボトルネックとなる部分ができる限り発生しないように、自身のシステムが「シェアードエブリシング」「シェアードナッシング」「シェアードオンリーデータ」を振り返って見ると改善点が見つかると思います。

マルチノード時代のデータ分析基盤で一般的なアーキテクチャは、シェアードナッシング（shared nothing）という形が基本でした。シェアードナッシングとは、分散型のローカルストレージを用いて運用され、数百TB（Terabyte）を超える大容量のデータの保存と、故障への耐性を高めた構成です。この弱点として、複数のプロセスが競合した際にリソースの取り合いが発生し、リソース不足による処理が遅くなるということが発生していました[注b]。

その問題を解決するためにシェアードナッシングのアーキテクチャから、「シェアードオンリーデータ」を考えるときがきました。シェアードオンリーデータにおいて、データはAmazon S3やGoogle

---

注a 本書独自の用語。本書執筆時点で、適切な表現が見当たりませんでした。
注b すなわち、クラウドに移行しても同様の問題を抱えている場合は、シェアードナッシングのアーキテクチャになっている可能性があります。

図C1.A シェアードエブリシング、シェアードナッシング、シェーアドオンリーデータ

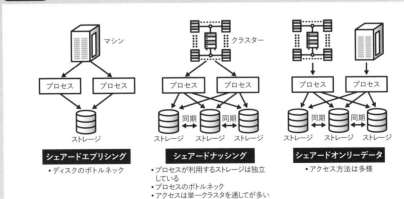

Cloud Storageといったスケール可能なオブジェクトストレージに配置を行い、計算リソースは
Amazon EMRやAmazon Redshift、Amazon Athena、Google DataprocやGoogle BigQueryといっ
たプロダクトがデータを利用します。データはさまざまなプロダクトから利用されますが、計算リ
ソースはユーザーの用途に応じて好きなものからアクセスできるというものです。

筆者の経験したシステムでは、シェアードオンリーデータを採用しデータをS3へ格納、デー
タを利用するクラスターが300台/日で、Google DataprocやAmazon EMR、Athena、BIツー
ルなどさまざまなところからデータを利用しワークロードの問題を緩和していました。

スモールデータシステムにおけるアーキテクチャはシェアードエブリシングという形式をと
り、短い時間で大量のトランザクション(▶Appendix)を捌くことに特化しているアーキテクチ
ャです。

本書では、**データ分析基盤**といえば、データレイク、データウェアハウス、データマートの3つ
を合わせたものを指します 表1.2 。データレイク、データウェアハウス、データマートという用語
には規模は関係なく、あくまで「役割」に与えられた名前です*10。このことを念頭に、これらの用語
について以降で見ていきましょう。

表1.2 　データ分析基盤における「役割」の違い

種別	ファイルの種類	形態	おもな技術例	おもな役割
データレイク	概ね何でもOK	構造化/非構造化	Python/R/Java	ローデータ(*raw data*)保管、一時データの保存、データの受付口
データウェアハウス	Parquet/Avro	構造化	Python/SQL	構造データ保管や機密データの保存
データマート	Parquet/Avro	構造化	SQL	構造データ保管(データウェアハウスに比べ、より整備されたデータ)

データレイク 　非構造データを保持する役割

データ分析基盤が持つ役割の一つに**データレイク**(*data lake*)があります。データレイクとは、デ
ータがたまる湖という意味で、ローデータ(*raw data*)もしくはローデータに近い形のデータをそのまま配
置(貯水)する場所です。ローデータとしては、CSV(やTSV/*Tab separated values*)、JSONといった半構造デ
ータだけでなく、ExcelやPDF、動画データ、はたまた手書きしたものをスキャンしたデータなどの非構造デ
ータも含みます。

データレイクでは、SQLにてデータを分析するというよりPythonやApache Sparkといったプロ
グラミング言語が活躍する領域です。データエンジニアやデータサイエンティストが、データレイ
クのデータに対してコミットを行います。

本書では、データレイクに保存されるデータのファイルフォーマットは問わないものとします。

＊10 役割を越境することは可能ですが、管理する上でわかりにくくなることは避けておきましょう。

データウェアハウス　構造化されたデータを保持する役割

　データウェアハウス（*data warehouse*）とは、構造化されたデータを保持する役割を持つ領域です。データがある程度整理されて管理番号（**メタデータ**、第5章で後述）が振られた状態で配置されていることからウェアハウス（*warehouse*, 倉庫）に見立ててデータウェアハウスとなりました[11]。

　RDBのデータは、すでに構造化されているデータですので、この定義に従うとデータウェアハウスに分類されるデータです。また、データレイクでの操作によって構造化したデータも、データウェアハウスの仲間入りです。SQLが頻繁に利用される領域で、データウェアハウスで自由にSQLを実行できると、分析も捗（はかど）ります。データエンジニアやデータサイエンティスト、データアナリストがデータウェアハウスのデータに対してコミットを行います。

　本書では、データウェアハウスに保存されるデータは、RDBのような構造化された表形式のデータを前提とします。

データマート　テーブルを掛け合わせたデータを保持する役割

　データマート（*data mart*）とは、データが加工され売りに出されている状態です。商品（データ）が加工され売り出されている状態を市場（*mart*, マート）に見立てています。

　データウェアハウスとデータマートの間にはグレーな境界線があるだけで、両者の間に明確な線引きはありません。しかし、データマートのほうがよりユーザーフェイシング（*user facing*, ユーザーに近い）という特徴がデータウェアハウスと異なるところではないでしょうか。

　たとえば、レコメンドや機械学習のシステムがデータウェアハウスから作成した結果のデータであったり、全社（もしくは特定部署）のためのダッシュボード用のテーブルが格納されている領域と考えられます。複数のJOIN（▶Appendix）を並べた複雑なSQLを実行するというより、かなり整理されていて「ダッシュボード」として表示するためのデータがすぐに取り出し可能である、という形をイメージすると良いと思います。

　そのため、データマートは、より特定の人（もしくはシステム）に向けたものと考えられます。データアナリストもしくは、他のユーザーがメインとして作成/利用します。本書では、データマートに保存されるデータはより対象ユーザーに近い部分の精査されたデータという前提とします。

データレイク、データウェアハウス、データマートの違い　データ量の規模は関係ない

　データレイクとデータウェアハウスとデータマートの違いは、その役割にあります。どんなにデータの量が少なくても**ローデータが存在するところはデータレイク**です。そうでない場所は、データウェアハウスもしくはデータマートになります。

　それぞれの違いを見るときの別の観点としては、扱うファイルの種類を意識して見ると各役割の違いが見えてきます。データレイクが扱うファイルの種類は何でもありです。そのため好きなデー

---

[11] IKEA（イケア）が現実世界のウェアハウスのイメージに近いでしょう。ご存知ない方々向けの補足になりますが、IKEAは自分自身でほしい家具の番号を見ながら倉庫内を歩き回ります。番号の先にはまだ組み立てがされていない家具が置かれており、購入後は自分自身で説明書（メタデータ）を見ながら組み立てを行います。

タを配置してかまいません。データウェアハウスとデータマートのファイルの種類はデータレイクから生成されたもの、もしくはRDBのデータがあたります[*12]。

　技術的要素としては、データレイクにおける技術スタックが多くなる傾向にあります。なぜならば、扱うファイルの種類が多いことが大きな要素として起因しています。データが整備され、データマートに近づいていくにつれて必要な技術スタックは少なくなっていく傾向にあります。

1.2 処理基盤／クラスターの変遷
よりマネージレスにしてコストを減らし、より本来の業務へ集中する時代

　本節では、データ分析基盤における処理基盤の変遷について解説を行います。少し雑学寄りの話も含まれますが、今、空気のように当たり前の存在になり日常的に利用しているいくつかの技術は、ビッグデータの発展とともに進化してきました。

分散処理の登場　Hadoop MPP、そしてオンプレミスからクラウドへ

　シングルノード時代を駆け抜け、晴れてマルチノードで分散処理を行えるようになりましたが、その分散処理を行うコアである**クラスター**（*cluster*）も進化を続けています。分散処理の走りはノードを複数並べて自前で記載したコンセンサスアルゴリズム（*consensus algorithm*）[*13]でノード間のやり取りを行っていました。しかし、Apache Zookeeperというノード間のやり取りを取り持つ技術が進展してから、急激に分散処理がコモディティ化（*commoditization*）します。そこで認知され始めたのが「Hadoop」です。

スレッド処理と、マルチノードにおける分散処理　従来のスレッド処理との違いに注目

　ここで、分散処理について確認しておきましょう。ここでの分散処理とは、シングルノードで行われるスレッド処理とは異なります。例として、「I am fine. I am good」という文章の中から、「am」の数をカウントすることを考えます 図1.3 。

　シングルノードで行われるスレッド処理を行う場合は、この文字をカウントする処理を、スレッドと呼ばれる別プロセスを立ち上げ別々のスレッド（たとえばAスレッドはI am fine担当、BスレッドはI am good担当）でamの数をカウントし、答えを出すということをしていました。

＊12 データウェアハウスのデータはフォーマット変換され、Apache Parquet/Avro（パーケット　アブロ）フォーマットとしてデータウェアハウス格納されることが大半です。ParquetとAvroは、データ分析基盤でおもに利用されるフォーマットです。いずれも分析に特化したフォーマットで、広くデータ分析基盤で利用されています。詳細については第4章で後述します。

＊13 ノード間で整合性を保つためのやり取り、またはそのアリゴリズム。

図1.3 スレッド処理とマルチノードにおける分散処理

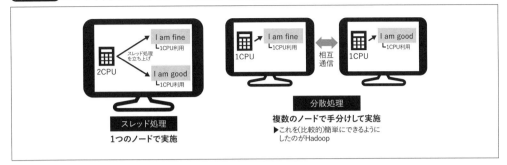

しかし、分散処理においては、スレッドの代わりに別々のノード（たとえばAノードはI am fine、BノードはI am good担当）でamの数をカウントし、答えを出すというしくみです。

スレッド処理と分散処理の違いは、処理性能を無限にスケールできるか否かという点にあります。

スレッド処理では処理の性能を増やそうとした場合、1台のノードのスペックを**スケールアップ**（scale up、CPUやメモリーそれぞれの単体性能を増強）することでしか対応が不可能で、仮に無限にスケールアップしたとしても今度はディスクの読み書きの性能の壁にぶつかります。

一方、分散処理は**スケールアウト**（scale out、CPUとメモリがそれぞれ10の能力が必要であれば、メモリーをCPUが5、メモリーが5のノードを2台用意する）して、ノードを複数台並べることでスレッド処理では達成できなかった処理を実現可能にしました。スケールアウトの方式は、理論上無限に処理能力を上げていくことができます。とくに、データ分析基盤ではライブラリないしフレームワークが**分散処理に対応しているか否か**という観点は、技術や要件を決定する上で非常に重要なポイントになってきます（▶p.30のコラム「Apache Spark Pandas APIの登場」）。

ビッグデータシステムの技術に携わっていると、スレッド処理のことを忘れてしまうときがあります。しかし、シングルノードにおけるスレッド処理が廃れたのではなく、現在でもスレッド処理はさまざまなところで活躍しています[*14]。

Hadoopの登場　Hadoopエコシステムとその進化

分散処理の覇権を握った**Hadoop**は、エコシステム（ecosystem）と呼ばれる関連プロダクトを引き連れ、ビッグデータの世界を席巻していきます。エコシステムには、現在も使われているApache HiveやApache Sparkが含まれています。エコシステムの進化は、外部からのデータ分析基盤に求められる機能がそのまま反映されていく様子が見えた時代でした[*15]。

[*14] たとえば、ブラウザにおけるWebサイトの処理や分散メッセージングシステムからデータをサブスクライブするときなどです。

[*15] 正直、完成度がそこまで高くないものもありましたが、急速に変化する時代に対応するため急ピッチでプロダクトがリリースされていたように思います。後から直せば良いという、スピード感を持った開発意識がそのままプロダクトに反映されたようでした。

第1章 ［入門］データ分析基盤
データ分析基盤を取り巻く「人」「技術」「環境」

MPPDBの登場　RDBの技術要素をビッグデータにも

　こういった時代背景のなかで、Hadoopではなく通常のMySQLやPostgreSQLといったスモールデータシステムで利用される技術要素をそのまま分散処理に対応させてしまおうという流れも出てきました。それがMPPDB（*Massively parallel processing database*）です[16]。

---

[16] 現在ではAmazon RedshiftやGoogle BigQueryが、MPPDBとしての代表格として活躍しています。

Column

Apache Spark Pandas APIの登場

　データを分析する際に**pandas**[a]というPythonライブラリを利用する方は多いと思います。pandasは分散処理に対応しておらずシングルノード内でデータの処理を行うため処理できるデータのサイズに限りがありました。そのため、データを分割したり、利用するデータのデータ量を減らしたりする必要があり、本来やりたかったことのスケールを落とさなければならないということがありました。

　さらに、システムに組み込む際が問題で、pandasで作成したモデル等をデータに適用する際にループ処理で数十万件を実行する必要がある場合、シングルノードにしか対応していないpandasでは、たとえ1実行が1秒で実行が終わったとしてもシングルスレッドで10万秒（約28時間）もかかってしまいます。

　しかし、2021年の後半にpandasが分散処理可能なApach Sparkから呼び出すことが可能なAPI[b]が実装されたことによってこのような状況を打破することが可能になりました。

　Apache Spark Pandas APIでは、いくつかpandasの標準関数が利用できないものがあるものの、最小限だけであれば、たった数行変更するだけでSparkの世界に移行できます。

　そのため先ほど10万秒の処理例でも、処理の内容やクラスターのスペックによりますが1時間以内に処理が完了するといった合理的な時間にまで落とし込むことが可能となりました。さらに、UDF（▶4.3節）と組み合わせることでさらに強力に分散処理化を進めることが可能です。

```
最小限の変更でOK（PySparkでの利用の場合）
- import pandas as pd
+ import pyspark.pandas as pd
```

　上記以外にも、Apach SparkにおいてGPU上で処理を高速化するRAPIDS ライブラリ[c]を利用したデータ処理、モデル、トレーニングにもサポートされているなどこれからも楽しみなプロダクトです。

---

[a] URL https://pandas.pydata.org

[b] APIといっても、Web APIとは違い内部のプログラムとしてSpark⟷pandas間で相互にアクセスできるインターフェースを指しています。

[c] URL https://nvidia.github.io/spark-rapids/

Hadoopのエコシステムで提供されるSQLはあくまで、SQLライク（SQL風）な体験を提供するものが多く、完全なSQLではありませんでした。そのため、微妙に違うSQLのために学習のコストを支払うもどかしさも当時ありました。オンプレミスの技術スタックでいうと、GreenPlumやApache HAWQといったMPPDBに関する技術も進展しました[17]。

クラウドでのマネージレスなクラスターの登場（Hadoop、Kubernetes、MPPDB）　Hadoopがクラウドへ

そして、2010年代の後半になると、少しずつクラウドがオンプレミスに対して台頭してきます。HadoopやMPPDBがクラウド上で提供されるようになり始めたのも、この時期です。当時はジョブの並列実行ができなかったりと、あまり使いやすいものではありませんでした。しかし、現在では繰り返しのアップデートのおかげで、オンプレミスに構築したデータ分析基盤とも遜色ない（もしくはそれ以上の）パフォーマンスを出せるように進化しました。

また、図1.4のように、ストレージと計算能力がデカップリング（分離）したことによってKubernetes（k8s）[18]などコンテナを使ったサービスでもビッグデータの技術が適用されるようになり（最近だとApache Sparkもコンテナ対応した）、ますます広がりが見られます。

ただ、選択肢が多いため何を使って良いのか迷ってしまう場合もあるかもしれません。成果が出れば何を使っても良いと思うのが筆者の立場ですが、ある程度一貫した考え方を自身の中で持ち、都度適切な技術を選択していくことが今のエンジニアには求められているように思います[19]。

＊17 Hadoopとの連携もありましたが、当時はpush downという機能がMPPDB側に実装されていないことが多く、大量のデータを読み込んだ後にフィルターをかけねばならず、ネットワーク上を数TBのデータが飛び交う羽目になり実運用では積極的には使えないものでした。

＊18 URL https://kubernetes.io

＊19 そうでないと、数年後バラバラな何かができあがってしまうといった事態が考えられるでしょう。

Column

意外と変わらない技術の根底

分散処理はKubernetesなどさまざまなサービスが現在登場していますが、中身を構成している根底の考え方は実はあまり変わっていません[注a]。たとえば、Hadoopでいう「リソースマネージャー」（resource manager）はKubernetesでいう「コントロールプレーン」（control plane）にあたり、それらが各ノードを管理するということは変わりません。名前が変わっているだけで役割は同じです。

そのため、これから分散処理を勉強される方は従来のビッグデータ技術と現行のビッグデータ技術の類似点に注目してみると、驚くほど同じしくみが登場することがあります。同じしくみであることがわかると、何かの技術の勉強する際にもその勉強を行うコストを少なくすることが可能です。

注a　当然ながら、技術的要素は変わってはいます。

図1.4 計算能力とストレージのデカップリング

1.3 データの変遷
ExcelからWeb、IoT、そして何でもあり(!?)へ

データは、増え続けています。量の増加に加えて、データの重要性や機密性そしてアプリケーションログや決済情報といった種類もデータから「パターン」や「関係」を得るために、多様化の道を進んでいます。

増え続けているデータ　有り余るほどあるデータ

少し現実離れするかもしれませんが、10年前（2010年前後）の段階で、いくつかの企業においてデータがどれくらい処理されていたか見てみます。

- ニューヨークの証券取引所では1日あたり4〜5TBのデータが生成
- Facebookでは月に7PB（7000TB）ものデータが生成

これが10年前（2010年前後）のデータ量です[20]。そして、Facebookにおける2021年現在ユーザー数は2010年当時の2倍以上ですから[21]、単純に考えても14PBほどのデータが毎月生成されている可能性があります。

データの処理はファイルのサイズが1GB（*Gigabyte*）を超えたあたりから、ビッグデータ用の技術を用いて分析や処理をしないと苦しくなります。しかし、1GBから先の技術スタックはこれらの企

---

[20] 『Hadoop: The Definitive Guide: Storage and Analysis at Internet Scale』(Tom White著、O'Reilly Media、2015)
[21] URL https://www.statista.com/statistics/264810/number-of-monthly-active-facebook-users-worldwide/

業が生み出してくれたもの（FacebookであればApache HiveやPresto*22）を利用することで大抵の
データ処理は不自由なく行うことができます。アメリカにおける時価総額トップ10の企業で使って
いて7PBを処理できるわけですから、大抵の企業ではこれらのツールを使うことで難なく処理でき
ることが想像できます。

また、現在担当しているデータ分析基盤の規模はまだ大きくないと考えている場合も、いつかは
所属している会社も発展し、大量のデータが流れてくることも考えられます。運用/技術の面で、デー
タの増加に対応できるデータ分析基盤の準備をしておくことは大きな強みになるでしょう。

▌重要性や認知を増すデータ　意思決定の大半はデータにより行われる

今ではDX（*Digital transformation*, デジタルトランスフォーメーション）と叫ばれることが多いです
が、DXの一角としてデータを利用し意思決定をしていく流れがあります。

たとえば、今までは何もせずとも売れていた商品も、データの力によってさらに販促力を高め、
国際競争で勝ち抜いていく必要があります。今までの勘と経験と度胸だけでは到底たどり着けない
ような新たな発見をするためにデータを集め分析し、施策を打っていく時代になりました。

また、何も企業単位の話ではなく「なんとなくこう思う」といった発言は、価値を持たなくなりつ
つあります。数値を元に客観的に話し、開発を行うことが現場レベルでも求められているのです（第
8章）。そのためには、データが必要不可欠になるのと同時に、より高品質なデータも求められます。
よって、いつでも正しいデータが正しい場所に存在しているのが当たり前の状態を作り出すデータ
分析基盤が求められます。

▌機密性を増すデータ　個人識別情報が含まれるのが普通

データにおける機密保持に対する姿勢も年々厳しくなっており、毎月データに関する何かしらの規制
が追加されています*23。ありとあらゆるところからデータが集まりますから、そのデータたちを集めて複
数のデータを同時に利用すると、それだけで個人の特定につながってしまう場合もあります。なお、本
書では「個人情報」は個人を識別できる個人識別情報（PII, *Personally Identifiable Information*）の意味です。

ほんの数ヵ月前までは問題なかったデータがいきなり規制対象になることも多く、取得側と規制
側のいたちごっこが今日も続いています。とはいえ、規制する側が悪いわけではありません。デー
タ分析基盤はあくまでそういった急激な変化に耐えられるデータ分析基盤作りを目指していくこと
が求められます*24。

---

* 22　**URL** presto:https://aws.amazon.com/jp/big-data/what-is-presto/?nc1=h_ls
　　　URL https://www.techrepublic.com/article/how-facebooks-open-source-factory-gave-rise-to-presto/
* 23　・国（改正個人情報保護）　**URL** https://www.ppc.go.jp/personalinfo/legal/kaiseihogohou/
　　　・民間（Cookie制約）　**URL** https://www.itmedia.co.jp/news/articles/2106/25/news067.html
* 24　このような背景もあってか、たとえばSnowflakeはアクセスポリシーとしてロール（*role*）ベースで機密データを保護す
　　　る機能を提供しています。　**URL** https://docs.snowflake.com/en/user-guide/security-access-control-overview.html

第1章 ［入門］データ分析基盤
データ分析基盤を取り巻く「人」「技術」「環境」

■ 種類の増すデータ 決済情報、ログデータ、ストリーミングなど

　シングルノード時代ではデータといえば、大半はExcelのデータやRDBのデータのみでした。今ではすべてのものがインターネットに接続し、ありとあらゆるところでデータが飛び交っています。IoT（*Internet of things*）や雇用情報、監視カメラ、騒音センサーのデータなど多種多様です。

　そのため、さまざまな**インターフェース**（*interface*）を使って、データ分析基盤へ即座にデータを取り込むためのシステム作りが求められます。

■ 活用方法の拡大 不正検知、パーソナライズ、機械学習、AI、検索

　現在では、SQLやExcelによる分析のみに止まらずデータを利用するアプリケーションの範囲はますます広がっています。一言に分析や機械学習と言っても、中身はさまざまな活用の形態が存在します。以下はデータ活用事例の一例です。

- SQLやBIツール、スプレッドシートによる分析
- 不正検知[25]
- パーソナライズ[26]
- AI（*Artificial inteligence*, 人工知能）による予測や分類
- レコメンド
- 検索
- 機械学習

　このような時代の中心となっているシステムへデータ分析基盤として価値を提供するには、一定程度のエンジニアリング力とデータ分析基盤としてのあるべき設計書が必要になってきます。なお、本書では、これらのシステムへ接続するまでをデータ分析基盤の定義とし、それをおもな解説の対象としています。

> ### TIP 分析プロジェクトのゴール
>
> 　「○○の利用」に関して、分析プロジェクトの失敗例として、「自然言語処理」「画像認識」をはじめ、目立つ技術に関心が偏ってしまい、分析すること自体が目的になってしまうケースもあるようです。
>
> 　分析プロジェクトのゴールは**統制の取れた**課題の解決です。本書でこれから解説するように「パターン」「関係」を見つけるためならば、もっと簡単な方法があります。また、システムを作るのみ、AIを適用するのみであれば、それは普通のシステム作りですから、DXとは呼べないでしょう。

---

[25] クレジットカードの利用場所がいつもと離れていたらアラートを鳴らすなどのシステム。

[26] 各個人にあった広告やコンテンツの提供を指します。

Column

データ/データ分析基盤のサイロ化

　データのサイロ化（*silos*）とは、各部門が独立して業務自体は完結してしまっており、お互いの間に壁が存在してしまっている状態です 図C1.B 。つまり、組織として縦割りの構造になっているということです。

　サイロ化が発生してしまうと、データを取り込むために同一の手法が利用できず特殊な設定やバッチを何個も作成しなければならないこともあり、作業コストが増大する恐れがあるのと、重複したデータが存在したり、同一IDでも別のものを指していたりするため、分析においても非常に非効率な事態が発生します。

　データが個別の状態ではなく、何かしらのしくみを使って統合されていれば利用者は複数のデータソースを見なくて済みますし、統合がしっかりとなされていれば、システムもシンプルで分析も遠回りをする必要がありません。

図C1.B　データのサイロ化

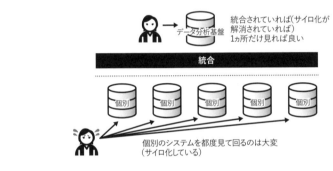

1.4 データ分析基盤に関わる人の変遷
データにまつわる多様な人材

　データの発展とともにさまざまな人の役割が生まれました 図1.5 。データ分析基盤ではさまざまなステークホルダー（*stakeholder*, 利害関係者）と協業していくことが求められます。

　本節では、求められるスキルもバックグラウンドも違うデータ分析基盤に関わる人々について解説を行います。

図1.5 データプロフェッショナルズとそのスキルセット

データエンジニア
プログラミング
(Spark,R言語など)
SQL
BIツール
分散システム管理
(データパイプライン設計)

データサイエンティスト
プログラミング
(Spark,R言語など)
SQL
BIツール
ラングリング
機械学習/AI

データアナリスト
SQL
BIツール
SQLベースの分析

データエンジニアのスキルセット　全米で急上昇な仕事8位 (IT業界以外含む) [27]

　データエンジニア(data engineer)は、データに関する3種のデータプロフェッショナルの中の一人です。データエンジニアは、データを集めて、統合して、分析をサポートするような付加価値をつけることを職責としています。

　ゴールとしてはデータから「パターン」と「関係」といった知識を抽出するためのデータ分析基盤の整備や、データを取り込むためのデータパイプラインを整備することにあります。

TIP　データパイプラインとデータソース

　データパイプライン(data pipeline)は「データの物流」のようなもので、データソースからデータが分析者の手元に届くまでのデータの流れを指します。データソース➡データレイク➡データウェアハウス➡データマート➡利用が、一番シンプルなデータパイプラインです。

　データソース(data source)とはデータの源であり、スモールデータシステムにおけるデータベースのテーブルデータやスプレッドシート、監視カメラのバイナリデータなど、2進数で表すことが可能なデータの生成源のことを指します。たとえば、以下のような三種類に分けられます。

- 自社データ(自社データベース、人事情報など)
- サードパーティデータ(気象情報や株価などの民間データ)
- オープンデータ(政府発行の人口統計をはじめとした統計情報などの国、政府機関が発表するデータ)

データエンジニアリング領域

　データエンジニアのスキルセットとしては、「データエンジニアリング」と呼ばれる領域を担当することになります。たとえば、以下がデータエンジニアリング領域にあたります。

---

[27] https://business.linkedin.com/content/dam/me/business/en-us/talent-solutions/emerging-jobs-report/Emerging_Jobs_Report_U.S._FINAL.pdf

- 分散システムの構築管理
- データの取り込みやETLを通したデータパイプラインの最適化
- データが格納されているストレージの管理
- ユーザーへのアクセス環境提供

データサイエンティストやデータアナリストが行った実験結果をプロダクトに反映し、これらの処理をワークフローエンジン（後述）やプログラミング言語を用いて自動化しデータパイプラインを作成していきます。

データエンジニアに求められる知識　データエンジニアとスモールシステムの知識

本書におけるデータエンジニアは「データ分析基盤の管理者」という位置づけで、本書のメインの解説対象です。

意外に感じるかもしれませんが、データエンジニアにはスモールデータシステムの知識も求められます。結局のところスモールデータシステムのデータの集合体がビッグデータになりますので、取得元のシステムの技術には詳しくないとビッグデータシステムに対して適切な技術を選択することができません。そのため、スモールデータシステムのバックグラウンドを持ったデータエンジニアが多いです。

データエンジニアは、エンジニアリングを通してデータから「パターン」と「関係」といった知識や知恵の抽出 / 創出をサポートすることにあります。

┃ データサイエンティストのスキルセット　データから価値を掘り出す

データサイエンティスト（*data scientist*）は、コンピューターサイエンスや数学のバックグラウンドがあることが多く、機械学習やディープラーニングの知見を持っており PythonやJavaを使いこなす人たちです。

マーケットトレンドに敏感で、ゴールとしておもにデータレイクやデータウェアハウスからデータラングリング（第2章で後述）などのデータ変換を駆使しながらデータを調査したり、データから「パターン」と「関係」を元に知識や知恵を抽出 / 創出することにあります。

┃ データアナリストのスキルセット　データから価値を見い出す

データアナリスト（*data analyst*）は、社内におけるビジネスプロセスや手続きに詳しいプロフェッショナルです。ビジネスに対する答えを持っている人でもあります。

SQLに詳しく、BIツールにも知見がある場合が多いでしょう。完全に分析モデルやアルゴリズムを理解しているわけではありませんが、ビジネス側の人とコミュニケーションを取りながら答えを導き出せる人材です。データサイエンティストと同じように、おもにデータウェアハウスとデータマートのデータから「パターン」と「関係」を探り出し、知識や知恵を抽出 / 創出することにあります。

第1章 [入門] データ分析基盤
データ分析基盤を取り巻く「人」「技術」「環境」

1.5 データへの価値観の変化
データ品質の重要度が高まってきた

　一昔前までは、データを集めさえすれば良いという風潮の中で、データ分析基盤は育ってきました。そのため、ほとんど意味をなさないデータも数多く存在していました。

　現在では、そのようなデータを排除すべく、データ品質をより強化していこうという流れになってきています。「データ品質」という用語は昔から存在していたのですが、あくまでトランザクション系システムだけに適用されるだけであり、データ分析基盤という大きな括りに適用されることはあまりありませんでした。

　本節では、データ分析基盤にとってデータ品質の重要度が高まってきた背景を解説します。

量より質＝Quality beats quantity

　先述のとおり、データ分析基盤ではとにかくデータがあれば良いという考えがありました。たしかにその考えはデータ分析基盤という役割の観点からは正しいのですが、「データを利用する」という観点からすると少しずれています。

　データを利用して何かのアウトプットを出すということは、インプットのデータが間違えていれば、必ずアウトプットは間違えるということです 図1.6 。間の処理を行うシステムや人は、決して魔法使いではありません。

図1.6　インプットが間違えていると、アウトプットは間違える

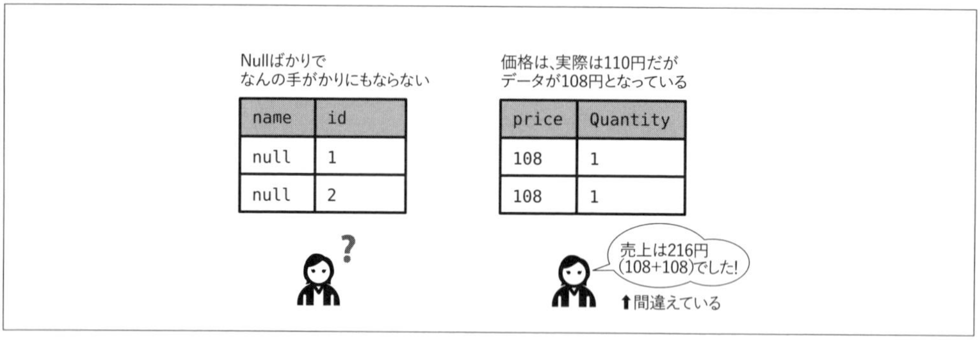

name	id
null	1
null	2

Nullばかりで
なんの手がかりにもならない

price	Quantity
108	1
108	1

価格は、実際は110円だが
データが108円となっている

売上は216円
(108+108)でした！
↑間違えている

データ品質とデータ管理への注目度が高まっている

Gartner によると[28]、クラウドの発展で低遅延のデータ収集や処理については課題と感じている人は少ない一方で、**データ品質含むメタデータ管理を通したデータ管理が課題**と感じている企業が多くなっています。

データ分析基盤を作ることは簡単になる一方で、作ったものをどのように利用したり、させたりするかというしくみ化へ注目が集まっている証でしょう。詳細は、第5章と第7章、第8章で取り上げます。

---

[28] URL https://www.sbbit.jp/article/cont1/35420/

Column

データにまつわる登場人物

本文で紹介したとおり、おもなデータプロフェッショナルは3職種が存在するのですが、業務の多様性からこの3職種だけですべてのデータ系業務が賄えることはほとんどなく、ほかにもさまざまな職種が生まれてきています。ここではそのうち二つの職種を紹介します。

ビジネスアナリストのスキルセット　データを正しく理解する

一つめがビジネスアナリストです。データアナリストとの違いは、よりBIツールをベースに分析を行っていく人です。事業におけるレポートの作成や、スプレッドシートを使った分析も行います。技術的なスキルとしてはSQLのスキルが求められます。おもにデータマートやデータウェアハウスのデータを利用して、意思決定をするためのレポートを作成するなどが主な業務です。

データスチュワードのスキルセット　データの利用を最大限に促す

「財産を管理することを任された者」という意味を持つスチュワードという役割も存在します。データ分析の現場では、データという財産を管理するという意味からデータスチュワードと呼ばれる人が活躍している組織も存在します。データ品質やメタデータ整備に始まるガバナンスや個人情報などのコンプライアンス管理を通して業務プロセスを改善し、最適化する人材がデータスチュワードです。データ分析基盤のステークホルダーは多くなりやすく、業務のプロセスが長く複雑です。ユーザーやシステムの調整を経て、既存データパイプラインを用いてデータをデータ分析基盤へ取り込むまでの業務を行うため、データ分析基盤やデータ活用に対して広く浅く知識を持っていることが求められます。さらに、データリテラシー（*data literacy*）[注a] を持っていない部署に対しても、データの啓蒙活動（例 問い合わせ対応など）を行うといった全体最適の思考を持った人材になります。

注a　データに対する正しい知識やそれを活用する能力。

第1章 ［入門］データ分析基盤
データ分析基盤を取り巻く「人」「技術」「環境」

1.6 データに関わる開発の変遷
複雑化するプロダクトと人の関係

データ分析は、個人の時代からデータプロフェッショナルの時代へ、そして現在では全員参加の時代になってきました。それに伴って、データに関する開発を行う方向性や手法も日々変わってきています。

■ データエンジニア中心のシステム　何をするにもデータエンジニアを介さなければならなかった

データ分析基盤は、最初はエンジニアが中心となって進めるものでした。なぜなら、構築する難易度や利用する難易度が非常に高かったためです。当然複雑なシステムになるため、システムを構築するデータエンジニアは時間をかけてパイプラインを作成しなければなりません。それはデータエンジニアの実力が劣っているわけではなく、中途半端なシステムを作成すると自分に跳ね返ってくることをエンジニアの本能としてわかっているからです。

基盤の構築/管理という観点では（利用する側の作業はなく）システムを作成する側の作業次第になりますから外部の要望を受けつつ、より複雑になるシステム構築もこなすデータエンジニアが担当するフェーズで大きくボトルネックが発生します*29。

また、システムを利用するにも、SQL実行の細かなルール（たとえば件数の多いテーブルはJOIN時に左側に持ってくる）を知った上でSQLを実行しないとあっという間にリソースを食い潰し、システムダウンということが頻繁にありました。データ分析基盤へはエンジニアでない人も参画してほしい気持ちはありつつ、ルールや制限を知った上で利用することはエンジニア以外のユーザーにとって難易度が高過ぎました。

■ とりあえずエンジニアに頼む　一部の玄人しか利用できない基盤

そうなると、当然データを使って何かを行いたいときはデータ分析基盤を管理しているエンジニアへ依頼が殺到します。

少人数かつ知見のある人たちだけで、運用やシステム作りをしている間は、口約束でシステムを構築するだけで気前良く新しいプロダクトを適用するだけで済みましたが、段々と組織が肥大化していくにあたって内々で守られてきたルールは通用しなくなります*30。ルール作りやダッシュボード作り、システム開発に、サーバーの調達、リソース管理に終われるようになり、開発よりも保守

---

*29 データエンジニアもチームなので、それほど人数が多くないことが多いようです。筆者の経験だと、実質2〜3人で3500人規模のユーザーが利用するシステムに対応していました。

*30 ここでその事実に気づければ良いですが、その事実に気づかないまま運用を続けると、ユーザー自らがデータ分析基盤を作った方が早いとなり、誰からも使われないデータ分析基盤になってしまいます。

がメインになっていってしまうような状態です。

エンジニアの大半のリソースを、本来の目的であるシステム作り以外のことに割かなければならなくなってしまったのです。

DataOpsチームの登場　価値のあるものを選択し素早くデータを届けることに価値を置く

データエンジニアのボトルネックもあり、時代の流れのなかで**DataOps**（*Data Operations*）という考えが生まれました **図1.7**。

DataOpsの目的は、データの収集からアナリティクスを通した価値提供（デリバリー）の速度を最大限にすることです。たとえば、データエンジニアが作成したデータパイプラインを、データアナリストやサイエンティストがノーコードもしくはローコードの形式データを取り込み、既存のデータにおいてはメタデータを参考にしながら分析を行います。データエンジニアは必要であれば、新規のデータパイプラインを作成するといった形です。

基本的にDataOpsにおけるデータエンジニアは、保守運用ではなく開発に集中します。そのため、少なからずDataOpsを組む前の環境よりは素早く価値をリリースできるようになるのです。

第8章で紹介する数値に基づいた開発も、DataOpsチームの特徴といえます。また、ツール整備によるセルフサービス化やメタデータの整備、データ品質の強化、プロセス改善を通して組織文化を継続的に改善していくこともDataOpsの重要な役割といえます。

本書ではDataOpsについては詳しくは触れませんが、DataOpsを支えるエンジニアリングは第2章〜第9章で紹介する内容をいかに組み合わせるかという問題になってきます。

今回の例だと、DataOpsを4つのフェーズに分けました。

- 計画
- 実施
- 分析/可視化
- フィードバック

計画フェーズでは、データをどのように使っていくのか、そもそもデータ分析基盤としてどのような機能を持ち合わせているのかといった認識を合わせます。また、どのようなデータを、どのように収集して、格納していくのか、格納したデータをどのように活用していくのかという道筋を立てていきます。実現するエンジニアリングとしては、本書の第1章（および第0章）で紹介するデータ分析基盤を取り巻く「人」「技術」「環境」の理解が必要になります。

実施フェーズでは、計画フェーズで検討した内容を実際に遂行していくフェーズです。実現するエンジニアリングとしては、第2章〜第4章および第6章で紹介する「データ収集」「データ処理」「データストレージ」「データマート作成」「データ分析基盤の管理」を用いながら実現していきます。

次の分析/可視化フェーズでは、データ分析基盤に蓄積されたデータへBIツールやノートブックを使いアクセスを行いつつ、データプロファイリングといった情報を元にしながら既存のデータを

41

第1章 [入門]データ分析基盤
データ分析基盤を取り巻く「人」「技術」「環境」

図1.7 DataOpsへの適用例

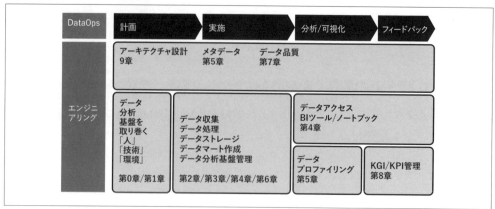

使い、「パターン」と「関係」をひねり出し、そこから施策を適用していきます。

フィードバックのフェーズでは、適用した施策がどれほどの効果があったのか、それともなかったのかを測定します。第8章で紹介するKGI/KPIを用いて定量的に評価を行います。そして、メタデータや、データ品質は全体を通してデータの活用やデータそのもののフォーマットや状態をユーザーに提供しデータへの理解をサポートします。

セルフサービスモデルの登場
各個人に権限を委譲、大人数で長期間運用することを前提とした構成

DataOpsと時を同じくして考えられたのが、セルフサービス（self-service）モデル 図1.8 に基づいたデータ分析基盤の構築です。図1.8 は、セルフサービスモデルを適用していないデータ活用の形態と、セルフサービスモデルを適用した場合のそれぞれの登場人物の役割を示しています。

図1.8 セルフサービスモデル

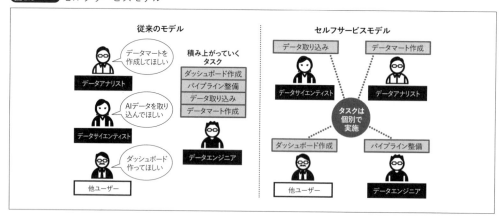

従来のモデルではデータエンジニアが調整から開発まですべてを行い、本来価値を見いだすべきところへの集中ができない実情がありました。そこで、本来のエンジニア業務へ集中させることはできないかということから始まった考え方がセルフサービスです。

セルフサービスはその名のとおり、自分自身（データを利用する人）で分析や目的達成のための処理を行うということを指しています。データ分析基盤の文脈だと、「エンジニアによってあらかじめ用意された適切な装備（インターフェース、後述）を利用して自分自身でデータを利用し価値を見い出す」というもので、すべてを丸投げするわけではありません。あくまでデータパイプラインの新規作成やシステムの不具合の対応、コストの最適化はデータエンジニアの仕事です。セルフサービスモデルに基づいたデータ分析基盤の構築については、第2章（データエンジニアリングの基礎知識）および第3章（データ分析基盤の管理＆構築）で解説を行います。

1.7 本章のまとめ

本章ではデータ分析基盤を取り巻く、人、技術、環境について解説しました。全員参加のデータ分析基盤は難しさもありますが、うまく実現できたときは効果絶大です。これからもさまざまな変化がデータの世界では起こり得ます。しかし、まったくのゼロから何かが生まれていることはなく、過去の何かを元にしてイノベーションが発生します。本章で紹介したデータ分析基盤を取り巻く「人」「技術」「環境」を念頭に、これからの変化にも対応していきましょう。

Column

移行は大仕事!?

とくに、マルチノード時代にデータ分析基盤を構築し、クラウド上に移行するエンジニアは、非常に苦労することが多いようです。データだけでも数PB（*Petabyte*）、使われている技術スタックはビッグデータが流行り出したことと、特定の分析に携わっている人との会話だけで生まれているデータ分析基盤ですから、技術選定もエンジニアの知識欲求を満たすようにバラバラ、明確な考えもなく、つぎはぎで作られたシステムになっていることが少なくなく、そのようなケースでは整理整頓してクラウドへ移行するのは極めて難易度が高いものになるでしょう[a]。

注a　いわゆる「技術的負債」で、意図的に作られたうえでの技術的負債というより、無鉄砲によるものといっても過言ではないでしょう。

第2 データエンジニアリングの基礎知識
4つのレイヤー

※1 「データソース」はデータの発生源となる部分。家のハードディスクや会社のファイルサーバーなどもデータソースにあたる。
※2 「コレクティングレイヤー」はデータソースからのデータの受付口となるレイヤー。
※3 「プロセシングレイヤー」は、ETL、データ品質の測定やメタデータの計算（や取得）などさまざまな計算処理を行うデータの処理レイヤー。
※4 「ストレージレイヤー」は、データやメタデータを保存するレイヤー。管理手法としてゾーンに分けて管理する方法がよく採用される。
※5 「アクセスレイヤー」は、データにアクセスするためのレイヤー。API、ノートブック、分散メッセージングシステムといったさまざまなインタフェースを通したデータアクセスを提供する。
※6 「ユーザー」は、アクセスレイヤーを通してデータ分析基盤内のデータを利用するシステムや人の集合体である。

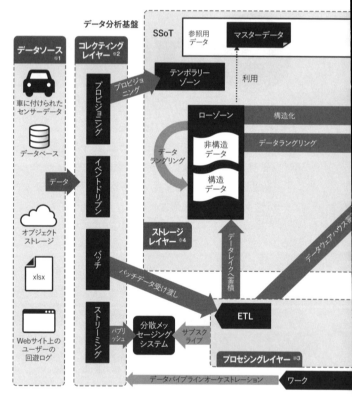

図2.A　データ分析基盤におけるデータエンジニアリングアクティビティ※

本章でははじめに、データ分析基盤を管理する「データエンジニアリング」を想定して、職責やナレッジを含めた基礎知識を概説します。データエンジニアリングでカバーすべき範囲は多岐にわたるため、大まかにでもデータ分析基盤全体を把握しておきましょう。

合わせて、本章ではデータエンジニアリングが扱うデータ分析基盤のモデルとして「ストレージレイヤー」「プロセシングレイヤー」「コレクティングレイヤー」「アクセスレイヤー」の4つのレイヤー（層）に大別したリファレンスアーキテクチャ[注A]を利用し、各レイヤーの説明や各レイヤーへの関わり方、行われる処理、用語について解説を行います 図2.A 。

注A　リファレンスアーキテクチャとは、よくあるユースケースに対応する技術スタックやシステム構成をまとめたものです。

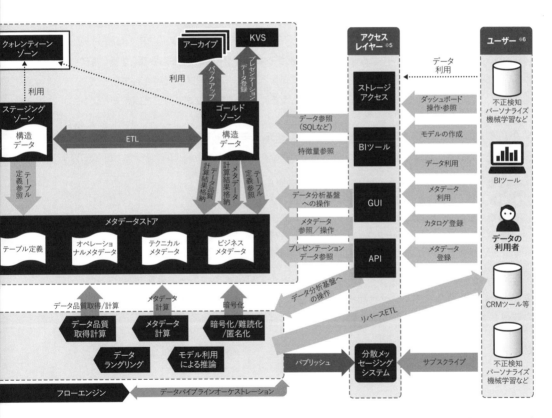

※ データ分析基盤で実施する基本的なデータエンジニアリングアクティビティについて関係する要素を「データソース」「コレクティングレイヤー」「プロセシングレイヤー」「ストレージレイヤー」「アクセスレイヤー」「ユーザー」に分けてまとめた図。データは「データソース」から発生し、「コレクティングレイヤー」を通して「プロセシングレイヤー」や「コレクティングレイヤー」に引き渡される。「プロセシングレイヤー」に引き渡されたデータが処理をされ、「ストレージレイヤー」や「アクセスレイヤー」に連携される。「アクセスレイヤー」ではユーザーがさまざまなインタフェースを通してデータを利用していく。

第2章 データエンジニアリングの基礎知識
4つのレイヤー

2.1 データエンジニアリングの基本
ポイントと本書内の関連章について

データエンジニアリングという用語が持つ意味は幅広く、さまざまな局面に立ちます。本節では
データエンジニアリングの基本と題して、データ分析基盤に向き合う際に心に留めておくと役立つ
事項を見ていくことにしましょう。

みんなにデータを届けよう　ニーズを押さえた品質の高いインターフェース

データ分析基盤のデータ利用におけるインターフェースは、まずSQLが挙げられます。また、SQL以
外にもメタデータ（本章および第5章で後述）や活用後のデータ[*1]を提供するためのAPI（*Application
programming interface*）に加えファイルによる連携など、さまざまなデータの利用に応えられるように**多く
の品質の高いインターフェース**を提供しましょう。さまざまなインターフェースが提供されているデー
タ分析基盤には、自然と人が集まります。データ環境を整えるためには重要なポイントといえます。

> **Note**
>
> とくに以下の章で解説しています。
>
> - 第1章　データ分析基盤を取り巻く「人」「技術」「環境」
> - 第3章　データ分析基盤の管理&構築
> - 第4章　データ分析基盤の技術スタック
> - 第6章　データマート&データウェアハウスとデータ整備

データを効率良く届けるためには、データに対するドメイン知識[*2]と、データの在り処をわかり
やすく表現することも重要です。データ利用のためにも、データ分析基盤の運用のためにも、**メタ
データの取得**および**データ品質の可視化**に対応して長期の運用に備えます。

> **Note**
>
> 以下の章で詳しく取り上げています。
>
> - 第5章　メタデータ管理
> - 第7章　データ品質管理

---

*1　本書ではプレゼンテーションデータと呼称しています。
*2　社内に存在する、暗黙的なルールや慣習、業界のルール、トレンドなど。

46

パフォーマンスとコストの最適化　パーティション、圧縮、ディストリビューション

　クラウドでデータ分析基盤を構築することのみを考えるなら、（フル）マネージドサービスを利用すれば比較的簡単に提供することが可能です。しかし、そこから最適なシステムに向けてアクションを取るためにはより専門的なエンジニアリングが必要です。

　バッチ処理もストリーミング処理も、適切な**パーティション**や**ファイルフォーマット**、**圧縮**、**処理エンジン**を利用して**データパイプラインの処理速度**を少しでも上げましょう。また、適切なワークフローエンジンを選んで、パイプラインの新規追加時にも素早く正確なデータパイプラインを作成できるように考えます。

> *Note*
>
> 　この点について、本書内でとくに関連が深いのは以下の章です。
>
> - 第2章　データエンジニアリングの基礎知識
> - 第3章　データ分析基盤の管理&構築
> - 第4章　データ分析基盤の技術スタック

　また、**コストの最小化**は利益の最大化につながります。不要なデータマートの削除やデータを利用する人の生産性を気にかけましょう。仮に10万円を毎月削減できるのであれば、毎月10万円売上を上げるのと同じです。

> *Note*
>
> 　以下の章で取り上げています。
>
> - 第3章　データ分析基盤の管理&構築
> - 第4章　データ分析基盤の技術スタック
> - 第5章　メタデータ管理
> - 第6章　データマート&データウェアハウスとデータ整備
> - 第7章　データ品質管理

データドリブンの土台　数値で語る

　データ分析基盤は作成したら終わりではありません。むしろ作成してからが勝負です。長期的かつ自律的にデータ活用していくためにも、システムを科学的に継続してモニタリングし、KPI設定は欠かさずに行います。

> **Note**
>
> この点については、以下の章で取り上げます。
>
> • 第8章　データ分析基盤から始まるデータドリブン

シンプルイズベスト

システム構成をシンプルに保ちましょう。意識したいポイントは以下のとおりです。

- より少ないプロダクトで
- より障害が発生しにくく
- すぐに復旧ができる

シンプルで**障害が起こりにくい**ことを前提に、システム構成を考えましょう。簡単そうに見えて難しいポイントです。クラウドのマネージドサービスをフル活用しつつ、手持ちの選択肢を多くしてシンプルにより多くのことを実現できるデータ分析基盤を構築していきましょう。

これらのことを考慮し、**データ分析基盤の根底となるプラットフォーム**を決めていきます。データ分析基盤は一度、構築する住み処を決めてしまうと、仮にそこから移行をするとなるとデータやメタデータだけでなく、それを利用する大量のシステムも一緒に変更をしなければならず、移行には大仕事になるためです。

> **Note**
>
> システム構成について、以下の章で簡単な例を元に思考の順序を追いながら解説します。
>
> • 第9章　［事例で考える］データ分析基盤のアーキテクチャ設計

2.2 データの世界のレイヤー
データ分析基盤の世界を俯瞰する

本書では、データ分析基盤のリファレンスアーキテクチャとして「コレクティングレイヤー」「ストレージレイヤー」「プロセシングレイヤー」「アクセスレイヤー」の4つに分けて説明を行います。

データ分析基盤の基本構造　データ分析基盤を俯瞰する

　データ分析基盤を作成するときや、データ分析基盤に関する書籍を読むときに、どこのレイヤーについて話をしているのかを意識することは深い理解につながります。一般的に、データ分析基盤は4つのレイヤーに分けることが可能です 図2.1 。

❶コレクティングレイヤー➡データを集める
❷プロセシングレイヤー➡データを処理する
❸ストレージレイヤー➡データを保持する
❹アクセスレイヤー➡データを利用する

図2.1　データ分析基盤の基本構造

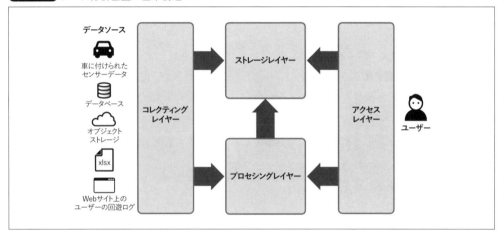

　本章では、それぞれのレイヤーで行う活動を紹介します。なお、各レイヤーの技術スタックについては第4章で後述します。実際のデータの流れに沿って、上記の順番で解説を行います。

コレクティングレイヤー　データを収集するレイヤー

　コレクティングレイヤー（*collecting layer*）は、データを集めるためのインターフェースの集まりです。コネクテッドカーや、RDB、支払い表などのExcelデータ、CRM（*Customer relationship management*）データ[*3]などさまざまなデータソースからデータが常に発生します。それらのデータを漏れなく集めることがコレクティングレイヤーの役割です。

　以下の4つのアクティビティを通して、データをプロセシングレイヤーやストレージレイヤーへ

［*3］　たとえば、Salesforceなどです。

データを受け渡します。

- ストリーミング（*streaming*）➡ 絶え間なくデータを収集する
- バッチ（*batch*）➡ 一定以上の塊のデータを収集する
- プロビジョニング（*provisioning*）➡ ひとまず仮にデータを配置する
- イベントドリブン（*event-driven*）➡ 何らかのイベント（出来事）が発生したときにデータ収集する

プロセシングレイヤー　収集したデータを処理するレイヤー

プロセシングレイヤー（*processing layer*）は、保存されたデータやメタデータに対して「関係」と「パターン」を見つけるために操作を行うレイヤーのことです。

- ETL（*Extract transform load*）
- データラングリング（*data wrangling*）
- データ品質計算 / メタデータ計算
- 暗号化 / 難読化 / 匿名化
- モデルの作成
- モデルを利用した推論[4]

というアクティビティを通して、データやメタデータの往来が激しくなるレイヤーです。プロセシングレイヤーにて処理されたデータやメタデータは、ストレージレイヤーにおける各ゾーンやメタデータストアに格納されます[5]。

ストレージレイヤー　収集したデータを保存するレイヤー

ストレージレイヤー（*storage layer*）は、データやメタデータを保存するレイヤーのことです。ストレージレイヤーの役割は広く、扱うデータの種類や用途によって利用する技術スタックが大きく異なります（▶4.6節）。データの規模としてもデータ分析基盤としては数TBや数PBに将来的に成長することが多いため、よりスケール可能なディスク領域であることが求められます。

また、プロセシングレイヤー、コレクティングレイヤー、アクセスレイヤーのアクティビティはすべてこのストレージレイヤーに対して行われるためより故障耐性が高く、高速な処理を行えるディスクが求められます。

さらに、データ分析基盤ではメタデータの保存も必須になります。メタデータはデータの属性を表すデータのことです。メタデータはメタデータストアに保存されます。メタデータストアはスト

---

[4]　オンライン推論とバッチ推論があります（▶2.4節）。
[5]　ゾーンやメタデータストアは2.6節「ストレージレイヤー」にて紹介します。

レージレイヤーに属していますが、データが保存されているデータストアとは別の領域(たとえば、データはS3に格納、メタデータはMySQLに格納されているなど)に保存されます。

アクセスレイヤー　ユーザーとの接点となるレイヤー

アクセスレイヤー(*access layer*)とはデータ分析基盤とユーザー(基盤の管理者含め)との接点を持つレイヤーのことです。データを利用するためには、何かしらのインターフェースを通してのデータへのアクセスが不可欠です。

アクセスレイヤーのインターフェースとしては、以下のものがあります。

❶ GUI

GUI (*Graphical user interface*) によるアクセスは、データ分析基盤内で管理する情報やアクティビティをWeb画面上で確認したり操作できるようにすることを目的としている。たとえば、メタデータの確認や更新、定期的なジョブの実行などがあたる

❷ BIツール(SQL)

BIツール(SQL)を利用したアクセスは汎用的な方法である。ただし、構造化されたデータにのみ適用可能なため、データ分析基盤における「データ変換する」とはデータに情報を付加しつつ何かしらの形で構造化することを一つの目標としている

❸ API

APIについて、データ分析基盤で利用するデータは膨大なため、**ローデータをそのまま返すようなAPIは不向き**である。そのため、データ分析基盤のAPIを通して提供されるものとしては、モデルを用いてバッチ推論した結果データの提供、集計データの提供、メタデータの提供、データ分析基盤へのオペレーションをラップ(*wrap*, プロセシングレイヤーへのジョブのサブミットなど)し提供することがメインの機能になる[6]

❹ ストレージへの直接アクセス

ストレージへの直接アクセスについて、ストレージ経由では**スキーマオンリード**(*schema on read*)という機能を利用してストレージを直接読み書きする機能を提供する。都度テーブルを作成してSQLを実行していたのでは時間がかかるのでアドホックに分析や処理を行うときに有効だ

❺ 分散メッセージングシステムに対するアクセス

分散メッセージングシステムは、ストリーミングデータ[7]を保存するために利用する。ストリーミングデータを利用するユーザーは、分散メッセージングシステムに保存されたデータを取得し利用する

利用方法の拡大とともに、データ分析基盤に求められるインターフェースも拡大してきました。今後もインターフェースは増えていくと考えられます。

＊6　機械学習後のデータを返却する場合はKVS (*Key value store*) を通してAPI経由でデータを返却したりします。

＊7　本書では、ストリーミングデータはIoTデバイスやWebの回遊ログといった絶え間なく流れてくるデータのことを指します(映像配信等で使われるストリーミングではない)。

第**2**章　データエンジニアリングの基礎知識
4つのレイヤー

2.3 コレクティングレイヤー
データを集める

　本節では、まずデータを集める入り口である「コレクティングレイヤー」で行われる処理について説明を行います。

　コレクティングレイヤーでは、おもに「ストリーミング」「バッチ」「プロビジョニング」「イベントドリブン」の4種類の方法を用いて、さまざまなデータを集めるための処理が行われます。

ストリーミング　絶え間なくデータを処理する

　ストリーミング（*streaming*）は、途切れることなくシステムに届くデータ（レコード）を順次受け付けプロセシングレイヤーへ引き渡しをしていく方法です。車に付けられたセンサーデータや、家電に付けられた温度センサーなどのIoTデバイスからのデータであったり、Webサイト上のユーザーの回遊ログなどはストリーミングデータにあたります。

　データが途切れないため、ストリーミングサービスのリリース難易度は高くなりがちですが、フルマネージドなサービス[*8]を利用することによって、ある程度難易度を下げることが可能です。また、次に紹介するバッチに比べてコストが数倍になる場合もあるため、サービス特性やROI（*Return on Investment*、投資収益率）観点でも考慮することも重要です。

バッチ　一定以上の塊のデータを処理する

　バッチ（*batch*）はひとまとまりのデータを指し、ある程度のファイルの塊を取り込む方式を「バッチ取り込み」と呼びます[*9]。RDBであったり、ファイルのような数MB（*Megabyte*）～数GB単位のファイルを取り込むことになります。

　ストリーミングと違い、リアルタイムのような速度は求められませんが、ジョブの数が多くなりがちなのでジョブのスループット（*throughput*）などを上げる工夫が求められます。バッチで受け付けたデータも、ストリーミングと同じようにプロセシングレイヤーへ引き渡されます。

プロビジョニング　ひとまず仮にデータを配置する

　上記2つ以外に、**プロビジョニング**（*provisioning*）という方法でデータを集めることもあります。

[*8]　最低限の設定のみ開放されており、それ以外の管理/運用は提供会社にまかせるケースが多いです。

[*9]　バルク（*bulk*）取り込みとも呼ばれます。

「プロビジョニング」は「仮の、準備」といった意味で、本書ではひとまずデータをデータ分析基盤へ取り込んでみるという方法のことを指しています。

バッチやストリーミングで取り込むということは、チューニングなどを考え、正規のデータパイプラインに載せることが前提になります。これらは、チューニングをしたりワークフローエンジンに載せたりと、手間のかかる作業です。

そこで、正規のデータパイプラインに載せる前に、とりあえず手動でも良いので「仮に」取り込んでみて見込みがなさそうであれば、そもそもバッチもしくはストリーミングでの取得を行わないという選択肢をとることが可能です。

プロビジョニング方式をデータ分析基盤として早めに提供すると、データの分析者は自分自身で必要なデータを見つけてデータを取り込むことが可能となり、データ分析の幅が広がります。自由にできる反面、不要なデータが蓄積してしまう場合が多いため、技術的な面よりもライフサイクルなど運用面を事前に検討する必要があります。

イベントドリブン　イベントが発生したら都度処理を行う

イベントドリブン（*event-driven*）とは、何かしらの出来事（イベント）が発生した場合に処理を行うことです。たとえば、S3にデータソース側からデータが配置されたというイベント（つまりデータソース側に配置してもらう必要がある）を検知して配置データに対して処理を行うようなしくみのことを指します。

図2.2 は、ユーザー[10]がxlsxファイルをデータ分析基盤にデータを配置したこと（イベント）を検知して処理を行う図です。

図2.2　イベントドリブン

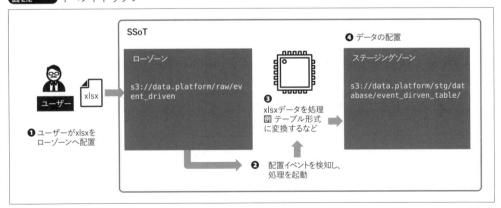

[10] もちろんシステム的に配置しても良いですし、今回の例のようにファイルである必要もありません。イベントが発生すればOKです。

第2章 データエンジニアリングの基礎知識
4つのレイヤー

❶にてユーザーがxlsxデータをローゾーンへ配置しています、❷では❶でのイベントを検知しxlsxデータを処理するためのプログラムを起動します＊11。プログラムはxlsxデータをテーブル形式に変換し（❸）ステージングゾーンへ配置して処理が終了します（❹）＊12。

イベントドリブンの利点は、**応答性の向上、時間分散が可能、リソース分散が可能**といった点が挙げられます。

たとえば、1時間に1秒間隔で3600ファイルが順次到着する状況を考えた場合、バッチであれば1時間に1度程度の頻度でデータの塊（3600ファイル）を一括で処理することになります。一方、イベントドリブンのしくみであれば、1秒間に1ファイルずつ処理を行えば同等の処理を行うことが可能となり処理に必要な時間が分散されます。

また、リソース分散の観点において大量のデータをバッチ処理するということは、一度に多くのコンピューティングリソースを利用することになります。イベントドリブンの場合は一つ一つ処理していくことが可能なため、一つの処理にかけるコンピューティングリソースは分散され小さく済みます。

また、順次到着するデータに対して逐次処理を行うことが可能であるため、最初に到着したデータの処理はバッチと違い処理されるまでおおよそ1時間待つ必要はなく都度処理されるため応答性が向上します。

これらのことから、データが順次到着するようなパターンであればイベントドリブンによるデータ収集（およびデータ処理）のしくみを考慮すると良いでしょう。

＊11 実際の処理は、プロセシングレイヤー（▶2.4節）で実施されます。
＊12 ローゾーンやステージングゾーンについては、2.6節「ストレージレイヤー」にて詳しく解説します。

Column

ETLからELTへ（!?）

本文で取り上げたとおり、ETLはExtract（抽出）Transform（変換）Load（転送）を並べた用語です。

現在ではETLというより「ELT」が主流になっている節があります。ELTとは一度何かしらのサードパーティツールやストレージに取り込み（*load*）、そこから必要に応じて変換（*transform*）していく形です。この背景としては、取り込むデータが非常に多く、変換してから転送を行うと時間がかかることと、RedshiftやBigQueryが持つ潤沢なリソースを使って、一気に変換まで実行するほうが効率が良いためです。クラウドをはじめ、幅広く採用されている技術を採用するだけでもまずまずのデータ処理が可能な時代になりました。

2.4 プロセシングレイヤー
データを変換する

本節では、「プロセシングレイヤー」で行われるデータのプロセシング（処理）タイプを紹介します。
プロセシングレイヤーでは、ETLだけではなく、ETLにつながる事前準備やETL後のデータのケア（データ品質測定／メタデータ取得など）などのプロセシングタイプが存在します。本節では「データラングリング」をはじめ、プロセシングレイヤーにおける重要用語をまとめて紹介します。

ETL　次の入力のためにデータを変換する

ETL（*Extract transform load*）はやや広い意味を持つ用語で、データを整形してより分析向けの形（フォーマット変換や圧縮含む）にしたり、精度の高いデータを作成する行為を指します。そのため、ETLというとバッチ処理のイメージを持つ人も多いかもしれませんが、ストリーミングデータにも適用される用語です。

ETLの技術として、バッチ処理においてはApache HiveやApache Sparkなどが使われます（いずれもSQLとJava及びPythonベースのもの）。ストリーミング処理においてはApache SparkのようなストリーミングフレームワークとApache Kafkaのような分散メッセージングシステムを組み合わせて利用するケースが多くあります[13]。

データラングリング　データに対する付加価値をつける

データラングリング（*data wrangling*）とは、非構造データを構造データにしたり、付加価値を付ける作業を指します[14]。

データ分析基盤内のデータがETLによってある程度成熟してくると、データウェアハウスが整備され、SQLの知識を保有することで誰でも簡単に分析可能な環境が整ってきます。そこで視野を広げ、成熟したデータをさらに便利にしたり、データレイクに存在する非構造データ（もしくは半構造データ）データにも目を向けてみることにします。

データラングリングについては非構造データであるExcelやPDFはもちろんのこと、場合によっては動画データのメタ情報なども引っ張り出してくるなど、何でもありな領域です。ただし、データラングリング自体は非常に難易度が高く特定のプログラミング言語（Pythonがよく使われる）に習熟している必要があることと、社内のドメイン知識が必要になってきますので、データサイエンテ

---

[13] Apache Sparkについて詳しくは、公式ドキュメントのほか、以下の本もお勧めです。
・『Spark: The Definitive Guide』（Bill Chambers/Matei Zaharia著、O'Reilly Media, Inc.、2018）
[14] データプレパレーション（*data preparation*）とも呼ばれます。

ィストやデータエンジニアリング（とくにデータサイエンティスト）がメインで活躍する分野です[*15]。

データラングリングの3つの作業

データラングリングでは、おもに以下の3つの作業を行います 図2.3 。

- データストラクチャリング（*data structuring*）
- データクレンジング（*data cleansing*）
- データエンリッチング（*data enriching*）

図2.3 データストラクチャリング/データクレンジング/データエンリッチング

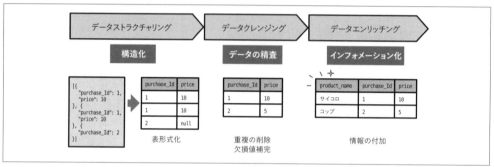

図2.3 では、半構造データであるJSONをデータストラクチャリングを通して構造化（表形式化）し、その後データクレンジングにて重複データの削除を行っています。

[*15] 海外では、CTO（*Chief Technology Officer*）やCDO（*Chief Digital Officer*）の方々も自身で行うケースもあるようです。たとえば、以下の「Leading by example」ではCTOやCDOが手本を見せてといった話が紹介されています。
URL https://hbr.org/2020/03/how-ceos-can-lead-a-data-driven-culture/

Column

データラングリングとデータプレパレーション

「ラングリング」は（データを）「こねくり回す」、「プレパレーション」は「準備する」という意味です。データ処理を自動化する前処理として、データレイクの中をこねくり回して、必要なデータを見つけ、必要情報の付加や不要データの削除を行う作業のことを指します[注a]。

はじめのうちは少し戸惑われるかもしれませんが、データラングリングとデータプレパレーションは**同じ作業内容**を指します。意図や文脈によって使い分けされ、セルフサービスにおけるデータ分析基盤の文脈だと、データプレパレーションが使われる傾向があります。

注a　実際に、PDFやExcelのデータを構造化することに興味のある方は『Data Wrangling with Python』（Jacqueline Kazil/Katharine Jarmul著、O'Reilly Media、2016）など参考にしてみてください。

最後に後の工程でも使いやすいようにデータエンリッチングで情報の付加を行い、データラング
リングが完了します。

なお、データクレンジングなどが、データラングリングやETLと同列の文脈で出てきてしまうこ
とがあり、混乱を招くことがあるようです。詳しくは以降で解説していきますが、まずは「ETL」と
「データラングリング」の大きな二つが存在して、それらの子として種別があることを理解できると
迷いにくくなるでしょう。

データストラクチャリング　データを構造化する

データストラクチャリング(*data structuring*)とは、非構造的なデータを構造化データにするような
操作を指します。

たとえば、PDFのデータ(たとえばPDFに売上のデータが含まれているなど)があった場合は、汎
用的なSQLで調べようとしても調べようがありません。そのため、この非構造データを構造データ
へ変換を行う必要があります。データストラクチャリングを通して、非構造データのパターンを見
つけ出し、構造化します。

データクレンジング　データの精度を高める

データクレンジング(*data cleansing*)とは、データに含まれた重複したデータ、壊れているデータ、
特定のフォーマットに沿っていないデータを取り除くことです。たとえば、Webサイト上で転送さ
れる回遊ログは、ユーザーが自由に設定可能な値が存在しているため意図しないデータが転送され

Column

データエンジニアリングの三種の神器(?)　Python、Java、SQL

あくまで筆者の個人的な認識ですが、「Python」「Java」「SQL」、これらが幅広い分野でデータ
エンジニアリングの三種の神器といえるでしょう。

PythonはSparkを実装する上で単純に記載できますし、プラグインも豊富です。いまや欠か
せない言語だと思います。

Javaはビッグデータを支える技術はJavaベースで開発されているものが多く(HadoopがJava
ベースだったことが影響しているかもしれません)、今でもJavaは分析系のプロダクトでSDK
(*software development kit*)の実装が早かったりと開発の優先順位が高いようです。

SQLについては、データ分析基盤は分散処理とSQLによって認知を得てきたといっても過言
ではありません。今の流れとしても機械学習やAIの学習をSQLで完結しようとする流れがある
ほどで、Amazon Redshift ML[注a]や、BigQuery ML[注b]など、続々とプロダクトができあがって
きています。これからSQLベースでの学習が、普及していくことを考えると機械学習の基盤や
AIの基盤も不要になり、大幅にコストカットできる部分も出てくるかもしれません。

注a **URL** https://aws.amazon.com/jp/redshift/features/redshift-ml/
注b **URL** https://cloud.google.com/bigquery-ml/docs/introduction/

第2章 データエンジニアリングの基礎知識
4つのレイヤー

てくることがあります。さらに、プロダクトによっては最低1回は転送するといった「at least once」のようなシステムもあります[16]。そのため、場合によっては正確にデータを送っていても、利用しているプロダクトの制約でデータが重複してしまうこともあります。

　そのようなデータは分析しづらいだけではなく、二重でデータをカウントしてしまうなど、間違えた意思決定の原因となってしまうこともあります。そこで不完全（もしくは不要）データの削除や、購入IDから商品カテゴリを調べ市場価格の平均を元の値と入れ替えたり（今回の例であれば、nullから5に変わっている。実務観点で言えば、元のデータであるnullもprice_orgなどのカラムとして取っておくとより汎用的）といった欠損値補完等を行い、精度の高いデータを目指すことが大切です[17]。

データエンリッチング　データ分析のための準備作業

　データエンリッチング（*data enriching*）はデータクレンジングしたデータに対して、分析に必要な情報を付加します[18]。

　たとえば、よく行われるのは、特定のユーザーに紐付いたセッション情報を付与することです。セッション情報とは、同一のユーザーと思われる人へ付与する一意となるIDのことです。セッション情報を使うことによってデータ間のユーザーの紐付けが容易になるため、特定のログから別のログに存在するユーザーを紐付けることも可能です。そのほかには、購入IDから実際の商品名を紐付けたり、既存のテーブルとJOINすることもデータエンリッチングの作業の一つです[19]。

> ### TIP　データラングリングと特徴量エンジニアリング
>
> 　データラングリングは、モデルを作成するためのデータを作成するプロセスである**特徴量エンジニアリング**としての文脈で語ることもできます。それぞれ以下のように対応付けることが可能です。
>
> - **データストラクチャリング** ➡**特徴量作成（構造化データを作成する）**
> - **データクレンジング** ➡**特徴量選択（必要なデータのみに絞る）/特徴量改善（欠損値の補完や重複を弾いたりする）**
> - **データエンリッチング** ➡**特徴量作成（既存の特徴量をより使いやすくする）**
>
> 　データエンリッチングによって最終的に生成されるデータが、モデルを作成することに利用されるのであれば**特徴量**と呼ばれ、そうでなければ**DWHのデータ**や**データマート**（のデータ）と呼ばれることが多いです。

---

[16] at least onceと一緒に利用される用語としてexactly onceと呼ばれる用語があります。exactly onceは「1回限り」を実現します。データが重複して良いことはありませんので選択可能なのであればexactly onceを選択しましょう。

[17] 目で見てすべて把握できませんので、第5章や第7章で紹介するような、データプロファイリングやデータ品質で取得した情報を利用します。

[18] 第6章で後述しますが、「Data」を「Informationにする」ことを意味します。

[19] 「データブレンディング」（*data blending*）とも呼びます。「ブレンディング」は「混ぜ合わせる」という意味。

58

ETLとデータラングリングの違い　データに対する付加価値をつける

　ここで一度、ETLとデータラングリングの違いについて整理しておきましょう。ETLとデータラングリングどちらも、複数のデータソースを結合/変換して構造化したデータに変換するという点では変わりはありませんが、ETLはより速度や保守性などを考慮してフォーマルに行われるという面がとくに違います。

　ETLは正規のワークフロー（*workflow*）として定義され、IT部署のプロフェッショナルによって構築/管理/最適化される一方で、データラングリングは原則IT部署のプロフェッショナルが担う作業ではありません。ワークフローとして定義できないような、手動でのタスクやさまざまな方法を使ってデータから価値を見つけ出すことに主眼をおきます。流れとしては、データラングリングで見つけた特定のルールを、ETLにてフォーマルにワークフローとして定義するという流れになります。

暗号化/難読化/匿名化　データを推測しづらくしてセキュリティやプライバシーに配慮する

　クォレンティーンゾーン（機密情報を保持する隔離された領域、後述）のデータを利用する場合、機密情報が含まれていることからデータを通常の状態とは違うデータに変換するマスク処理を検討しなければならない場合もあります。

　そこで**暗号化**（*encryption*）[20]、**難読化**（*obfuscation/deidentification*）[21]、**匿名化**（*anonymization*）[22]が行われます。

トランスペアレントエンクリプション　シンプルな暗号化方式

　トランスペアレントエンクリプション（*transparent encryption*）とは、データがディスクに書き込まれるときに暗号化され、読み出されるときに自動的に復号化されるしくみを指します。これは、データが読み込むことができれば、誰でも見えてしまう弱点が存在しています[23]。

エクスプリシットエンクリプション　機密データの暗号方式

　エクスプリシットエンクリプション（*explicit encryption*）とは、データをまったく使えないものに暗号化してしまうことを指します。「エクスプリシット」とは「明確に」という意味ですが、読み込みも、書き込みもまったく元のデータがわからないようにしてしまうことです。当然、これだと分析も不可能になってしまいます。たとえば、名前から性別を推測する際に、名前が暗号化されていては使

---

[20] データを特定のキーでデータの内容を他人にはわからなくするための方法です。
[21] 個人に紐付くデータを理解しにくくするプロセスのことです。情報が漏洩しても本来の値が推測されにくくなります。仮名化（仮名加工）などと呼ばれる場合もあります。
[22] 特定の個人や情報を識別できないようにするプロセスのことです。
[23] Amazon S3などのプロダクトでは、「サーバーサイドエンクリプション」（*server-side encryption*）などと呼ばれています。

第2章 データエンジニアリングの基礎知識
4つのレイヤー

えない場合があります[24]。しかし、ジレンマとして本当に重要なデータというものは分析で大きな力を持つので利用したいのが実情です[25]。

ハッシュ化　元のデータをわかりにくく変換する

ハッシュ化は、データをSHA256などのアルゴリズムを使って元のデータからハッシュ値を生成しその値に入れ替えることです **図2.4 ❶**。

ハッシュ値には、ハッシュ値から元のデータを復元することは実質的に不可能という「原像計算困難性」と同じハッシュ値になる別データを求めることが困難な「衝突発見困難性」という特性があります。つまりデータをわかりにくくしつつ、元のデータの特性（たとえば、一意性など）を保持したまま別のデータに変換できます。一方で、同じデータを入れれば同じハッシュ値が出てくるため、個人情報が紐付き解像度は変換前と変わりません。よって、あくまで難読化に特化した手法です。

ハッシュを用いて完全にデータを個人との紐付きを解除するためには、ランダムな値（ソルト / solt と呼ばれる）と一緒にハッシュ化することで個人を特定できなくする手法が取られます[26]。

ディアイデンティフィケーション　特定しにくくする難読化手法の一つ

そこで、データの特性を残しつつ個人を特定しにくいようにする**ディアイデンティフィケーション**（deidentification）が行われることがあります。この方法は難読化手法の一つで、とあるユーザー内で、データを入れ替えたり、別の値に置き換えを行いデータを特定しにくくする手法です。その方法として、ここでは2種類紹介します **図2.4 ❷❸**。

- **コーホート**（cohorts）**パターン**
- **サブトラクト**（subtract）**パターン**

「コーホート」は「共犯者」という意味です。悪い意味ではなく、コーホートパターンとは、たとえば、お互いに住所が近いデータを入れ替えてしまう手法です。データを相手と入れ替えるので、相手が共犯者という意味です。 **図2.4** では、place（場所）のレコードを交換して元のレコード値がどれかわからなくしています。 実装方法としては、「神奈川県 横浜市 泉区」のように市区町村レベルでグルーピングし、その中でランダムに入れ替える方法が現実的です。あまり細かいレベル[27]で実装すると処理も大変なのと、地域差で精度が大きくばらつくためです。

「サブトラクト」とは「引き算をする」という意味です。サブトラクトパターンとはたとえば、各事業の売上をすべて1,000円引いたりといった四則演算をして元の金額がわからないようにすることです。 **図2.4** では、データのprice（値段）をすべて10で割ることによって元のレコード値をわからなくしています。

---

[24]「Kevin」という名前であれば、男性であることが推定できます。

[25] マイナンバー（個人番号）などは、完全暗号化が好ましいです。

[26] こちらの場合は難読化というより、後述する匿名化にあたります。

[27] 住所は、たとえば次の❶〜❼のようなレベルで表現される場合があります。地域などによっても利用されるレベルが異なり、❶〜❹レベルで表現されるところもあれば、レベルが飛び飛びで表現される場合もあります。
❶都道府県 ❷市区町村 ❸大字・町 ❹小字・丁目 ❺街区 ❻地番 ❼枝番

2.4 プロセシングレイヤー
データを変換する

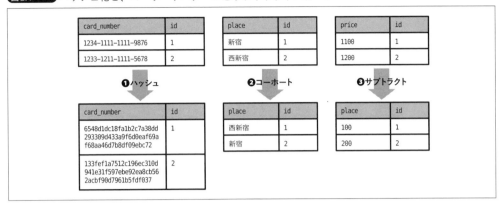

図2.4 ハッシュ化と、コーホートパターンとサブトラクトパターン

「これだけで大丈夫？」と思う方も、なかにはいるかもしれません。個人情報保護の観点だと、容易照合性（簡単に個人情報に紐付けることが可能かどうか）を否定できるかどうかが論点になることがあります[28]。つまり、コーホートでも、サブトラクトでも数段回手間を踏ませ「容易」に参照できないようにすることで個人情報が保護されているとするということになります[29]。

匿名化と匿名加工　個人情報を復元できないようにする加工

匿名化とは個人情報から、氏名、生年月日、住所、個人識別符号等、個人を識別することができる情報を取り除くことです。また、似たような言葉として匿名加工がありますが、除去等で加工した上で、特定の個人を識別することができないように加工する処理のことを指します。

難読化との違いは、難読化はデータを残しつつ別のデータに入れ替えるプロセス[30]なのに対し、匿名化はそもそもデータを取り除いてしまうことを前提としているところに違いがあります。同様に、匿名加工もデータを特定の個人に関連付けられないように加工する点で難読化と異なります。難読化はデータ自体を変形させるだけで、元の情報を保持していますが、匿名加工は特定の個人を識別できないようにするため、元の形に戻すことができないという点が異なります。

図2.5 に匿名化と匿名加工についてのイメージを示します。

---

[28] ハッシュ化を含む難読化は容易照合性を否定できないことが多いため、ここでの個人情報観点ではコーホートとサブトラクトの二つの方法について言及しています。

[29] この判断は、顧問の弁護士と話をしなければならない場合もあります。

[30] よって、さまざまな手段を講じれば本のデータを復元することも可能な場合があります。

図2.5 匿名化と匿名加工

元データ

カード番号	カードホルダー	利用日時	クレジットカード利用地点	利用金額(円)	店舗
1	斎藤 友樹	2021/11/11 10:10:00	神奈川県 横浜市 泉区 1-5-2	1230	激安スーパー神奈川店
2	山田 権平	2021/11/12 10:10:00	神奈川県 横浜市 泉区 1-6-2	133000	お高いスーパー
3	佐藤 七子	2021/11/12 10:10:00	神奈川県 横浜市 泉区 1-7-2	1430	激安スーパー神奈川店
1	斎藤 友樹	2021/11/11 10:11:00	大分県 別府市 鉄輪 1-8-2	1530	激安スーパー大分店
2	山田 権平	2021/11/13 10:10:00	神奈川県 横浜市 泉区 1-9-2	22630	お高いスーパー

匿名化(加工)

匿名加工

利用日時	クレジットカード利用地点	利用金額(円)	店舗
木曜日(平日)	神奈川県	1000~1300	スーパー
金曜日(平日)	神奈川県	100000~	高級スーパー
金曜日(平日)	神奈川県	1300~1700	スーパー
木曜日(平日)	大分県	1300~1700	スーパー
土曜日(平日)	神奈川県	20000~50000	高級スーパー

　クレジットカードの利用データを保持しているテーブルを元のデータとして考えます。テーブルには、カードの番号、カードホルダー、(カードの)利用日時、クレジットカード利用地点、金額、店舗が保持されています。この元データを匿名化(加工)すると下のようなテーブルの形式となります。

　まずカードホルダーやカード番号は匿名化によりデータが削除[31]されています。そして、残りの項目は元の情報がわからないように利用日時であれば木曜日、クレジットカード利用地点は県名のみ[32]といったように個人との対応関係をできる限り排除しています。

　今回のような匿名化の例は**k-匿名化**(*k-anonymity*、**k-匿名性**)と呼びます。対象となるデータ内に、同じ属性値(たとえば、神奈川、スーパーという値)を持つデータがk件以上(神奈川はk=4件, スーパーはk=3)存在する(k-匿名性を満たす)ようにデータを変換することで、個人が特定される確率をk分の1以下に低減させることができます。

　匿名化を行うのに特別なライブラリは不要で、クレジットカード利用地点であれば、都道府県部分のみ抽出するという匿名化は以下のようなPySparkのコードで実装することが可能です。

```
# 正規表現で都道府県部分のみ抽出
k_anonymity = df.withColumn("クレジットカード利用地点", regexp_replace(col("クレジットカード利用地点"),
r'^(.*?)(県|都|府|道).*$', '$1$2'))
```

---

[31] 抑制 (*suppression*) といいます。

[32] 汎化 (*generalization*) といいます。

匿名化（加工）を行うと、かなりの情報量が失われてしまいます。分析できる範囲は狭まりますが、曜日ごとの利用金額の平均であったり、県および店舗ごとの集計などの統計情報は変換後のデータでも実施可能です。

データ品質／メタデータ計算　データの状態を可視化する

データは保存して利活用を待つほかにも、データに関して行うべきことがあります。データに関する情報のサマリーを取得する**データプロファイリング**（第5章、メタデータ管理）やデータが好ましい状態であるかどうかを確認する**データ品質**（第7章、データ品質管理）の測定も、プロセシングレイヤーで行われる処理になります。

データ品質の測定やメタデータ計算を計算してくれるツールも存在しますが、基本はApache Spark向けのDeequライブラリ[33]などを使ってデータ品質やメタデータ取得処理を自前で実装するケースが現段階では多いです。ストレージレイヤーに格納後、別のジョブでデータ品質やメタデータの計算をすることもありますし、ストリーミングにおいてはデータを受け付けたときに1行（レコード）ずつデータを評価することもあります。

モデルの作成　世の中の事象をルールに当てはめる

データ分析基盤で行われる業務の一つとして**モデルの作成**があります。データ分析基盤文脈では、モデルといっても「機械学習モデル」や「AIモデル」といったようにさまざまな形式がありますが、まずはモデルの前に付く形容詞に惑わされずに、「モデル」という言葉について理解していきましょう。理解のためであれば、モデルは世の中の事象を「一定のルールに当てはめること」と言い換えることができます。

たとえば、以下を満たす場合にクレジットカードの不正利用とみなす検知のモデルを考えてみましょう。

- **地理的に前回の利用地点から、1時間以内に100km以上離れた場所で利用があった**

この検知ルールを満たすためにデータラングリングを行った上で 図2.6 （上方のモデル適用前のデータセット）のような特徴量を作成したとします。 図2.6 （下方のモデル適用後のデータセット）では、特徴量を利用してルールベースモデル適用後のアウトプットとして「適用結果」カラムにクレジットカードの利用が正常か不正かを判定した結果を保存しています[34]。

---

[33] **URL** https://github.com/awslabs/deequ/
[34] 判定することをしばしば「適用する」と呼びます。

第2章 データエンジニアリングの基礎知識
4つのレイヤー

図2.6　クレジットカードのデータと推論後

モデル適用前

カード番号	カードホルダー	利用日時	クレジットカード利用地点	利用金額(円)	店舗
1	斎藤 友樹	2021/11/11 10:10:00	神奈川県 横浜市 泉区 1-5-2	1230	激安スーパー神奈川店
2	山田 権平	2021/11/12 10:10:00	神奈川県 横浜市 泉区 1-6-2	133000	お高いスーパー
3	佐藤 七子	2021/11/12 10:10:00	神奈川県 横浜市 泉区 1-7-2	1430	激安スーパー神奈川店
1	斎藤 友樹	2021/11/11 10:11:00	大分県 別府市 鉄輪 1-8-2	1530	激安スーパー大分店
2	山田 権平	2021/11/13 10:10:00	神奈川県 横浜市 泉区 1-9-2	22630	激安スーパー神奈川店
3	佐藤 七子	2021/11/12 11:15:00	US California Orange County	14300	HOGE PEKE ゲーム

モデル適用

モデル適用後

カード番号	カードホルダー	利用日時	クレジットカード利用地点	利用金額(円)	店舗	適用結果
1	斎藤 友樹	2021/11/11 10:10:00	神奈川県 横浜市 泉区 1-5-2	1230	激安スーパー神奈川店	正常
2	山田 権平	2021/11/12 10:10:00	神奈川県 横浜市 泉区 1-6-2	133000	お高いスーパー	正常
3	佐藤 七子	2021/11/12 10:10:00	神奈川県 横浜市 泉区 1-7-2	1430	激安スーパー神奈川店	正常
1	斎藤 友樹	2021/11/11 10:11:00	大分県 別府市 鉄輪 1-8-2	1530	激安スーパー大分店	不正
2	山田 権平	2021/11/13 10:10:00	神奈川県 横浜市 泉区 1-9-2	22630	激安スーパー神奈川店	正常
3	佐藤 七子	2021/11/12 11:15:00	US California Orange County	14300	HOGE PEKE ゲーム	不正

　モデルといっても難しいと構える必要はなく、上記のようにルールを機械的にプログラムでIF文などを使って処理することもモデルを作るということに該当します（このようなモデルを**ルールベースモデル**とも呼ぶ）。

　機械学習モデルとなっても基本のコンセプトは同じで、データ分析基盤内に格納されたデータを用いて学習しモデルを作成します。（教師あり学習であれば、）モデルの作成が先述のようにルールを事前に決めるのではなく、データ内の関係と正解データによって機械的にルールを作成しそのルールに従ったモデルを出力し利用するという手順をとっています。

　ビッグデータでは、データを見てルールを人力で作成することが困難であったりすることから機械学習モデル（やAIモデル）が登場したというわけです[35]。

---

[35] 実際の開発の現場では、ルールベースモデルではじめ順次機械学習モデルへ移行していくような流れをとることもあります。

モデルを利用した推論　データをルールに通したらどうなったのか

モデル作成後はそのモデルを使って、実際のデータにモデルを適用することになります。適用のタイプもいくつかあり、「バッチ推論」「オンライン推論」の2つのどちらかを利用することが多いです[*36]。**バッチ推論**は事前に大量のデータに対してモデルを適用する方式で、**オンライン推論**では到着したデータに対して順次モデルを適用する方式です。

図2.7 に、バッチ推論とオンライン推論の流れを図示しました。ストレージレイヤー（▶2.6節）やアクセスレイヤー（▶2.7節）など次節以降に関わる言葉も出てきますが、第0章で紹介した技術の特徴を思い返しながら見ていきましょう。

図2.7　バッチ推論とオンライン推論

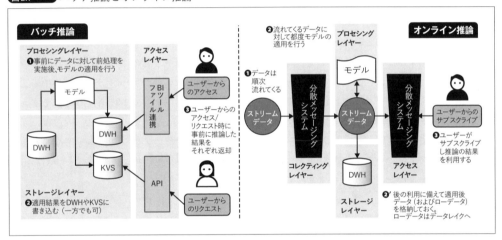

まず、バッチ推論ではDWHに保存されたデータがあります。プロセシングレイヤーにてそのデータに対してモデルを適用しています（❶）。適用した結果は、KVSもしくはDWHへ書き込み（両方でも片方でもOK）を行います（❷）。推論後データはKVSもしくはDWHにありますので、それぞれユーザーからのアクセスに応じてDWHであればBIツールやファイル形式での取得、KVSへのアクセスであればAPIからのアクセスにて推論した結果を取得しています（❸）。

オンライン推論では、分散メッセージングシステム（データを分散して管理/配信するミドルウェアのこと。▶2.7節）に対してストリームデータが順次流れてきます（❶）。流れてきたデータはプロセシングレイヤーにて順次取得され、モデルを適用し再度分散メッセージングシステムへ格納しています（❷）。また、推論後のデータを分散メッセージングシステムとDWHやデータレイクにも書き込むのは、BIツールやファイル連携を行うためだけではなく、長期的に保存しておくことで後々の分析ニーズや機能ニーズに答えるためでもあります（❷'）。この点はオンライン推論でもバッチ推

[*36] モデルの作成で紹介した例はバッチ推論です。

論でも変わりありません。最後に分散メッセージングシステムに格納したデータをユーザーがサブスクライブして推論後データをユーザーへ届けています（❸）。

モデルの作成、適用、提供に関連するコンポーネントには以下があります。

- Amazon SageMaker　URL https://docs.aws.amazon.com/ja_jp/sagemaker/
- Vertex AI　URL https://cloud.google.com/vertex-ai
- Apache Spark　URL https://spark.apache.org

リバースETL　データを外部システムに連携する

リバースETL（*Reverse ETL*）とは、データ分析基盤（おもにDWHやデータマート）からデータを取り出し、適切な形式に変換した上で外部のツールやシステムにデータを送り込む処理のことを指します。つまり、ETL（外部➡データ分析基盤の流れ）と逆の動きをするという意味からリバースETL（データ分析基盤➡外部）という名前が付けられています。

データを活用する上で最も大切なことは、最終的なアウトプットをどのようにするのか？という点になります。たとえば、BIツールでデータを可視化するというのは、データ分析基盤の中のデータを利用して図表等のグラフでわかりやすくするという行為がアウトプットにあたるわけです。

今までは、データ分析基盤内で閉じたデータの利用がメインでしたが、多くのサービスがSaaS化していく中でさまざまなサービスを組み合わせてプロダクトやそのエコシステムを形成する必要性が日に日に高まっています。このような情勢の中でデータを外部と連携する方式の一つであるリバースETLの重要性はこれからも高まっていくでしょう。

厳密にはリバースETLはプロセスレイヤーで処理を行いアクセスレイヤー（▶2.7節）を超えて外部のアプリケーションに接続するという2つの層をまたがる処理になりますが、プロセシングレイヤーの技術的（▶4.4節）な要素が強いため本節で紹介しました。技術的な要素を絡めたより詳細な流れは4.4節で紹介します。

2.5 データ分析基盤におけるデータの種別とストレージ戦略

プロセスデータ、プレゼンテーションデータ、メタデータにおける保存先の選択

データ分析基盤のデータを効率的に利用を行うためにはデータの種別に応じた適切なストレージ戦略が必要となります。

本節では「プロセスデータ」「プレゼンテーションデータ」「メタデータ」という3つのデータの定義と、それぞれに適した保存先の選択について紹介します。データ分析基盤における各種データ利用

の特性を把握し、どのストレージにどのデータを配置するべきかを見極めることで、効率的なデータ管理とデータ利用を実現できます。

プロセスデータ/プレゼンテーションデータ/メタデータ　データの種別と利用用途の組み合わせにより格納場所が変わる

　ストレージレイヤーの話題に入る前に一度「プロセスデータ」「プレゼンテーションデータ」「メタデータ」という言葉を定義しておきます。

　まず先に、**プレゼンテーションデータ**は、ユーザーが最後に触れるデータとします。たとえば、モデルによってバッチ推論された推論後データはユーザーが利用する(もしくはユーザーに作用する)ことになりますのでプレゼンテーションデータと分類します。また、BIツールでの可視化を考えた際に、BIツールから参照しているデータはプレゼンテーションデータです。

　そして、プレゼンテーションデータを作成するためのデータ(たとえば、モデルを作成するための特徴量)やデータレイクに保存されたローデータなどは**プロセスデータ**と呼ぶこととします[37]。

　メタデータは、データを補足するための情報です。たとえば、プロセスデータに付随するメタデータとしては、ローデータが「どのシステムから取得されたか」や「どのような処理が施されたか」といった情報が該当します。さらに、プロセスデータからプレゼンテーションデータを生成されることを考えると、プレゼンテーションデータに付随するメタデータとしてはさらに「集計後等のデータの生成日時」や「データの定義」を加えるなどが挙げられます。

　データ分析基盤におけるストレージレイヤーは、データ分析基盤で行われるアクティビティによって生み出される「プロセスデータ」「プレゼンテーションデータ」「メタデータ」のすべてを保持する場合があり、データの種別とアクティビティの組み合わせによってそれぞれデータの保存先が異なります。

各種データとデータ置き場オーバービュー　データの種類とアクティビティによって保存先を使い分けよう

　先述したとおり、各種データ(プロセスデータ / プレゼンテーションデータ / メタデータ)には保存に適したストレージやデータベースがあります。

　データ分析基盤におけるデータ量とデータの取り出し速度の特徴を見てみましょう。

- **データ量**
  - データレイク > DWH > プレゼンテーションデータストア[38] > (メタデータストア)
  - ➡データレイク側に近づくほど、大量データを安価に格納できて検索などのデータベース機能を必要としないストレージが好まれる
- **データの取り出し速度**
  - プレゼンテーションデータストア > (メタデータストア) > DWH > データレイク
  - ➡プレゼンテーションデータストアに近づくほど、データを高速で取り出すことが求めらる

＊37　いずれも執筆時点で、適切な言葉がありませんでした。

＊38　筆者が説明のために造語しました。

データエンジニアリングの基礎知識
4つのレイヤー

表2.1 ■ アクティビティとストレージレイヤー（保存先）の関係表

<table>
<tr><th colspan="2" rowspan="2">アクティビティ/保持先</th><th>データレイク</th><th>DWH（データウェアハウス）</th><th>DWH（データマート）</th><th>メタデータストア</th><th>プレゼンテーションデータストア</th></tr>
<tr><th>オブジェクトストレージ（S3など）やHDFSなど</th><th>オブジェクトストレージ（S3など）やMPPDB（Redshift, BigQueryなど）</th><th>オブジェクトストレージ（S3など）やMPPDB（Redshift, BigQueryなど）</th><th>RDBやGlueなどのクラウドサービスもしくはメタデータ管理ツール（OpenMetadataなど）</th><th>KVSやデータ量が少なければRDBなど</th></tr>
<tr><td rowspan="4">プロセスデータ</td><td>ローデータ/マスターデータの保持</td><td>○</td><td></td><td></td><td></td><td></td></tr>
<tr><td>クレンジング後データ/マスターデータの保持（特徴量など含む）</td><td></td><td>○</td><td></td><td></td><td></td></tr>
<tr><td>中間データ（処理のチェックポイントなど）</td><td></td><td>○※</td><td></td><td></td><td></td></tr>
<tr><td>ノートブック利用等による一時データの保持（データラングリングなど）</td><td></td><td>○※</td><td></td><td></td><td></td></tr>
<tr><td>メタデータ</td><td>メタデータの保持</td><td></td><td></td><td></td><td>○</td><td></td></tr>
<tr><td rowspan="4">プレゼンテーションデータ</td><td>BIツールで参照するためのデータ保持（BI（SQL）への直接アクセス）</td><td></td><td>○</td><td>○</td><td></td><td></td></tr>
<tr><td>モデル適用後のデータ保持</td><td></td><td>○</td><td></td><td></td><td>○</td></tr>
<tr><td>ファイルアクセス時のアクセス先（ストレージへの直接アクセス）</td><td></td><td>○</td><td>○</td><td></td><td></td></tr>
<tr><td>（外部システム連携前提の）サマライズしたデータの保持（Embedded BI等の用途）</td><td></td><td></td><td>○</td><td></td><td>○</td></tr>
</table>

※ 一時データである場合はテンポラリーゾーンへの保存が好ましい。

表2.1 は、プロセスデータ、プレゼンテーションデータ、メタデータと各アクティビティに対応するストレージが何に対応しているのかという組み合わせを示したものです。

たとえば、ローデータについてはデータが加工されていないため高速にアクセスしてデータを利用するというより大量のデータをノートブック（Jupyter Notebook）などから参照しデータを観察（データラングリングなどを通した一時的なテーブルの作成など）するため、DWH（一時的なのであれば、一定時間で削除される一時的な保存領域への格納が好ましい。このような領域をテンポラリーゾーンと呼ぶ）への保存が好まれます。一方で、（外部システム連携前提の）サマライズしたデータ（プレゼンテーションデータ）などは、データ分析基盤外のアプリケーションに接続する想定のためデータの取り出し速度が相応に求められるKVS等のプレゼンテーションデータストアに保管し利用します。

このように、データの種別とアクティビティに応じて適切な保存場所を都度選択する必要があります。

2.6 ストレージレイヤー
データやメタデータを貯蔵する

本節では、ストレージレイヤーにて行われるアクティビティについて紹介を行います。一言にデータを貯めるといってもさまざまな「貯める」が存在しています。

■ データレイク/DWH　　プロセスデータをメインとして管理する場所

データレイクでは手のつけられていないローデータ（構造、非構造を含む）、DWHではマスターデータおよびデータラングリングやETLによって生成された構造データが保管されている領域です。

データレイクやDWHは、収集したデータの保管や変換後のデータの保管を担うデータ活用の中心となる部分です。そのため、データの保存先にはデータ容量の増加、データの種類に対応する柔軟性と、故障に対する堅牢性を兼ね揃えている必要があります。

データレイク/DWHのデータストアに関連するプロダクトを以下にまとめました。クラウドであれば、データレイクはS3などのオブジェクトストレージ、DWHであればS3でも実現可能ですが、RedshiftやBigQueryといった選択肢も出てきます。オンプレミスであればデータレイク/DWHとしてはHDFSなどのブロックストレージ（▶ p.170のコラム「ストレージのタイプ」）が利用されることがほとんどでしょう。

クラウド
- **データレイク**
  - Amazon S3　**URL** https://aws.amazon.com/jp/s3/
  - GoogleCloud の Cloud Storage　**URL** https://cloud.google.com/storage?hl=ja
- **DWH**
  - Amazon S3　**URL** https://aws.amazon.com/jp/s3/
  - GoogleCloud の Cloud Storage　**URL** https://cloud.google.com/storage?hl=ja
  - Amazon Redshift　**URL** https://aws.amazon.com/redshift/
  - Google BigQuery　**URL** https://cloud.google.com/bigquery/

オンプレ
- **HDFS　URL https://hadoop.apache.org/docs/r1.2.1/hdfs_design.html**

ただ単純に、データを乱雑に貯めるだけではデータの利用を妨げるため、次項でデータレイク/DWHにおけるデータの管理について見ていきましょう。

マスターデータ管理　　マスターデータによってデータはもっと活きる

データ分析基盤には、部署コード、商品コードなどさまざまな**マスターデータ**が集まります。マスタ

ーデータは、データエンリッチングやデータマートを作成する際に、とくに重要なデータになります。

マスターデータ管理（*master data management*、MDM）にはいくつかの方式が存在していますが、ここではデータ分析基盤でよく使われる**データ活用型**（*data utilization type*）の**マスターデータ**管理について紹介します。なお、データ活用型以外にも、中央集権型、共存型、レジストリ型などがあります。

データ活用型のマスターデータ管理　既存のシステムが大量にある場合はこの方式がお勧め

データ活用型のマスターデータ管理は、データ分析基盤以外のシステムでマスターデータを生成し、それらのマスターデータを集約し統合することでデータ分析基盤としてのマスターを作成する方法です。

残念ながら、データ活用を行う前提で周りのシステムを設計しているケースは稀で、あくまで自分のシステムにあった形でマスターデータを管理していることがほとんどです。そのため、マスターデータをそのままデータ分析基盤に適用すると、更新条件であったり、スキーマ設計等がデータ分析基盤の思惑と合致せず、なかなかうまく進まないことがあります。

そこで、データを活用するために各システムからデータを取り込んで、データ分析基盤の中（もしくは別のデータ分析基盤へのマスター提供を前提としたシステム）でデータ分析基盤用のマスターデータを作成し、データ分析基盤処理では作成したマスターデータを利用する方法がデータ活用型のマスターデータ管理です。バラバラのマスターデータをマージして、マスターテーブルの数を少なくするアクションを取ることが一般的です。

データのライフサイクル管理　データの誕生から役目の終わりまで

データのライフサイクルとは、データがデータソースから発生してから、削除またはアーカイブされるまでのデータの流れを指します。データが発生してからデータが利用されるまでの流れは整理されているケースが多いのですが、保存されているデータが役目を終えたときのことが忘れられている場合があります。

データ分析基盤というと、データを消さない、データを無制限に溜め込んでいるというイメージがあるかもしれませんが、実際はそうでもありません。不要と判断されるデータは容赦なく**削除される**のと、必要に応じてコストの安いストレージへ**アーカイブ**されます。昨今、ストレージの料金は安くなりましたが、それでも数PBを保存するとなると月に数百万円かかる場合もありますので、削除や**アーカイブ**をしっかりと行い、ストレージにかかる固定資産税化を防ぎましょう。

データのゾーン管理　データを管理するときの基本

データ分析基盤では、データ管理において5つの「ゾーン」に分割してデータを配置することが一般的です。各ゾーンの分類を確実に分けておくことによって、データを漸次的（たとえば、ETLプログラム❹➡ETLプログラム❺のように連鎖しながら処理をしていくこと。一般的にデータを順次整形していくことが推奨されている）**な変換が可能**、ETL処理のリトライ、データライフサイクル設定、プロセシングレイヤーでの処理、コレクティングレイヤーからのデータ配置、アクセスレイヤ

一からのアクセス権限等の管理/整理が容易になります 図2.8 [*39]。

図2.8 ゾーンのパスの組み合わせの例（Amazon S3の場合）※

※ 図では、以下のように想定している。どこに何を作るかはある程度自由だが、ゾーンの名称にあった配置が好ましいだろう。
- s3://data.platform/raw/iot/ ➡ IoTデバイスのためのローデータ保管場所
- s3://data.platform/raw/provisioning/ ➡ プロビジョニングパターンのための保管場所
- s3://data.platform/temp/ ➡ データ退避などのための一時保管場所
- s3://data.platform/stg/database/table/ ➡ ステージングデータのための保管場所
- s3://data.platform/gold/database/table/ ➡ 本番データのための保管場所
- s3://data.platform/quarantine/ ➡ 機密データのための保管場所

❶ ローゾーン

ローゾーン（*raw zone*）は、集めたデータをそのまま保存しておく場所。ExcelやPDFといったバイナリデータもそのまま保存しておく。データ分析基盤においては、データレイクの役割を果たすゾーンである。なお、ロー（*raw*）とは手をつけていない、そのままのという意味。文脈によっては「ブロンズゾーン」（*bronze zone*）と呼ばれる場合もある

❷ ステージングゾーン

ステージングゾーン（*staging zone*）のおもな役割はイミュータブル（不変）なデータの提供である。オリジナルのデータを修正してしまうと、いざ修正しようとしたときに戻すことができなくなる。理論的に、このデータを保持しておけば大惨事があったときにでも、ゴールドゾーンのデータを修復することができる。データウェアハウスとデータレイクの半々くらいのイメージを持つと良いだろう。

また、ステージングゾーンが生まれた別の要因としては、データ分析基盤において本番（相当）のデータを有したステージング環境を別で用意することは思いのほか難しいためである。なぜならば、数TBにもわたるデータを別の環境へコピーをしたりメタデータを同期しなければならなかったりする必要があるのがその理由だ。そこで、データやメタデータを別の環境にコピーしなくても済むようにステージングゾーンという考えが出てきた[*40]。文脈によっては「シルバーゾーン」（*silver zone*）と呼ばれる場合もある

❸ ゴールドゾーン

ゴールドゾーン（*gold zone*）は「ゴールド」という名前が示すとおりデータ分析基盤における主要なゾーンで、データマートやデータウェアハウスの役割を果たす。このエリアのデータがデータマートになり、BIツールなどで公開されたり、機械学習などのアプリケーションに利用されることになる

[*39] このようなアーキテクチャを「**メダリオンアーキテクチャ**」と呼んだり、「（マルチ）ホップアーキテクチャ」などと呼ぶ場合があります。ゾーン名にゴールドなどと付くのはアーキテクチャの名称の「メダル」に由来しています。

[*40] 昨今では、さらにデータを遡ることが可能なタイムトラベル機能も出てきました。p.167のコラム「Apache Iceberg」も参照してください。

❹クォレンティーンゾーン

クォレンティーン（隔離）ゾーン（*quarantine zone*）は、機密情報を保持する隔離されたゾーン。ここのデータを参照する人は限られていることが多いが、データの分析において価値が高い情報があるため許可制で利用することがある

❺テンポラリーゾーン

テンポラリーゾーン（*temporary zone*）には、プロビジョニングによって配置されるデータを格納する。ユーザーが、気が向いたときに好きなデータや、対象のデータのオーナーに声をかけてデータを取り込む。そして、そのデータが「見込みあり」であれば、正式にワークフローエンジンへ定義し取り込みを行う。不要なデータが残りやすいエリアなので、自動的にデータが消えるような設定を入れておくと良いだろう

▌プレゼンテーションデータストア　外部アプリケーションとの連携を前提とした保存場所

　プレゼンテーションデータストアは、おもにプレゼンテーションデータを保存する領域として利用されます。プレゼンテーションデータストアは、

- **システム連携に備え、高速な応答速度を求められる場合**
- **BIツールやノートブックなどからの分析利用に備え、大量のデータの効率良い処理が求められる場合**

とがあり、それぞれの目的に沿ってストレージやデータベースを利用します。

　前述のとおり、データ分析基盤では、前者のような目的のデータはKVS（▶第0章）に格納されることが多く（規模によってはリレーショナルデータベースが選択される場合もある）、後者の場合はDWHに保管しBIツールなどからDWH内のデータを参照することで利用します。

　システム連携に備えた前者のケースの場合は、プレゼンテーションデータストアは以下のようなデータを提供するためにデータを保持/管理する役割があります。

- **モデル適用後のデータ提供**　**例** 0.3節「外部への付加価値の提供」項
- **サマライズしたデータ提供（集計後のデータなど、後述）**　**例** **図2.9**

　図2.9 ではWeb/ネイティブアプリケーションに連携し、画面の一部をデータ分析基盤が担う形となっている例です[41]。Web/ネイティブアプリケーションにはさまざまな機能（画面）がありますが、そのさまざまな画面のうちの数画面がデータ分析基盤と連携しているイメージです。

　❶ではサードパーティのデータソースから売上データ（salesが売上）を受け取っています。

　❷では、事前に保存済みの（マスターデータ等含む）データセット（❷'）と❶のデータを利用して、後続のKVSへ格納するためのデータ整形を行い2つのテーブルを作成しています。今回の例ではデータソースのデータを用いてcategories（カテゴリーごとの集計）、summary（全体の売上のサマリー）、monthly_sales（月ごとの集計）などを保持するSalesデータ集計テーブルと元のsalesデータにカテゴリーの値を付与して保存するテーブルの2種類のテーブルを作成しています。

---

[41] このような機能を「組み込みBI」（*embedded BI*）と呼ぶ場合もあります。

2.6 ストレージレイヤー
データやメタデータを貯蔵する

図2.9 データ分析基盤と付加価値提供（集計データ等の利用）

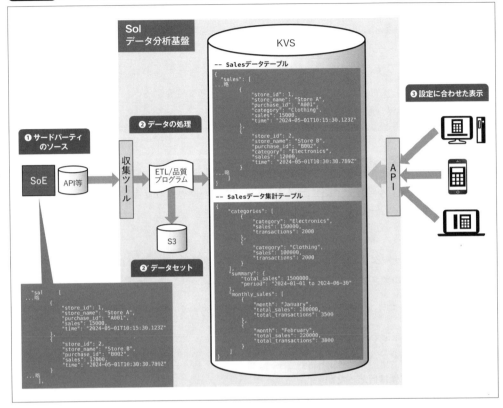

❸にてフロントアプリケーション側で、画面の構成やユーザーの設定に合わせてデータをAPI経由で取得し表示します。

もちろんさらにアドオンで、0.3節で紹介したようにユーザーからのアクセスログ等を再度データ分析基盤へ取り込みも可能です。

BIツールを使って分析や可視化を行うことは可能ですが、Webアプリやネイティブアプリへ組み込む際のメリットとして以下のような点が挙げられます。

- Webアプリケーションのように慣れ親しんだアプリで利用することによって追加のトレーニングが不要
- 業務❹をWebで実施して、BIによる分析業務を行うためにBIツールへと切り替えるといった作業が不要なためコンテキストスイッチの削減が可能

これらのデータ提供を前提とした構成は、データ分析基盤を中心とした「**データプロダクト**」[42]構

---
[42] データを使った製品構築を第一とするプロダクトのこと。

築には最重要な機能です。

システムとの連携を前提とし、データの利活用をより労力を少なくかつ継続的に行えるようにすることでデータの循環が機械的に発生し、改善のサイクルを自動的に回していくことができるようになります。

プレゼンテーションデータストアの管理については、データモデルの設計など技術的な要素が多いので4.7節で紹介します。とくに、後者のパターンは2.8節で紹介するヘッドレスBIを利用した構成への変更が有効な場合があります。

▌メタデータストア　メタデータを管理/保存する場所

メタデータを保存する領域をメタデータストア（*metadata store*）と呼びます。メタデータストアには、以下のようなメタデータを管理する役割があります。

- ビジネスメタデータ（例 テーブル定義やドメイン知識）
- テクニカルメタデータ（例 ログデータや技術詳細、データ品質、データプロファイリング情報）
- オペレーショナルメタデータ（例 操作履歴など）

メタデータは、以下のようなユーザーからの疑問に応えるための最初の入口となります[43]。

- 「Aの処理はどれくらいで処理が終わるのか？」
- 「Aの処理は成功しているのか？」
- 「Aテーブルの定義は何だったか？」
- 「Aテーブルの更新条件は何だったか？」

メタデータを正確に管理することで、データを理解するためのヒントを見つけ、次につながるアクションが起こしやすくなります。

メタデータは「コレクティングレイヤー」「プロセシングレイヤー」「ストレージレイヤー」「アクセスレイヤー」から何らかの形で利用されます。メタデータストアはデータストアとは異なる場所に格納されるのが、データ分析基盤の構成としては一般的です。メタデータの管理方法については第5章で紹介します。

＊43 詳しくは第5章（メタデータ管理）で後述します。

Note

メタデータ管理のプロダクトを、以下にまとめました。OpenMetadataのようにOSSとして提供されているメタデータ管理プロダクトやSaaS型のメタデータ管理サービス（OpenMetadataはSaaS版もある）も昨今では多く登場しています。クラウド上のサービスであれば、AWS Glue DataCatalogが有名です。オンプレミスであれば、MySQLなどのリレーショナルデータベース（▶Appendix）をメタデータストアとして利用することも可能です。

- **Amazon Glue DataCatalog**
  URL https://docs.aws.amazon.com/glue/latest/dg/what-is-glue.html
- **Google DataCatalog**　**URL** https://cloud.google.com/data-catalog/
- **Alation**　**URL** https://www.alation.com
- **Amundsen**　**URL** https://github.com/amundsen-io/amundsen/
- **Apache Atlas**　**URL** https://atlas.apache.org
- **Quollio**　**URL** https://quollio.com/product/data-catalog/
- **OpenMetadata**　**URL** https://open-metadata.org/

2.7 アクセスレイヤー
データ分析基盤と外の世界との連携

　本節では「アクセスレイヤー」を取り上げます。スモールデータシステムと異なり、データ分析基盤へのアクセスレイヤーはインターフェースが多くなる傾向があります。ここでは、「GUI」「BIツール（SQL）」「API」「ストレージへの直接アクセス」「分散メッセージングシステム」5つのインターフェースおよび、インターフェースを統一的に扱うセマンティックレイヤーを解説していきます。

GUI　Web画面の提供

　データ分析基盤のクラウド環境を管理するコンソールなどは、データ分析基盤の幅広いユーザーに開放することはできませんので、その代わりに不便にならないようにGUI（おもにWebブラウザで利用可能なインターフェース）を提供します　図2.10 。データ分析基盤において、GUIで提供するおもな機能は2種類あります。

- メタデータの参照/更新
- データ分析基盤へのオペレーション

図2.10 は、ユーザーがGUI経由で、メタデータやデータ分析基盤へのオペレーションを行っている図です。たとえば、メタデータアクセスであれば、

- テクニカルメタデータを参照してデータのファイルフォーマットを確認
- ビジネスメタデータにおけるドメイン知識の更新や参照
- オペレーショナルメタデータを参照して、データ処理（たとえばETL）がいつ終わるのかを確認

といった用途で使われます。これらは別々の画面として存在しているのではなく、テーブル単位などのページで固まっていることが多いです。

また、データ分析基盤へのオペレーションであれば、

- データ分析を行うために必要な計算リソース（クラスター）を作成
- 分析を行うため、一時的にテンポラリーゾーンへファイルの配置を行う

といった業務が行われます。

図2.10　GUIとデータ分析基盤のインテグレーション

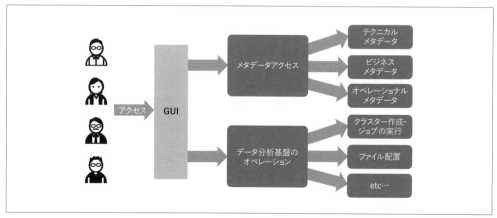

GUIを通したメタデータの参照/更新　みんなの強い味方

メタデータをエンジニアだけでなく、エンジニア以外のユーザーにも届けるためにGUIを通してメタデータを表現することで、メタデータの参照を実現します。とくに、ビジネスメタデータはドメイン知識を持った人（ドメイン知識を持ったユーザーは、エンジニアではない場合が多い）が更新することが好ましいです。そのため、GUI（Webブラウザ）での編集機能も備えておくことで、よりデータ利用を促進できます。

GUIを通したデータ分析基盤へのオペレーションの提供

データ分析基盤を利用するユーザーは、エンジニアに限りません。エンジニアだけであればコマン

ドラインの実行などを手順として盛り込んでも問題ないかもしれませんが、幅広いユーザーにそれを要求することはできません*44。提供可能な切り口としては、たとえば以下のような方法があります。

- テンポラリーゾーン（Amazon S3やGoogle Cloud Storageで代用されることが多い）へのデータ配置
- 後述のAPIと連携したデータマート（第6章）を作成するためのクラスター作成、およびジョブの実行

　幅広いユーザーを想定するためとはいえ手段を際限なく準備するような対応は難しいので、実際には利用するユーザー数などに応じてGUIで操作可能な部分は必要に応じて拡張すると良いでしょう。

BIツール（SQL）アクセス　データアクセスの王道

　アクセスレイヤーの一番のメインツールとして使われるのが**BIツール**です。事前にメタデータストアに作成されたテーブル定義を利用して、データに対してSQLを実行していきます*45。
　スモールデータシステムで頻繁に利用するMySQLやPostgreSQLで、SQLを発行するのと同じような感覚で利用することが可能です*46。

ストレージへの直接アクセス　データの貯蔵庫へ直接アクセスをする

　SQLを経由して使うような（たとえばApache Hiveなど）事前にスキーマを定義しておくことによって使う方式を**スキーマオンライト**と呼びます。Apache Sparkなどのプロダクトは、スキーマオンライトだけでなく、**スキーマオンリード***47と呼ばれる、データを利用する際に事前に定義されたテーブル定義（スキーマ）を必要としない方式にも対応しています。その際は、テーブル定義を経由したアクセスではなく、**ストレージレイヤーのデータを直接読み取ってデータを操作する**ことが可能です。
　また、プロダクト間でファイルのやり取りを行う場合は、ストレージレイヤーのファイルをコピーしてAmazon RedshiftやGoogle BigQueryへ読み込むこともあります*48。

＊44　本書では分けていますが、BIツールやノートブックも、GUIの一種に含まれます。

＊45　事前にテーブル定義を用意して利用することを、スキーマオンライト（*schema on write*）方式といいます。

＊46　現在のデータ分析基盤界隈では、すべてのデータに関わる成果物（分析、機械学習、AI）などは、SQLで実行することができるように目指している動きがあります（▶p.57のコラム「データエンジニアリングの三種の神器（？）」）。データが利用しやすい、SQLの活用に落ち着いてくる可能性は十分あるでしょう。

＊47　ParquetやAvroはファイルの内部にスキーマ情報を保持しており、その情報を利用することで実現します。

＊48　1点補足ですが、次節のファイル連携でも同様のデータ利用が出てきますが、アクセスレイヤーからのユーザー主体で見るとストレージにアクセスしているように見える一方で、データ分析基盤の中から見るとファイルを連携しているように見えるため記載を分けています。しかしどちらも同様のデータ利用です。

> **Note**
>
> これらのプロダクトは別の機能としてストレージレイヤーに格納されたデータに対してプロダクトへ取り込まずとも外部テーブルとして利用することも可能です。ただし、スピードはプロダクトストレージとしてAmazon Redshiftなどの内部に取り込み処理を行うよりも処理が遅くなる傾向があります。
>
> - **Amazon Redshift Spectrum**
>   **URL** https://docs.aws.amazon.com/ja_jp/redshift/latest/dg/c-using-spectrum.htm
> - **Google BigQuery** **URL** https://cloud.google.com/bigquery/

[参考]Sparkにて、プロセシングレイヤーからストレージレイヤーのParquetファイルを読み込む

参考までに、以下はSparkを用い、プロセシングレイヤーからストレージレイヤーのParquetファイルを直接読み込む例(スキーマオンリード方式)です。

```
Sparkにて、プロセシングレイヤーからストレージレイヤーのParquetファイルを読み込むとき※
df=spark.read.parquet("s3://data.platform/data/*")
df.show()
# 読み込んだデータからサンプルテーブルを作成（Parquetファイル内にカラムや型の情報が含まれているため作成
ができる）
df.createOrReplaceTempView("sample")
# SQLを発行（テーブル定義を事前に定義しなくてもOK）スキーマオンライト方式の場合は事前にCreate TABLEで
spark.sql("select * from sample")                    sampleテーブルを作成しておく必要がある
```

※ 断りがない限り、本書で利用するSparkのバージョンはすべて3.1.2でPythonはすべて3.8、実行するSQLはHiveSQL（後述）。また、実行するレイヤーはすべてプロセシングレイヤーとする。

ファイル連携　ファイルを介したデータの連携

データ分析基盤で生成したデータをスモールデータシステムやサードパーティツール[49]と連携する場合の一つの選択肢として、素朴な方法になりますが、**ファイルによる連携**が行われます。ファイル連携には、以下のような2種類の方法があります。

❶ストレージレイヤーのファイルをコピーや編集をして渡す

データをコピーして対向のシステムへデータを渡す場合は、SSoT[50]のルールを守りデータのサイロ化をさせないようにルールを作成するか、そもそもユーザーにはコピー先しかインターフェースとして提供しないといった方式をとることが必要である。データのコピー自体は簡単だが、データ漏えいやサイロ化の進行を防ぐために、コピーしたデータをどのように管理するか、利用させるかといった備えが重要である

❷ストレージレイヤーのファイルを直接参照させる

ファイルを直接参照させる場合は、SSoTの原則は守ることができるので、データ分析基盤が乱立してデータがサイロ化するなど管理不能になる可能性は低くなる

＊49 データ分析基盤で集計したデータをGoogle AdsenseやSalesforceなどのCRMツールと連携することがよくあります。
＊50 データを1ヵ所に集める概念のことを指します。詳しくは第3章にて解説します。

ファイル連携を行うファイルの形式としては、**Parquet**や**Avro**といったデータ分析基盤でよく利用される列指向／行指向フォーマットやCSV形式が使われることが多いです[*51]。

現在では、ファイル連携用のコマンドがAmazon RedshiftやGoogle BigQuery、Snowflakeなどのプロダクトに組み込まれています（たとえば、Amazon RedshiftではCOPYコマンドとして提供されている）。

それらのコマンドを使うことによってS3やGCSなどのオブジェクトストレージに格納されたParquetやAvroを対象のプロダクトに読み込ませることが可能です。

TIP RDBと、ParquetやAvro

スモールデータシステムで利用されるRDB（たとえばMySQLなど）は、ParquetやAvroには対応していません。よって、スモールデータシステムにも組み込めるように一度ParquetやAvroからCSVやJSONへ変換した後に、スモールデータシステムへ連携するといったことも行われます。

データエンリッチング　データに付加価値をつける

ファイル連携を提供する上で重要なテーマが**データエンリッチング**（*data enriching*）です。「情報を付加する」ことを「エンリッチング」といいます。

データ分析基盤としてローデータをそのまま返却していたのでは、ファイル連携として提供する意味はほぼありません。ファイル連携をするのであれば、単純に現在存在しているデータをそのまま返却することはせず、データ分析基盤でなければできないような、複数のサービスをまたがった集計データを提供することが大切です。ローデータをそのまま渡すことは大量のデータを渡すことになり（100GBなど）、非効率です。そこで、「付加価値」という視点に立つと、効率の良いデータの受け渡しの実現が見えてくるでしょう。

クロスアカウントによるアクセス　アカウントを分けてアクセス

サードパーティツールとの連携も含みますが、アクセスレイヤーからのアクセスの種類として**クロスアカウント**によるアクセス（*cross-account access*）もしばしば行われます。たとえば、データ分析基盤を運用しているAWSアカウントとそれ以外のAWSアカウントが存在（機械学習システムなど）している場合に、データの利用は機械学習システムのアカウントからデータ分析基盤のアカウントへ向けてアクセスを行うというものです。

図2.11 では、中心となるデータ分析基盤を軸にして、クラウドやオンプレミスで構築された他のデータ活用システム（たとえば機械学習や、不正検知システム、ログ蓄積基盤など）がアクセスを行っています。

仮にクロスアカウントによるアクセスを使わない場合は、データ活用システムを一つのアカウン

[*51] プロダクトがサポートするフォーマットにも差があります。たとえば、Apache ORC（*Optimized row columnar*）は素晴らしいフォーマットですが、サポートされているプロダクトが少なく、いざ別のプロダクトと連携しようとすると対象のプロダクトがORCフォーマット未対応ということがあります。その際は、ORCフォーマットからParquetに変換して連携しなくてはならないことが筆者の経験上多いです。データ分析基盤のフォーマットに迷った場合、Parquetにしておくことをお勧めします。

トで構築/管理する必要があり、すべてのエンジニアにすべてのシステムの深い知識（依存関係など）が必要になってしまいます。

一方で、アカウントごとに役割を分業し、担当することでアサインはアカウント単位となり必要とするスキルセットは少なくて済みます。

かなり自由度が出る反面、対向先のユーザーにも一定程度のデータへの理解が求められます。どうしても業務の幅の広さから人材確保が難しく、開発速度の差が顕著になる場合は、このようなパターンを考えてみても良いかもしれません。

図2.11　クロスアカウントによるアクセス

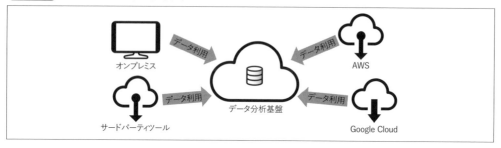

API連携　データ分析基盤へのアクセスをラップする

アクセスレイヤーにおけるインターフェースとしてAPIによる方式もよく利用されます。データ分析基盤におけるAPIの役割としては以下の3点が挙げられます。

- データ分析基盤へのオペレーションを提供
- プレゼンテーションデータストア（例KVS）に格納したレコメンド結果や機械学習データなどの推論結果の提供
- メタデータの取得/更新

データ分析基盤においては、ローデータをそのまま返却するとサイズが非常に大きくなるためデータの返却自体が不可能といえます。そのため、ローデータをそのまま返却するような前提でAPIを構築しないようにしましょう[*52]。仮に、大きなデータサイズの連携を行うのであれば、ファイル連携による連携を考慮します。

また、Amazon Web ServicesやGoogle Cloudが提供するプロダクトはAPIの機能をはじめから有している場合もあるので、プロダクトが提供するAPIと連携しながらAPIの作成を考えてみることが良いと思います。

[*52] 仮に、どうしてもそのような事態が必要な場面に遭遇した場合は、base64やgzipなどでAPIのレスポンスの圧縮およびページネーションを検討しましょう。なお、ページネーションは大量のデータやコンテンツを複数のページに分割して表示すること。offset式やcursor式があり、たとえば、検索結果やリスト表示などで利用されます。

アクセスレイヤー 2.7
データ分析基盤と外の世界との連携

データ分析基盤をAPIを通して操作可能にする　ジョブの実行から指標提供まで

　データ分析基盤では、APIを使ってETL処理用のクラスターを起動してジョブを実行したり、実行しているジョブのステータスをAPIから返却したり、データ分析基盤へのオペレーションを行う目的でAPIを作成することがあります。末端のアプリケーションであるレコメンドや機械学習のアプリケーション以外でAPIを利用するのであれば、データ分析基盤の提供するAPIはデータそのものを渡すAPIではなく、データやメタデータを操作／参照できる機能をAPIとして提供するとさまざまなところからデータが処理や参照ができるようになります。

プレゼンテーションデータ向けのAPI活用　活用データを利用して改善サイクルを回そう

　データ分析基盤内のデータ利用はデータ分析基盤だけに閉じた話ではありません。プレゼンテーションデータをスモールデータシステムを含む外部へとデータを提供していくこともAPIを通して行われます。1つめの方式は、データ分析基盤内でKVSにデータを格納しておきAPIではKVS内のデータを取得するようにしておきます。スモールデータシステムが必要に応じてAPIにアクセスしデータを取得し利用する方法です。2つめの方式は、ヘッドレスBI（▶2.8節）へデータを連携しヘッドレスBIが提供するAPIにアクセスしデータを取得し利用する方法です。このような機構を提供することによって、BIツールでの可視化という世界に加え機械的かつ継続的にデータを活用するという状況へ発展していきます。

メタデータアクセス　指標提供を行う

　共通的な指標であったり、テーブル定義であったりメタデータストアに格納されているメタデータをAPIとして提供することもデータ分析基盤の機能として利用されます。さまざまな利用を想定するのであれば、APIをメタデータのインターフェースとして提供することは強力な武器になります。メタデータはデータと異なりサイズもそれほどありませんからAPIとして返却しても影響はありません。たとえば、データ分析基盤側のETL処理が完了したことを示す「処理終了時間」のような指標を用意することで、すべてのユーザー（やシステム）が統一した指標を参照しその値を元に、次のアクションを設定できるようになります。

分散メッセージングシステム　ストリーミングデータを一時保存するところ

　分散メッセージングシステムとは、複数のシステム間で大量のデータを効率的に送受信するために、データ[*53]を分散して管理／配信するミドルウェアです。高いスループットとスケーラビリティを持ち、データの耐久性や可用性を確保しながらリアルタイム処理を実現します 図2.12 。
　データを分散メッセージングシステムへ送信する側をプロデューサー（*producer*）[*54]、データを分散

[*53] 分散メッセージングシステム関連のデータを単に「メッセージ」と呼ぶこともあります（たとえば、「メッセージをサブスクライブする」など）。

[*54] パブリッシャー（*publisher*）ともいいます。

81

メッセージングシステムから取得する側をコンシューマー（*consumer*）*55 また、プロデューサーがデータを分散メッセージングシステムへ格納することをパブリッシュ（*publish*）といいます。パブリッシュしたデータをコンシューマーが利用するときはコンシューム（*consume*）、もしくはサブスクライブ（*subscribe*）するといいます。

　データ分析基盤の適用例としては、IoTデータ*56やWeb上の回遊ログといったストリーミングデータをトピック❶*57で受け取りプロセシングレイヤーからトピック❶のデータをサブスクライブ、そしてETLを行い、別のトピック❷へパブリッシュします。不正検知や分析系のシステムはトピック❷からサブスクライブしてデータを利用します。トピックのコンシューム方法は、SDK（*Software development kit*）による取得がメインです。

　サブスクライブはPush型とPull型の2種類が存在します。Push型は、プロデューサーがパブリッシュした後に分散メッセージングシステムからコンシューマーに送信する機能で、Pull型はプロデューサーがパブリッシュした後にコンシューマー自身のタイミングでデータを取得しにくる方式です。

　また、各トピック内にはデータを保持する、「パーティション」と呼ばれる領域が存在しておりパーティションを複数作成することで応答速度を上げることができます。たとえばパーティションを2つ（Aパーティション、Bパーティション）作成した場合は、パブリッシュされたデータを元に格納するデータをAパーティションに振り分けるか、Bパーティションに分けるかを決めて（たとえば、idが2で割り切れればAパーティション、そうでなければBパーティションとするなど自身で決定する）格納します。

　分散メッセージングシステム内のデータの保存期間は7日間程度（設定で変更可能）となっており、永続的に保持できるわけではないので注意が必要です。また、似たような概念に分散メッセージングシステム（Amazon SQS等が代表例）が存在します。クラウド環境かつ単なるメッセージ送受信だけであれば、分散メッセージングシステムほどではないが比較的高いスケーラビリティを持っているため、アーキテクチャのシンプルな分散メッセージングシステムの利用も状況に合わせて検討すると良いでしょう。逆に以下のような状況に当てはまる場合は、分散メッセージングシステムの導入を検討すると良いでしょう。

❶非常に高いスケーラービリティが必要
❷リアルタイム分析機能との連携が必要
❸複数のコンシューマ（プロデューサー）との並列接続が必要
❹分散メッセージングシステムしか接続がサポートされていない

＊55　サブスクライバー（*subscriber*）ともいいます。
＊56　IoTデータの場合は、送信するデバイスの省電力化のため「IoTゲートウェイ」と呼ばれる受付口を分散メッセージングシステムの手前に配置する場合があります。IoTゲートウェイにはたとえば以下などが利用されます。
　　　・Amazon IoT Core **URL** https://aws.amazon.com/jp/iot-core/?c=i&sec=srv
＊57　分散メッセージングシステムの内部に存在するデータを格納する場所を「トピック」（*topic*）といいます。

図2.12 分散メッセージングシステム

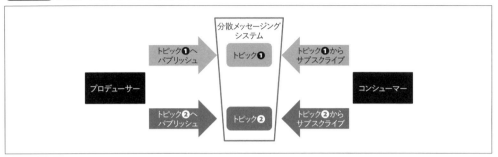

2.8 セマンティックレイヤーとヘッドレスBI
アクセスレイヤーを拡張して外部へのデータ提供をより効率的に行う

「セマンティックレイヤー」と「ヘッドレスBI」は、効率的かつ統一化されたデータアクセスおよびデータ提供に対する強力なソリューションとして注目されています。本節では、セマンティックレイヤーがもたらすメリットとその有効な構築方法、そしてヘッドレスBIによるデータ提供の効率化について解説します。

▌セマンティックレイヤー　アクセスレイヤーを拡張して指標を統一しよう

セマンティックレイヤーとは、ストレージレイヤーとアクセスレイヤーの間に入り、両者間のやり取りを円滑にする存在で、複雑なデータを理解可能な共通のビジネスの概念に変換/翻訳するレイヤーのことです。別の言い方をすると利用者がデータを利用する際において、結果の不確実性を少なくするためのデータ品質向上[58]に根ざしたアクセスレイヤーを拡張する機能概念になります。

データ利用における不確実性　同一目的に対するアプローチのばらつき

データ利用の現場における問題点として同一の目的があるにもかかわらず「同じデータを利用しないかもしれない」「同じSQLを実行しないかもしれない」という不確実性があります。たとえば、同じ目的があるにもかかわらず、AさんはAテーブルのAカラムを使えば目的を達成できると考えており、BさんはAテーブルのBカラムを使えば目的を達成できるといったようにアプローチの違い

---

[58] 7.1節の不確実性観点での「データ品質」の重要性も必要に応じて参照してみてください。

により結果が異なってしまうような状況です。これらは、BIツールからの参照だけに限らずノートブックからの参照においても同様のことが言えます。そこで、「結果の不確実性(揺らぎ)を少なくするためのレイヤー」としてセマンティックレイヤーという考えが登場しました。

結果の不確実性を少なくするとはどういうことかというと、たとえば以下のような対応策を取ることです。

❶「同じデータを利用しないかもしれない」 ➡ インターフェースの統一化(たとえば、API一本に絞っていく*59)

❷「同じSQLを実行しないかもしれない」 ➡ ユーザーにSQLを発行させるのではなく、ユーザーは集計したい項目やテーブル名の入力のみ実施。その設定を元にシステム的にSQLを発行するようにする

データ分析基盤は自身のそれぞれの強みを持った人たちが集まってデータ活用を進めていきます。自分軸で考えず目線を上げて考えたとき、今回のような不確実性が発生することを認識しておくことがよりセマンティックレイヤーの必要性を理解する第一歩です。

セマンティックレイヤーの効果と配置パターン データの一貫性を確保するための最適なアプローチ

次に、有効なセマンティックレイヤーの配置パターンについて確認していきましょう 図2.13 。

図2.13 有効なセマンティックレイヤーの配置パターン

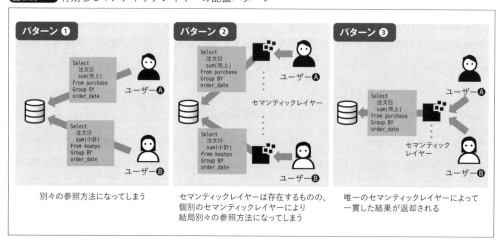

図2.13 は、ユーザーが注文日ごとの売上の合計をSQLで取得しようとした場合にセマンティックレイヤーの有無によって発生しうる状況についてまとめたものです。ここでのセマンティックレイヤーは、不確実性を下げるために「ユーザーの入力を受け付け、その設定に応じてSQLを作成し実行する」というしくみが実現されていると考えてください。

パターン❶の場合はセマンティックレイヤーが存在しないため、ユーザー❹はpurchaseテーブルを

---

*59 次節ヘッドレスBIはこのような考えが前提にあります。

検索対象としていたり、ユーザー**B**はkounyuテーブルや小計のカラムを使っているといった別々の集計方法で結果を得ようとしています。とくにセルフサービス型でデータ分析を運用している場合だと、データ利用をユーザーに任せられる反面、パターン**①**の状態に陥っている場合がよくあります。パターン**②**の場合はセマンティックレイヤーは存在しますが、それぞれの個別のセマンティックレイヤーが乱立しており、こちらもパターン**①**で発生した問題は解決することができません。パターン**③**の場合はセマンティックレイヤーが唯一の存在となっておりユーザーが共通して唯一のセマンティックレイヤーを通してSQLを実行するため一貫した結果を得ることができるようになります。

また、パターン**③**における唯一のセマンティックレイヤーを今回の例のようにSQLの発行にだけ利用するのではなく、ノートブックからのアクセスであったり、外部からのアクセスからも利用することでデータ利用にさらなる統一感を持たせることを「ユニバーサルセマンティックレイヤー」と呼びます。

ヘッドレスBI　データ提供をより確実に簡単にするソリューション

DWHやデータマートのデータをセマンティックレイヤーを通して標準化（統一化）し、その結果をAPI（ノートブック等の連携にも備えSQL等でのアクセスが可能な場合もある）で返却する**ヘッドレスBI**（*headless BI*）というソリューションがあります。ヘッドレスとは可視化や分析機能を持ち合わせず、データを提供するという点にのみに特化したことからヘッドレスBIと呼ばれ、SaaSでのサービス提供形態をメインとしています[60]。

（ヘッドレスでない）BIには、「DWHやデータマートとデータ連携し提供する機能」（本体）と「連携したデータを利用して分析や可視化を行う機能」（ヘッド）の2つがパッケージングされています。これは技術的な用語でいうと、アクセスレイヤーと分析機能がカップリング（密結合）になっている状況です。一方、ヘッドレスBIでは「DWHやデータマートと連携する機能」（本体）のみで、（本体）に付属されたAPIを通してデータを提供することで「連携したデータを利用して分析や可視化を行う機能」（ヘッド）に対応する部分は別のプロダクトにて実現するという、アーキテクチャとしてアクセスレイヤーと分析機能がデカップリング（疎結合）な構成を組むことを前提としています[61]。そのため、「連携したデータを利用して分析や可視化を行う機能」というヘッドの部分が存在しないことから「ヘッドレスBI」と呼ばれています。

以下は、アクセスレイヤーと分析機能がカップリングしている状況とデカップリングしている状況における、柔軟性および開発効率における観点での比較です。

❶柔軟性の観点

BIを利用するという業務一つとっても現在では、BIツールでの可視化だけにとどまらず、Webアプリケーションやネイティブアプリケーションの画面の一つとして扱う組み込みBIも存在し多様化してい

＊60 文脈によっては、ユニバーサルセマンティックレイヤー＝ヘッドレスBIという扱いで話しが進んでいるといったケースもあります。

＊61 カップリング、デカップリングについては、ストレージレイヤーとプロセシングレイヤーとのデカップリングについても3.6節で解説しているので必要に応じて参照してみてください。

る。密結合の状況下ではBIツールでの可視化というインターフェースと組み込みBI向けのインターフェース2つをそれぞれ提供しなければならない。疎結合の場合は、APIを通しての提供でいずれのパターンもまかなうことができるのでより柔軟な開発が可能である

❷開発効率の観点

たとえば、ダッシュボードを作る場合を考えた際に密結合している場合は、データを準備しなければ後続の可視化処理を進めることができない。つまり、作業が直列になってしまうことによって作業の効率が落ちてしまう。一方、疎結合の場合はAPIのドキュメントベースで後続の作業を進めることができ、並列作業が可能となる

このように、基本的にはデカップリングした構成の方がメリットが大きい場面が多いです。

また、2.6節にて紹介した「サマライズしたデータ提供」におけるKVS/APIを用いたパターンではデータの事前集計が基本であったり、KVS特有の検索条件が乏しいことがアプリケーションへの組み込みの時点で問題となることがありました。しかし、ヘッドレスBIでは機能差はありますがAPIの機能として単純なデータ取得だけではなく、データに対して集計を命令可能なaggエンドポイント*62や特定のデータをeq（*equal*/一致を表すパラメーター）やgt（*greater than*/大なり, >）などのオペレーションを使いながら必要データを取得可能なsearchエンドポイントなどリッチなエンドポイントを提供しており、検索条件が煩雑になりがちなWebアプリケーションにおける組み込みBIへの利用等にも耐えられるしくみになっています。

aggやsearchのAPIのエンドポイントを事前に用意しておくというのは、事前に定義されたエンドポイントに対応した処理を行うというセマンティックレイヤーとしての考えの一つで、APIのエンドポイント設計やビジネスロジックを開発してしまうとAPIが乱立してしまったりと成果物への不確実性が発生することを防ぐためです。

2.9 本章のまとめ

本章では、データエンジニアリングに関する基礎知識をまとめて解説しました。データエンジニアリングの適用範囲は広いため、いきなりすべてのレイヤーを理解することは困難で、統合的にこれらの知識を理解している人はまだ多くない印象です。まずは、得意なところや興味のあるレイヤーから学び始めるのがお勧めです。

データエンジニアはデータに近いエンジニアであることや強い権限を持っていることから、多種多様なニーズに応え続け、そのことに一生懸命になり過ぎてしまうこともあるようです。本書で登場した用語を押さえ、データ分析基盤全体を把握することで、一貫した方針のもと、技術やサービスの取捨選択をし、長く活用されるデータ分析基盤の構築／管理／安定運用を実現できるように開発にあたりましょう。

＊62 「agg」は、aggregation（集約）の略称。集計前データのままにしておき、ユーザーへ集計の方法を委任できます。

Column

SaaS型データプラットフォームと各レイヤーの関係

　最近では、データ分析基盤の構築を考える場合の候補としてSaaS型データプラットフォームを選択する場面も出てきました。SaaS型データプラットフォームを選択する場合において、各レイヤーごとに考慮すべき点を筆者の観点から確認してみます。

- **コレクティングレイヤー**

　SaaS型データプラットフォームにはデータソースからデータを取得するためのEmbulkやCLIに相当するような設定ツール[a]が用意されている場合がある。実業務においてこれらの機能が利用可能であればデータ収集は比較的簡単に実現可能[b]。

　一方で、データ活用の場面においては以下のようなパターンの場合は自身で実装が必要となる場合がある。

　パターン❶ 複数APIを連鎖する場合や大量呼び出しが必要な場合。たとえば、APIのエンドポイント1の返却結果を用いてエンドポイント2, 3と連鎖的に呼び出す場合や、売上データ取得のためAPIを数万回呼び出す場合など

　パターン❷ そもそもサポートされていない場合。たとえば、同じ分散メッセージングシステムでもApache Kafkaは対応しているがGoogle Pub/Subは対応していない場合

　パターン❸ ネットワーク的な接続が不通/しづらい場合。(当たり前だが)データを取得するにはネットワーク的に疎通可能な状態である必要がある。そのため疎通できない場合は何かしら別の手立てを取る必要がある

- **プロセシングレイヤー**

　SaaS型データプラットフォームはいずれも、そのプラットフォーム内でデータを変換する機能を満足できるレベルで保持している。多くの場合はSparkかSQLベースでの操作がメイン。また、ワークフローなどのジョブを管理する機能も充実している

- **ストレージレイヤー**

　S3のオブジェクトストレージやMPPDBのような機能は備わっていることが多い。少しずつ各種ストレージフォーマットにも対応しつつあり、高度なストレージ戦略の実現も可能になってきている。また、データの権限管理等のセキュリティ面も強化されている

- **アクセスレイヤー**

　BIツールとの連携やノートブックでの分析体験という点においては、多くのプラットフォームが対応している。一方で、外部への付加価値の提供という観点で多様なアウトプットに対応しているかというと、APIのデータ提供に対応しているプラットフォームもあれば、別の何かを用意しなければならないプラットフォームがあったりと、SaaS型データプラットフォームによってばらつきはある。データのアウトプットは最大の悩みではだが、表現方法がとくに多様になる部分でもあるので必要に応じてスクラッチで作成するなどの対応しているのが現状

　プロセシングレイヤーとストレージレイヤーにおいては、インフラ管理の煩雑さから解放され、ソフトウェアが主戦場となってきたように感じます。一方、データの入り口と出口部分の多様性に対応するためには、SaaS型データプラットフォームとクラウド(やオンプレ)を巻き込んだハイブリッドなアーキテクチャになる場面が多くインフラ含め、高度なエンジニアリングを必要とする印象です。今のところは、SaaSだけを使っておけば良いというシンプルな回答に行きつかないケースがあるのも、データ分析基盤のおもしろいところです。

---

　*a　プロダクトによって呼び方は異なりますが、コネクターと呼ばれる場合もあります。

　*b　内部では、本書で紹介したようなCLIやEmbulk等を組み合わせて実装されています。

第3章

データ分析基盤の管理&構築
セルフサービス、SSoT、タグ、ゾーン、メタデータ管理

　本章では、データ分析基盤を構築／管理する上で大切なポイントである「セルフサービス」「SSoT」（*Single source of truth*）という考え方を中心にデータ分析基盤に求められる役割について解説を行います 図3.A 。データ分析基盤は思わぬところから社内外に利用が広がっていきます。長期視点に立ってデータ分析基盤を運用していくためには、「セルフサービス」「SSoT」をはじめとした軸のあるルール作りが肝要です。

　また、そのルールに則り、データ分析基盤で利用可能なプロセシングレイヤーおよびコレクティングレイヤーにおける「タグ＆ゾーンパターン」「GAパターン」「プロビジョニングパターン」といったデザインパターンについて説明します。

　あわせて、ストレージレイヤーにおけるデータの保持コストの最適化を行うライフサイクル管理についても取り上げます。

　最後に、データ分析基盤をさまざまな側面から「知る」ためのメタデータ管理についても紹介します。

図3.A データ分析基盤を支える考え方※

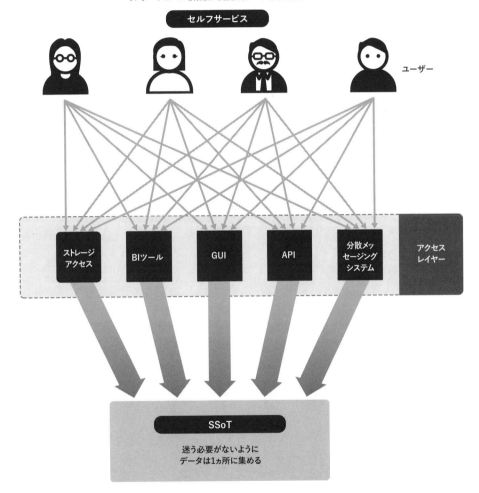

※ セルフサービスでは、ユーザー自身の熟練度や分析用途に応じてアクセスレイヤーに用意されたインターフェースをユーザーが適切に判断し、単一にまとめられたデータ（SSoT）を参照し分析を行う。

セルフサービスの登場
全員参加時代への移行期

データは社内の一部の限られたコミュニティ（エンジニアやデータ組織）から全員参加の時代へ移行してきています。現在では、この流れを汲んだシステムの実現が求められています。人やデータが増えれば、データ分析基盤の利用の方法は多様化し、必要とされるシステムも変化します。

従来のモデルでは、エンジニアが一連の準備を整えてユーザーに提供するという形をとっていましたが、昨今、データの利用方法の多様化によりエンジニアだけでは賄い切れなくなってきています。従来のエンジニア中心のモデルに代わり、新しく登場したのが「セルフサービス」です。

データ利用の多様化　データに対する価値観が異なる人たち

1.4節「データ分析基盤に関わる人の変遷」や1.6節「データに関わる開発の変遷」で紹介したように、データ分析基盤に関する人や開発のアプローチは様変わりしました。データエンジニア以外の人によるデータ分析基盤への参画は歓迎したいことで、参画してくる人たちの要望や必要とする機能はシステム化によって何とか実現していきたいのがデータ分析基盤の管理者としての本音になるでしょう。

さまざまな利用方法の登場でデータの利用者や管理者も多様化してきたなか、とくに顕著なのが**データアナリストの増加**です。

簡単にデータに接することができるようになったため、データ分析の機会と需要が高まってきた背景がそこにはあるでしょう。データ分析基盤もITシステムの一部ですから、（楽をして）分析したいという要望に応えていく必要性が高まってきました。

従来のエンジニア中心のモデル　Analytics as IT Service

さて、要望が多様化していくときにどのようにデータ分析基盤が応えていたかというと、さまざまなユーザーの要求をITの部署が受け持っていました。データウェアハウスを作る、データマートを作る、ダッシュボードを作る、エンジニアが中心となってステークホルダーと対話をしながら（ときに四苦八苦して）作るという状況でした。整然としたチューニングを考慮したデータパイプラインを作成するのであればデータエンジニアが作成するほうが効率が良いですが、ある程度しくみができた後まで、都度エンジニアを通して構築&分析しなければならないとなると分析の広がりが鈍ってしまいます。

また、このような一部の人が「がんばる」モデル、エンジニアへの負担が高くなりやすいモデルはいずれ破綻してしまいます。さまざまな変更、何か機能を作りたい、次第に要望の方が大きくなり、エンジニアがボトルネックになるケースが発生するようになりました。

セルフサービスモデル　Analytics as Self-Service

　そこで登場したのが「セルフサービスモデル」です。ここでの「セルフサービス」とは、その名のとおり自分自身でデータを見つけたり、見つけたデータの分析を行うという意味合いです。つまり、分析やそれにまつわる準備作業、自分自身でデータを用意して分析まで行うことを表しています。ただし、セルフサービスといっても、データのパイプライン作成から保守まですべてをユーザーに丸投げするわけではありません。

　少し比喩的になりますが、「データレイク」と「セルフサービスモデル」の組み合わせについて見ておきましょう 図3.1 。

図3.1　データレイクとセルフサービスモデル

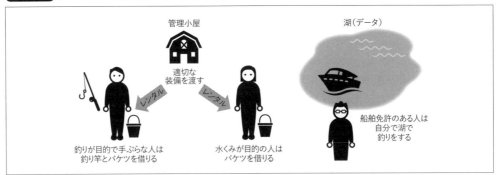

　データレイクとはその名のとおり、「データの湖」を指しています。湖に貯まった水が「データ」というのに対して、さまざまな人がそれぞれの目的(水やその恵み、探索)を持って湖にやってきていると考えているのがデータレイクの考え方です。湖に来る人の目的も様々です。

- 魚を釣りに来た
- 水をくみに来た
- ボートに乗りに来た

この目的が、データ利用の目的になぞらえています。そして、湖に来る人の様子も様々です。

- 釣り竿を持っている人
- 船舶の免許を持っている人(釣り竿も持っている)
- 手ぶらで来る人

　これらの人はデータ分析基盤のユーザーに見立てられています。初心者や上級者、様々ですから、人の装備は技術力(データを扱う手段やツールの多さ)の喩えになっています。

第3章 データ分析基盤の管理&構築
セルフサービス、SSoT、タグ、ゾーン、メタデータ管理

セルフサービスモデルの特徴　ユーザーごとに適切なインターフェースを提供する

データレイクとは、データとこれらの人と目的の組み合わせで構成されているものです。たとえば、以下のように喩えることができます。

❶水をくみに手ぶらで来る人に対しては、データ分析基盤の管理者は、バケツ（たとえばBIツール）をレンタルする（インターフェースを提供する）

❷バケツと、手ぶらできた人が持っている力（SQL）を使って、水をくむ（データ分析する）

セルフサービスモデルにおけるデータ分析基盤としての役割は、データ分析基盤へやってくる人の装備や目的に合わせてインターフェースを変更して、データからほしい情報を得ることを支援することにあります。そのため、さまざまなユーザーに対して**適切なインターフェースを提供する**ことが求められるのがセルフサービスモデルの特徴です。

3.2 SSoT
データは1ヵ所に集めよう

セルフサービスの中でよく用いられる概念である**SSoT**（*Single Source of Truth*）を紹介します。組織が大きくなってくると、思うようにコミュニケーションが取れなくなります。Aデータはどこにあるのか、Bデータはどこにあるのか、そのような疑問をユーザー自身で解決できるようなしくみ作りに役立つ考え方です。

Column

［喩えてみる］データウェアハウス

データウェアハウスも少し比喩的に表現してみると、「ウェアハウス」（*warehouse*）とは倉庫のことですが、倉庫には番号が振られており、配置される場所も決まっています（すなわちスキーマが決まっている）。そして発送前（データマートもしくはそのデータを利用するシステムに対して）のデータを格納するという意味でデータウェアハウスと名付けられています。

データウェアハウスとセルフサービスをくっつけて考えるのであれば、第1章でも例に挙げたIKEAのような店舗を考えるとイメージしやすいかもしれません。ある程度整理された木材（データ）があり、そこに設計書（メタデータ）が存在することで自身でデータの解釈を行い、組み立てを行います。

データのサイロ化　とくに避けるべき事態

　データ管理の観点でとくに避けるべきなのは**データのサイロ化**です。データのサイロ化とは、データがそれぞれのシステムで溜め込まれており、小さなデータ分析基盤のようなものを複数形成してしまうことです。

　こうなってしまうと、AシステムからBシステムにデータがコピーされ、そのデータがさらに別の環境にコピーされを繰り返し、本当に正しいデータがどこにあるのかわからなくなってしまいます。データのコピーを作成することで、そのデータを保持するためのストレージ費用のダブつきも考えなければならないうえ、さまざまなところにデータが点在してしまうため、データ漏えいのリスクもさらに大きくなるというデメリットがあります。

　そのため、簡単に別の環境にデータを渡してはいけません。データはできる限り**1ヵ所に集める**ことをまず考えましょう。

フィジカルSSoT　実際にデータを1ヵ所に集める

　物理的にデータを1ヵ所に集めるしくみを**フィジカルSSoT**（*Physical SSoT*）と呼びます 図3.2 。

　フィジカルSSoTは、複数拠点を持っていたりグループ企業間をまたぐ必要がある場合は、次に紹介するロジカルSSoTでの構築を考慮する必要がありますが、単一の企業/組織内であれば有力な方法といえます。

　データ分析基盤を利用するユーザーは1ヵ所だけを参照すれば良く、データを利用する際の迷いがなくなります。また、データを1ヵ所に集めることによってストレージコストのだぶつきを抑えることにつながります。しかし、データを1ヵ所に集めるための調整作業や取り込むために特別なしくみを作成しなければならなかったりする**開発のコストが高くなる**点がデメリットとして挙げられます。

図3.2　フィジカルSSoT

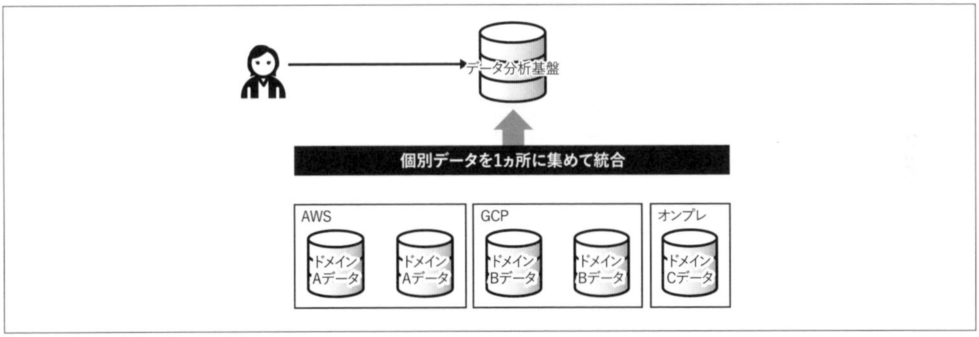

ロジカルSSoT　1ヵ所に集めたようにユーザーに見せる

　一方で、あたかも1ヵ所に集めたかのようにユーザーに見せるしくみを**ロジカルSSoT**（*Logical*

SSoT）と呼びます 図3.3 。

図3.3　ロジカルSSoT/フィジカルSSoT

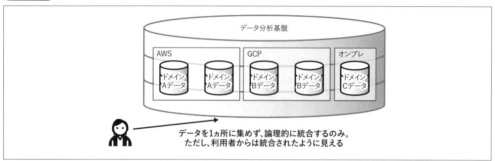

データのインターフェースは統一されていますが、そのインターフェースから先のデータは、たとえばAのデータはオンプレミスに存在しBのデータはクラウドに存在しているといったデータの管理方法になります。

フィジカルSSoTと比較すると管理対象も増え、メタデータは複数から集めて統合しなければならなかったり、複数のBIツールをユーザーが行き来しなければならないなど、ユーザーが利用するインターフェースが複雑になります。また、データの所在を管理するためのメタデータが非常に複雑になります。ただし、フィジカルSSoTであれば、データを一つに統合するために対向のシステムからデータを都度ETL（抽出、変換、転送）し一つの場所に集める労力がかかる一方で、ロジカルSSoTは、対向に存在するデータをそのまま利用することが可能なため都度ETLを行う必要がなく、クラウドの潤沢な計算リソースを使えば即座にデータにアクセス可能になる点が魅力です。企業間のやり取り、たとえば製造から小売までの一連の流れをすべて一つのデータに統合し分析する場合であったり、すで

Column

データクラウド　データレイク、データウェアハウス、データマート

ロジカルSSoTの考え方は、「データクラウド」と呼ばれる考え方の土台になっています。

従来までは、企業が何かデータをほしい場合、ほしいデータの購入（たとえば、米国の雇用統計20年分）を行って、自分自身のデータ分析基盤に取り込み、そのデータをマスターデータとして利用していました。しかし、時は流れ、クラウドが主流になり、各企業に埋もれていた有益なデータを共有するデータクラウドという考え方が出てきました。

データクラウドとは、先ほどの雇用統計などあらかじめ整理されたデータセットをわざわざ自分のデータ分析基盤に取り込むのではなく、クラウド上に保存されたデータを参照して利用するというものです。この方法であればデータの更新の手間もかかりませんし、管理する必要もありませんから、データ分析基盤の管理者の責務が一つ減るというメリットがあります。

にサイロ化が進行している場合は、ロジカルSSoT方式を目指すと良いでしょう。また、ロジカルSSoTは**データメッシュ**(*datamesh*)と呼ばれる考え方の基本になります。

データメッシュでは、各ドメインデータの責任を中央のデータチームからデータのオーナーであるチームに移管し、データ分析基盤はドメインにとらわれないプラットフォームの提供をめざす形態のことを指します[1]。

フィジカルSSoTのように、一つのチームがすべてのデータやその規制を理解し管理することは多くの規制やドメイン知識が入り混じる(とくに巨大な)データ分析基盤では非常に困難です。そこで、データに関する権限を委譲することでよりスケーラブル(人もシステムも)にしてみてはどうかという選択肢を提示するのがデータメッシュの考え方です。そのため、フィジカルSSoTのような中央集権型が否定されるものではありません。一部(**例** データレイク、DWH)は中央集権で、一部(**例** データマート)はデータメッシュのように分散型でという柔軟な考え方も選択肢としてあります。

組織の状況やスキルセットなどを鑑みながら(データメッシュだと全体的にリテラシーが高い必要があるなど)、どれを組み合わせるかを選択していくと良いでしょう。

3.3 データ管理デザインパターン
ゾーンとタグ

本節では、データ分析基盤における「ストレージレイヤー」を「ゾーン」に分けて管理する方法を紹介します。また、従来の弱点であった物理的なゾーン分割を解決する「タグ」による分別を紹介します。

タグとゾーンを組み合わせる　管理の汎用性を向上させる

第3章で前述したとおり、データ分析基盤におけるデータは**SSoTを維持**しつつ、**ゾーンに分けて配置する**ことが基本になります。そして、このゾーンにおけるデータ管理ですが、**タグ**を付け足すことによってさらに管理方法の幅が広がります。

タグとは、メタデータの一種で、データに付与される属性のことです、たとえば、ステージングゾーンのデータには「ステージング」とタグを付けることによって、仮に本来置くべき場所ではない所に配置されたデータだとしても、ステージングのデータなのだと認識するということです。

前述のとおり、ゾーン化とは以下の5つの領域に分けてデータを管理することでした。

❶ローゾーン

---

[1]　データメッシュに興味のある方は以下を参考にしてみてください。
URL https://www.amazon.co.jp/Data-Mesh-English-Zhamak-Dehghani-ebook/dp/B09V4KWWJ8

第3章 データ分析基盤の管理&構築
セルフサービス、SSoT、タグ、ゾーン、メタデータ管理

❷ステージングゾーン

❸ゴールドゾーン

❹クォレンティーンゾーン

❺テンポラリーゾーン

■ タグを使った論理ゾーン化によるゾーンの管理 物理的ロケーションに囚われずに管理す

　物理的なゾーンでデータを分けた方法には弱点がありました。物理的なゾーンで分けてしまった場合、データサイズの大きい（たとえば数TB）のデータの行き来はファイル数も多く非常に時間がかかります。時間がかかるということは、仮にクォレンティーンゾーンの機密データが不意にゴールドゾーンに出てしまうと、データを安全なゾーン（本章だとクォレンティーンゾーンのこと）に引き戻すまでに時間がかかってしまいます。

　また、データの移動が困難ということは、データに対する新たなレギュレーションの追加などによって見せたくないデータが新たに出てきてしまった場合、対象のデータを即座にクォレンティーンゾーンへ隔離することができません。そこで、出てくるのがタグによる論理ゾーン化です 図3.4 。

　図3.4 ではデータが配置してある場所こそ同じ（s3://data.platfrom/database/table/）ですが、データにタグを付与することによってどのゾーンデータなのかという状態を変えることができます。たとえば、以下の例はステージングのタグが付いているので、ステージングゾーンのデータということになります。

```
タグ：'ステージング'
s3://data.platfrom/database/table/sample2.data
```

Column

データの削除は大仕事 タグによる管理の活用

　不要なデータの削除を検討するときは、データはロケーション形式でテーブル定義とは別の場所に保存されているため、テーブルを消してもデータを消すことができないことが多い点に注意が必要です。個人情報保護法の改正などで削除の要望が出た際など、データを削除したいとなると「テーブルを消す」「データを消す」という2段階の手順を踏む必要があります（テーブルだけ消しても、ストレージアクセス経由でデータが直接見られてしまうかもしれないため）。数百TBにも及ぶデータを削除するのは非常に時間がかかります。しかし、手間や時間がかかるという理由だけで対応できないと答えるわけにもいきません。

　そこで、できる限り素早く対応するためにも、タグによる管理を検討してみることは一つの解決策になるでしょう。

　4.11節（アクセス制御）の内容を少し先取りしますが、データの削除であれば、事前にIAMに対して削除タグが付いたものを参照不可に設定しておき、削除が必要になった時にデータに対して削除のタグを付けることで一斉に参照不可になります（あとは、タイミングを見てデータを削除する）。

図3.4 タグによる論理ゾーン化

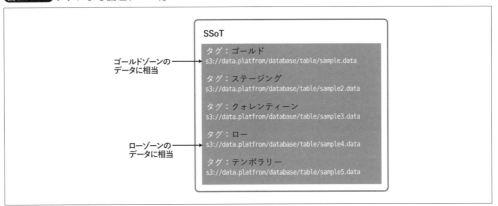

タグによるデータ管理　物理ゾーン化の弱点を解消する

　論理ゾーン化では、データの位置は関係ありません（当然ながら整理しておくことが好ましい）。物理的なロケーション（データの所在のこと。ロケーションの項で後述）はどこでも良い代わりに、データに対して**タグ**(*tag*)と呼ばれる識別子を付与します。たとえば、先ほどのクォレンティーンゾーンのデータに対しては、「機密」というタグを与えます。そして、ゴールドゾーン内のデータには「ゴールド」のようにタグを与えるイメージです。そして、ゴールドゾーンに存在するデータをユーザーへ参照不可としたい場合は、タグを「機密」に入れ替えることによって論理的にデータが移動し、「機密」タグに沿った制御を行うことが可能になります。

　このタグ管理の大きなメリットは**データの移動がない**ことです。すなわちデータの状態を瞬時に変換できます 図3.5 。

図3.5 タグによる仮想的なデータ移動

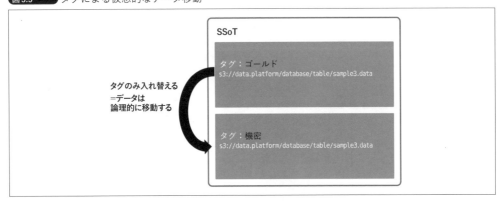

　仮にゴールドゾーンに存在しているゴールドの付いたデータに、機密データが含まれていること

第3章 データ分析基盤の管理&構築
セルフサービス、SSoT、タグ、ゾーン、メタデータ管理

がわかったとします。従来の物理的に隔離されたゾーンでは、このゴールドのデータを安全が確保されるまで読み取りの停止を行う必要があります。そのためにはデータを一度クォレンティーンゾーンへ移動することが求められますが、ことはそう簡単ではありません。なぜならば、数PBもあるデータの移動はすぐには不可能だからです（しかもデータはもう一度戻さなければならない）。しかし、論理ゾーンを利用する場合は、先ほどのデータを物理的に移動する代わりにタグの入れ替えを行います。ゴールドから機密へデータのタグを変更するだけです。

　そのため、データの移動は一切不要でタグを変更するだけになります。したがって、即座にデータへのアクセスをシャットダウンすることが可能なのと同時に、データが復旧したら機密からゴールドにタグを変更してアクセスを許容することが可能です。

　次節で紹介する、GAパターンやプロビジョニングパターンもこのタグの考え方を適用すると、より柔軟に運用することが可能になります。

GAパターン　一般公開は少し待ってから

　GA（*Generally available*）**パターン**とは、データを取り込む際のセキュリティチェックなどの提携チェックの流れをデザインパターンとして表現したものです。プロダクトの発表時に「GAする」と表現しますが、ユーザーに向けたプロダクトの一般公開の流れをデータに適用したものになります。とくに、機密データの取り込みを行うときに多く利用されるデザインパターンになります。

GAパターンにおけるデータの動き　データは手続きを得て公開される

　GAパターンでは、一度データをクォレンティーンゾーンへ格納します 図3.6 ❶ 。そこで、個人情報に該当するものが含まれていないかなどのデータのセキュリティチェックを行います 図3.6 ❷ 。機密情報がファイルに含まれている場合 図3.6 ❸-1 はデータはそのままクォレンティーンゾーンへ配置

図3.6　GAパターン

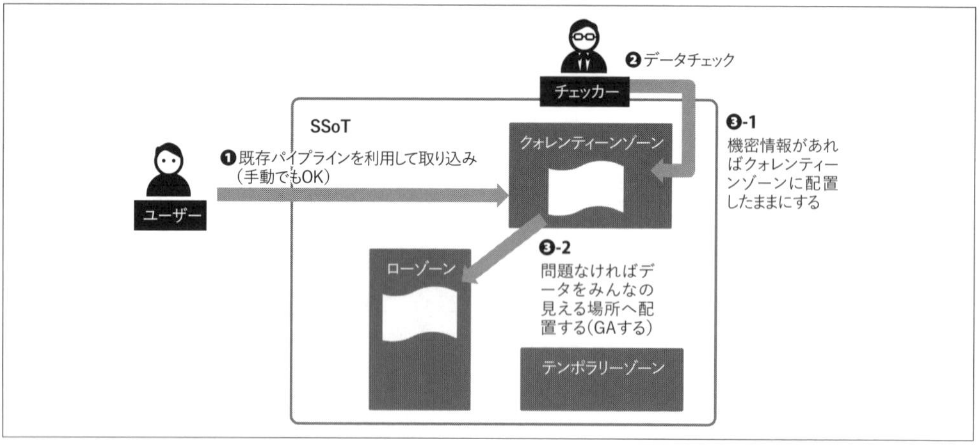

したままで、そうでない場合 図3.6 ❸-2 は以降ローゾーンへ配置を許可/配置をします。

プロビジョニングパターン　お好きなときにお好きにどうぞ

プロビジョニングパターンとは、必要なときに必要なデータを仮に取り込むことを指すパターンです。

分析の一つの側面として「一時期だけデータがほしい」という要望は多く存在します。このように利用したい分析者自身でデータを対向のユーザーと調整し、データを一時的に取り込み分析を行うのがプロビジョニングパターンです。

プロビジョニングパターンにおけるデータの動き　ユーザー主体で分析可能

プロビジョニングパターンでは、まずデータはテンポラリーゾーンに配置されます 図3.7❶ 。配置は手動で配置しても問題ありません。分析者はテンポラリーゾーンへ配置したデータと、すでにストレージレイヤーに存在するデータ（データレイク、データマート、データウェアハウス）と必要に応じて掛け合わせを行って分析を行います 図3.7❷ 。

そのデータが**見込みがある**ことがわかれば、パイプラインを通してフォーマルに取り込みを行います 図3.7❸ 。もし既存のパイプラインがなければ、データエンジニアへ作成を依頼しましょう 図3.7❹ 。

図3.7　プロビジョニングパターン

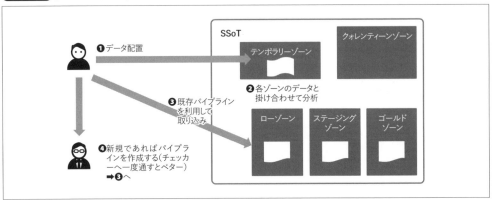

プロビジョニングパターンとGAパターンの弱点　人のボトルネック

しかし、GAパターンとプロビジョニングパターンには弱点がありました。

GAパターンの場合は、チェックをする人がボトルネックもしくはSPOF（*Single point of failre*）になってしまうことです。チェックする人が全員休みであれば、データの取り込みは実施することができませんし、チェックする人がそもそも機密データの存在を見逃してしまうかもしれません。とくに、大量のデータが存在するデータ分析基盤では、最初の数万行を眺めたくらいではデータが安全か否かを判断することができず、申請者からの自己申告によりチェックをパスするという状態になってしまう可能性もあります。

また、プロビジョニングパターンにも同様の問題があるといえます。プロビジョニングパターンの場合はユーザーがデータの出し入れを自由にできるので、データが未チェックのままデータ分析基盤に入り込むことが考えられます[*2]。

システムによる自動チェック　データのチェックは機械（システム）にまかせる

ここまでの取り込みのパターンについて、データがチェックされない、人のボトルネックがあるということがわかりました。そこでこれらの問題を解決するための方法が**システムによる自動チェック**（*automated check by system*）です。GAパターンにおける人が実施していたチェックの作業や、プロビジョニングパターンにおけるユーザーが配置したデータの確認を機械に任せる方法になります。プロダクトとしては、たとえばAmazon Macie[*3]（メイシー）が挙げられます。

システム的に自動的チェック可能なツールを使うことによって、継続的にそして自動的にチェックを行うことが可能です[*4]。

前出の 図3.7 をシステムによる自動チェックを組み込み実行したとすると、図3.8 のようになります。データを一度クォレンティーンゾーンへ配置を行います 図3.8❶。配置されたデータに対して機械によるチェックが入ります 図3.8❷。チェックが問題なければ、そのままデータをクォレンティーンゾーンからローゾーンへ移動します 図3.8❸（そうでなければそのままにする）。なお、タグを用いた場合は、データの属性として機密やテンポラリーを付けることで移動が完了します。

図3.8　システムによる自動チェックの導入

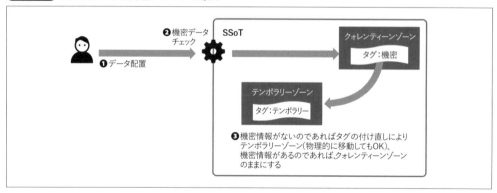

[*2] 機密データを配置してはいけないといった守るべきレギュレーションはデータ分析基盤発足時に決めるのですが、プロビジョニングパターンの場合は操作をユーザーに委ねるため、レギュレーションが完全に守られてるかどうかを知ることができません。

[*3] URL https://aws.amazon.com/macie/

[*4] まだ規模が小さいから手動でチェック可能と考えずに、早いうちからチェック作業から脱却しましょう。システムや組織が大きくなってしまうと、しくみを変更するのも難しくなりがちです。

3.4 データの管理とバックアップ
データ整理と、もしものときの準備

データをゾーンに分類したら、そのゾーンに存在するデータに対して名前（メタデータのこと）を付けたり、できる限り構造化していくことが、より良いデータ分析基盤にするための第一歩です。また、もしものときに備えてデータのバックアップについても議論しておきましょう。

▍テーブルによる管理　ビッグデータの世界でもテーブル

非構造のデータも扱うデータ分析基盤ですが、非構造のままデータを配置してユーザーに利用させることはありません（データサイエンティストなどのデータプロフェッショナルは除く）。

データ分析基盤のユーザーがデータを利用しやすいように、RDBでも利用されている**テーブル**という単位に分けて、各データにテーブル名とカラム名というメタデータを付けて管理することが通例です。そしてテーブルの定義にはテーブル名やカラム名以外にも次に紹介するロケーションやパーティションと呼ばれる設定が含まれています。

ロケーション　テーブル定義と物理データの分離に対応する

RDBでは、テーブルの定義と実データは紐付いておりテーブルを削除することはそのまま実データの削除につながります。

しかし、ビッグデータの世界では、**テーブルの定義と実データが明確に分離されています**。そのため、テーブル定義を削除しても実データは消えず残るような設定が可能（後述）で、仮にテーブルの定義を再度作成したい場合は、テーブル定義の作り直しをするだけで元通りになります。

データとテーブル定義が分離されているため、テーブルの定義を作成する際には実際のデータがどこに存在するのかを指し示す必要があります。その指定を**ロケーション**（location）と呼びます。仮に間違えたロケーションを指してしまっても、テーブル定義を削除して別のロケーションを指すことで作り直しができます。

また、ゾーンに分けたことによってデータは点在してしまいますが、そちらもこのロケーションの設定を各ゾーンに向けることにより、特定のゾーン場所を指し示すことが可能です。

参考までに、ロケーションの設定例を以下に示します。

```
S3の場合のテーブル定義とロケーション（ローゾーンのデータでテーブルを作成する）
CREATE EXTERNAL TABLE IF NOT EXISTS sample.sampletable ( id INT, date STRING)
PARTITIONED BY (dt INT)
ROW FORMAT DELIMITED
FIELDS TERMINATED BY ','
LOCATION 's3://data.platform/sample.db/raw_zone/sampletable/';
```
※GCSの場合はロケーションが以下に変わる

第3章 データ分析基盤の管理&構築
セルフサービス、SSoT、タグ、ゾーン、メタデータ管理

```
LOCATION 'gs://data.platform/sample.db/raw_zone/sampletable/';
```

```
※Hadoopの場合はロケーションが以下に変わる
LOCATION '/data.platform/sample.db/raw_zone/sampletable/';
```

パーティション　ビッグデータでは必須。データの配置を分割する

　データ分析基盤では、テーブルに配置されたデータを**パーティション**（*partition*）と呼ばれる区切りに分けて保存していきます。

　たとえば、「sampletable」という名称のテーブルが存在していた場合に「date」というパーティションを切った場合は、以下のようになります。パーティションの設定値は、データを取り込んだ日付などを設定しておくことが多いです。

```
テーブル定義
CREATE EXTERNAL TABLE IF NOT EXISTS sample.sampletable ( id INT, date STRING)
PARTITIONED BY (date STRING)
ROW FORMAT DELIMITED
FIELDS TERMINATED BY ','
LOCATION 's3://data.platform/sample.db/sampletable/';
```

```
データをINSERT
INSERT INTO OVERWRITE sample.sampletable VALUES PARTITION (date='2021-11-11') values (1','c1'),(2,'c2');
INSERT INTO OVERWRITE sample.sampletable VALUES PARTITION (date='2021-11-12') values (3','c1'),(4,'c2'),(5,'c2');
```

```
データの配置（イメージ）
s3://data.platform/sample.db/sampletable/
  date='2021-11-11'
    データファイル1
    データファイル2
  date='2021-11-12'
    データファイル1
    データファイル2
```

```
SELECTと結果
SELECT * FROM sample.sampletable WHERE date='2021-11-11'
⇒(1','c1'),(2,'c2')が返却される
```

　パーティションを分けない場合は、以下のようにデータを日々貯めることができません。

```
テーブル定義
CREATE EXTERNAL TABLE IF NOT EXISTS sample.sampletable ( id INT, date STRING)
ROW FORMAT DELIMITED
FIELDS TERMINATED BY ','
LOCATION 's3://data.platform/sample.db/sampletable/';
```

```
データをINSERT
INSERT INTO OVERWRITE sample.sampletable VALUES (1','c1'),(2,'c2');
INSERT INTO OVERWRITE sample.sampletable VALUES (3','c1'),(4,'c2'),(5,'c2');
```

```
データの配置（イメージ）
s3://data.platform/sample.db/sampletable/
    データファイル1
    データファイル2
```

```
SELECTと結果
SELECT * FROM sample.sampletable
→ (3','c1'),(4,'c2'),(5,'c2')が返却される。パーティションを分けていないので2回めのINSERT文で上書きされ
てしまう
```

　パーティションを設定するメリットは、その時点でのスナップショットデータを残すことが可能であるという点です。パーティションがない場合はデータを毎日上書きをしなければならず、当日のデータしか残りません。そのため、いざデータを再度ETLしようとしたときなどに、昔の状態を復元しようと考えても復元することができない事態に陥ってしまいます。

　したがって、マスターデータなど普段からあまり変更のないデータに対してもパーティションを分けてデータを保存/管理しておくことによって、いざという時に復旧するための解決策の一つにもなります[*5]。また、パーティションはSaaS型のデータプラットフォームにおいても、オプション設定として提供されている場合もあります。より適切な管理を行うために一度設定を確認してみると良いでしょう。

データのバックアップと復元　——一番怖いのは「人」

　データ分析基盤も当然システムですから、**故障することを前提にシステムを組む必要があります**。それは、**サーバー**だけに限った話ではなく、**データ**にもいえます。

　データが故障することは滅多にないのですが、よくあるパターンは**データ消失**です。S3のようなプロダクトは99.999999999％（イレブンナイン）の可用性を提供していますので、よほどのことがない限りデータが消失することはありません。

　それでは、データが消失する原因は何かというと、おもな原因は人によるオペレーションミスです[*6]。人によるデータやシステムの操作は限りなく、なくしておくべきです。人が操作を行う場合は、間違いなく問題が発生する確率は高くなります。

　残念ながら、データ分析基盤開発は発展段階のためマニュアル操作を許容している場合があり、人的なエラーが発生しやすい環境でもあります。当然権限の見直しなどによって防げる部分はあるのですが、有事の際に備えておくことは重要です。

　バックアップの実行は、以下の2つのパターンがあります 図3.9 。

図3.9　バックアップパターン

[*5] パーティションの粒度は細か過ぎても問題になります。たとえば、ユーザーのID単位でパーティションを作成すると大量のパーティションが作成されることになってしまいます。パーティションを作成し過ぎると、読み込むスピードが遅くなったり、そもそもエラーとなってしまう場合が　あります。

[*6] どこかしらのデータベースのデータを不意に削除してしまった経験がある人は少なくないでしょう。

> ・フルバックアップ（すべてのデータをバックアップする）
> ・一部の重要なデータのみをバックアップする

フルバックアップ　すべてのデータをバックアップしておく

　フルバックアップ（*full backup*）は、すべてのデータをバックアップしておくパターンです。たとえば、S3にあるデータをGCSにコピーしておくといった方式です。

　しかし、すべてのデータをバックアップすると、以下のような問題につながります。そのため、数PBを保有する可能性のあるデータ分析基盤としては、効率の良いバックアップ方法とはいえないでしょう。

> ・費用が倍になる
> ・データマートなど、データウェアハウスから再現可能な2次データまでバックアップしてしまう

一部のデータをバックアップするパターン　しくみやルールで解決

　そこで考えられるのが、一部の重要なデータのみをバックアップするパターンです。いくつかのバックアップするテーブルやデータをあらかじめ決めておき、該当するデータはバックアップを定期的に行います。それ以外のデータは、消失時は復旧はせず、復旧時以降から再度蓄積し直す方式です[*7]。また、優先度の高いデータを絞り込んでおくことはデータ分析基盤においては、品質テストするデータの対象を絞り込めたり（▶7.3節）、メタデータ（▶第5章）を取得する対象を絞り込めたりと時間やコスト削減効果もある方法になります。

復元方法も考えておく　いざ戻せないと意味がない

　バックアップは復元可能なことが重要なので、復元の方法も前もって定めておきましょう。たとえば、消失時の復元するルールとして以下を決めておくだけでも復旧時の混乱は少し緩和できます。

> ・復旧する「テーブル」を決める
> ・復旧する「順番」を決める
> ・復旧する「パーティション」を決める

バージョニング　効率的なバックアップ&復元手段

　復旧の手順が膨大になり大変な場合は、**バージョニング**（*versioning*）[*8]を検討してみても良いかもしれません。コストは高くなってしまいますが、効率的にバックアップ&復元を行うことができ、重要なデータであれば検討する価値があるでしょう。

---

*7　重要なデータを選択するだけでも数百TBになることもあります。

*8　データの更新ごとに古いバージョンをバックアップしてとっておく機能。S3のようなオブジェクトストレージが有しています。

3.5 データのアクセス制御
ほど良いアクセス権限の適用

データ分析基盤には、ほど良いアクセス制御の適用が求められます。縛り過ぎず、ゆる過ぎない、ほど良い適用を模索していくことになります。データ活用をより広げていくためのアクセス制御について紹介します。

データのアクセス権限　できる限りオープンな環境作り

データのアクセス権限とは、データの参照有無やデータの作成有無を制御することです。

データのアクセス権限には、さまざまな方法があります。どのような権限を効かせるべきかは会社ごとに違い、時や場合によっても異なりますが、基本的にはデータ分析基盤ではできる限りの**データの開示**が求められますので、「会社のルールだから」と厳しく判断するのではなく、DXなどの一環としてデータを利用するのであれば、より**オープンな環境**にしていくことを心がけましょう。

本書でアクセス権限を紹介する主旨は、会社のための閉じたルールのためではなく、GDPR[*9]や各国の決まりに合わせて変化していくために、アクセス制御をしておこうということです。原則データはオープンであるべきで、A部署の売上をB部署が閲覧できないというような状況は作らないことがよりデータの文化を醸成する上では重要なポイントです。

アクセス制御の種類　アクセス制御が必要になる背景にも注目

アクセス制御を行うために、どの粒度で制御をかけることが可能なのか見ていきましょう。

制御をかける粒度は、**表3.1**のように大きく4つに分けることが可能です。表内の上（ゾーン）から順番にアクセスの制御範囲は広く、下（カラム／レコード）に行くほど狭い範囲での制御となります。たとえば、クォレンティーンゾーンに対して参照不可設定をしていた場合、クォレンティーンゾーンに配置されてい

[*9] 「General Data Protection Regulation」（一般データ保護規則）。個人データやプライバシーの保護に関して、EUデータ保護指令より厳格に規定したものです。**URL** https://www.ppc.go.jp/enforcement/infoprovision/laws/GDPR/

表3.1 アクセス制御

単位	用途や特徴
ゾーン	各ゾーンに対してアクセス制御を行う。たとえば、前述のクォレンティーンゾーンのデータを閲覧できる人は絞るなど
データベース	データベース単位でデータのアクセス制御を行う。同時にその下に紐付くテーブルたちの参照制御も可能
テーブル	テーブル単位でのアクセス制御を行う
カラム／レコード	カラム（Column Level Security, CLS）／レコード（Record Level Security, RLS）単位のアクセス制御を行う。第1章（機密性を増すデータ）で紹介したようなレギュレーションの変更などにより、急に制御を求められるようになることがある

るテーブル（ロケーションはクォレンティーンゾーンのデータを指している）は、参照ができません。

カラム／レコード単位のアクセス制御については、データはできる限り開示するのが好ましいため、最初から複雑な制御を要するカラム／レコード単位のアクセス制御をする前提で設計するシステムはないかもしれません。しかし、レギュレーションの変更によって対象のカラムを参照させることが不可能になった場合などがあたります。たとえば、1ヵ月前までは対象のカラム（たとえばIPアドレス）が問題なかったものが翌月には規制対象になっていたりします。そのようなときは、カラム単位の制御を行うことが求められる場合もあります*10。

ここで、テーブル＆データのアクセス制御は第4章でも紹介するIAMを用いたユーザーのアクセス制御にも関係があることについて頭に留めておいてください。データ分析基盤におけるアクセス権限はユーザーに紐付いており、ユーザーごとに設定されることが通例です（IAMの定義として追加。第4章で紹介）。

3.6 One Size Fits All問題
デカップリングで数々の問題を解決しよう

組織内のユーザーが増えることによって、システムは肥大化傾向にありました。一つのクラスターの上にいくつものアプリケーションを並べ管理する（One Size Fits All問題）だけでは障害時に大きな事故を引き起こしかねません。本節では、One Size Fits All問題とその解決方法であるデカップリングについて考えていきましょう。

▌デカップリングを前提に考える　One Size Fits All問題への対応

かつて、オンプレミスのデータ分析基盤はさまざまなエコシステムが同居し、圧倒的な計算能力を持つマシン*11をいくつも並べて**One Size Fits All**（オールインワン）で管理する時代が長く続きました 図3.10❶。しかし、そんなデータ分析基盤をしっかりと管理できるエンジニアはそう多くはありませんし、そもそもノードや名前空間を分けずに一つの環境にさまざまなアプリケーションを載せるという行為は、エンジニアにとって危険過ぎる選択です。

一つが壊れることによってすべてに影響が出るわけですから、問題が発生した場合の影響は甚大です。そこで影響を最小限にするために**デカップリング**（decupling）図3.10❷ という考えがデータ分析基盤にも出てきます。

デカップリングはクラウドがメインの話題になりますが、データ分析基盤が有している機能を分

---

*10 第1章でも紹介しましたが、SnowFlakeはアクセスポリシーとしてロールベースで機密データを保護する機能を提供しています。ユーザーに特定のロールを付けると、対象のデータがマスクされて表示されるといった機能です。

*11 たとえば、CPUが56個、メモリー56GB搭載のマシンを数十台など。

離することで管理のしやすさやシステムの安定につながり、One Size Fits All 問題を解決するための一つの手立てになっていきました。

デカップリングによるメリットは、以下の点が挙げられます。

- 障害時の影響の最小化
- 計算リソースの最適化

一方デメリットとしては、分離がされているために、ネットワーク越しにやり取りを行うためネットワークの往復分だけ処理が遅くなる点が挙げられます。しかし、デメリット以上にメリットが大きいので、速度について徹底的に求められるシステムでなければ気にする必要はありません。

障害時の影響の最小化　できる限り持続可能なシステムに

図3.10 の左側の図はよくある「One Size Fits All」な状態のシステムです。自社のネットワークと一つの大きなクラスター、ファイルシステムを形成するための大量のディスクを用意し、その基盤に対してそれぞれのETLやログ集計のアプリケーションが相乗りしている状態です。この状態における**故障ポイント**と発生しうる問題は以下です。

- ネットワーク　➡ すべての計算処理が停止
- クラスター　➡ すべての計算処理が停止
- ファイルシステム　➡ すべてのデータを失う可能性。SSDの寿命は5年程度とされている[*12]

図3.10　One Size Fits All とデカップリング

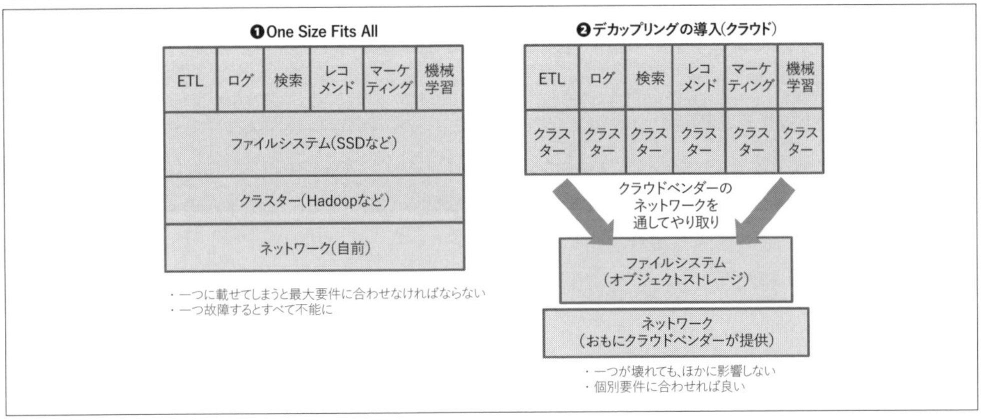

さらには、ファイルシステムが壊れれば、システムの管理情報などをファイルシステムに保存し

---

*12 URL https://cybersecurity-jp.com/column/53276

第3章 データ分析基盤の管理&構築
セルフサービス、SSoT、タグ、ゾーン、メタデータ管理

ているクラスターも同時に壊れてしまいます。

一方で、[図3.10]の右側の図では計算能力（クラスター）とストレージ（以下）を分離しています。また、アプリケーションと計算能力も分離されている状態です。

この状態における故障ポイントと発生しうる問題を挙げると、以下のようになるでしょう。

- ネットワーク ➡すべての計算処理が停止
- クラスター ➡特定のアプリケーションのみ計算処理が停止
- ファイルシステム ➡99.999999999%（イレブンナイン）のような高い可用性により故障は人生で（おそらく）一度もない

デカップリングしている状態では、相乗り状態は解除されていますので、仮にファイルシステムの一部分が壊れたとしてもクラスターは動き続けることが可能です。ネットワーク故障に関してはいずれも問題は同じですが、クラスター故障やファイルシステムの故障時の影響がデカップリングすることで小さくなっていることがわかると思います。

計算リソースの最適化 システムによって、元々の要件が異なる

デカップリングにはシステム障害時の影響を極小にするというポイント以外にも、計算リソースの最適化を行えるというメリットもあります。システムに必要な要件は様々です。たとえば、ネットワークの帯域でいうと、機械学習のようなシステムはそこまでネットワークの帯域を求めることがない一方で（10Gbpsくらいあれば十分）、検索エンジンの索引生成（*indexing*、インデックス化）[13]や、コレクティングレイヤーにおけるデータの取り込みはネットワークの帯域を多く利用します（40Gbpsほど、必要な場合もある）。

一方で、CPUやメモリーでいうと、検索エンジンの索引生成や機械学習のようなシステムはCPUやGPUを多く必要とします。検索エンジンの索引生成は、ネットワークだけでなく、計算能力も多く必要です。

このように、CPUやネットワークを考えただけでもバラバラなシステムを一つのクラスターに載せてしまうと、すべてのシステム要件の合計値でCPUやメモリーを用意しなければなりません。カップリングしている場合は、Aアプリケーションの最適化によりAアプリケーションに必要なメモリーを小さくできる可能性があっても、他のアプリケーションが処理継続の観点からメモリーサイズの縮小を許しません。

したがって、すべての要件を満たすためには、大量のサーバーを確保してもCPUやネットワークを使わないアイドル時間（*idle time*、無稼働時間）が発生するなど、非効率につながります。

ストレージレイヤーとプロセシングレイヤーの分離 デカップリングの基本戦略

「障害時の影響の最小化」で紹介した計算能力（クラスター）とストレージの分離は、ストレージレイヤーとプロセシングレイヤーの分離と言い換えることができます。

---

[13] キーワード（検索キーワード）に基づいて検索しやすいように索引を作ること。

ストレージレイヤーとプロセシングレイヤーの分離は基本的な戦略で、システムをアーキテクトする際にまず考慮したいポイントになります。

障害時の影響の最小化の観点では、サーバーの上に処理対象のデータと計算能力を同居するのではなく、データと計算能力は別の領域に格納します。この部分をデカップリングすることによって、仮にサーバーの故障が発生したときにデータが失われることはなく、新たにプロセシングレイヤーにサーバーを作成するだけでデータの処理を再開可能となり影響を最小限に留めることが可能です。

計算リソースの最適化の観点では、プロセシングレイヤーの処理の規模に合わせて、適した計算能力を用意すれば良いだけである点と、個別で最適化したアプリケーション結果をすぐさま計算能力のコストに還元することが可能です。

コレクティングレイヤーやアクセスレイヤーの分離
ソフトウェアやミドルウェアのアップデートを簡単に

ストレージレイヤーをデカップリングするだけでも、システムは管理/運用しやすくなります。さらには、**アクセスレイヤー**もヘッドレスBIやAPIなどをユーザーとの間に挟むことによってデカップリングが可能です。

これらのデカップリングを行えば、「ストレージレイヤーとプロセシングレイヤーの分離」で挙げた2つのメリットに加え、「アーキテクチャの柔軟性の向上」「開発の効率化」のメリットも得られます。たとえば、ストレージレイヤーに対してアクセスを行うBIツールを接続するだけで利用可能で、仮にBIツールが古くなったり、あまり使い勝手が良くないと判明した場合、テーブル定義などが保存されているメタデータストアとの接続が確保できればBIツールのみを好みのものに付け替えれば済むため、**アーキテクチャの柔軟性の向上が見込めます**[14]。また、APIでデカップリングを行えば、ドキュメントベースでAPIの利用者とデータ分析基盤で並列して開発を進められるようになり、開発の効率化も期待できます。

3.7 データのライフサイクル管理
不要なデータを残さないために

本節では、データそのもののライフサイクル、データの生涯について見ておきましょう。データも、人やものと同じように寿命が存在します。データの発生から成長して、データの最後までの流れと、その管理方法を紹介します 図3.11 。

---

[14] コレクティングレイヤーに関しても、データの配置場所さえ一緒（タグ管理をしている場合なら、どこでも良いということと）にすれば、ストレージレイヤーの環境に影響なく作業を行うことが可能です。

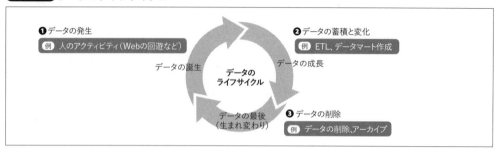

図3.11 データのライフサイクル

データの発生　絶え間なく生まれるデータ

データは人や物のアクティビティ（activity、行動）によって生まれます。文字をタイピングしてもデータが発生しますし、スマートフォンを持って移動などしてもGPSデータが発生しています。現代では、さまざまな場面でどこかのシステムにデータとして観測されているのがすっかり日常になりました。そして、発生したデータは必ず受け取り窓口となるシステムがどこかに存在しています[*15]。

データの成長　データのバトン

バッチ処理においては、ストレージレイヤーに蓄積された一塊のデータがETLによって、形を変えながら変化します。ストリーミング処理では、データがコレクティングレイヤーへ到着するとさっそく到着したデータ（おもに1レコードずつ）に対してETLが行われます。データとしての価値が高まっていくフェーズです。

データの最後　そして、生まれ変わる

データにも、データ分析基盤から立ち去ることになるときがあります。データレイク上のデータは削除することはあまりありませんが、データマート（やデータウェアハウス）内で作成したデータはアクセス数が少なくなったり、定義が正しくなくなった場合はデータ分析基盤から削除もしくは、ストレージの容量を使うことによるコスト削減のため、ある一定数に「サマリー化」する方法などをとります[*16]。データレイクや他のデータマート（やデータウェアハウス）内のデータから新しく作成

[*15] 余談ですが、データを大量に抱え込むことができるプラットフォーマー（AmazonやGoogle、Facebookなど）の強さは、このデータを大量に集めることが可能なユーザーの多さと、それを支えるシステムを持っているからといわれています。
- URL https://www.thedailystar.net/business/growing-business-the-gafa-world-1548466

また、宇宙経由で世界中のデータを集めようと、世界のITジャイアントは宇宙開発に投資をしているという見方もあります。地上から集めるよりも効率が良いですし、すでに次の一手を打ち始めているのかもしれません。
- URL https://sorabatake.jp/18512/

[*16] 削除しないと、データはあっという間に固定資産税化します。月に数百万円かかることが当たり前になってしまうと感覚が麻痺してしまうかもしれませんが、価値を生み出さないデータに価値はないので積極的に削除してコストの最適化を測っていきましょう。

し直すことによって、データは再び生まれ変わります。

データの生まれ変わりパターンをまとめると、以下のようになります。

- データは削除することがある
- データを削除したとしても、データレイクや他のデータマート（やデータウェアハウス）内のデータから新しく作成し直すことでデータは再び生まれ変わる
- 削除をしない場合、サマリー化やコールドストレージへデータをアーカイブすることで、将来の利用に備えるためのデータ保存と同時にコスト軽減も可能

サマリー化　サマリーによるデータ圧縮

データを削除せずに済む方法として、サマリー化があります 図3.12 。通常サマリー化は、パーティションをまとめることにより実現します。たとえば、1990〜2000年までの10年間のデータがあまり参照されなくなった場合は、これらのデータを圧縮し少数にまとめる処理を指します。

図3.12 では、sampleテーブル（ロケーション：s3://data.platform/sample.db/sampletable/）のデータを s3://data.platform/sample.db/sampletable_archive/ の summary='2011-2021' パーティションに移動し10年分（2011-2021年）のデータをサマリー化しています。サマリー化なので「date='2021-11-11'」〜「date='2011-11-12'」を Group By 構文などを用いてまとめることが好ましいですが、「date='2021-11-11'」〜「date='2011-11-12'」のデータを単純に summary='2011-2021' にまとめる（データの総件数は変わらない）ようにしたとしても容量を圧縮することが可能です。なぜならば、カラムナーフォーマット（第4章で後述）の特性により列方向に同じデータが多い場合は個別で保存している状態よりも圧縮が効くからです。

サマリー化の実現では、SQLを用いてアドホックに実施されることが多いです。

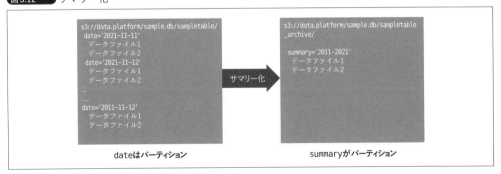

図3.12　サマリー化

コールドストレージへデータをアーカイブ　使用頻度の低いものは、アクセス速度の遅い場所に配置

次は、コールドストレージへデータをアーカイブする方法です。コールドストレージは使用頻度が低い（ゼロに近い）データを保存するためのストレージです。データを参照することには向いていませんが、低価格でデータを保存可能です。

第3章 データ分析基盤の管理&構築
セルフサービス、SSoT、タグ、ゾーン、メタデータ管理

アーカイブとはすでに参照されなくなった（もしくは参照頻度が落ちた）データを別の媒体に移して遠隔地へデータを移してしまうことです。

コールドストレージを利用すればデータの削除をする必要がありませんので、いざというときに元の状態へ復元し利用することが可能です[*17]。

[*17] Amazon S3 Glacierなどが有名ですが、オンプレミスのHadoopにもしっかりとコールドストレージを定義することが可能なのでクラウドに限った話ではありません。
- S3 Glacier URL https://aws.amazon.com/s3/glacier/

Column

使われていないデータを探す

データを削除するにあたって、「使われていないデータを探す」のは意外と難しい問題かもしれません。

まずは、アクセスログを利用してみましょう。データを貯めているS3やGCSには「データへのアクセスした人と場所」のログを記録する機能（logging, ロギング）が備わっています。そのログデータをSQLで検索すれば、利用されていないデータやテーブルをすぐに判別することが可能です。また、その参照頻度のデータを定量的に示すことによって、効率良くデータの削除を行うことができるでしょう[注a]。

合わせて、以下のような方法も参考にしてみてください。

- 「Amazon Athena で Amazon S3 サーバーアクセスログを分析する方法を教えてください。」
  URL https://aws.amazon.com/jp/premiumsupport/knowledge-center/analyze-logs-athena/

注a 「使うかもしれない」といった話に惑わされず、定量的に示しましょう。

Column

データディスカバリーツール　データを見つける一番汎用的なツールはSQLではない!?

データディスカバリーツールはその名のとおり、データを発見するためのツールです。言葉遊びのようになってしまいますが、検索とディスカバリー（発見）は少し違います。検索とは無尽蔵の中から答えを探すということなのですが、ディスカバリーはその結果に対して何かしらの評価（たとえば、おもしろそうだなぁ）を加えて発見となります。

メタデータが整理されていない環境の場合、対象のフォーマットを含むテーブルやデータを見つけることは手間で時間のかかるものですが（整理されていても大変なときがあります）、特定のフォーマットを打ち込むことでデータを見つけることが可能なデータディスカバリーツールというものも存在しています。そのため、データを見つけようとしたときに、たとえばテーブル間をまたいでよく出現するデータに色がつくといった評価を加えることがデータディスカバリーツールの役割になります。

SQLによる探索ではデータを見つけるためにSQLを記述する必要がありますが、データディスカバリーツールはほしいデータを入力フォームに入力するだけで候補を出してくれます。SQLに慣れていない人にとってはデータディスカバリーツールのほうがデータを探索するときは便利な場面もあるかもしれません。

不要なデータは削除する データマートやデータウェアハウスのデータ

　最後は、削除する方法です。使うかもしれないから削除しないという考えが適用されるのはデータレイクのデータのみです。大量に作成され、コストを圧迫しがちな、データマートやデータウェアハウスのデータが不要かもという話が出たら**積極的にデータの削除**を行いましょう。

3.8 メタデータとデータ品質による管理
データを知る基本ツール

　データを参照するときは何かしらの制限がかかっているときがありますが、基本的にメタデータは制限がかけられておらず、さまざまな人がメタデータを参照して分析の可能性を探ることができます。

メタデータストアはどのように管理される　データベースやマネージドツールなど

　データ分析基盤では、「データストア」とメタデータの管理を行う「メタデータストア」が明確に分離されています。「メタデータストア」といっても何も特殊なものではなく、オンプレミスの環境であればMySQLで実現することも可能ですし、クラウド環境であればマネージドのサービスがあり、それらがメタデータ管理の役割を満たすこともできます。

　メタデータについては第5章で、データ品質については第7章で詳細な説明をします。

Note

　メタデータを管理する代表的なプロダクトには、以下のようなものがあります。

- MySQL　URL https://www.mysql.com
- Amazon Glue Data Catalog　URL https://docs.aws.amazon.com/glue/latest/dg/define-database.html
- Google DataCatalog　URL https://cloud.google.com/data-catalog/
- Google Dataproc Metastore　URL https://cloud.google.com/dataproc-metastore/

3.9 ハイブリッド構成
柔軟に技術を選択しよう

本節では、オンプレミスやクラウドを組み合わせる「ハイブリッド（*hybrid*, 複合）構成」について解説します。ハイブリッド構成は、柔軟に機能実現が可能な反面、管理の煩雑性をはじめ、いくつかの注意点がありますので、ポイントを確認していきましょう。

ハイブリッド構成の大きなメリット　柔軟な機能実現と、データ統合コスト削減

本書で扱うハイブリッド構成とは、オンプレミス＋クラウド、Aクラウド＋Bクラウドの構成を指します 図3.13 。たとえば、AWSとGoogle Cloudの併用もハイブリッド構成にあたります。

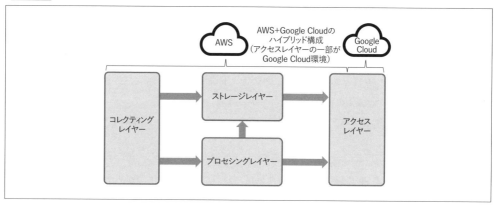

図3.13　ハイブリッド構成一の例

基本的に一つのクラウドで処理が完結すれば良いのですが、対向のシステムの状況によってはハイブリッドの構成を考える必要もあります。たとえば、歴史のある企業/組織だとサービスの中核のデータの発生元がオンプレミスにしかない（そして大量にデータがある）場合はネットワークの負荷を考えて、コレクティングレイヤーの一部をオンプレミスに残し、オンプレミスにて事前にデータを圧縮した上でクラウドへ転送するといった選択肢も考えなければなりません。

また、コレクティングレイヤー、プロセシングレイヤー、ストレージレイヤーなどはAクラウドに存在していて、アクセスレイヤーの一部だけがBクラウドに存在しているというケースもあります。

データ分析基盤から見たハイブリッド構成のメリットは、「柔軟な機能実現が可能」「データを統合するコストを削減可能」である点が挙げられます。「柔軟な機能実現が可能」という点については、わずかながらですがクラウド環境によって機能や親和性が異なる場合があります。たとえば、Google

関連の製品（例 Google Analyticsなど）で周りを固めているのであれば、Google Cloud製品との親和性が高いなどです。その場合、その親和性が高い部分については開発のしやすさ等を考慮しGoogle Cloudを選択、それ以外の部分はAWSを選択するといった場合もあります。また、SasS型データプラットフォームを利用して構築していたが、一部の機能実現がSaaS型データプラットフォームでは実現が難しい場合は別のパブリッククラウドと組み合わせて当該部分を実装することによって、一つのデータ分析基盤を形成するハイブリッド構成もあります。

また、「データを統合するコストを削減可能」を実現可能な技術やしくみは以下の2つです。

- データバーチャライゼーション
- データクラウド（▶p.94のコラム「データクラウド」）

データバーチャライゼーション　そもそも取り込まない（!?）

ハイブリッドの環境でよく利用される技術が**データバーチャライゼーション**（*data virtualization*）で、ロジカルSSoTを実現する技術の一つです。データバーチャライゼーションとは、構造化、半構造化、および非構造化データソースを技術的詳細の考慮不要（たとえば、どんなフォーマットなのか、どこに保存されているのか？など）で統合する仮想的なレイヤー（ソフトウェア）のことです[18]。データバーチャライゼーションを使うことによって、そもそもデータを取り込まないという選択肢を取ることも可能です。データ分析基盤としてはわざわざデータを統合する必要がないため手間を省けるメリットや、分析観点では統合する必要がないため素早くデータ分析が始められることもメリットといえます。とくに、サイロ化が進行し手遅れの状態になっている組織の場合は、データバーチャライゼーションを利用してみるのも良いでしょう。

ここまでデータを一つの場所に取り込むという観点について話してきましたが、データバーチャライゼーション（*data virtualization*）では、データを取り込まずともロケーションとして外部のデータソース（たとえばExcelなど）を指定しテーブルを作成します。作成したテーブルに対してSQLを通して分析が可能です 図3.14 [19]。

データバーチャライゼーションの機能を挟むと、クエリーを実行している人からは同一の場所に存在しているデータのように見せかけることが可能です。

「データを取り込む」という行為は、データパイプラインの構築やデータ保存のためのコスト、それを作成する人のコストなどがかかります。また、実際にデータを取り込んだりすることがはじめての部署とのやり取りの場合は調整のコストもかかりますし、軌道に乗ったとしても取り込むための時間はどうしてもかかってしまいます。

そのため、データバーチャライゼーションを使って負担を軽くすることも一つの手段として考え

---

[18] データバーチャライゼーションは、データの技術的詳細のやり取りを代行してくれることからデータ仮想化とも呼ばれます。少し紛らわしいかもしれませんが、サーバーの仮想化はホストとなるOSとのやり取りを代行してくれるもので、データの仮想化とは異なります。

[19] フェデレーション（*federation*、仮想）と呼ばれることもあります。サービスによっては、フェデレーションはデータバーチャライゼーションの中の一部の機能を指す場合もあります。

第3章 データ分析基盤の管理&構築
セルフサービス、SSoT、タグ、ゾーン、メタデータ管理

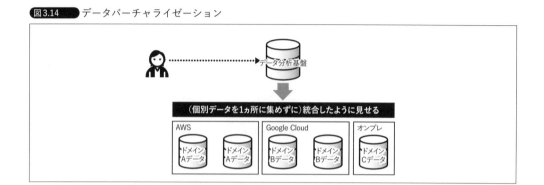

図3.14 データバーチャライゼーション

ると良いと思います。ただし、計算リソースはかなり使うのと、データの存在位置が不明瞭になりがちで、管理に手間がかかる場合がありますので、その点を考慮したうえで導入を検討してみるのが良いでしょう。念のため、よく使われる言葉でデータバーチャライゼーション（フェデレーション）の一つであるクエリフェデレーションについて説明します。クエリフェデレーションはクエリ（SQL）がフェデレーションされるわけなので、別々のデータソース（たとえば、MySQL A と Postgres B）に対してわざわざデータを1ヵ所に集めなくてもSQLを通してAとBを結合してデータを取得することが可能という意味の単語になります。

> **Note**
>
> データバーチャライゼーションを提供するプロダクトとしては、以下が有名です。
>
> - **Denodo**　URL https://www.denodo.com/ja/data-virtualization/
> - **BigQuery Omni**
>   URL https://cloud.google.com/blog/ja/products/data-analytics/introducing-bigquery-omni
> - **Presto（Trino）**　URL https://trino.io

ハイブリッドのデメリット　迷わせないことがデメリット解消の一歩

せっかくデータバーチャライゼーションのような技術を利用するのであれば、デメリットも知り、システム構築やしくみづくりに活かせるようにしておきましょう。

そこで、データ分析基盤におけるハイブリッド構成のデメリットについて押さえておきましょう。以下の2点について、順に紹介していきます。

❶データの所在、オーナーが不明になりやすい
❷管理対象の増加によるコスト増大や障害復旧の複雑化

❶データの所在、オーナーが不明になりやすい

ハイブリッド構成の1つめのデメリットとしては、データの所在やオーナーが不在になりやすい点が挙げられます。選択肢を与えられると迷ってしまうのと同じで、複数のデータ分析基盤と考えられるものがある場合はユーザーはどちらを使って良いかわからなくなってしまいます。また、ハイブリッド間で完全にデータが同期されていれば問題ありませんが、コストのダブつきの観点からそのような状態を作り出すのは現実的ではありません。そうなると、一部のデータはAシステムに、残りはBシステムという状態が自然と形成され、ことがさらにややこしくなります。
「あのデータはA/Bどちらにある？」「あのデータはAにもBにもあるけどどっちも使っても大丈夫？」「Bと同じ名称のデータがAを見ると違うけど……」「Aのシステムだと元データのオーナーはHOGEさんだけど、BだとPEKEさんになってる」
といった具合です。当然問い合わせはデータ分析基盤の管理者や窓口に届き、問い合わせ件数に応じて時間がどんどんなくなっていきます。

❷管理対象の増加によるコスト増大や障害復旧の複雑化

ハイブリッド構成の2つめのデメリットとして管理対象の増加が挙げられます。ハイブリッドになると各クラウドベンダーのちょっとした仕様の違いから統合を諦めたり、それぞれのクラウドベンダー内において個別でシステムができあがるようになってしまう場合があります。その状態はハイブリッドというよりはむしろシステムのサイロ化と呼んでもいいかもしれません。たとえば、以下のような状態は「ハイブリット」という名前を利用したシステム（データ分析基盤）のサイロ化です。

- メタデータの管理が複数ある
- 不必要にデータのコピーやテーブル作成が行われている
- クラウドベンダーを無理やり統合するためにサードパーティの別のシステムが間を取り持つ

システムを維持する上では管理対象やエンジニア人数はコストの面から少ない方が良いのですが、ハイブリッドになることで管理対象が増えると少人数だけでは回せなくなってしまいます[20]。
データ分析基盤の価値は、保存されているデータを利用して利益を最大化することですが、基盤の維持にコストがかかってしまうことはこの利益を圧迫することにもなります。つまり、メリット（取り込みのコストメリット、柔軟な機能実現により発生した利益等）を相殺してしまう可能性があります。
また、管理対象も増えていけばそれだけ障害や問題が発生するポイントが増えていきます（7.2節「データの劣化」で後述）。どこで障害が発生したのか？明確にエラーとなる場合はすぐに不具合のある場所を特定できますが、以下の場合だとどうでしょうか。

- AシステムでデータレイクからAデータマートを作成し
  ➡ Aデータマートとデータウェアハウスのデータを利用しBデータマートを作成
  ➡ Bシステムにコピーを行い、Bシステム内で加工しCデータマートを作成

---

[20] 人材確保はそれ以上に大変です。

第3章 データ分析基盤の管理&構築
セルフサービス、SSoT、タグ、ゾーン、メタデータ管理

➡ AシステムのBIツールからCデータマートを参照

しかし、Cデータマートを参照した時点で数値の不具合に気づきます。ここで、どこが悪いか尋ねられたときにすぐに返答できる人はいないと思います。

この場合、直近の不具合を起こしそうなリリースがそれぞれの工程であったかどうかを確かめつつ問題を解決していく必要があります。当然工程が少なければ問題となる点の特定は早くなりますが、工程は増えれば増えるほど特定まで時間がかかるようになってしまいます。

以上を踏まえると、はじめからハイブリッドを目指すのではなく、状況の変化に応じてハイブリッドを選択していくと良いと思います。しかし、明確な目的がない場合や一時的な目的のために構築するのは避けるべきでしょう。

3.10 データ分析基盤とSLO/SLA
データ分析基盤の説明書を作る

データ分析基盤を構築する際には、さまざまな技術を利用して機能を実現するだけで良いでしょうか。答えはノーです。データ分析基盤もシステムの一つですから、システムを構築する以上は、提供する機能の品質を非機能という形で定義し言語化する必要があります。非機能のまとまりを言語化したり数値で表したものをSLO（やSLA）と呼びます。データ分析基盤は異なる目的を持ったシステムやユーザーが多く利用するため、データ分析基盤としての品質や考え方をしっかりと言語化しておかないと後々トラブルに発展する場合もあります。

SLO/SLAとは? システムのお約束

SLO（*Service Level Objective*）は、システムが達成および測定すべき目標を設定することで、ユーザーの期待値（サービスの内容や範囲、品質水準）を明確にし、チームメンバーやビジネスサイドに伝えるためのものです。SLOは、サービスの信頼性やパフォーマンスを具体的な数値で表すことで、チームが日々の開発業務で達成すべき基準を提供します。

一方、**SLA**（*Service Level Agreement*）は、サービス提供者と顧客との間で合意された契約で、約束された品質が守れない場合の罰則規定が含まれます。

データ分析基盤とSLO より目線を上げて規定する

データ分析基盤では、以下の理由からSLAよりSLOを定義することが多いです。なお、以下ではSLOを例に解説しますが、いずれの考え方もSLAにも流用可能です。

❶サードパーティとの連携も多くデータ分析基盤だけで完結しない業務が多い

❷各サービス改善のための中間者的な存在でユーザーからは存在が見えない

そのため、データ分析基盤ではSLOを定めて運用し、データ分析基盤の利用者はSLOを確認しその前提でサービスに組み込んでいくという形を取ることが多いです。

データ分析基盤では、**サードパーティのシステムも含めたトータルでの品質の高さ**が求められます。そのため自社だけでなく関係するプレイヤーとの責任分解点についても明記しコミュニケーションを図っていく必要があります。たとえば、データソース側の不備をすべてデータ分析基盤が解消を受け持ってしまってはシステムや組織としてもスケールしませんのでデータソースの不備であればデータソース側に修正してもらうなどのルールを決めてコミュニケーションをとっていく必要があります。さらにいえば、仮に自社側が土日にオンコールシフト（on-call shift, 当直／宿直）を引いたとしてもサードパーティ側の会社がそうなってなければ意味をなさない場合もあり得ます。目線をより上げて規定していくことが大切です[*21]。

また、SLOで言語化を行うということは、同時にデータ分析基盤の設計の骨組み（ネットワーク設計、セキュリティ設計、運用設計、ログ設計、データ設計等々）にも利用可能です。そのため、ユーザーやビジネスサイドへの説明資料という側面とデータ分析基盤を作り上げるエンジニアたちへの説明資料にもなりえます。

そして、SLOでも定義しただけで満足してしまっては意味がありません。SLOで目指すと宣言したのですから、それらが達成できない場合や達成が困難であることを事前に検知した場合には何かしらの手立てを取る必要があります。たとえば、障害時やSLOを守れなかった場合に、ポストモーテム（postmortem）[*22]を実施して結果を公表するなどの手立てを取ることによってより堅牢で信頼性のあるシステムに継続的に進化させていくことができるようになります。

次項から、データ分析基盤におけるSLOで規定すると良い観点についていくつか見ていきましょう。簡単ではありますが、一部の項目では設定例を記載しています。実運用の際には、さらに補足情報等のリンクも一緒にまとめておくと良いでしょう。

可用性　どれだけ継続可能か

可用性（availability）表3.2 とは、システムやデータが継続して稼働（利用）できるかの能力のことを指します。可用性が高ければ高いほど安定した状態ということになります。

[*21] このように、データソース側とデータ分析基盤でデータの生成ルールや可用性などを取り決めることをデータコントラクト（data contract）と呼ぶ場合もあります。

[*22] 日本語訳では事後検証。障害が発生した原因を調査し再発防止に備えるプロセスのこと。

表3.2 SLOにおける可用性

項目	設定例
データと システムの 可用性	**例1** 99.999999999%。データはS3へ保存。インフラはシングルリージョン（Tokyo）のみの稼働とする
	例2 オンプレのデータはRAID 5[※]でデータ冗長を図る
予定外 ダウンタイム	稼働率を99.9%とし、連続して利用できない時間が月45分以内である。ただし、予定ダウンタイムは以下に起因する時間は含まれない • データ提供元（データソース）の不具合、データ提供先の不具合に起因するもの • 自社が直接管理していないサードパーティ製のアプリケーション、ソフトウェア、インフラストラクチャ、または自社が管理していないその他のコンポーネント • 不可抗力事象（戦争、ストライキ、暴動、犯罪、疫病、突然の法改正、天災） • 予定ダウンタイム時間
サービス提供時間	24時間365日
変更時の事前通知	変更を予定する2ヵ月前に通知

※ 複数のHDDを一つのドライブのように認識/表示させる技術。可用性を高めながら故障時のデータ復旧などに用いる。

- **データとシステムの可用性**

  データや処理ツールをどのように扱うかという観点。可用性を確保するために、データを保存するリージョンを増やせば増やすほど費用がかさむ（費用が増えてもやりたいのか、やる必要がないのかをはじめにコミュニケーションして調整する必要も発生）。また、インフラとしてデータ分析基盤側がマルチリージョンに対応していても、データソース側がシングルリージョンの対応といった場合もあるので、総合的に見て完全に可用性が確保ができない場合があるので注意が必要

- **予定外ダウンタイム**

  システムがどれくらいの稼働率なのかを表す項目。たとえば、99.9%だと1ヵ月で43.2分の利用できない時間があることを示す[23]。定義はBIツール、APIなどより細かい状況ごとに稼働率を分けて表現しても問題ない

- **サービス提供時間**

  データ分析基盤の稼働している時間について記載を行う。データ分析基盤としては24/365（24時間365日稼働）を設定することが一般的

- **変更時の事前通知**

  データ分析基盤を運用していると、多くのユーザーに影響するような変更を行う必要性が出てくる場合がある。その場合にどれくらいの猶予を持って事前通知するかという規定

データの取り扱い　データはどのように管理されている？

データの取り扱い **表3.3** とは、データ分析基盤で保持するデータがどのように扱われているのかを記載する部分になります。

- **マルチテナントの有無**

  複数ドメインのデータを統一的に扱っているかどうかというポイント。データ分析基盤では、複数ドメインのデータを扱うことがあり、それらのデータをどのように扱っているかを記載

---

[23] 稼働率からダウンタイムを計算するには、次のようなサイトが存在します。 **URL** https://cloned.jp/sla-calc/
（筆者として稼働率の閾値は99%）

表3.3 SLOにおけるデータの取り扱い

項目	設定例
マルチテナントの有無	複数のサービス（サービス🅐、サービス🅑など）におけるデータが同一のインフラを利用しリソースを共有する。データは論理的に分離された状態で保存する。
データ品質の担保	日々データの品質テストを実施。品質のテストに失敗した場合、安全性の確保から後続の処理は動作しない
過去データ遡及対応	原則データソースの不備により発生した過去分データの再集計は実施しない
データのバックアップ	**例1** バックアップの取得は予定しない **例2** 優先度Aのデータはバックアップを1日1回/優先度Bのデータは月に1回実施
プライバシー	• 第三者提供を行う場合は匿名加工および統計情報化をする • 明確な利用用途がない限り、要配慮個人情報（センシティブ情報含む）は永続的に取り込まない • ［要配慮］個人情報を含むデータセットの場合は、要配慮であることがわかるようにフラグを付与しピンポイントでの削除を実現する
メタデータの管理	**格納場所** データと同じ環境に保存する **参照方法** API方式とGUI方式 **更新方法** GUIより入力し更新する。システム管理者はAPIを利用した更新をする場合がある

- **データ品質の担保**
  データに対してデータ品質(▶第7章)の担保をどのように扱っているかという点について記載する

- **過去データ遡及対応**
  過去データに何か不備があった場合の対応について記載する。基本的に、データ分析基盤はデータソース/データ提供先のシステム影響も受ける。そのため、データソース側のSLOを元に過去のデータの遡及対応(再集計)をするか、しないかを決める場合もある

- **データのバックアップ**
  データ分析基盤内で扱うデータのバックアップを行うかどうかについて規定する。単純にすべてのデータのバックアップを取ると、2倍のコストがかかる。とくにデータ分析基盤のデータは大きくなりがちなので、優先度をつけた対応が求められる場合もある(▶3.4節)

- **プライバシー**
  データの第三者提供/要配慮個人情報についてどのようなガバナンスを行っているかを記載する。たとえば、「データの外部提供において第三者提供[24]を行う場合は、匿名加工および統計情報化する」や要配慮個人情報[25]は、永続的にデータ分析基盤へ取り込まない、取り込む場合は一部の権限がついたユーザーのみが参照可能なクォレンティーンゾーンへ格納するなどを規定する。

- **メタデータの管理**
  ビジネスメタデータ、テクニカルメタデータ、オペレーショナルメタデータの格納場所、参照方法、更新方法について記載を行う

パフォーマンス/拡張性　どこまでの規模を想定する?

パフォーマンス/拡張性 **表3.4** の欄では、どれくらいの規模感のユーザーやデータを捌く必要があるのかという項目について記載します。とくに、データ分析基盤ではデータ量の増加や利用者の

---

[24] データ分析への利用は事前にユーザーへ同意をとっている限り関連会社内での利用が認められますが、第三者への提供は禁止されています。

[25] 病歴や犯罪歴など差別や偏見を生じる恐れのある情報のこと。

増加が顕著であることから、稼働後に「データの処理が完了せずサービスに影響してしまった」といったようなことが起きないように、規模感について言語化し認識を合わせておく必要があります[26]。

表3.4 SLOにおけるパフォーマンス/拡張性

項目	設定例		
データ量	データソース**A**のデータ量は8TB/月程度のデータ増加を想定		
API応答速度	95%タイルが0.5s以内。[参考速度]	・数十ms以下 ・100ms〜500ms ・500ms〜1s ・1s以上	速い 普通 少し遅い 遅い
運用規模	データ分析基盤を利用するユーザーがどれくらい存在するか。 **例1** APIへのアクセスが500rps（*requests per second*, 1秒間あたりにリクエストが何回あるか） **例2** BIツールの利用者が100人/100qps（*queries per second*, 1秒間あたりにクエリーが何回あるか）		
SLA/SLOごとの対応	・SLA/SLOが開示されていないもしくは開示されているが99%未満のシステムを提供する企業とのデータのやり取りにおいては、システムでのリトライはせず失敗時は値を空として処理を継続する ・SLA/SLOが開示されている企業とのデータのやり取りにおいてはシステムでのリトライ1回とし、2回めの失敗時は値を空として処理を継続する		

- **データ量**

  データ分析基盤内で、どれくらいのデータ量を扱う必要があるのかという点について記載する。稼働後にデータを処理しきれなかったということがないように規模に対する目処をつけておこう。トータルを記載するより、データソースごとにどれくらいかという点を記載するとわかりやすい

- **API応答速度**

  APIを提供する場合は、その提供速度について記載を行う。たとえば、レスポンス速度において95%タイルが0.5秒以内など基準を決めると良い。速いにこしたことはありませんが、データ分析基盤としては0.5秒くらいを目指すのが良い。これ以上応答が遅いと、表示が遅くなり組み込みBI等でデータ分析基盤と連携している画面においてUI/UXの面で悪影響が出る。これらの速度を確認するために、APIに対してLocust[27]等のツールを用いて性能テストを行い、結果を確認することもよくある

- **運用規模**

  データ量に似たような項目だが、データ分析基盤を利用するユーザーがどれくらい存在するかについて記載を行う。たとえば、APIへのアクセスが500rpsのような情報や、BIツールの利用者が100人存在して100qpsであることなど

- **対向サービスにおけるSLA/SLOごとの対応**

  データ分析基盤は多くのシステムと連携することから、対向となるシステムについてのSLAやSLOを理解する必要がある。たとえば、多くのデータ処理を行うという観点から稼働率の低い[28]システムと連携しデータ取得を行う必要がある場合、多くのリトライによって全体のサーバーやネットワーク、ひいてはデータパイプライン全体に悪影響が出るかもしれない。そのような事態を避けるためにも、SLA/SLOごとにデータ分析基盤として対向のシステムをどのように扱うのかを明記しておくと良い

---

*26 データの生成時間等もSLOへ定義することは可能ですが、本書ではそれらの情報はメタデータを通して提供するという立場をとっています。

*27 **URL** https://locust.io

*28 80%程度や、そもそもSLO等を定義していない場合もあります。高いに越したことはありませんが、99%が筆者としての閾値です。

セキュリティ　基本的な対策で思わぬ落とし穴を防ごう

　連携する企業によっては、データを自社のデータ分析基盤へ連携する際にセキュリティ 表3.5 に対して一定程度対応しているかを確認される場合もありますので、基本的なことはできる限り早い段階から対応していきましょう。満たしていないとシステム連携を始められないような企業も存在しています。データ分析基盤に限定したという話より、一般的かつ基本的な対策が求められる部分なので事前に考慮していきましょう。

表3.5　SLOにおけるセキュリティ

項目	設定例
データの往来	・やり取りはすべて暗号化（TLS 1.2以上） ・APIは認証認可を設定（M2M/*Machine to Machine* 認証を用いた通信とする）
セキュアプログラミング	プログラム内にキー情報を直接埋め込まない、レビューを行実施する
データ保存環境の分離	別テナント（会社や組織）のデータは論理的に分離する。原則として、保存場所をバケット単位分け権限にて分離する
データの破棄	当該オリジナルローデータは要求があった場合、即日サービス単位で削除できるしくみにする。ただし、以下のデータや行為は即日対応から除外 ⓐオリジナルデータから生成される2次以降の成果物 ⓑファイルの中の一部だけの情報を削除する
2要素認証の導入	ログインの必要なシステムには2要素認証の導入を行う 例 Google Cloudはパスワードと Okta Verify（多要素認証（MFA）アプリ）の併用
データの保存における暗号化	保管中のデータを暗号化
アクセスキーの保存	キーの保管は HSM（*Hardware Security Module*, 情報を安全に管理するための専用ハードウェア）やセッションマネージャを使う。ローカルには保管しない
パッチの最新化	パッチは常に最新のものを適用
監査ログの保存と利用	監査ログ（アクセスログ）アクセスログは2年間保管し、データ分析基盤内のテーブルⒶで参照可能

- **データの往来**
  データのやり取りが暗号化されているかを規定する部分。たとえば、データの取得時にM2M認証[29]を行うや、ダイジェスト認証を行うといった内容について規定する

- **セキュアプログラミング**
  データ分析基盤に限らないが、実行するコードの上にアクセスキーなどの機微情報を載せていないかという規定。どのように防いでいるのか（例レビュー）という点についても合わせて記載しておくと良い

- **データの破棄**
  データ分析基盤の保持するデータは、データソース側からの要望やサービスの都合によっては削除を行わなければならない場合がある。データの破棄についてどのような対策や方針なのかということについて記載する

- **2要素認証の導入**
  データ分析基盤へのアクセスにおいて、知識認証（例 パスワード）、所有物認証（例 ICカード）、生体認証（例 指紋）のうち、2つ以上を利用して環境へアクセスしているかという点になる

＊29 Machine to Machine認証の略で、機器間認証とも呼ばれます。機械はユーザーと違いパスワードやメールアドレスなどを入力したりしないため、代わりにクライアントIDとクライアントシークレットのペアを用いて認証/認可を行う方法のこと。

- **データの保存における暗号化**

  データ分析基盤内で保管しているデータの保管方法について記載する項目。たとえば、S3などは、データがデフォルトで暗号化されるようになっている[*30]。

- **アクセスキーの保存**

  データ分析基盤は多くのシステムと連携する必要があるため、相手環境への接続に利用するアクセスキーを受け取る場合がある。そのアクセスキーをどのように保管/利用しているかについて記載する項目である

- **パッチの最新化**

  データ分析基盤で採用している技術に脆弱性が見つかるなどすると、パッチ（patch）と呼ばれる修正版がリリースされることがある。その場合の対応方針について記載する。クラウドであればパッチは自動的に適用される場合が多いが、そうでない場合もあるので確認が必要

- **監査ログ（アクセスログ）の保存と利用**

  データ分析基盤は重要なデータが保存される場所であるため、その環境へのアクセスは逐一記録しておくことが好ましい。また、保存しているだけでは利用できないため「一定期間ごとにテーブル形式で参照できるようにしている」などの情報も記載する。アクセスログの保存期間と、利用するための準備としてどのようなことを行っているのか記載すると良い（2年ほど保管する場合が多い）

技術/環境要件　データ分析基盤を構成する要素と動いている場所は?

技術/環境要件　**表3.6** とは、プラットフォームや採用する技術や規制などについて記載します。

表3.6 SLOにおける技術/環境要件

項目	設定例
プラットフォーム	AWSとSaaS型データプラットフォームのハイブリッド
採用技術	・アーキテクチャダイヤグラム（システム構成をアイコンを用いて図示）一式（リンク） ・月1程度で更新
サポート提供時間	平日9〜17時、祝祭日や年末年始などの休業日は除く（障害時も同様）
サービスエラー監視	・外形監視[※]を行い、サービスエラーやアノマリーを発生後速やかに検知可能 ・対応時間はサポート提供時間に則る
規制事項	個人情報保護法、景品規制

※ 外形監視は、データ分析基盤が配置されているネットワークの外からユーザーと同様の方法でアクセスして監視すること。

- **プラットフォーム**

  クラウドプラットフォームなのか、それともオンプレミスなのか、ハイブリッドなのかといったようにデータ分析基盤が動作している環境について記載する

- **採用技術**

  EMRやPython12.5といったようにデータ分析基盤で採用している技術について記載。すべての採用技術を列挙することは現実的ではないので、構成図一式を載せてそこから判断するという形にすると良い

- **サポート提供時間**

  データ分析基盤の利用者からの問い合わせを受け、その問い合わせに回答できる時間帯を記す。平日のみなのか、休日を含むのかなど、事前に議論をした上で規定しておく

[*30] **URL** https://aws.amazon.com/jp/blogs/aws/amazon-s3-encrypts-new-objects-by-default/

- **サービスエラー監視**
  サービスエラー監視とは、システムやアプリケーションのパフォーマンス、可用性をリアルタイムで監視しアクションをとるプロセスのこと。アラートの設定状況や検知後のチーム内の動きなどを規定する
- **規制事項**
  ドメイン特有の規制事項などがあれば記載を行う

3.11 本章のまとめ

　本章では、データ分析基盤を取り巻く管理方法や構築のアイデアについて紹介しました。データ分析基盤にはさまざまな言葉が飛び交っています。それらの言葉が出てきた背景を知るとシステム作りにも役に立ちます。たとえば、データレイクやセルフサービスという言葉を知っていていても、インターフェースが一般のユーザー向けが大半でエンジニア向けのインターフェースが少なければ、自動化が進みにくく、生産性の低いデータ活用を行う組織になってしまいます。逆に、エンジニア向けばかりのインターフェースばかりであれば、データの利用が敬遠されてしまいデータ活用の文化を醸成する阻害要因にもなり得ます。

　今のエンジニアには技術的な専門性を活かしつつ、データ活用においてジェネラリストとして関わっていくマインドが求められているでしょう。

Column

オーバーエンジニアリングに注意!

　「オーバーエンジニアリング」とは「簡単にいうと作りすぎてしまう」ということです。つまり、システムを必要以上に作り込んでしまうことをここでは指しています。システムをより堅牢にしていくことは大切ですが、目的にあっているかどうかを確認しましょう。

　当然ながら堅牢にしてくためには、時間とシステムコストの両方がのしかかってくることになります。これらのコストがサービスの利用料金として価格転嫁できるなど、十分に意味のあるものであれば実施することに異論は出ないと思います。

　一方でやりすぎて価格転嫁できない場合、サービスの投資効果を回収することができず、そのままサービスクローズになってしまうということもあり得ます。データ分析基盤に限りませんが、サービスを作る上でSLO（SLA）はこのような状況を抑止する効果もあります。

　SLOやSLAは顧客への開示だけに留まりません。自社のビジネスサイドに対して、「これくらいやるならXXX万円かかります」（だからできません、できます）を伝える目的や、エンジニアサイドに対しても「ここまでは必要ないから作り込まないでほしい」、逆に「ここまで必要だから作り込んでほしい」を伝えるための資料にもなります。

第4章

データ分析基盤の技術スタック

データソースからアクセスレイヤー、クラスター、ワークフローエンジンまで

※1 データソースはデータの発生源。データソースとしてなり得る対象物として「ストレージ（Amazon S3など）」「IoT、Web（センサー、Webの回遊情報など）」「データベース（MySQLなど）」「API」「その他（SalesforceなどのCRMツールやGitHubなどの生産管理ツール）」を紹介。

※2 コレクティングレイヤーは、データの収集を担当。「ストリーミング」「バッチ（Embulkなど）」「プロビジョニング（AWS CLIなど）」「イベントドリブン」それぞれで利用可能なデータ収集技術を紹介。

※3 プロセシングレイヤーはデータの処理を担当。「ストリーミング（Spark Structured Streamingなど）」「バッチ（Spark）」「暗号化／難読化／匿名化」「データ品質」それぞれで利用可能なデータ処理技術の技術スタックを紹介。

※4 ストレージレイヤーは大量のデータを保存する。「フォーマット」「圧縮形式」「ストレージ」「MPPウェアハウジング」「KVS」「オープンテーブルフォーマット」といったデータの保存の技術スタックを代表例として紹介。

※5 アクセスレイヤーは、データへのアクセスを提供するインターフェースの塊のような部分。「SQL（Prestoなど）」「分散メッセージングシステム（Apache Kafkaなど）」「BIツール（Redashなど）」「ノートブック（Jupyter）」「API（Amazon APIGateWayなど）」「GUI」といったデータへのアクセス提供方法を紹介。

※6 ワークフローはプロセシングレイヤーを支える重要な技術。「Digdag」「AirFlow」「Rundeck」など。

※7 クラスターは、データを処理するコアとなる部分である。本書では「Hadoop（Amazon EMRやGoogle Dataproc）」「K8s」「Linux（おもにHA構成であることが前提）」を紹介。

※8 データ分析基盤全体を通して使われる管理／運用のための技術スタック。多様な開発言語、メタデータ管理ツールやモニタリング機微情報の検知、IaCなど各種ツールやミドルウェアが利用される。

※9 リバースETLは活用したデータをスモールデータシステムへ返却する機能である。「Spark」「Census」などのサービスやツールが利用される。

図4.A 技術スタックやプロダクトのオーバービュー

本章では「コレクティングレイヤー」「プロセシングレイヤー」「ストレージレイヤー」「アクセスレイヤー」における技術スタックを説明します 図4.A 。

コレクティングレイヤーは、多種多様なデータをもれなく収集するためのレイヤーです。しかし、数多くの技術を組み合わせる必要はありません。Embulkなどの一つで多くのデータソースに対応可能なものや、ストリーミングにおける分散メッセージングシステムとの組み合わせを押さえていきましょう。

プロセシングレイヤーはSparkやSpark Structured Streamingを交えて、バッチやストリーミング処理の特徴や注意点を紹介します。

ストレージレイヤーでは、ストレージに対してどのフォーマットや圧縮方法を使いどうデータを配置するかによってパフォーマンスの違いが出てくる点に注目です。

アクセスレイヤーのベースはBIツールを経由したSQLによるデータアクセスです。とくに、データ分析基盤では、BIツール以外にもストレージへの直アクセスやAPI経由でデータにアクセスしたりとインターフェースが豊富なことが特徴です。

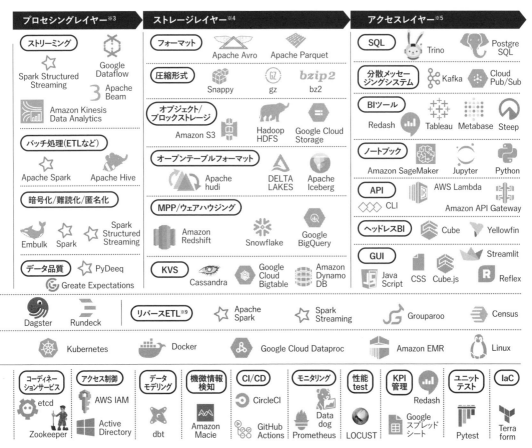

※ データソース、コレクティングレイヤー、プロセシングレイヤー、ストレージレイヤー、アクセスレイヤーごとの技術スタックと、それらを支える技術スタックの一部をまとめた図。AWS、Google Cloud、オンプレなどさまざまな環境上でデータ分析基盤で利用される技術が提供されている。

第**4**章　**データ分析基盤の技術スタック**
データソースからアクセスレイヤー、クラスター、ワークフローエンジンまで

4.1 データ分析基盤の技術スタック
全体像を俯瞰する

　本節では、はじめにコレクティングレイヤー、プロセシングレイヤー、ストレージレイヤー、アクセスレイヤーにおける技術スタックのオーバービューとして各レイヤーに関わる技術スタックを一度整理します。

▍データ分析基盤のクラスター選択　データ分析基盤における計算能力の要

　データ分析基盤で重要な技術選択のうちの一つが**クラスター**です。クラスターは一つの目的のために処理を行う複数ノードの集合体です。

　代表的なクラスターは、以下の5つです。

- Hadoop（Amazon EMR、Google Dataproc）
  バッチ処理におけるプロセシングレイヤーを担当する[*1]
- Kubernetes（Amazon EKS、Google GKE）
  ストリーミング処理におけるコレクティングレイヤーとプロセシングレイヤーを担当する
- MPPDB（Amazon RedShift、Google BigQuery）
  プロセシングレイヤー、ストレージレイヤー、アクセスレイヤーを担当する
- HA（*High availability*）構成のLinuxサーバー（コンテナ環境であるAmazon Fargateや、オンプレミスサーバー）
  おもにコレクティングレイヤーを担当することが多い
- SaaS型データプラットフォーム
  コレクティングレイヤーからアクセスレイヤーまでのインフラをサービスプロバイダーが管理する

　1つのクラスターだけでコレクティングレイヤーからストレージレイヤーまですべてを賄うことはできないため、いくつかのクラスターを組み合わせてデータ分析基盤を形成します。

クラスターの計算能力　インプットを処理してアウトプットするための能力

　データ分析基盤におけるクラスターは「コレクティングレイヤー」と「プロセシングレイヤー」[*2]において計算能力を提供します。クラスターの計算能力とは、データをインプットしSQLやプログラムを実行して必要なデータを見つけて、処理を行い結果をアウトプットするための能力のことです。

- [*1] コレクディングレイヤーも受け持つことができますが、スケールの速度が早いなどの特徴があるためKubernetesの方がより適しているでしょう。
- [*2] プロダクトによっては「ストレージレイヤー」「アクセスレイヤー」において計算能力を提供します。たとえば、Amazon RedshiftやGoogle BigQueryなどは内部にデータを保持可能で保持したデータにSQLでアクセスすることが可能です。

128

CPUやメモリーの集合体と考えても問題ありません。

データ分析基盤におけるクラスターは「コレクティングレイヤー」と「プロセシングレイヤー」（プロダクトによっては「アクセスレイヤー」）において計算能力を提供します。

以下はそれぞれの層での計算能力の提供例です。

- コレクティングレイヤーであれば、データを収集するためのプログラムを動かす場合
- プロセシングレイヤーであれば、コレクティングレイヤーからのデータを受け付けて、データ処理を行う場合
- アクセスレイヤーであれば、ユーザーが参照するBIツールにてSQLの実行結果を可視化する場合

コレクティングレイヤーの技術スタック　多種多様なデータを取り込む入り口

データを集めるコレクティングレイヤーでは、クラスター上でデータソースからのデータの収集（*collecting*, コレクティング）を担当します。さまざまなデータソースと対峙することになるレイヤーですが、種別の分類を確実に行っていけば問題なく対応できるでしょう。

取り込みの方法は、大きく分けて**バッチ**、**ストリーミング**、**プロビジョニング**、**イベントドリブン**の4つがあります。それぞれの方法において、コアとなる技術スタックは4.3節で後述します。

プロセシングレイヤーの技術スタック　多種多様なデータを処理する場所

データを処理するプロセシングレイヤーでは、コレクティングレイヤーより引き受けたデータやストレージレイヤーに保存されているデータの処理（*processing*, プロセシング）を担当します。

プロセシングレイヤーで行われる処理としては、バッチ、ストリーミングともに、**ETL**、**データ品質の測定**、**バッチ処理におけるETL**、**メタデータ算出**、**データ転送**、**暗号化／難読化／匿名化**、**モデルの作成**、**モデルを利用した推論**の8パターンです。4.4節で簡単に取り上げますが、これらの処理はApache Sparkを使って実現できます。

ストレージレイヤーの技術スタック　多種多様なデータを格納する場所

データやメタデータの保存を担当するのが、ストレージレイヤーの役割です。ストレージレイヤーはデータ利用の中心となるレイヤーです。4.6節で、圧縮形式とフォーマット、そしてストレージの種類と合わせて詳しく確認します。また、4.7節ではプレゼンテーションデータを扱う際のキー設計やデータを保存する際のTipsについて解説します。

アクセスレイヤーの技術スタック　多種多様なアクセスを提供する場所

データ分析基盤の保持するデータへのインターフェースとなるのが**アクセスレイヤー**です。デー

タ分析基盤のアクセスレイヤーにおいては提供すべきインターフェースが多くなるため、構築にはとくに幅広い技術スタックが必要になります。

アクセスレイヤーの代表的なインターフェースは、**BIツール**、**ストレージアクセス**、**API**、**GUI**、**分散メッセージングシステム**の5つです。詳しくは、4.8節で取り上げます。

4.9節では、アクセスレイヤーを拡張することで統一的なデータ提供を実現するセマンティックレイヤーについて取り上げます。

全体を通して利用する技術スタック　堅牢なデータ分析基盤運用を支えるツール

データ分析基盤においては、各レイヤーを支えるツールやミドルウェアが存在します。本章では、**堅牢なデータ分析基盤**を運用する際にとくに関係性の深い項目として2項目を紹介します。1つめは、ユーザーやデータに対して制限をかける**アクセス制御**（▶4.10節）、2つめは分散システムの障害耐性を高める**コーディネーションサービス**（▶4.11節）です。その他の項目については本書の各章にて登場しますので確認をしてみてください。

4.2 データ分析基盤のためのクラスター選択
無理な利用にも耐えられる必要がある

クラウドの登場によってクラスターの選択は大きく広がりました。本節では、プロセシングレイヤー、コレクティングレイヤーを支える「クラスター」について解説を行います。

Hadoop　ビッグデータの黎明期、オンプレミスのHadoopの問題

およそ20年前、ビッグデータの世界に革命児のように生まれたのがHadoopとHadoopエコシステムです。Hadoopエコシステムは、Hadoop上で動作するプロダクト群を指します。

GUIを使ってHadoopのクラスターを構築できるようになり利用が広がっていくと、多くのApacheプロジェクトがHadoopに対してエコシステムの追加を行うようになります。現在でも利用されているHiveやSparkも、元々はHadoopエコシステムとして登場しました。

TIP　プロセシングレイヤー、コレクティングレイヤーのクラスター

プロセシングレイヤー、コレクティングレイヤーにおける**クラスター**は分散処理を行うノードの集合体です。分散処理では、ノードを複数並べてノード間で整合性を保ちながら処理を行います。

130

しかし、大量のプロダクトの追加とコントリビュートが進むにつれ、Hadoopとエコシステムは次第に肥大化し、インストールや設定、依存関係の把握も複雑化していきました。このことは、ビッグデータへ新規参入の高い壁にもなってしまいました。

ただでさえ複雑なシステムなうえに、システムの更新時や増設時にはさらに維持することが難しい状態に陥ります。システムは構築するよりも維持をする方が長いことを考えると、この複雑さは大きな問題でした。また、進化を続けていくためには新しい人に参加してもらえる環境がシステムにとっても組織にとっても良く、人材が見つからないのも苦しいポイントでした。

20以上ものApacheプロジェクトがHadoopにコントリビュートしてきたのですが、現在でもプロダクトの新規作成時にメインとして考えるプロダクトはほんの一握りです[3]。

デカップリングの登場　クラウド環境のクラスター

オンプレミスにおける「複雑化したHadoop」とエコシステムのなかで登場したのが**デカップリング**（分離）です。オンプレミスのHadoopは**計算能力**（プロセスを実行するために必要なCPUやメモリーの）と**ストレージ**がセットになって同居していました。しかし、クラウドの世界ではこの計算能力とストレージがデカップリングされ、別々に存在可能になりました。

計算能力側におけるプロダクトは頻繁にアップデートすべきである一方で、アップデート等によるデータの消失[4]リスクはできる限り下げたい、これらはデカップリングによる計算能力とストレージの分離により状況が大きく改善しました。また、現在ではオンプレミスのHadoopに積み込まれたエコシステムはクラウド上のマネージドサービスで提供され、依存関係を調べたり大量の手順を用意する必要はほとんどなくなりました。

Hadoop on クラウド　Hadoopのマネージドは今でも便利

オンプレミスで活躍したHadoopは求められる役割は減りつつも、クラウドでもとくにプロセシングレイヤーにおける技術として活躍しています。

日に数千を超えるETLやデータ品質チェックのジョブなどを処理するには、まだまだHadoopの活躍の場は残っているといえます[5]。

代表的なHadoop on クラウドのプロダクトは以下のとおりです。

- **Amazon EMR**　**URL** https://aws.amazon.com/jp/emr/

---

[3]　筆者の認識だと、せいぜい4〜5（Spark、Hive/Tez、Hadoop、Kafka、Solr）だと思います。

[4]　オンプレミス時代は、クラスターの更新やマウントの方法をミスしてデータが参照できなくなったりして苦い思いをしたエンジニアも少なくないでしょう。

[5]　動画配信サービスを提供するNetFlixではGenieというプロダクトを使って、クラウド上のHadoop（Amazon EMRを使っているようです）の設定を自由に変更してユーザーごとに環境を提供するインターフェースが提供されていたりします。**URL** https://netflix.github.io/genie/about/

- Google Dataproc　URL https://cloud.google.com/dataproc/
- AWS Glue（フルマネージドのSpark環境）　URL https://aws.amazon.com/jp/glue/

EMRとDataproc　クラウド上で簡単に分散処理を実現する

AmazonのEMR 画面4.1 およびGoogleのDataproc 画面4.2 は、Hadoop（とエコシステム）を活用可能なクラウド上のクラスター（プラットフォーム）です。以下では、EMRを中心に説明します。

画面4.1　EMR

画面4.2　Dataproc

　エコシステムを利用すれば、ビッグデータに関わるバッチ処理からストリーミングまでほぼすべての処理を提供可能です。オンプレでのHadoopの構築は設定が複雑（とくにLinuxサーバー自体の設定など）でしたが、EMRを利用することで容易にクラスターを作成することが可能になりました。
　EMRはメイン要素としてマスターノードとノード（コアノードとタスクノード）によって構成されています。マスターノードは、ノードを制御します。タスク（SQLの実行やプログラムの処理）を割り当てたりするコントローラーの役割をします。一方、ノードは、マスターノードから割り当てられたタスクを実際に実行し結果をマスターノードへ返却を行います。
　日に数万ジョブのバッチ処理を行う場合などは、後続で紹介するKubernetesと比べるとより安価に安定的に処理可能なEMRが採用されるケースが多いです。

Kubernetes　コンテナライズされた環境

ストリーミングにおけるコレクティングレイヤーとプロセシングレイヤーにおいては、Kubernetes（k8s）を選択することも可能です。

Kubernetes 画面4.3 はLinuxコンテナ（以降コンテナ）の管理運用を自動化するクラスター（プラットフォーム）で、コンテナを管理運用するオーケストレーション機能を提供しています。コンテナの管理運用は設定も多く（とくにセキュリティ部分）多層的で複雑になりがちですが、Kubernetesのオーケストレーションを活用することでコンテナの正常性を継続的に容易に管理できるようになります。

画面4.3　Kubernetes

Kubernetesはメイン要素としてコントローラー、ノード、Podによって構成されています。コントローラーはノードを制御し、タスクを割り当て管理を行います。ノードは、コントローラーから割り当てられたタスクをPodに割り当て実行指揮する機能です。Podは、ノード内に存在する1以上のコンテナをグループ化したもので、タスクはPod内で実行されます。ここがEMRとは異なる点です。

コンテナライズされた環境は、デカップリングされた環境を構築することに最適でした。コンテナであるため、ノードやPod（コンテナ）の起動も高速です。ストリーミングデータのコレクティングレイヤーとプロセシングレイヤーはKubernetes環境で構築し、その後蓄積されたバッチデータ（たとえば、ストリーミングデータの1日分など）をEMRを使って処理をするという組み合わせも可能です。

MPPDB　ビッグデータシステムでも使えるスモールデータシステムの技術

MPPDB（*Massively parallel processing database*）をクラスターとして選択することもできます。MPPDBとは簡単に言ってしまうと、データベースの一種です。構造はEMRやKubernetesと同じで一つのリーダー（マスター）がノードの集合体を指揮するという形をとっています。データベースの一種なので、表形式の構造化したデータの処理をメインに担当します。

クラウド環境のMPPDBであれば、EMRやKubernetesよりも設定自体は単純であったり、最適化などもほぼ自動で行ってくれるためメンテナンスのコストが掛かりにくいことがメリットといえます。

MPPDBをクラスターとして選択すると、プロセシングレイヤー、ストレージレイヤー、アクセ

スレイヤー（の一部）すべてを賄うことが可能です。そのため、分析のための環境をシンプルにするためにもMPPDBにすべてのデータを集め（SSoT）、MPPDB環境下で分析環境のほとんどの処理を行ってしまうことも選択肢の一つです[6]。

Note

MPPDBの代表的なプロダクトは以下のとおりです。

- **Greenplum** `URL` https://greenplum.org
- **Amazon Redshift** `URL` https://aws.amazon.com/redshift/
- **Google BigQuery** `URL` https://cloud.google.com/bigquery/

HA環境下のLinuxサーバー　切っても切り離せないLinuxサーバー

厳密にはクラスターとは異なりますが、自前でLinuxサーバーを立てたり、マネージドサービスの上でコンテナを立てることがあります。

通常はこの環境はコレクティングレイヤーを担当してMPPDBやHadoopなどと合わせてデータ分析基盤を形成します。後述するDigdagを用いたワークフロー環境構築は、HA環境下のLinuxサーバーで構築されるケースが多くあります[7]。

SaaS型データプラットフォーム　インフラの構築／管理の手間を省き別作業へシフトする

最近では、SaaS型のデータ取り込みサービスやこれらを統合的に提供する**SaaS型データプラットフォーム**が浸透しています。

---

[6]　Google BigQueryはストリーミングから機械学習まで一つのプロダクトでほとんどすべてをカバー可能です。

[7]　MPPDBがコレクティングレイヤー以外を担当し、HA環境下のLinuxサーバーがコレクティングレイヤーを担当すると、データ分析基盤としてかなりシンプルです。

Column

これからのデータ分析基盤エンジニアのスキル

クラウド環境が整いマネージドサービスでさまざまな機能の提供が始まると、エンジニア不要説を唱えることもできそうですが、結局のところ、どのクラスターを組み合わせてデータ分析基盤を作成するか、どれを使わないかなどを選ぶのはエンジニアです。また、そのプロダクトを安定して動かすためにはデフォルトの設定ではなかなかうまくいきません。

これからのエンジニアにとって、チューニングや適切な設定、どのクラスターを組み合わせて適切なデータ分析基盤を形成する力は重要度の高いスキルになっていくでしょう。

SaaS型データプラットフォームはコレクティングレイヤーからアクセスレイヤーまでに必要な一部[8]のインフラおよび機能をサービス料を支払うという形で代わりに運用してくれます。たとえば、Snowflakeはクラウド型DWHと呼ばれ、Snowflakeのみでデータ取得、SparkやSQLによるデータ変換処理、簡易的なダッシュボードによる可視化をSnowflake一つで実施することが可能です。

そのため一連のインフラ構築にかけていた人的リソースを、ETLプログラムの作成や戦略づくりといった別の作業へと割り当てることができるため、より少人数で効率良くデータ分析基盤の構築/運用を行うことが可能です。

SaaS型データプラットフォームでよく利用されるプロダクトを以下に挙げました。

- **Snowflake** **URL** https://www.snowflake.com/ja
- **Databricks** **URL** https://www.databricks.com/jp
- **Palantir Foundry** **URL** https://www.palantir.com/platforms/foundry/

また、特定のレイヤーにのみ特化したようなSaaSサービスもあり、SaaS型データプラットフォームと組み合わせて利用する場合もあります。たとえば、コレクティングレイヤーとしてFivetran[9]などのサービスを利用し、プロセシングレイヤー、ストレージレイヤー、アクセスレイヤーをSaaS型データプラットフォームを利用するといった形態です。SaaSサービスとSaaS型データプラットフォーム等の組み合わせを総称して、「モダンデータスタック」のように呼ぶ場合もあります。

4.3 コレクティングレイヤーの技術スタック
セルフサービス時代のデータの取り込み

本節では、コレクティングレイヤーの技術スタックについて解説を行います。バッチ取り込みやストリーミングによる取り込み、プロビジョニング、そしてイベントドリブンによる取り込みを紹介します。

■ コレクティングレイヤーオーバービュー　データソースによって技術を使い分けよう

データ分析基盤におけるコレクティングレイヤーは多くのデータソースと対峙することになります。**表4.1** はデータソースに対応した取り込みの方法と技術スタックについて方法を示したものです。

---

[8]　本書で紹介するすべてを含んでいるわけではありません。時と場合によって自身でSaaS型サービスと組み合わせてスクラッチでシステムを構成する必要があります。

[9]　**URL** https://www.fivetran.com/

第4章 データ分析基盤の技術スタック
データソースからアクセスレイヤー、クラスター、ワークフローエンジンまで

表4.1 コレクティングレイヤーオーバービュー

データソース	取り込み形式	主要な技術（ごく一部の最小限）	Pull/Push（型）
データベース	バッチ	Embulk/CLI	Pull
API	バッチ	Embulk/内製（Python等で記載されたプログラム）	Pull
ストレージ	バッチ	Embulk/CLI	Pull
IoT/Web回遊ログ	ストリーミング	Apache Kafka[※1]	Push
（ローカルPCなどで）個人が保有するデータ（データ形式は様々）	プロビジョニング	CLI/GUI	Push
ファイル	イベントドリブン	Amazon Lambda	Push
データベース	イベントドリブン[※2]	Apache Kafka Amazon Lambda	Push

※1 IoTGatewayと組み合わせる場合もある。
※2 データベースのテーブルへ変更/追加/削除が走るとイベントが発火し処理が開始する。Debezium等を利用し、データベースの特定テーブルに対する変更/追加/削除イベントをKafkaへ連携し、受領したイベントをLambdaなどで処理するのが一般的である。

表4.1にあるPull/Push（型）について、Pullとはデータ分析基盤からデータソースのデータを取得しにいくことを指し、Pushとはデータソース側からデータ分析基盤へデータの配置を行う形態のことを指します。たとえば、データソースであるデータベースをバッチ形式で取り込む場合はEmbulk/CLI等（もしくはそれらに準ずるもの）が有効かつ、方式はPull型となるのでデータ分析基盤からデータソースへデータを取り込みにいく必要があるということを示しています。

バッチ処理のデータ取り込み　データの塊を一度に処理する

ここでは、ある程度の**データの塊**（たとえば、2022/11/11に生成された一日単位のデータなど）を取り込むバッチ処理を行う際に使われる技術スタックについて解説します。

Column

Apache Sqoop

Hadoopクラスターを利用している場合はApache Sqoop[注a]が利用可能です。Embulkやdumpと異なり、分散してデータを取り込むことが可能なプロダクトです。ただし、本書原稿執筆時点で開発が止まっており、メインの取り込みツールとしてこれから新規で使う機会はほとんどないでしょう。

注a URL https://sqoop.apache.org

Embulkを活用したデータ収集　プラグインが豊富な取り込みの王道

大抵のバッチ取り込みはEmbulk[10]で対応できます。Embulkは、HA環境におけるLinuxサーバー上で利用されることが多い技術です。

Embulkはプラグインと併用したRDBやCSVなどの**高速な取り込み**を実現します。それに加えて以下のような特徴があります。

❶**プラグインが選択可能で多様なデータ取り込みを実現可能**（たとえばMySQLとの接続であったり、**Google BigQueryとの接続）、かつ着脱が容易である**
❷**再実行時に、同じ結果が保証される冪等性がある**

❶に関して、データ分析基盤ではさまざまなデータソースに対してデータの取り込みを行うため、1からデータパイプラインを設計構築していたのでは時間も手間もかかります。そのため必要なときに必要なプラグインを着脱して、データパイプラインを1から設計するような事態をできる限り避けます。

また、❷冪等性の観点では、毎度実行するたびに結果が変わってしまうのでは（たとえば、実行のたびにデータが二重、三重と増えていってしまう）、障害発生後に復旧する際などに困ります。そのため、同じ条件であれば同じ結果を返せるようなしくみ作りが可能な状態にしなければなりません。

Embulkのプラグインは非常に豊富で、S3やJDBCの利用によるデータの取り込みに始まるinputプラグインやデータを別の場所に転送するoutputプラグインがそれぞれ数十個以上存在します。データ分析基盤へデータを取り込もうと考えたときにOSSの利用を考えるのであればまずはEmbulkの利用を考えてみると良いでしょう[11]。

CLIを活用したデータ収集　さまざまなコマンドを使いこなしてデータ収集しよう

製品に付属されたCLI（コマンドライン）を用いてデータ収集を行うことも可能です。たとえば、AWS CLIを用いてS3とS3間でデータをコピーしたりMySQLやPostgreSQLからダンプ（*dump*）ツールを利用してデータをデータ分析基盤へ収集する方法などです。

たとえば、ダンプツールを用いたデータ収集では、ファイルをダンプコマンドでエクスポートしストレージレイヤーに配置してデータ分析基盤へ取り込みを行います。現在も使われているダンプコマンドツールとしては、MySQLのmysqldump（ユーティリティ）[12]や、以下のようにMySQLでクエリーを実行して結果をストレージに格納する方法があるでしょう。

```
MySQLにてSQLを発行してS3ストレージにデータを配置する
mysql  \
 -h localhost -u sample -p${PASSWORD} sample_db --quick -e "select * from sample_db.test_table where
id=10" \
 | bz2 | aws s3 cp - s3://data.platform/mysql/data/
```

[10] URL https://www.embulk.org
[11] 参考 Embulkプラグイン一覧　URL https://plugins.embulk.org/
[12] URL https://dev.mysql.com/doc/refman/8.0/ja/mysqldump.html

第4章 データ分析基盤の技術スタック
データソースからアクセスレイヤー、クラスター、ワークフローエンジンまで

ダンプにおける注意点としては、MySQLなどのデータベースは基本的にプライベート環境（ネットワーク的に外部からアクセスできないようになっている）に配置されています。そのため踏み台サーバー経由でデータを取り込むか、システムによっては踏み台サーバーのようなものがなく外から完全にアクセスが遮断されているものあるので、次に紹介するプログラム内製による収集をする手段を取る必要があるでしょう。

CLIによるデータ収集は、データソースがデータ分析基盤が利用している標準の取り込み方法でデータ取得ができないようなプロダクト[13]である場合においては現在でも有効な手段ですので、その際は検討してみると良いでしょう。

API経由でのデータ収集 　制限や速度に注意しながら取り込み方法を工夫しよう

APIを経由したデータ収集を行う場合もあります。EmbulkでもAPIのデータを取得することはできますが、APIを利用したデータ取り込みは複雑になることが多くPythonなどの言語を使って取り込み処理を内製する場面が多いでしょう。

API経由でのデータ収集における**注意点**としては、データ分析基盤での利用ではAPIを利用して何万回もデータの取得を繰り返すデータ収集の場合が多く、実行時間もかかる場面があります。そのため1件ずつリクエストとレスポンスを繰り返すのではなく、対象のAPIに複数のパラメーターを渡して一度にレスポンスを得るようなしくみを利用するか、Spark UDF（*User Defined Function*, Sparkで利用する関数のこと。直後の▶TIP）などの並列分散して呼び出せるしくみをとると良いでしょう。

TIP　[参考] 並列分散による大量データ処理の処理時間

参考までに、1.34秒程度かかるデータ登録APIを筆者の環境でSpark UDFで3000回動かしたところ、Pythonによる直列実行ではおおよそ1時間程度かかったのに対し、GlueでのSpark（10DPU, G.1X）でUDFを利用し並列度をおおよそ20程度として動かしたところ、180秒ほどで完了しました。

並列分散して処理をするということはデータが増えたとしても、ノードを増やして処理を行えば回数に応じて時間が比例して伸びにくく、大量データの処理に一役買ってくれます（実行時間のイメージとしては、直列は y（時間）$= x$ なのに対して、Sparkのようなしくみは $y = \sqrt{x}$ ）。また、クラウドにおけるマネージド環境が豊富な昨今ではインフラ面を大きく考慮する必要がなくコード一つでこのような実装が可能な点も強みです。

なお、本書のサポートサイトでは、Spark UDFを使って第0章で紹介したリバースジオコーディングAPIを呼び出すプログラム（reverse_geo.py）、Spark（3.5）、Python 3.12.2で確認しています。興味のある方は本書のサポートサイトを参照してみてください。

ストリーミングのデータ取り込み 　組み合わせの基本

続いて、ストリーミングデータの取り込みを扱う技術スタックを紹介します。ストリーミングデ

---

*13 たとえば、Embulkのプラグインがサポートされていない場合など。

ータは毎秒/毎分程度で流れてくるデータで、たとえば車に搭載されたセンサーデータやWebサイト上の回遊情報、動画の再生状況といったデータです。

分散メッセージングシステム　Kafka pub/sub kinesissなど

第2章でも紹介した**分散メッセージングシステム**は、コレクティングレイヤーにおいてはデータの受付口を担当します。

> ### TIP　データの受付口を担う製品
>
> システムによってはデータの受付口が、後ほど紹介するSpark Structured Streamingの場合もあります。Spark Structured Streamingは、コレクティングレイヤーとプロセシングレイヤー2つの側面を持ち合わせています。他にもデータの受付口としてよく使われる製品は、以下の2つです。
>
> - Splunk　URL https://www.splunk.com
> - Fluentd　URL https://www.fluentd.org

分散メッセージングシステムとは、**プロデューサー**(*producer*)と**コンシューマー**(*consumer*)の2つの間を取り持つプロダクトのことです[14]。

データを送る側(たとえばWebの回遊ログなど)がプロデューサーと呼ばれ、一方でコンシューマーはプロデューサーが配置したデータを取得するシステムや人のことを指します。producerとは(データを)生産することでconsumerとは(データを)消費するものという意味です。プロデューサーがデータを配置する分散メッセージングシステム内の場所を「トピック」といいます。

分散メッセージングシステムに各イベントデータを格納し、後続のプロセシングレイヤーにおけるSpark Structured Streaming　によるサブスクライブを待ちます。データソースからKafka(分散分散メッセージングシステム)への送信方法は以下のように行います[15]。

```
$ bin/kafka-console-producer.sh --topic quickstart-events --bootstrap-server localhost:9092
This is my first event
This is my second event
```

また、送信の方法としては上記のようなコマンドラインだけではなく、サーバーサイドJavaScriptから送信することが可能なKafkaJS[16]のほかPythonなどのプログラムからもKafkaへデータを送信できます。

Hadoop環境でも構築可能ですが、管理の容易さを考えるとマネージドサービス環境を利用する

---

[14] パブリッシャー(*publisher*)とサブスクライバー(*subscriber*)と呼ばれることもあります。

[15] URL https://kafka.apache.org/quickstart　この例では送信先としてlocalhostを指定していますが、実際に本番環境で適用する際は、コレクティングレイヤーの受け口に設定されたドメイン名(XXX.co.jpのようなもの)を指定して送信することが一般的です。

[16] URL https://www.confluent.io/blog/getting-started-with-kafkajs/

方が得策でしょう。代表的なプロダクトは以下のとおりです。

- Apache Kafka　　　　　　　　　　　　　　URL https://kafka.apache.org
- Amazon Kinesis　　　　　　　　　　　　　URL https://aws.amazon.com/jp/kinesis/
- Google Cloud Pub/Sub　　　　　　　　　URL https://cloud.google.com/pubsub/
- Amazon Managed Streaming for Apache Kafka（MSK）　URL https://aws.amazon.com/jp/msk/

プロビジョニング　データを簡単に素早く取り込む

最後に紹介するデータの取り込みの方法は「プロビジョニング」です。プロビジョニングは「仮の」という意味で、その名のとおり一時的にデータをデータ分析基盤に配置させる取り込み方法です。図4.1のように、基本的にはこのプロビジョニングの作業はIT担当のデータエンジニアは関与せず、データアナリスト（データを利用したい人）とデータオーナー（データを提供する人）のマッチングサービスのように利用することが求められます。

図4.1　プロビジョニング

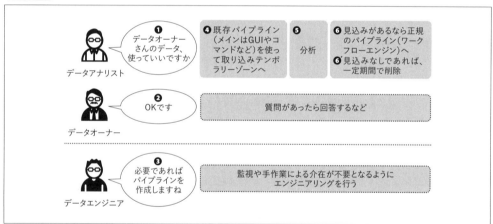

プロビジョニングは好きなときに好きなようにデータを取り込んでデータを分析することを目的としたデータ取り込みの方法であるため、必ずしも自動化がされていなくても問題ありませんが、簡単にデータを取り込むことができるようにWeb画面で操作できるなど必要に応じてデータパイプラインの整備を行っておくと良いでしょう。

HA環境におけるLinuxサーバー上で構築されることが多いようです。筆者の知る範囲で幅広く使われているプロダクトはありませんが、さまざまな取り込みに対応するのであれば、Tableauなどの高機能なBIツールと合わせて、WebインターフェースとしてGUIの開発や導入も検討しましょう。

イベントドリブンにおけるデータ取り込み　応答性を確保して逐次処理する

イベントドリブン（event-driven）とは、何かしらの出来事が発生した場合に処理（今回の場合はデータ収集処理）を行うことです。データは到着した順にイベントが発火されて処理が開始されます。イベントドリブンのしくみは、応答性の向上、時間分散が可能、リソース分散の観点からデータを順次処理する場合などにとくに効力を発揮します。

は Amazon Event Bridge におけるイベントドリブン処理の設定例です。

画面4.4 Amazon Event Bridge の設定

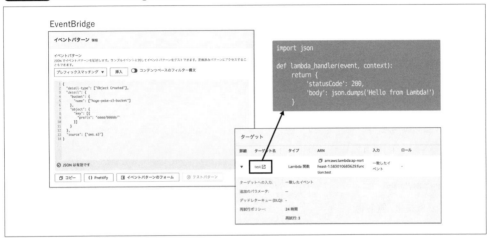

まずイベントパターンとして、S3バケットである「hoge-peke-s3-bucket」における /aaa/bbbbb/ 配下に対してオブジェクトが作成されたとき（＝データが配置されたとき）に、ターゲットであるLambda関数の呼び出しを設定しています。test関数はファイルが配置されるごとに「Hello from Lambda!」を返却する関数です。

test関数で受け取っている、eventsオブジェクトにはイベントを検知したS3ファイルのパスなどの情報が含まれているため、パスの情報を利用することによって発火した対象のファイルを特定し何かしらの処理をすることが可能です。

イベントドリブンを実現するプロダクトには、以下のようなものがあります。

- **イベント検知**
  - Event Bridge　URL https://aws.amazon.com/jp/eventbridge/
  - Eventarc　URL https://cloud.google.com/eventarc/docs/overview?hl=ja
  - Debezium　URL https://debezium.io/
- **イベント処理**
  - AWS Lambda　URL https://aws.amazon.com/jp/lambda/
  - Cloud Functions　URL https://cloud.google.com/functions?hl=ja

第**4**章 データ分析基盤の技術スタック
データソースからアクセスレイヤー、クラスター、ワークフローエンジンまで

4.4 プロセシングレイヤーの技術スタック
データ変換を行うレイヤー

　本節では、プロセシングレイヤーの技術スタックについて解説します。プロセシングレイヤーにおける「バッチ」「ストリーミング」「データ転送」「リバースETL」の4つを押さえて、根本となる技術を把握していきましょう。

バッチ処理のデータ変換　王道のデータ変換

　バッチ処理のデータ変換では、一度ストレージレイヤーに貯めたデータまたはプロセシングレイヤーから受け渡されたデータを一定程度まとめて変換します。以下のような、さまざまなデータ変換処理が行われます。

- データ品質の測定
- バッチ処理におけるETL
- メタデータ算出
- データ転送（連携）
- 暗号化／難読化／匿名化
- モデルの作成
- モデルを利用した推論

　以下では、バッチ処理に使われる主要なプロダクトと合わせて各種データ変換について解説します。

Apache Spark　最強のコンピューティングエンジンの登場

　バッチ処理にて使われるプロダクトの筆頭としてはApache Spark[17]が挙げられます。Sparkはバッチ処理からストリーミング処理まで1つで完結することができる単一コンピューティングエンジンです。Python、Java、R言語、Scalaで記述をすることができ、データ系の開発におけるスタンダードなツールとなっています。

　お手元のノートPCでも実行できますし、クラスター上でも動作します。利用可能な機能は以下のように多岐にわたり、大抵のことはApache Sparkで完結します。

- SQL（ライク）実行[18]

---

[17] Sparkについて詳しくは『Spark: The Definitive Guide』（Bill Chambers/Matei Zaharia著、O'Reilly Media, Inc.、2018）が参考になるでしょう。
[18] とくにSparkで実行されるSQLをSparkSQLと呼びます。呼び名が違うだけで中身はHiveSQLです。

- ストリーミング
- 機械学習ライブラリ（Spark MLlib）
- DataFrameによるデータ操作[19]

これらの機能を使うことで、以下のような処理が実現できます。

- ETL（バッチ/ストリーミング両対応）
- データラングリング[20]
- メタデータ算出
- データ転送（連携）
- 暗号化/難読化/匿名化
- データ品質算出
- モデルの作成（特徴量）
- モデルを利用した推論（機械学習）

　何らかの処理を実現したいと考えたときに、新しい処理エンジンを用意する必要はありません。学習コストを最小限に抑えて、データ処理を行うことが可能です。処理できるデータ量においても、PB級のデータ処理も何なくこなします。参考までに、簡単なSpark利用の一例を示します。

```
#SQLでSparkを利用する
dataframe=spark.sql("select * from test")
#ストレージ内のファイルを直接読み込む
dataframe=spark.read.parquet("s3://data.platform/data/*")
# データの中身（平成のみ）を確認する
dataframe.where(df.gengo == "平成").show()
```

Apache Hive

　Apache Hive[21]はFacebookによって開発された、SQLライクな分析体験を提供するプロダクトです。Apache Hiveは事前に定義したテーブルに対してSQLを実行して分析することが可能で、利用されるクエリーは「Hive SQL」と呼ばれます。登場から20年近く経つ今でも根強い人気を誇っておりビッグデータを分析するという礎を作ったプロダクトです[22]。

　Apache Hiveではスキーマオンライトの方式で事前にテーブルの定義を行い、その定義に従ってHive SQLを実行する方式をとっています。なお、Hiveの環境を作るためにはHadoopのインストールが必要で難易度が高い作業になります。Amazon EMRやGoogle Dataprocを利用してHiveを体

---

[19] データをテーブルのように保持/操作することができる機能。

[20] Pythonとの組み合わせで利用されることが多いです。

[21] URL https://hive.apache.org

[22] Apache Hiveが登場するまでは、MapReduceという分散処理プログラムをJavaで記載してデプロイしなければならず、ビッグデータを扱う障壁となっていました。初期の頃のApache HiveはHive SQLの処理を内部的にMapReduceの処理に変換して実行を行っていました。

第4章 データ分析基盤の技術スタック
データソースからアクセスレイヤー、クラスター、ワークフローエンジンまで

験することもできますので、検討してみてください[23]。

ストリーミング処理のデータ変換　データを1行ずつ処理する

ストリーミング処理がバッチ処理と異なるのは、そのデータの処理が1件ずつもしくは数分単位での小さなまとまりのデータで処理を行うことです。バッチと処理を行う単位が違うだけで、基本的にはバッチ処理と同様に以下のようなデータ変換処理を行います。

- データ品質の測定
- ストリームにおけるETL
- メタデータ算出
- データ転送
- 暗号化 / 難読化 / 匿名化
- モデルの作成
- モデルを利用した推論

ストリーミングETL　データに付加価値をつける

ストリーミングETLでは、届いたデータに対して、たとえば到着したログ時間を付与したり、一意を表現するような識別番号を付与し、後続の分散メッセージングシステムへデータを流し込みます。

---

[23] Aamazon EMR Hive **URL** https://docs.aws.amazon.com/ja_jp/emr/latest/ReleaseGuide/emr-hive.html Google Dataproc Hive **URL** https://cloud.google.com/architecture/using-apache-hive-on-cloud-dataproc

---

Column

黒魔術Hive

「Black Arts Hive」(黒魔術Hive)という言葉があります。「黒魔術」とは超自然現象を起こす術のことですが、エンジニアの世界だと、なぜ動いているかよくわからないくらい複雑怪奇であるという意味合いです。

ビッグデータが登場したばかりの時代は、実運用でデータを扱えるプロダクトというとHive以外の選択肢がほとんどない状況だったため、HiveのSQLを使ってレコメンドの計算などを行う必要がありました。その結果、作った本人にしかわからない、黒魔術Hiveと呼ばれるものが世の中に生み出されました。このような状態からの移行を担当するエンジニアは、驚愕する場合もあるかもしれませんが、昔はHiveしかなかったのだということを知っておくと驚き度合いは少しは和らぐかもしれません。

> **プロセシングレイヤーの技術スタック** 4.4
> データ変換を行うレイヤー

> ### Note
>
> Spark Structured Streaming 以外にも、ストリーミングにおいてよく採用されているプロダクトは以下のようなものがあります。
>
> - **Google DataFlow**　URL https://cloud.google.com/dataflow/
> - **Amazon Kinesis Data Firehose**　URL https://aws.amazon.com/jp/kinesis/data-firehose/
> - **Amazon Glue Streaming**
>   URL https://docs.aws.amazon.com/ja_jp/glue/latest/dg/add-job-streaming.html
> - **Apache Flink**　URL https://flink.apache.org

ストリーミング処理の単位は1レコード単位から数分単位で処理され、処理された結果はプロデューサーとして変換したデータを再度分散メッセージングシステムへパブリッシュします[24]。格納されたデータは他のシステムから利用されるという流れになっています。

また、データが順次流れてくるという特性からシステムを一度停止してメンテナンスを行いづらく、システムを稼働させたまま新規アプリケーションをデプロイすることがほとんどです[25]。 ストリーミングETLでよく使われるのは **Spark Structured Streaming** を用いたストリーミングデータへのETL処理です[26]バッチ処理で利用するSparkも同じ言語[27]ですので、Sparkがあればバッチ処理からストリーミング処理まで完結します。ビッグデータの処理において、使い勝手の良い技術の一つでしょう。

Spark Structured Streamingと分散メッセージングシステム　ストリーミングにおける組み合わせの基本

ストリーミングにおいて、分散メッセージングシステムと Spark Structured Streaming を用いたストリーミングデータのETL は、組み合わせて使われるケースがよくあります。コレクティングレイヤーの分散メッセージングシステムより Spark Structured Streaming を用いてデータをサブスクライブしてデータを取得し、取得したデータに対して Spark Structured Streaming でETLを行います。たとえば、到着したログ時間を付与したり一意を表現するような識別番号を付与し後続の分散メッセージングシステム（今度はアクセスレイヤー）へ再度データを連携します[28]。

メッセージングの役割は、デカップリング（分離）することにあります。実は分散メッセージングシステムのしくみはなくても Spark Structured Streaming だけでもストリーミングは成り立つのですが、分散メッセージングシステムを挟むことによってデカップリングできます。デカップリングすることによってプロデューサー側による影響とコンシューマー側の影響を分離し、一方の影響がもう一方へ

---

[24] ときには、そのままストレージレイヤーへ出力する場合もあります。

[25] Blue Green デプロイやカナリーリリースと呼ばれる手法が使われます。　URL https://www.ibm.com/docs/ja/urbancode-deploy/6.2.4?topic=processes-modeling-blue-green-rolling-canary-deployments

[26] Kubernetes 環境であれば、Go言語で代用されることがあります。

[27] Sparkの機能として Streaming が標準で装備されており、「Spark Structured Streaming」は Apache Spark をストリーミング用途で利用する場合に使われる呼び方です。

[28] 先ほども少し触れましたが、Kubernetes 環境であればGo言語で代用されることがあります。

145

第4章 データ分析基盤の技術スタック
データソースからアクセスレイヤー、クラスター、ワークフローエンジンまで

影響が出ないようにすることが可能になり、より安定したシステムを構築することが可能になります。

参考までに以下に簡単な例を示します。最初のコードでは、分散メッセージングシステムであるKafkaにてデータをtopic1からサブスクライブしています。サブスクライブしたデータは変数(df)へ格納され、後続のselectExprの部分で、変換処理(String型にキャスト)されています。仮に、ETLする処理側に障害があったとしてもKafkaにデータは残っていますので復旧後にデータを再度読み込めば良いことになります。

```
分散メッセージングシステム（Apach Kafka）から読み出して（サブスクライブして）
df = spark \
  .readStream \
  .format("kafka") \
  .option("kafka.bootstrap.servers", "host1:port1,host2:port2") \
  .option("subscribe", "topic1") \
  .load()
ETLする
df.selectExpr("CAST(key AS STRING)", "CAST(value AS STRING)")
```
※Pyspark（3.1.2）の例。**URL** https://spark.apache.org/docs/latest/structured-streaming-kafka-integration.html

データ転送 データ分析基盤間、プロダクト間、クラウドベンダー間の連携

現在ではデータ利用方法の拡大に伴い、MPPDBからHadoopへデータ転送したりはたまた外部の委託会社へデータを転送することもあります。さらに別のアカウントからデータをデータ分析基盤へ取り込みを行うためにデータを転送するといったことも考えられます。

バッチデータを転送するおもな方法は、以下のとおりです。

- **AWS CLIやGoogle CLI（gcloud）などのコマンドラインやSDKを利用する**
  コマンドラインやSDKは各クラウドベンダーから提供されているクラウドのリソースを操作可能なツールである。LinuxベースのコマンドであったりPythonなどのプログラミング言語でライブラリとして利用することができる[29]

---

[29] • AWS CLI **URL** https://aws.amazon.com/jp/cli/
• Google CLI **URL** https://cloud.google.com/sdk/gcloud/

Column

ABC人材

これから求められるエンジニア素質として「ABC人材」が挙げられます。これは「AI」「Big data」「Cloud」、これら3つの要素を兼ね備えた素質を指しています。

現在は、AI、ビッグデータ、クラウドともコモディティ化が進んでいます。とくに、アナリティクス分野ではApache Sparkは勢いがあります[注a]。根幹の技術を押さえておく意味でもApache Sparkはチェックしておきたい技術の一つでしょう。

[注a] 参考までに原稿執筆時点のGitHubの「コントリビューション数」「コントリビュータ数」を比較すると、Sparkが31336、1721、Hiveが15736、288、Prestoが19283、492でした。

- **Rclone などのデータを同期するツールを利用する**

  Rclone とはマルチクラウドに対応したデータの同期ツールである。awscli や googlecli と違いプログラムを書くことなく設定ファイルを記載することでファイルの同期が可能だ

- **Google Storage Transfer Service などのデータを転送するためマネージドツールを利用する**

  Google 以外のサービスからデータを取り込む時に便利なツールである（オンプレからも可能）。GUI ベースで設定可能。Google Cloud のユーザーやこれから移行を検討している方は利用を検討すると良いだろう
  上記と同じ体裁で、以下の箇条書き＆箇条書き説明文を追加

- **Embulk で転送する**

  コレクティングレイヤーで紹介した Embulk も別環境へデータを転送を行うことが可能。たとえば、input プラグインでデータ分析基盤で MongoDB からデータを収集[30] して、output プラグインで別環境の Google Storage に格納する[31] といったような方式など

- **SaaS 型データプラットフォームが提供しているコネクターを利用する**

  SaaS 型のデータプラットフォームでは、データを取り込むだけでなくデータを別環境へ転送する可能な場合もある

- **リバース ETL**

  前述したとおり、リバース ETL とは、データ分析基盤（おもに DWH やデータマート）からデータを取り出し、適切な形式に変換した上で外部の対象のツールにデータを連携する処理のこと。データ分析基盤とスモールデータシステム等との連携を強化することが可能。他の方法に比べて、リバース ETL に関しては転送というより連携という要素が強い

ストリーミング処理のデータ転送時は、データを分散メッセージングシステムにパブリッシュします。

---

[30] **URL** https://rubygems.org/gems/embulk-input-mongodb
[31] **URL** https://rubygems.org/gems/embulk-output-gcs

Column

A/Bテスト

　先ほどの Spark Structured Streaming（スパークストリーミング）の解説(p.145)では「一意を表現するような識別番号の付与」を例に示しました。このしくみを応用した A/B テストが存在します。A/B テストでは、特定の要素を変更した A パターンと B パターンを用意し、それぞれの成果を比較することによって採用するパターンを決定します。

　たとえば、全ユーザーの 20％に A パターンのメールマガジンと B パターンのメールマガジンを 10％ずつユーザーに送信し、それぞれのメール開封ログをコレクティングレイヤーで受けるケースを考えます。その後、単純なパターンだとコレクティングレイヤーで受けたデータをプロセシングレイヤーで処理後、一度ストレージレイヤーに格納し、テーブル A と B パターンで開封件数の多かったものを後日残りの 80％のユーザーに送信します。

　ストリーミングでは、同様のことを 1 時間以内のデータを用いて、開封率が多い方のパターンを使ってメールを送信できます。

第4章 データ分析基盤の技術スタック
データソースからアクセスレイヤー、クラスター、ワークフローエンジンまで

データをバッチで転送する際に気をつけるポイント 正しく送られているか確認しよう

　データをバッチで転送する上で気をつけるポイントは「冪等性」です。再送処理を行ったところ転送先のデータが削除されてしまったり、データが重複してしまったり、ファイルサイズが同一でファイルがコピーされなかったりすることがあります。バッチデータ転送を考える時は、転送速度ももちろん重要ですが正しくデータが転送されているかどうかも注意しましょう。

　対策としては、整合性確認のためのチェックサム機能をONにしたり、チェックサムが使えない場合は下記のコラム「データの正確性を確保する」で紹介する方法を試すのも良いでしょう。

▌プロダクトの連携時によく使われるファイルのバッチ転送方法
クラウドベンダーのコマンド

　Amazon S3 ➡ Redshiftなどの**プロダクト間の連携**は、各ベンダーが提供している**コマンドベース**で実行されます。Linuxコマンドをある程度習得していれば、問題なく使いこなせるでしょう。

　たとえば、Amazon RedshiftのCOPYコマンドは以下のように実行します。data_sourceはS3バケット（*bucket*）やAmazon EMRクラスターを指定し、指定のdata_sourceからRedshiftへデータをコピーしています。

```
Amazon RedshiftのCOPYコマンド
COPY table_name [ column_list ] FROM data_source CREDENTIALS access_credentials [options]
```

※ **URL** https://docs.aws.amazon.com/ja_jp/redshift/latest/dg/tutorial-loading-run-copy.html

Column

データの正確性を確保する 転送できたで十分か?

　バッチファイルデータを転送するときは大量のデータを転送することから長時間に渡り転送処理が実行されるため失敗がつきもので、思わぬところでデータの整合性が取れなくなることがあります。たとえば、プロダクトのオプションによってはデータの転送を高速にするためファイルサイズが一緒の場合は転送しないオプションが存在する場合もあります[注a]。

　当然ながら、データは正しく転送される必要があります。データの整合性を確認できるチェックサム機能が使えればそれを使いますが、意外と使えないパターンがありそのようなケースに備えるために、簡単なハックを紹介します。自分自身でファイルが同一か否かを表す値を計算することが必要になりますが、Linuxサーバーがあれば次のように簡単に確認できます。これを実行し、転送元と転送先にて実行し出力された値が一致していれば、データは同一とみなせます。発展的な内容ですが、データ分析基盤における別データ分析基盤へのデータ移行の際は**移行したデータの正確性の確保**が移行プロセス中で最も重要なファクターになる場合がよくあります。

```
$ cat  ファイル名（またはディレクトリ名） | md5
```

※ catはファイルの中身を確認するコマンド。md5はファイルのハッシュ値（ファイルの中身から一定の計算をして得られる固定長の値）を算出するためのコマンド。

注a　Aデータには1が含まれているが、Bデータには2が含まれている。この場合、データの中身は違いますがデータのサイズは同じです。

続いて、AWSにおけるcpコマンドとsyncコマンドの例も紹介します。以下のcpコマンドの例では、「s3://hoge.bucket/${TABLE}/${DT}/」から「s3://data.platform/${TABLE}/${DT}/」へデータをコピーしています。

前者のバケットがデータソースで後者のバケットがローゾーンと考えれば、バッチでの取り込みパターンになります。syncコマンドの例は基本cpコマンドと実行結果は同じですが、冪等性を確保できる点がcpコマンドと異なる点です（--deleteを付けると、データソースからデータが削除された場合はコピー先のデータも削除することができる）。

```
AWSにおけるcpコマンド
aws s3 cp s3://hoge.bucket/${TABLE}/${DT}/ s3://data.platform/${TABLE}/${DT}/ --recursive --exclude "*"
--include "*.csv"
AWSにおけるsyncコマンド
aws s3 sync --delete s3://hoge.bucket/${TABLE}/${DT}/ s3://data.platform/${TABLE}/${DT}/ --exclude "*"
--include "*.avro"
```

※ DTは日付の変数、TABLEはテーブル名。

クラウド間でよく使われる転送方法　オンプレミス、クラウド間で使われるツール

「AWSとGoogle Cloud」や「オンプレミスとGoogle Cloud」などクラウド間をまたがってデータを転送する場合は、RcloneやGoogle Storage Transfer Serviceといったサービスが利用されます。

- **Rclone**　URL https://rclone.org
- **Google Storage Transfer Service**　URL https://cloud.google.com/storage-transfer-service/

クラウド間で利用される転送方法としては、DistCp（*Distributed copy*）[32]による転送も存在します。DistCpとはHadoopにおけるデータ転送方法で、Hadoop環境から別の環境へデータ転送を行うときはよく利用されます[33]。

クラウド間でデータ転送を行うときは、ハイブリッド構成であることがほとんどですが、外部の委託サービスへのデータ転送を行う際にも利用することもあります。

ストリーミング処理における転送方法

ストリーミングにおけるデータ転送は、コレクティングレイヤー（分散メッセージングシステム）から受け取ったデータに対して必要なETLをプロセシングレイヤーで施し、その生成結果であるデータを再度別の分散メッセージングシステムに引き渡しを行います[34]。

不正検知のシステムや検索システム、機械学習システム等は、分散メッセージングシステムに格納されたデータをサブスクライブし、各自のシステム内で利用するというしくみです。

---

[32] URL https://hadoop.apache.org/docs/stable/hadoop-distcp/DistCp.html
[33] 「データを転送するうえで気をつけるポイント」で紹介した、データ転送の際に整合性が担保されないという事象は、筆者がオンプレミスのHadoopで構成されたデータ分析基盤をクラウド上へ移行しているときに出会ったものでした。
[34] 後者の分散メッセージングシステムはデータ分析基盤の中に存在する分散メッセージングシステムとは限りません。別アカウント（クロスアカウント）の分散メッセージングシステムである可能性もあります。

第4章 データ分析基盤の技術スタック
データソースからアクセスレイヤー、クラスター、ワークフローエンジンまで

データ分析基盤側からデータを送りつける（Pushする）方式もあります。しかし、Push方式は対向のシステムによる影響を受けるなど、デカップリングをする旨味が薄れてしまいます。また、送りつけるということは、送り先のシステムしかETLしたデータを利用することができない点もデメリットになるため、あまりお勧めはできません。

ストリーミングデータの送受信で気をつける点　データの重複、遅延、偏りに注意

ストリーミングデータの送受信でとくに気をつけるべき点は、**データの（配信）遅延**と**データ重複**およびトピック内のパーティションに格納する**データの偏り**による**ホットスポット**（hot spot）[35]です。

たとえば、内部のサーバー（クラウド環境におけるスケールアウト時など）処理による一時的な速度減に対処するといったパターンなどにより、思っている以上に遅れて到着するデータは発生します（データの遅延）。また、通信の不安定さや分散システムならではの複数台で処理を行う特性から、「データの重複」もよく見られる現象です。

データの遅延に関しては、長くても5〜10分くらいのウォーターマーク（watermark, 透かし、識別情報）を設定しておくのが通例です[36]。

続いて、**データの重複**について見ておきましょう。重複には、以下のような3つの重複発生パターンがあります **図4.2**。

❶**同じデータが2回送信される場合**
❷**同じデータを2回分散メッセージングシステムから読み取ってしまう場合**
❸**クラスター内のノードが同時に同じデータを分散メッセージングシステムから読み取りに行く場合**

パターン❶では、①で機器よりデータAを送信し、②で分散メッセージングシステムが受け付けます（受付と同時に「メッセージキー」（後述）と呼ばれるキーも同時に付与される）。③で分散メッセージングシステムより機器へデータAを受け付けた旨を返信しますが、ネットワークトラブルなどが原因で機器が応答を受け取ることができなかったとします。そうなると、機器はデータAが正確に再送されていないと考え再度データAを送信（④）し、重複したデータAが分散メッセージングシステムに格納されてしまいます（⑤）。

パターン❷では、データAをコンシューマーがサブスクライブし（①）、データAを処理（②）、分散メッセージングシステムへデータAをサブスクライブした旨を応答しますが、何らかの原因で分散メッセージングシステムが応答を受け取ることができませんでした（③）。そうなると、分散メッセージングシステムはデータAが正常に配信されていない（サブスクライブされていない）と判断し、再度同じデータAを配信します（④）。結果として、コンシューマーは重複したデータAを処理する

---

[35] プロダクトによっては「ホットシャード」（hot shard）や「ホットパーティション」（hot partition）などと呼ばれる場合もあります。

[36] ウォーターマークは、データの遅延許容範囲を示す識別情報です。「速報値5分遅れ」といった場合、「ウォーターマーク5分で設定されている」ことを表します。

150

図4.2 データの重複

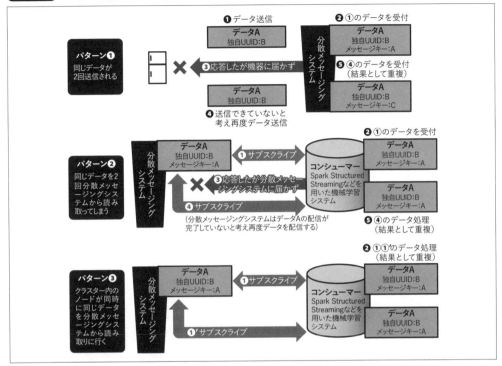

ことになります（❺）。

パターン❸は、分散処理システム特有で各コンシューマーは複数ノードから形成され（＝クラスター）、各ノードが自律的に処理を行います。しかし、自立しているが故にたとえばAノードとBノードが同時にデータAを取得しにいくケースがあり（①、①'）、データを重複して処理してしまうパターンです（②）。

これらの重複に対処するためには、2種類のUUID（*Universally unique identifier*）[37]が通例使われます（図4.2 のデータA部分を参照）。

- 一つはプロダクト（たとえば、KafkaやGoogle Cloud pub/subなど）が受け付けたデータに対して付与するUUID（「メッセージキー」などと呼ばれる）
- もう一つは、送信側（パブリッシャー）が付与する「独自UUID」（ハッシュなど、一意が保てるものを送信時に付与する）

パターン❶❷❸は、いずれも「独自UUID」を用いることにより重複を削除することが可能です[38]。しかし、ストリーミングの場合はウィンドウ（一定の間隔で時間を区切り処理を行うこと）内での

---

[37] オブジェクトを一意に識別するための識別子。
[38] たとえば、Google DataFlowなどはキーを指定することで重複を排除する関数を持っていて、独自UUIDを指定して処理を行うことで重複の削除が可能です。

重複削除のみ有効で、ウィンドウ間での重複削除には対応していません。ウィンドウ間の重複削除に対応するには、ストレージなどに出力した後にデータラングリングなどを通した重複除外処理（たとえば重複データ除外を行うSQLのDistinct処理など）で重複を削除することになります。

メッセージキーが不要かと思われるかもしれませんが、レコードを一意にすることによって、データの取り出しを早くするという目的の側面が強いと言えます。

ホットスポットはパーティションに分けるためのキー設計を間違えた際に処理遅延を引き起こす現象です。図4.3は、ホットスポットが発生している状況を表した図です。データとして「id」と「flag」[*39]がセットになったデータが順次分散メッセージングシステムへ飛んでくるとします。

図4.3　ホットスポット

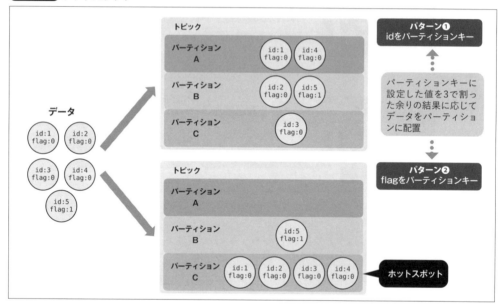

分散メッセージングシステム内のトピックはパーティションキーに設定した値を3で割った余りごとにそれぞれパーティションA〜Cにデータを配置します。たとえば、id:1, flag:0のデータでパーティションキーがidであれば1%3で1でパーティションAに配置するといった方式です。

パターン❶では、idをパーティションキーとして設定しました。そのため、各データはidの値を3で割った余りごとに各パーティションにおおよそ等しく配分されています。このような状況ではホットスポットは発生していません。

パターン❷では、flagをパーティションキーとして設定しました。そのため、各データはflagの値を3で割った余りごとに各パーティションに配置されますが、あまりが0となりほとんどのデータがパーティションCに集中してしホットスポットが発生しています。このような状況ではCのパー

[*39] ここでは故障等の状況の変化を示す「フラグ」だと考えてください。

プロセシングレイヤーの技術スタック **4.4**
データ変換を行うレイヤー

ティションの負荷が高くなり次第に処理遅延が拡大していきます。今回の場合は、flagという2値しかないかつ故障という普段発生しにくいデータをキーとしてしまったことが原因です。

データの特性によって、パーティションに設定するパーティションキーは変わってきます[40]。均等に分けるために、ときには複数のキーを結合（たとえば、idとflagを組み合わせて、id_flagのようにしたものをパーティションキーとするなど）して利用する場合もあります。

TIP　データやアクセスの偏りに起因する問題

本書では、ホットスポットに似た現象としていくつかデータやアクセスが偏ることに起因した以下のような問題を取り上げています。

- **データスキューネス**（▶4.6節）
- **データモデル設計におけるインデックス作成**（▶4.7節）

呼び方こそ違うものの、いずれも偏りがあることにより発生する問題です。データを扱う世界ではしばしば同様の問題が発生しますので、日頃から偏りについて意識を向けておくと良いでしょう。

▌リバースETL　データ分析基盤から外部システムへデータを連携する

前述したとおり、リバースETLは、データ分析基盤から外部のツールやシステムにデータを送り込むデータ転送形態の一つです（▶2.4節）。先ほどの**データ転送**は、「データを送り、送った後の利用方法は相手にお任せ」という単純に**転送**するという意味合いが強い方法なのに対し、**リバースETL**は「複数のアプリケーションやシステム間でデータを接続し、効率的に活用すること」を目的にした**連携**するための方法です。

そもそもこの「データを外に出す」という考えは、内部でデータ活用するというデータ分析基盤の元々の前提から外れていたものでした。しかし、データを活用するというサービスが多く出現してきたことや、これらの活用することによる効果の大きさからデータ分析基盤内のデータを外部へ連携する要求が高まってきました。

データ分析基盤やデータモデリングの視点からこの要望を考えると、アウトプットを実現するためデータ分析基盤ではどのように実装したら良いのかという問題が出てくることになります。その場合のリバースETL以外での解決方法としては、

- APIでデータを提供する
- 外部サービスのデータ登録APIへデータ分析基盤から登録しにいく
- ファイル形式でデータ分析基盤からデータをエクスポートし人の手でアップロードする[41]

---

[40] 今回は説明のために数値でしたが、文字列もパーティションキーに設定可能です。

[41] たとえば、CMRツールなどにアップロードして、アップロード後はそのデータを用いてキャンペーンを実施するなどを行います。

153

第4章 データ分析基盤の技術スタック
データソースからアクセスレイヤー、クラスター、ワークフローエンジンまで

といった方法が取られていました。しかし、これらの方法はAPIがPull型であること(取得元にAPIを呼び出すしくみを作らなければならない)やエクスポートしたデータは人の手でアップロードするため手間がかかる、登録APIを利用しようと考えても登録APIを利用するための開発作業がデータエンジニアに集中してしまうなど弱点がありました[*42]。

そこで登場した考えがリバースETLです。図4.4 はデータ分析基盤から、検索システムを保有するSoEのシステムに対してリバースETLを行う流れを示した図です。Apache Solrは、ユーザーの検索条件やアクセスに対して候補を返却する検索エンジンです。たとえばGoogleでデータ分析基盤と入力すると、「エンジニアのためのデータ分析基盤入門」と候補を出してくれるような機能であったり、おすすめ表示を出してくれるような機能を実現します。

図4.4 リバースETLとデータの循環例

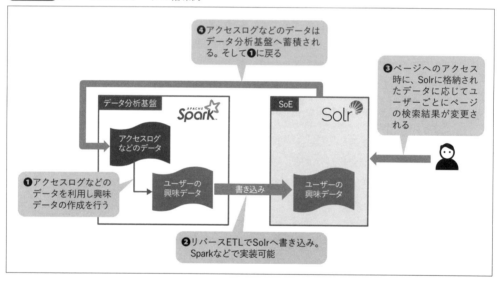

まずは、データ分析基盤内でSparkにてアクセスログなどのローデータから算出した「ユーザーの興味」に関するデータをテーブルに格納します(❶)。以下がデータの例で、たとえばuser_idはユーザーに紐付けられた一意のID、likesは好きなジャンルが順番に1, 2, 3と並んでいるといった具合です。

```
ユーザーの興味データの例
[
    {
        "user_id": "aaaaa",
        "likes": {
            "game": 1,
            "card": 2,
            "pc": 3
```

[*42] ただし、リバースETLがこれらの上位互換ですべてを解決するわけではありません。ケースバイケースで、APIも、ファイル形式での転送も必要になる場合もあります。

```
        }
    },
    {
        "user_id": "bbbbb",
        "likes": {
            "card": 1,
            "game": 2,
            "pc": 3
        }
    }
]
```

❶で格納したデータを、SoEのシステムへSparkを利用しリバースETLを行います（❷）。この状態で、ユーザーがWebページなどにアクセスがきた場合にリバースETLしたデータを用いてユーザーごとに表示を変えるなどを行います（❸）。そして、これらの流れは決して一度きりのしくみではなくWebページのアクセスデータは再度データ分析基盤に蓄積され再び❶へと戻っていくことによってユーザーの興味データの精度をより上げていきます（❹）。

今回はリバースETLの対象としてSoEがApache Solrを利用していましたが、連携の対象がSalesforceやGoogle Adsのようなマーケティングツールのような場合やRDBやKVSの場合もあったりとリバースETLによる連携先のバリエーションもさまざまです。

リバースETLはApache Sparkを用いて独自に実装することもできますし、サービスを利用することでも実現が可能です。リバースETLをサポートするおもなプロダクトとしては以下があります。

- **Census**　　URL https://www.getcensus.com
- **Grouparoo**　　URL https://www.grouparoo.com

4.5 ワークフローエンジン
データ取り込みと変換を統括する

本節では、コレクティングレイヤーとプロセシングレイヤーを管理するワークフローエンジン（データパイプラインオーケストレーションツール）について紹介します。

┃ データパイプラインとワークフローエンジン　　次へつながるインプットに着目する

データパイプラインとは、データが発生してからユーザーに届くまでの通り道のことです。データパイプラインでは、次へのインプットになるものに着目します。たとえば、ユーザーが商品を購入することで購入データが発生します。そして購入データがコレクティングレイヤーを通りストレージレイヤー（もしく

第4章 データ分析基盤の技術スタック
データソースからアクセスレイヤー、クラスター、ワークフローエンジンまで

は分散メッセージングシステム）に配置されます。この流れを作成することをデータパイプラインを作成するといいます。ワークフローとデータパイプラインの作成について、図4.5に簡単にまとめておきます。

図4.5 データパイプラインとワークフロー

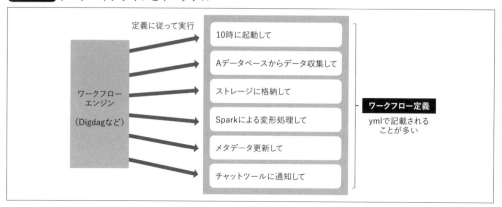

データパイプラインを作成するには、ワークフローエンジンを利用することが有効です。なお、データパイプラインオーケストレーションは、データパイプラインの指揮者という意味で、コレクティングレイヤーからストレージレイヤーへデータを格納するまでの流れを統括することです。そのためのツールがデータパイプラインオーケストレーションツールで、本書では一般的な名称である「ワークフローエンジン」と呼びます。

汎用型と特化型 大まかな分類

ワークフローエンジンの大まかな分類として特定の用途に特化した「特化型」とジェネラリストである「汎化型」が存在します。たとえば、本章で紹介するDigdag/Airflow/Rundeckは汎化型、コラムで紹介するArgoと呼ばれるワークフローエンジンは特化型です。データ分析基盤では大量のデータソースに対応するため、カスタマイズやプラグインの組み込みが容易である汎化型が一般的に好まれます。

データ分析基盤向けのワークフローエンジン選択　5つのポイント

データ分析基盤向けのワークフローエンジンを選択するポイントを以下に5つ挙げました。

❶ETL処理を定義ファイルベースで記載することができること（CI/CD[*43]が行いやすくなる）
❷（過去の履歴を含め）再実行時に、同じ結果が保証される冪等性があること
❸途中からやり直し（リトライ）ができる機能を有していること
❹ジョブ間の依存関係が定義しやすい、またその依存関係が視覚的にわかりやすいこと

[*43] CIは継続的インテグレーション（*Continuous integration*）、CDは継続的デリバリー（*Continuous delivery*）の略（▶0.4節の「CI/CD」項）。

ワークフローエンジン
データ取り込みと変換を統括する 4.5

❺UIとワーカが分離可能で大規模ジョブ実行時もスケール可能であること

❶は、開発時のレビューのしやすさやCI/CDを通した自動化を行うための必須項目です。CIはおもにビルドやテスト自動化を目的としたもので、CDはデプロイの自動化を目的としたものです。毎度デプロイのために手順を作っていては効率が悪いですし、テストの実施忘れでバグが存在するままリリースしては困ります。そこで、CI/CDによってより安全に素早くデリバリー*44をします。

> *Note*
>
> CI/CDを行う（もしくはサポートする）代表的なツールとしては、以下が挙げられます。
>
> - **CircleCI** URL https://circleci.com
> - **GitHub Actions** URL https://github.com/actions/
> - **Terraform** URL https://www.terraform.io

❷の冪等性とは、何度実行しても同じ結果になることです。データ分析基盤の文脈でいうと何度同じジョブを実行しても同じデータが生成されることが求められます。したがって、とあるものに特化したワークフロー（たとえばArgoなど）よりは汎用的にいろいろな場所で活躍できるワークフローエンジンがデータ分析基盤では好まれる傾向になります。

❸について、大量のデータを処理するにあたり、都度最初からやり直さないで済むように失敗したところから再開できる機能が備わっている必要があります。

❹については、データ分析基盤内の(ETL)ジョブは依存関係が複雑になりがちです。たとえば、Cテーブルを作成する際に、AテーブルとBテーブルの作成を行ってからCテーブルを作成するといった場面です（依存としては、{A, B} ➡ Cのような関係。実際はもっと複雑になる）。そのため、タスクの依存関係を効率的に管理可能である必要があります。また、その依存関係をプラグインないし標準機能として可視化できる機能を持っていると業務に役に立つでしょう。

❺ワークフローエンジンには大まかに、ジョブの実行状況を確認するためのUIとジョブを特定の時間に実行するスケジューラー、ジョブを実行するワーカーに分かれていることが多いです。デフォルトの設定では、UI、スケジューラー、ワーカーが一つのサーバーで実行されるようになっているためジョブが大規模化するにつれて段々とパフォーマンスが下がっていきます。そこで、データ分析基盤向けのワークフローエンジンではUIと実行部であるスケジューラーおよびワーカーを別のサーバに分離することが可能であることが大半です。このように実行部を別のサーバー（もしくはコンテナ）へ分離することによって大規模なジョブ実行でも安定して処理を行うことが可能です。

---

*44 デリバリーとはデプロイのことと考えても大丈夫です。

以下では、よく使われているワークフローエンジンを3つ取り上げます。

Digdag 汎用型ワークフローエンジン

Digdag **画面4.5** [*45]は、データパイプラインをyml形式[*46]で記載可能です。Treasure Data[*47]の製品で、4.3節（コレクティングレイヤーの技術スタック）で紹介したEmbulkと親和性が良く、データエンジニアリングの世界では多く使われます。良いデータパイプラインを作成するための必要項目を含んでいますが、マネージドのサービスは本書原稿執筆時点で存在しないためサーバーの構築や管理は自前で行う必要があります。

以下は、yml形式の設定ファイルを利用してETLを実装した設定例になります。

❶では、+extractの部分でデータをmysqlから抜き出し（select * from sample_db.test_table where id=10）、bz2で圧縮をしつつs3://data.platform/raw/mysql/data/へデータを配置します。合わせて、参考までにEmbulkの設定も掲載しました。

❷では、配置したデータを+transform_and_loadにてSparkを用いて配置されたデータに対してETL処理を行います。❸は、ETL後のデータに対して「❸で実行するSQL例」で示したようなデータ品質を確認するためのSQLを実行するPySparkプログラムを実行します。SQLはデータ分析基盤に取り込んだsample_db.test_tableに対してidというカラムのユニークチェックを行っています。このSQLで1件でもデータが返却されれば品質が満たされていないとなるわけです。このように設定しておくことでETLと同時にその結果を運用監視の一種として監視することができるようになります。❹は、処理が完了したら（check）もしくは処理のエラー時（error）に処理が完了したらslackで通知する設定です。

一部の共通的な処理を除いて処理を上から順番に実行していくので、依存関係がわかりやすく定義、理解しやすい点がポイントです。

```
Sparkを実行してETLする
+spark-submit:
    _export:
        SPARK_TL: "s3://hoge.bucket/transform_and_load.py"
        SPARK_QUALITY_TEST: "s3://hoge.bucket/quality_test.py"
_check:
    # ❹slackでの通知
    slack>: notify_templates/success.yml
+extract:
    # ❶mysql でデータを抜き出す
    sh>: 'mysql -h localhost -u sample -p${PASSWORD} sample_db --quick -e "select * from sample_db.
test_table where id=10" | bz2 | aws s3 cp - s3://data.platform/raw/mysql/data/'
    # Emublkの場合のイメージ（test_table.yml.liquid.liquid内に細かな設定ファイルを記載）
    # sh>: embulk run ./tasks/test_table.yml.liquid
+transform_and_load:
    # ❷データを処理する（masterはクラスターにおいてジョブを受け付けるサーバーのこと）
    sh>: spark-submit --master spark://url_to_master:7077 ${SPARK_ETL}
```

[*45] **URL** https://www.digdag.io

[*46] ymlは構造化されたデータを表現するためのフォーマットで、設定ファイルの記述によく使われています。

[*47] **URL** https://www.treasuredata.co.jp

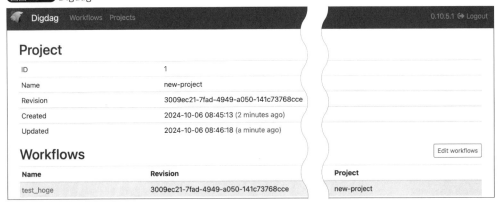

```
+data_test:
    # ❸データをテストする（❸の以下のPySparkプログラムで実行するSQLの例もあわせて参照）
    sh>: spark-submit --master spark://url_to_master:7077 ${SPARK_QUALITY_TEST}
❸で実行するSQL例（Spark SQL）
select *
from (

    select
        id
    from sample_db.test_table
    where id is not null
    group by id
    having count(*) > 1

) validation_errors
```

idごとにグループを作り、それぞれのグループ件数が1を超えてしまっていたら、ユニークでない（重複している）とみなし、エラーとするために利用する（他のテスト内容は第7章で取り上げる）。

画面4.5 Digdag

Apache Airflow　Pythonで定義可能

Apache Airflow **画面4.6** *48 はPythonで定義可能なワークフローエンジンで、Digdagに比べると自由度が出る反面、よりエンジニア向けの製品に分類されます。Airflowはマネージドのサービスが AWSやGoogle Cloudからそれぞれ発表されています。マネージドApache Airflowはバージョンが古い場合もありますので、検討にあたっては確認してみてください。

- **Amazon Managed Workflows for Apache Airflow（MWAA）**
  URL https://aws.amazon.com/jp/managed-workflows-for-apache-airflow/
- **Google Cloud Composer**　URL https://cloud.google.com/composer/

*48 URL https://airflow.apache.org

第4章 データ分析基盤の技術スタック
データソースからアクセスレイヤー、クラスター、ワークフローエンジンまで

画面4.6 AirFlow

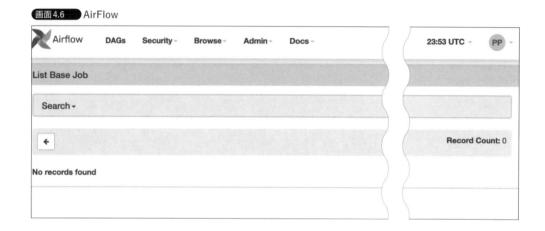

Rundeck　GUIが直感的で使いやすい

Rundeck **画面4.7** [*49]はGUIベースのワークフローエンジンです。スケジューラーに分類されることもあるようです。

GUIでも設定可能なので、エンジニア以外の方でも修正可能な場合があります。GUIで便利な反面、CI/CDは少しやりづらい部分がありますのでそこは一長一短かと思います[*50]。

画面4.7 Rundeck

[*49] URL https://www.rundeck.com/open-source/
[*50] ちなみに、Jinkinsという昔ながらのものもあります。

4.6 ストレージレイヤーの技術スタック
データの保存方法

本節では、「ストレージレイヤー」の設計戦略も含めた技術スタックについて解説を行います。2.5節でも紹介したとおり、ストレージレイヤーの管理はデータの種別とアクティビティの組み合わせによって技術の選択や気をつける点が異なります。たとえば、プロセスデータとクレンジング後データの保持の組み合わせであれば、データレイクやDWHについて考慮する必要があり、その場合はストレージの種類に加えて、データを保存する際のフォーマットや圧縮形式、サイズに気を配る必要があります。また、プレゼンテーションデータにおいて推論後データを保持する目的であれば、プレゼンテーションデータストアについて考慮する必要があり、その場合はデータの保存方法やデータモデルの設計に気を配る必要があります。

データレイクやDWHで扱う技術スタック　データ保存の効率化と最適化

まずは、プロセスデータに関する技術スタックから見ていきましょう。先述したとおり、プロセスデータを保存する部分ではオブジェクトストレージに代表されるストレージ形式を選択する場合が多いため、その際にはファイルのフォーマット、圧縮形式、保存/配置方法が論点となります。

以下❶〜❼としてポイントを見ていきましょう。

❶ストレージレイヤーが扱うフォーマット　データウェアハウス、データマートで何を使うか

データを扱う際のファイルフォーマットとして、幅広い人に知られているのはCSVやJSONでし

Column

まだまだあるワークフローエンジン

本文で取り上げたもののほかにも、ワークフローエンジンとして検討できる選択肢はあります。

- Dagster　　　　　　　　　　URL https://dagster.io
- AWS Glue　　　　　　　　　URL https://aws.amazon.com/glue/
- Google Cloud Composer　URL https://cloud.google.com/composer/
- Tekton　　　　　　　　　　　URL https://tekton.dev
- Apache Oozie　　　　　　　URL https://oozie.apache.org
- Argo　　　　　　　　　　　　URL https://argoproj.github.io

データ分析基盤としてさまざまなデータソースと向き合うことが多いので、本文で取り上げた基盤向けのワークフローエンジン選択における3つのポイントを前提に考えてみると良いでしょう。

第4章 データ分析基盤の技術スタック
データソースからアクセスレイヤー、クラスター、ワークフローエンジンまで

ょう。しかし、JSONやCSVはデータレイクでは利用できますが、それ以外では利用を避けた方が良く、その点についてまずは確認しておきましょう。

データレイクではさまざまな拡張子のデータが保存されるため、フォーマットは柔軟に選べますが、それはデータレイクでは処理速度が遅くても許される、データラングリングが頻繁に実施されるからです。

何億のレコードを同時に処理を行うデータ分析基盤において、CSVやJSONは処理が分散されず[*51]、分散されない[*52]場合、1つのノードで処理を行うことになってしまうため非効率になります。したがって、データレイク以外ではCSVやJSONは用いられません。

以降で、列指向フォーマットおよび行指向フォーマットについて説明したのちデータウェアハウス、データマートをはじめデータ分析基盤を運用する上で覚えておきたいフォーマットとして「Parquet」「Avro」を取り上げます[*53]。

❷列指向フォーマットと行指向フォーマット　パフォーマンスと用途の違い

行指向フォーマット（row-oriented format）および**列指向フォーマット**（column-oriented format）[*54]はデータ分析基盤で利用される分析に特化したフォーマットで、SQLのパフォーマンスやファイルサイズの圧縮などに長けています。**図4.6**に、行指向フォーマットおよび列指向フォーマットについてまとめました。

図4.6 行指向フォーマットと列指向フォーマット

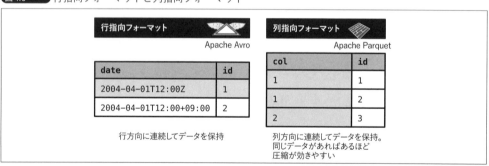

列指向フォーマットはデータ分析利用に特化しており、行指向フォーマットはIoTやWebの回遊ログなどの収集時に発生する高速なレコード処理（ただし、ビッグデータシステムの場合はレコードの追加がメイン）に適しています。

とくに列指向フォーマットは、分析をする際に利用されるGROUP BY構文やCOUNTなどの集計に特化しているフォーマットといえます。

[*51] 厳密には圧縮形式によります。
[*52] 詳しくは後述しますが、「スプリッタブル（分割可能）ではない」といいます。
[*53] 本書では紙幅の都合もあり概略の説明になるため、実務でとくに必要となる部分のみ解説を行います。ParquetとAvroの詳細な構造をはじめ、2つのしくみを深く知りたい方は『Hadoop: The Definitive Guide: Storage and Analysis at Internet Scale』（Tom White著、O'Reilly Media、2015）が参考になるでしょう。
[*54] 列指向フォーマットは「カラムナーフォーマット」（columnar format/columnar storage format）とも呼ばれます。

クラウド環境でデータ分析基盤を構築している場合、SQLの実行はスキャンしたデータ量に応じて料金が課金されることが多いため、列指向フォーマットを利用しないとかなりの金額を支払うことになります[55]。

行指向フォーマットは行方向にデータを保持するため、ストリーミングのように秒単位でレコード（行）が追加されていくようなしくみに向いています[56]。

Parquet 多くのデータ分析基盤はこのフォーマットで事足りる

はじめに紹介するフォーマットは**Parquet**です。もし迷ったらParquetを選択すれば、安定してパフォーマンスを出すことができます。Parquetの特徴は以下のとおりです。

- **列指向（ストレージ）フォーマット**
- **カラムごとに圧縮が効くため、効率良くデータをストアできる**
- **多くのプロダクトがサポートしている**

Parquet形式にするメリットはそのフォーマットの機能そのものもありますが、連携可能なプロダクトが非常に多いことです。たとえば、ほかのフォーマットだとORCというフォーマットがありますが、ORCフォーマットはParquetに比べるとサポートされているプロダクトが少なく、都度Parquetフォーマットに変更するなどの手間がかかる可能性があります。

Avro ストリーミングや、部門間にまたがり開発する際に有効

もう一つがHadoopの生みの親であるDoug Cutting氏によりプロジェクト化されたAvro（アブロ）フォーマットです[57]。Avroフォーマットはおもにストリーミングでのやり取りで効力を発揮するフォーマットです[58]。

元々AvroはHadoopの弱点であったJavaでしか読み書きできないという言語のポータビリティを解決するために生まれました[59]。

Avroフォーマットの特徴は以下です。

- **行指向フォーマット**
- **前方互換性と、後方互換性、完全互換を持ち複数のシステム間で速度の違う開発を行うことが可能**
- **スキーマエボリューションを提供する**
- **Parquetに比べてJSONのようなリッチなフォーマットを表現可能**

---

[55] データスキャンのコスト効率が87%も違うとのことです。 **URL** https://databricks.com/jp/glossary/what-is-parquet/

[56] Appendixで、RDBも行指向であることについて説明を行っています。RDBも同様にレコード単位での処理を得意とするものでした。ビッグデータシステムは行単位の更新があまりありませんので、行指向を使う理由は「レコードの追加」にフォーカスをしています。

[57] **URL** https://avro.apache.org

[58] 余談ですが、同様のしくみとしてプロトコルバッファー（*protocol buffers*）は有名です。
URL https://developers.google.com/protocol-buffers/

[59] 言語のポータビリティーが低いということはそのままAvroファイルと連携する対向のシステムの利用言語まで縛ってしまう可能性があります。

第4章 データ分析基盤の技術スタック
データソースからアクセスレイヤー、クラスター、ワークフローエンジンまで

さまざまな言語で利用可能になった今、さらに、注目されている Avro の特徴は開発スピードの違いを吸収することができるということです。一般にデータ分析基盤が相手をするシステムはスモールデータシステム含め社内のシステムすべてです。そのシステム群の開発のスピードを合わせようと思ったら、組織が大きくなるにつれて調整のコストが増大し調整自体が不可能に近くなります。

そこで、後方互換性や前方互換性というしくみが活躍します。後方互換性とは、新しい製品が、古い製品を扱えることを指します。前方互換性とは、古い製品が新しい製品を扱えることを指します。たとえば、Excel2010 が Excel2003 を扱えるようにすることを後方互換。Excel2003 が Excel2010 を扱えるようにすることを前方互換。ということを指します。

後方互換や前方互換の機能を利用することによって、一方のシステムへ変更があったときでも、ほかのシステムの稼働を維持しつつ自システムの変更を行うことができるのです。このようなしくみを提供することを**スキーマエボリューション**(*schema evolution*)といいます[60]。

また、Avro フォーマットのもう一つの大きな特徴は、リッチなスキーマを表現できるという点にあります。map や enum[61] も表現可能(キーバリュー形式)で、フォーマットの機能としてバリデーション(*validation*)[62] も行ってくれます。

Avro フォーマットにおけるスキーマ定義は以下のような形をしています。この定義に従ってデータ部分をシリアライズしたり、デシリアライズすることでデータを操作していきます。

スキーマバージョン1

```
{"namespace": "example.avro",
 "type": "record",
 "name": "user",
 "fields": [
     {"name": "name", "type": "string"},
     {"name": "age",  "type": "int"}
 ]
}
```

開発が進んで、スキーマバージョン2がリリースされる

```
{"namespace": "example.avro",
 "type": "record",
 "name": "user",
 "fields": [
     {"name": "name", "type": "string"},
     {"age": "age",   "type": "int"},
     {"height": "height",  "type": "int", "default": "170"}  ←後方互換（スキーマバージョン1でシリアライズ
                                                              されたものを、スキーマバージョン2でデシリアライズ可能にする）
 ]
}
```

スキーマバージョン1でプロデューサーがデータをシリアライズしてパブリッシュした場合、コンシューマー側はスキーマバージョン1でそのまま受け取っても問題ありません。また、スキーマ

---

[60] Parquet フォーマットはスキーマエボリューションの機能を有していません。なぜならば、一方のシステムで変更を加えた場合、もう一方のシステムにも同時に変更を加えないとならないからです。

[61] map はキーと値(バリュー)をペアにして複数のデータを格納できる型、enum は複数の定数を1つのオブジェクトとしてまとめておくことができる型です。

[62] 入力されたデータが想定通りのものかどうかチェックする機能。

バージョン2で受け取れば height のカラムを含んだ状態で分散メッセージングシステムからデータを読み取ることが可能です（ただし、値はデフォルトの170となる）。

JSONに似ていますが、JSONではスキーマエボリューションを提供していない点や、定義不可能な型の構造定義が可能な点およびスプリッタブル（後述）であるかどうかという点がAvroとの大きな違いです。

図4.7 に Avro と分散メッセージングシステムの流れ（後方互換性の適用例）を図示します。スキーマレジストリ（*schema registry*）はスキーマを保存する場所です[63]。

図4.7　Avroと分散メッセージングシステムの流れ（後方互換性の適用例）

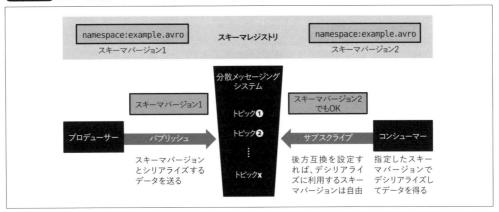

❸データ分析基盤が扱う圧縮形式　特性と選択基準に注目

スモールデータシステムであれば、ファイルはgz形式で圧縮することが多いでしょう。一方で、データ分析基盤ではgz以外にも用途に合わせたデータ分析基盤特有の圧縮形式が存在します。

- **Snappy形式**
  Snappy形式[64]は、さまざまなデータを利用する際に使われる圧縮形式。多くのプロダクトがSnappyの圧縮形式をサポートしていて、データ分析基盤の大半はこの圧縮形式でOKといっても過言ではない。圧縮自体は軽量で速度も良好で、迷った場合はまずSnappyを検討するのがお勧め

- **bz2形式**
  bz2は標準のLinuxマシンであれば標準のコマンドとして用意されていて、手元のマシンでも使えるビッグデータの定番圧縮形式である。おもにCSVやJSONなど、さまざまなシステムやツールがエクスポート可能なデータフォーマットに対して利用すると効力を発揮する

- **gz形式**
  さまざまなシステムで利用されている圧縮形式。gz形式は、bz2より速い速度で圧縮可能な方式。Snappyよりも圧縮率が高く容量の削減にもなるが、Snappyよりもデータを処理する速度は遅い

---

[63] たとえば、Confluentはスキーマレジストリを提供しています。
　　URL https://docs.confluent.io/platform/current/schema-registry/serdes-develop/serdes-avro.html

[64] URL https://opensource.google/projects/snappy

第4章 データ分析基盤の技術スタック
データソースからアクセスレイヤー、クラスター、ワークフローエンジンまで

❹その形式は「スプリッタブル」か　分散処理可能な組み合わせを選ぼう

ここまで、フォーマットと圧縮形式について見てきました。ここから少し難しくなりますが、フォーマットと圧縮形式の組み合わせによってファイルがスプリッタブル（分割可能）か、そうでないかというデータ分析基盤の成立/不成立を決定する技術要素が出てきます。

スプリッタブル　適度に分割したほうが処理しやすい

「スプリッタブル」とは一つのデータを複数のノードに分けて処理可能かどうか、ということを指す指針です。

図4.8のように、スプリッタブルであれば1GBのファイルを複数のノードで分けて処理できますが、スプリッタブルでない場合は1GBファイルを複数ノードで分割することができず1台で処理を行うことになります。複数台で処理を行った方が早く処理が完了するため、データ分析基盤の保持するデータはスプリッタブルな状態にすることが好ましいといえます。

図4.8　スプリッタブル vs. スプリッタブルでない

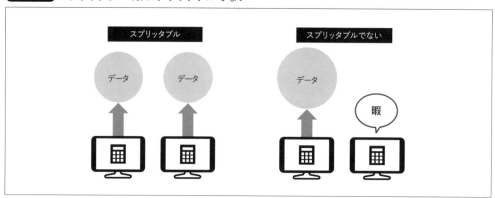

圧縮形式とフォーマットの組み合わせ　スプリッタブルな組み合わせかどうかが重要

データ分析基盤で大切なのは、フォーマットと圧縮形式の組み合わせです。たとえばJSONをgzで圧縮すると、フォーマットはJSON、圧縮形式はgzを選択したということです。表4.2に、フォーマットと圧縮形式の組み合わせがスプリッタブルかどうかについてまとめました。

表4.2　フォーマットと圧縮形式の組み合わせがスプリッタブルか

	Parquet	Avro	CSV/JSON
gz	Y	Y	N
Snappy	Y	Y	-
bz2	-	-	Y
無圧縮	Y	Y	N

ここで注意したいのは、CSVやJSONを利用するときには「bz2」を使うことです。bz2以外のフォーマットで圧縮してしまうとファイルがスプリッタブルではなくなってしまうため、後続のプロセシングレイヤーでの処理に時間がかかってしまいます。

データレイクにJSONやCSVを配置して処理するのであればbz2形式で圧縮をして配置しましょう。bz2形式はgzに比べて圧縮に時間はかかるのですが、後続の処理でその圧縮にかかったコストを必ず取り返すことができます。

それ以外のフォーマットでは、基本的にすべての組み合わせでスプリッタブルを実現することが可能です。そのため圧縮率を高くしたいのであればgz形式を、速度を求めつつ圧縮をしたいのであればSnappy形式を選択すると良いでしょう。

Column

Apache Iceberg　開発のためにデータをコピーしなくても良い

フォーマットの進化も目覚ましいですが、現在ではApache Iceberg[注a]と呼ばれるオープンテーブルフォーマット（▶p.172）があります。スキーマエボリューションの機能を有していたり、タイムトラベルの機能を有しています。

データ分析基盤の作成において意外と難しいのは、テスト環境の作成です。なぜなら、有効なデータは基本的に本番環境にしか存在しません。よってデータを利用するプロダクトは本番のデータをコピーしてステージング環境で利用することもあります。しかし、データをコピーするという作業は時間がかかる作業ですし、コピーミスをしてしまうリスクも存在します。

そこでApache Icebergが提供するようなタイムトラベル機能を利用することによって、以下のように比較的簡単にバージョン（スナップショット）の違うデータを利用できるようになります。また、SaaS型データプラットフォームであるSnowflakeでは、この問題を解決するために、データベース、スキーマ、テーブルを別環境へコピーすることが可能なゼロコピークローン[注b]を提供し安全な開発を可能しています。

❶現在のバージョンのデータを利用する
```
spark.read
    .option("as-of-timestamp", "499162860000")
    .format("iceberg")
    .load("path/to/table")
```

❷少し前のバージョンのデータを利用する
```
// time travel to snapshot with ID 10963874102873L
spark.read
    .option("snapshot-id", 10963874102873L)
    .format("iceberg")
    .load("path/to/table")
```

※ URL https://iceberg.apache.org/docs/latest/spark-queries/

注a　URL https://iceberg.apache.org
注b　URL https://www.youtube.com/watch?v=yQIMmXg7Seg

第**4**章 **データ分析基盤の技術スタック**
データソースからアクセスレイヤー、クラスター、ワークフローエンジンまで

❺データストレージの種類　基本的なストレージから、データ分析基盤に特化したストレージまで

データ分析基盤において、ParquetやAvroフォーマットのようなデータを貯める場所がデータストレージです。現在メインで利用されるストレージは大きく分けて3種類存在します[65]。

- **オブジェクトストレージ**➡S3やGCSなど
- **プロダクトストレージ**➡Amazon RedshiftやGoogle BigQueryなどのMPPDBの内部にデータを保持する
- **オンプレミスにおけるストレージ**➡オンプレミスで利用されるSSD（*Solid-state drive*）などを搭載したストレージ

オブジェクトストレージ　データレイク/DWHにおけるデータ保存候補としての筆頭

　オブジェクトストレージ（*object storage*）は、S3やGCSといったクラウド上で提供されているストレージになります。安価に提供されているため、データ分析基盤の保有する大量のデータを保持することに向いています。さらに、容量は無制限でディスクの交換も不要で、まさにデータ分析基盤のために生まれてきたようなストレージです。

　オブジェクトストレージを介してさまざまなツールが接続しデータを利用していきます。オブジェクトストレージに配置することによって特定のベンダーにロックインがされにくく、栄枯盛衰が激しいデータ分析基盤の界隈では有効な手段です。

　代表的なプロダクトは以下のとおりです。

- **Amazon S3**　　　　　　　**URL** https://aws.amazon.com/s3/
- **Google Cloud Storage**　**URL** https://cloud.google.com/storage/

プロダクトストレージ　オブジェクトストレージより早い処理が可能

　プロダクトストレージ（*product storage*）は特定のプロダクトの内部にデータを保存する方法です。たとえば、Amazon RedshiftやGoogle BigQueryそしてSnowflakeといったベンダーに依存していないプラットフォームも存在します。

　プロダクトストレージはオブジェクトストレージに配置してあるデータを自身のプロダクト内に取り込み処理を行います[66]。また、このプロダクトストレージがサポートしているプラグインを利用してデータの利用を進めていくケースもあります。プラグインとしてはSQLだけに限らず、たとえばノートブック環境であるJupyterプラグインを通してGoogle BigQueryなどに接続し、SQLを実行しその結果を可視化するといったことも可能です。ただし、プロダクトストレージは特定のベンダーにロックインされる可

---

[65] 本節では、オブジェクトストレージ、プロセスデータに焦点を当てていますので3種類です（KVSなどのDBについては後述。▶4.7節）。

[66] そのため処理が高速です。

168

能性もあるので、別のプロダクトが出てきた場合に移行のコストが大きくなることがあります[67]。

オンプレミスにおけるストレージ　安価になったSSD

オンプレミスのストレージはSSDをメインに考えます。これからデータ分析基盤を新規で構築を考えている人においては、よりマネージレスな環境を享受できるクラウドが環境が存在しています[68]。

オンプレミスのHadoopではLinuxマシンに何百GBというSSDをいくつも搭載し、一つの論理的なストレージを構成します。Hadoopのストレージシステムは「HDFS」と呼ばれ、ブロックストレージ（▶次ページのコラム「ストレージのタイプ」）と呼ばれるストレージ形態をとっています。SSDはHDFS用途以外であれば、フォルダやディレクトリといった形式で保存するファイルストレージとしても使えます。

❻データストレージへのデータ配置で気をつけたいポイント　偏りをできる限りなくそう

データストレージにデータを配置する際の注意点として、「スモールファイル」「データスキューネス」について見ておきましょう。

1ファイルの大きさ　スモールファイルに注意

オンプレミスでもクラウドでも、ストレージにおいて気にしなければならない点が「1ファイルの大きさ」です。

ビッグデータを扱うプロダクトは1KB（*kilobyte*）が1億個存在するより、100MBが100個の方が処理が得意です　図4.9　。

図4.9　スモールファイル

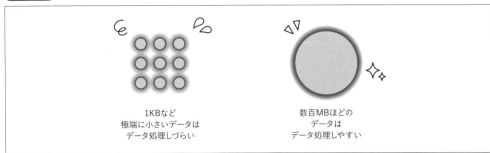

1KBなど
極端に小さいデータは
データ処理しづらい

数百MBほどの
データは
データ処理しやすい

オンプレミスのシステムではファイルが多過ぎると、管理用のメモリーの消費が大きくなります。クラウドでは、計算能力とストレージはデカップリングされておりオンプレミスのときに発生していたメモ

---

[67] 移行ツールが用意されている場合もあるので、その際は少しだけ役に立つことはあります。
[68] 速度にとことんこだわるシステムなど、特別な理由がなければオンプレミスを選ぶメリットは少なくなってきていると思います。対クラウドに対する、オンプレミスのメリットとしては速度チューニングなどのカスタマイズ性や周りのシステムがオンプレに存在している場合などのシステム連携といった点が挙げられます。

リーの消費は解決されていますが、ファイルを読み込むためのオーバーヘッドが大きい問題は残ります。さらに、小さ過ぎるファイルはSQLの実行速度を低下させたり、オブジェクトストレージへのリクエスト過多によりデータの参照がしにくくなったり、データのコピーの速度低下を引き起こします。

Column

ストレージのタイプ　ファイルストレージ、オブジェクトストレージ、ブロックストレージ

ストレージのタイプとして、いくつかの種類が存在しています。ここでは「ファイルストレージ」「オブジェクトストレージ」「ブロックストレージ」を取り上げ、押さえておきたいポイントを **図C4.A** にまとめました。

ファイルストレージは、普段使いのパソコンでもおなじみのファイルを特定のパス（たとえば、C:¥//hogehoge/text.txt）に保存するストレージのことです[a]。

クラウドであれば、**オブジェクトストレージ**と呼ばれるしくみが利用されます。オブジェクトストレージとはデータを< Key > : < Value >の形で保存するストレージのことです。代表的なプロダクトにはAmazon S3やGoogle Cloud Storageが存在します。

ブロックストレージはHadoopにおけるHDFSと呼ばれるファイルシステムで利用されている、ファイルをブロック単位で分割して保存するストレージのことです。

これらのタイプについて、ファイルの保存状態は大まかに押さえておきたいポイントです。たとえば、1GBのファイルが存在していた場合、オブジェクトストレージではデータは< Key > : < Value >の形で1ファイルのまま保存されます。オブジェクトストレージは実質容量が無制限なこともあり、不必要なデータをためがちですがコストの最適化のためにも3.7節（データのライフサイクル管理）で紹介したようなしくみを構築することを忘れないようにしましょう。また、データ分析基盤では1ファイルのサイズが適切でないと速度低下や処理エラーの原因にもなるため、1ファイルのサイズにも要注意です（▶次ページの「1ファイルの大きさ」）。

ブロックストレージでは、1GBのファイルが10個ほどに分割（ブロック化）され配置されます。ファイルストレージでは、Linuxにおけるフォルダ管理のように、1GBのファイルがそのままの形で保存されます。

図C4.A　ストレージのタイプ

	ファイルストレージ	オブジェクトストレージ	ブロックストレージ
保持方式	階層型	キーバリュー（フラット型）	ブロック型
参考イメージ	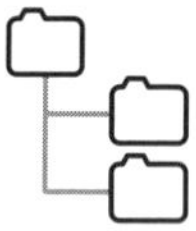	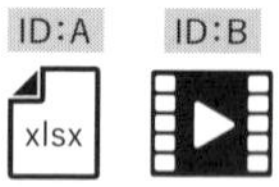 ID:A　ID:B xlsx	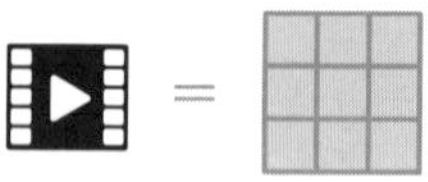
代表的なプロダクト	Linux	S3、GCS	HDFS

*a　とくに、ファイルストレージの一種であるGoogle DriveやOne Driveはクラウドストレージと呼ばれます。

スモールファイルの問題は、オンプレミスもクラウドでも注意が必要です[*69]。参考情報として以下の文書によると、スプリッタブルではないファイルのファイルのサイズは1〜2GBくらいが良い、スプリッタブルである場合はファイルサイズは2〜4GBくらいが良いと示されています。

- 「Best Practices for Amazon EMR」
  URL https://d0.awsstatic.com/whitepapers/aws-amazon-emr-best-practices.pdf

システムの都合などでスプリッタブルでないデータを保存する場合はローゾーンだけにとどめ、かつファイルのサイズは1〜2GBに収めましょう。それ以外のゾーンではスプリッタブル形式を使います。実際にgz形式（スプリッタブルでない形式）からbz2形式（スプリッタブル形式）に変更すると、ETL処理が1時間以上も早くなるケースがあります。

データスキューネス　データやファイルサイズの偏りに注意

もう一点、気にすべき点が**データスキューネス**（data skewness）です。「スキュー」（skew）とは「偏り」という意味です。ビッグデータを扱うプロダクトではファイルが2つ以上存在していた場合、1KBと1GBのデータを処理するよりも500.1MBと500MBのファイル2つを処理する方が得意です　図4.10　。

分散処理では、ノードが処理するファイルを分配します。そのため、ファイルのサイズに極端に差が出てしまうと、一方のノードが動き続けている一方で、もう一方のノードは処理が終わり、暇になってしまうという事態になってしまいます。

これはデータをコピーするときにも同様で、データスキューネスはそのままデータのインポート速度にも関わってくる問題になります。なお、データのコピーが遅いと感じたら、一つの見直しポイントでもあります。

図4.10　データスキューネス

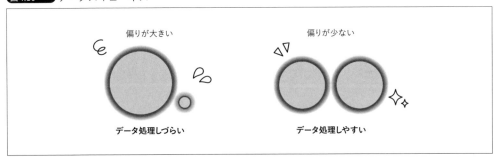

[*69] Apache Sparkであれば、ヒント文を利用することでスモールファイルの問題を回避できます。
URL https://spark.apache.org/docs/latest/sql-ref-syntax-qry-select-hints.html

第4章 データ分析基盤の技術スタック
データソースからアクセスレイヤー、クラスター、ワークフローエンジンまで

❼オープンテーブルフォーマット　既存フォーマットを拡張するソフトウェア

データレイク(DWH)ではオープンテーブルフォーマット[70]というデータレイク(やDWH)に保存されるファイル(一般にParquetに対応していることが多い)を拡張するためのフレームワークが登場しています。S3のようなオブジェクトストレージ上で利用されるファイルフォーマットへ、既存のデータフレーム処理と同様の操作感覚で拡張機能を付与します。よく利用されるオープンテーブルフォーマットは以下です。

- **Apache Hudi**　**URL** https://hudi.apache.org
- **DELTA LAKE**　**URL** https://delta.io
- **Apache Iceberg**　**URL** https://iceberg.apache.org

オープンテーブルフォーマットが未導入のデータレイクやDWHでは、以下のような弱点がしばしば指摘されていました。

- **レコードレベルの変更が非効率**

  データレイクやDWHに用いられるオブジェクトストレージは部分更新を基本的に想定していない。そのため、データにミスがあった場合などにリレーショナルデータベースのように一部のデータを追加/更新/削除することができず、追加/更新であればUPSERT(データがなければ追加しあれば更新する)であったり、削除ともなると、対象の集計分(たとえば、1パーティション分)をすべて再集計しなければならなかった。また、個人情報保護法等によってユーザーからの要望によりピンポイントで対象のデータを削除(▶p.96のコラム「データの削除は大仕事」)する必要もあり運用負荷の一因となっていた

- **履歴データの保持が非効率(履歴データの保持が非効率を改善)**

  たとえば、テーブルⒶのaという値がbに変更された場合にいつまでaでいつからbになったのかという情報を保持したい場合がある。ファイル(Parquet)そのものはその時点での情報しか保持できないため、パーティションを積み上げ履歴のスナップショットを取ることによって対応していた。しかし、変更されていないデータも保持することとなり非効率だった

- **スキーマの変更に弱い**

  基本的にテーブルの定義とParquetで保存したデータの定義が一致していない場合はエラーが発生する。そのため、いつの間にかデータソース側にカラムが追加されておりデータパイプラインがエラーとなる、もしくはBIツールからのテーブル経由のデータ参照が失敗する、といった「何もしてないのに、壊れた」という事象が発生する

- **トランザクション機能が提供されない**

  データとメタデータが明確に独立している事情等から、トランザクション機能を提供していない。つまり、プロセスⒶがデータを更新中に利用者が更新中のダーティーなデータを参照してしまったり、別のプロセスⒷがプロセスⒶと同時に同じデータを更新してしまうということがあり得た。トランザクションにおける、ACID特性[71]でいうと、永続性くらいしか保証されていないイメージに近い

---

[70] オープンテーブルフォーマットと呼ばれていたり、ストレージフォーマットと呼ばれていたり、拡張フォーマット、ストレージフレームワークと呼ばれていたりと、本書原稿執筆時点で呼称が揺れています。本書ではオープンテーブルフォーマットを採用しました。

[71] トランザクション処理において重要とされる4つの要素のこと。Atomicity(原子性)Consistency(一貫性)Isolation(独立性)Durability(永続性)の頭文字。

これらの問題を解決するべく、オープンテーブルフォーマットとしては次のような機能があります。

- **レコードレベルの更新＆削除　➡レコードレベルの変更が非効率を改善**
  データレイクやDWH内のデータをレコードレベル（*row level*）で操作可能な機能。そのため、対象のデータをピンポイントで操作できるようになった。とはいえ、レコードレベルの更新を行うパイプラインが効率が良いというわけではないので、レコードレベルの更新＆削除（*updates & deletes*）を利用する前提のパイプラインではなく通常は一定程度での塊の処理を基本とし、先ほど例として挙げた個人情報保護法等の対応等で削除が必要となった場合に本機能を利用すると良いだろう

- **タイムトラベル　➡履歴データの保持が非効率を改善**
  タイムトラベルとは、特定時点のデータを参照できるようにした機能。タイムトラベルを使用することで、過去の特定の時点のデータ状態を簡単に復元できる。これにより、データ損失や誤ったデータ変更に迅速に対応することができる。また、データ分析やレポートの再現性を確保するために、特定の時点のデータ状態に基づいた分析を行う必要があるが特定時点に簡単に遡れるためこのような作業が容易となる（▶p.167のコラム「Apache Iceberg」）。

- **Incremental Query　➡履歴データの保持が非効率を改善**
  Incremental Queryは、「1週間前時点のデータ」や、「直近1週間の間に追加されたデータ」等をクエリーすることが可能。とくに、一つのデータを更新して使い回すことが多いマスターデータの履歴保持などに役に立つ

- **スキーマエボリューション　➡スキーマの変更に弱いを改善**
  Avroで紹介した機能と同等の機能。たとえば、不意に追加されたデータに対して互換としてNull等を仕込むことにより、データパイプラインが継続するようにする。とはいえ、データの定義が合致していることが望ましく、「スキーマテスト」（▶7.3節）等で問題が検知できるようにしておき順次対応できる体制をとっておくと良い

- **トランザクション　➡トランザクション機能が提供されない点を改善**
  オープンテーブルフォーマットにおけるトランザクションの単位はParquet等のファイルとなるため、厳密にはリレーショナルデータベースのトランザクションとは異なるが、同様の意味合いを持つ機能。

Column

ストリーミングにおけるデータスキューネス

データスキューネスに関しては、ストリーミングにおいても同じです。

たとえば、ストリーミングデータをAmazon lambda[注a]で処理する場合、5分ウィンドウの中の1アグリゲーションデータA（たとえば、5レコードが連結したデータ）をA lambdaが担当して、5分ウィンドウの中の1アグリゲーションデータB（たとえば、3レコードが連結）をB lambdaが担当するとした場合、データはスキューしています[注b]。そのような場合、lambda内でレコードを4ずつ（4と4）に分けて処理をすることによって少なくとも後続の処理はスキューネスを解消することが可能という考え方ができます。

別の例としては、ECサイトの運営などで、ユーザーのセッションごとにアクセスを振り分けているとヘビーユーザーが特定のサーバーにのみルーティングされサーバー負荷が上昇してしまう現象もスキューの一種です。

注a　**URL** https://aws.amazon.com/lambda/

注b　アグリゲーションデータ（*aggregation data*）は、複数のレコードが一塊になっている状態を指します。ウィンドウ（*window*）処理とは5分など短い一定の間隔で時間を区切るウィンドウ（枠）を作り、そのウィンドウ中でデータの処理/集計を行います。

第4章　データ分析基盤の技術スタック
データソースからアクセスレイヤー、クラスター、ワークフローエンジンまで

> オープンテーブルフォーマットでは、データの更新や削除をファイルレベルで管理し、コミット操作を通じて一貫性を確保する。また、同時書き込み等に対する排他制御（独立性）、ROLLBACK機能（原子性）も対応しACID特性の確保を行っている

　便利なオープンテーブルフォーマットですが、プロダクトがそもそも特定のオープンテーブルフォーマットに対応していなかったり、対応していても一部の機能（たとえば、Incremental Query）がサポートされていない場合もあるので、利用する際にはメリットを享受可能か事前の確認が必要です[72]。また、オープンテーブルフォーマットには**コンパクション**と呼ばれるデータの圧縮機能が備わっています。コンパクションはInsert/Update/Deleteの際などにバックグラウンドにてファイルを一定程度のサイズにまとめることによって「スモールデータ問題」に効率的に対応してくれます。
　Sparkであれば、オープンテーブルフォーマットの各々の機能を利用可能です[73]。

4.7 プレゼンテーションデータを扱う技術スタック
効果的なデータ参照のための設計戦略

　プレゼンテーションデータかつモデルの適用後のデータ等であれば、プレゼンテーションデータストアについて考慮する必要があります。その際には、データの保存方法やデータモデルの設計を気をつける必要があります。データ分析基盤におけるプレゼンテーションデータストアでは、スモールデータシステムにおけるプレゼンテーションデータストアの利用方法と違って、更新が頻繁に行われるものではないことからおもに参照要件を気にすると良いでしょう。

┃データモデル設計　データ分析基盤では参照要件を気にしよう

　一般に、データ分析基盤におけるKVS利用はKVSのテーブル検索の基本であるPK（主キー/単一キー、▶Appendix）による検索が基本設計となってきます。KVSはRDBと違い複数のノードにまたがってデータが分散されて保存されています。そこで、ノードにどのようにデータを配置するのかといった観点からデータモデルを設計する際にはキーについて注意深く考慮する必要があります。
　KVSでは**パーティションキー**（*partition key*）と呼ばれるどのノードにデータを配置するかを決めるためのキーと**クラスターキー**（*cluster key*）[74]と呼ばれる、パーティションキー内での並び替えを担当する

---

[72] **URL** https://docs.aws.amazon.com/athena/latest/ug/querying-hudi.html
[73] タイムトラベル機能をはじめ、Apache Hudiを用いたコード例（Spark 3.4, OpenJDK 11）については、本書のサポートサイトで取り上げています（PySparkのreplコードはcodes/pyspark_repl.pyに配置）。
[74] 「ソートキー」や「クラスタリングキー」といった名称も使われています。

174

> **プレゼンテーションデータを扱う技術スタック** 4.7
> 効果的なデータ参照のための設計戦略

Column

IaCでデータ分析基盤のインフラを管理する

　IaC（*Infrastructure as Code*）とは、アプリケーションをソースコードで管理するのと同様に、インフラもコードで管理しようとする取り組みのことです。

　IaCの登場前は、インフラの構築はKickStart（RHELで提供されている、初回設定を自動化する機能）や手順書の作成（および更新）などを用いて初回のインストールプロセスや構築プロセスを逐次管理していました。当然ながらこのようなプロセスは持続性に乏しく、いずれもインフラの構成変更に弱いという弱点がありました。

　実際のところ、IaCツールを用いてインフラをコード管理しながらデータ分析基盤を構築することがほとんどです。手動で構築後、途中からIaC管理に切り替えは困難が大きくなりますので、できる限り初めからIaCツールを利用するように心がけましょう。

　たとえば、以下のコードは「data-platform-s3-bucket」というS3バケットを作成するためのTerraformのコードです。

```
resource "aws_s3_bucket" "data_platform" {
  bucket = "data-platform-s3-bucket"

  tags = {
    env = "prod"
    cost_tag  = "serviceA"
  }

}

resource "aws_s3_bucket_public_access_block" "data_platform_raw" {
  bucket = aws_s3_bucket.data_platform.id

  block_public_acls       = false
  block_public_policy     = false
  ignore_public_acls      = false
  restrict_public_buckets = false
}
```

　よく利用されるIaCフレームワークは以下のとおりです。

- **Terraform**　　　　**URL** https://www.terraform.io
- **Plumi**　　　　　　**URL** https://www.pulumi.com/product/
- **AWS CloudFormation**　**URL** https://aws.amazon.com/jp/cloudformation/
- **Ansible**　　　　　**URL** https://www.ansible.com

175

第4章 データ分析基盤の技術スタック
データソースからアクセスレイヤー、クラスター、ワークフローエンジンまで

キーを指定可能です。パーティションキーだけでPKとすることができますが、クラスターキーを同時に指定している場合はパーティションキーとクラスターキーの組み合わせをもってPK扱いとします。

パーティションキーを設定する際の注意点としては、パーティションキーは**カーディナリティ**（▶5.3節, Appendix）の高いのカラム[75]を設定します。高いものを設定しないと、データが均等にノードに配置されずホットスポットなどの問題を引き起こすことにつながります。

クラスターキーを設定する際の注意点としては、ノードに配置されるデータであることからカーディナリティが中程度（たとえば、日付など）でwhere句（a_colomn > b など）に頻繁に指定される想定のあるカラムを選ぶと良いです。低すぎると、ホットスポット問題の発生要因となり。高すぎるとデータを並び替えるという意義が薄くなってしまいます。

データ分析基盤用途としては「モデル適用後のデータ提供」パターンであればこの程度のPK設計だけで済むことが多いです。

一方で「サマライズしたデータ提供」パターンのような利用場面を想定した場合に、PKだけでの検索では事足りなくなる場合もあります。部門ごとに見たい、会社ごとに見たい、日付ごとに見たい、検索時のキーがWebアプリケーション側になく一覧データを取得する必要がある、などPK指定の検索だけでなく、別のカラムも条件指定してデータを取得したい場合があります。

一般にKVSは、パーティションキーもしくはクラスターキーに対してのみにしかwhere句での条件を指定することができません。それ以外の検索は、そもそも検索として受け付けられずエラーとなるか、データをすべて取得した後にデータを絞り込むという方式（仮に利用する場合は、最終手段としての利用を考えてください）を取るためデータが多くなるにつれて非効率になります。その際に考慮の必要があるのが**セカンダリインデックス**です[76]。

セカンダリインデックスは、パーティションキーやクラスターキー以外のカラムに対してもwhere句の指定を可能にし、一般的にはカーディナリティが中程度以下のカラム（低い方が好ましい）を選択しセカンダリインデックスへ指定します。

一方で、セカンダリインデックスに指定したカラムに対してはRange Query[77]に対する制限があったりと、パーティションキーやクラスターキーに比べて検索機能に制限がある場合があります[78]。

それ以外で取れる手段としては、セカンダリインデックスを使うのではなく、先に非正規での形で解決を試みてみると良いでしょう。たとえば、PKでの検索を前提にデータを非正規の形（Valueのカラムにできる限りの値を詰めてしまう、クラスターキーをカラム**Ⓐ**とカラム**Ⓑ**の組み合わせにするなど）にすることでPK検索によって返却される情報を多くし対応します[79]。

---

[75] KVSの文脈だと「属性」とも呼ばれます。

[76] Primary（主）でないインデックスという意味からセカンダリと名が付いています。RDBのインデックスと概念は同じですので、必要に応じてAppendixを参照してください。

[77] gt（<）やlt（>）などのオペレーターを駆使してKVSを検索する機能。クラスターキーに対してはRange Queryが適用可能な場合が多い。

[78] Amazon Dynamo DBにはグローバルセカンダリインデックスという機能があり、グローバルセカンダリインデックスに指定したカラムはパーティションキー扱いとすることが可能です。実テーブルとは別にグローバルセカンダリインデックスに指定したカラムがパーティションキーのコピーテーブルを作成しているイメージです。

[79] 設計の段階でKVSでの実現が難しいとなった場合は、ヘッドレスBI（2.8節）等の利用も検討しましょう。

TIP　KVSとキー、インデックス

とにかく、キーやインデックスがたくさん出てきてわかりにくのがKVSの特徴といっても過言ではありません。まずは、混同しがちな各種キーとインデックスが違うものだと認識しながら、1つのKVS製品にて理解のための軸を作ると良いでしょう。筆者としてはApache Casandraが理解のためにはお勧めで、そこから別の製品へと知識を伸ばしていくと良いでしょう。

プレゼンテーションデータストアにおけるデータ保存
データ分析基盤から外部システムへデータを書き込む

データ分析基盤を用いたデータの利用では、数年分の集計データを返却する等でレスポンスのサイズが思いのほか大きくなる場合があります。KVSには1レコードあたりの容量が定められている場合があり、特定の閾値を超えると内部的に2回のアクセスが必要になってしまうなどコストや性能面で不都合が発生します[80]。

そのようなデータをAPIで返却する場合、対象の項目をbase64とgzipを組み合わせて圧縮した状態でKVSへ保存しておき、圧縮したデータをAPIで返却することによりバイト数を節約しつつレスポンス速度の向上が期待できます。

たとえば、以下のような文章があった際に生の文章では632バイトですが圧縮することにより464バイトとなり、容量を削減できます。生データを圧縮した状態でKVS（やDWH）へ保存しAPIで返却する際にはこの圧縮したデータを返却します。利用者側ではレスポンスで返却された圧縮データを復元し利用します。

```
echo "たとえば、よく行われるのは、特定のユーザーに紐付いたセッション情報を付与することです。
セッション情報とは、同一のユーザーと思われる人へ付与する一意となるIDのことです。セッション情報を使うこと
によってデータ間のユーザーの紐付けが容易になるため、特定のログから別のログに存在するユーザーを紐付けるこ
とも可能です。そのほかには、購入IDから実際の商品名を紐付けたり、既存のテーブルとJOINすることもデータエン
リッチングの作業の一つです" | gzip | base64
```

```
結果：
H4sIA012NGYAA22R3U7CQBCF7/tc3uCFvlJnFhAELdKIiBD8QxoIBYNRfsPDnG6Bt3BnkUKDN5uZ3Zk5Z74FtUEBqAAawSWwCbzNSxns
gc1ZAoWgoXlaF6c6bEiqPqAW4G85qb/+qkTzOigLM4rnUAr8A9WFGscqp58/wVVTEE1uQY92oG8Vu5K67PzfIxWiqivlaOKeqAax20os
RrMZaHKsYVrirGeH9EyaObNbpHSPZZ2U1+UKlN9X9y2RN5BRv7IGVtuaf+In3FO4A5V1OI3rvvRadcuF0gQH4BGoBC7qQmd349irvh7U
dTP4Q3WswdWDRkKRWXvDjVoe1qKW3XUu08WBQNyMFzrXEQpWMWxvG0+mSt/ntW8I3ySzHbuAsXttuuKHV2PGmsuLAVWDMgOD88vMReor
mRM24MCwhOoJW0USy1ZhtGzGnYEE8pnvO7vOLy+Bb1x9AgAA
```

利用側で復元するには以下のようにbase64をデコード後にgzipを解凍します。

```
echo "H4sIA012NGYAA22R3U7CQBCF7/tc3uCFvlJnFhAELdKIiBD8QxoIBYNRfsPDnG6Bt3BnkUKDN5uZ3Zk5Z74FtUEBqAAawSWwCb
zNSxnsgc1ZAoWgoXlaF6c6bEiqPqAW4G85qb/+qkTzOigLM4rnUAr8A9WFGscqp58/wVVTEE1uQY92oG8Vu5K67PzfIxWiqivlaOKeqA
ax20osRrMZaHKsYVrirGeH9EyaObNbpHSPZZ2U1+UKlN9X9y2RN5BRv7IGVtuaf+In3FO4A5V1OI3rvvRadcuF0gQH4BGoBC7qQmd349
irvh7UdTP4Q3WswdWDRkKRWXvDjVoe1qKW3XUu08WBQNyMFzrXEQpWMWxvG0+mSt/ntW8I3ySzHbuAsXttuuKHV2PGmsuLAVWDMgOD88
vMReormRM24MCwhOoJW0USy1ZhtGzGnYEE8pnvO7vOLy+Bb1x9AgAA" | base64 --decode | gunzip
```

---

*80 不都合という点についてはヘッドレスBIを利用しAPIでデータを提供する場合でも同じです。レスポンスは小さいに越したことはありません。

第**4**章 データ分析基盤の技術スタック
データソースからアクセスレイヤー、クラスター、ワークフローエンジンまで

とくに似たようなデータの繰り返しの場合はより圧縮効果が大きくなる傾向があります。多くのデータに対してデータの提供を考えるわけなので、このようなちょっとした改善も後々に大きく響いてきます。一方、データ分析基盤側でデータを圧縮するため利用者側にてデータ解凍の負担が新たにかかるようになりますのでデータ分析基盤側の都合だけではなくトータルで導入の判断しましょう。

4.8 アクセスレイヤー構築の技術スタック
セルフサービス時代のユーザーへのデータ提供

本節では、アクセスレイヤー構築におけるデータの提供方法を見ていきましょう。データ利用の多様化により、データ分析基盤はユーザーとの接点となるインターフェースが増え、管理対象が多くなっていく傾向があります。まずは、基本となるデータの提供方法を整理して見てみましょう。

BIツールを提供する　万人とつながる可視化ツール

BIツールの主要な機能は「可視化」です。「可視化」とは、データを表で表現したり、円グラフとして表現したり、正規分布で表現したりと世の中のさまざまな物事を人が視覚的に認知できる形として表すことです。

BIツールにおいて、可視化以外の機能については製品ごとにさまざまな機能が搭載されている状況です。年々BIツールも高機能化してきており、GUIベースでデータマートを作成可能である製品などもあります[81]。

BIツールごとにプロダクトとの連携のしやすさがあるので、利用しているデータ分析基盤の特性に合わせてさまざまなBIツールを勘案してみるのが良いかもしれません。ただし、乱立させないように、メインとしてのBIツールを一つ選択し、サテライトとしてもう一つくらいBIツールを選択する程度に留めておきましょう。

参照者が多い場合に利用するBIツール　シンプルなダッシュボード向け

参照者が編集者より多いケースにおけるダッシュボード形式のBIツールとしては、Amazon QuickSight[82]があります。ダッシュボード（*dashboard*）とは、複数の情報をひとまとめにした表示やそのためのツールを指します[83]。

Amazon QuickSightのようなツールは、ユーザーがグラフを参照するだけで良い場合に向いてい

---

[81] 発展的な内容ですが、Druidのようなデータベースを用いてリアルタイムでデータを可視化することも可能です。
URL https://druid.apache.org

[82] **URL** https://aws.amazon.com/quicksight/

[83] 余談ですが、一般的な乗用車のフロントガラスの下の部分のメーターなどがある部分もダッシュボードと呼ばれます。元々は、馬車の泥除けパーツがダッシュボードと呼ばれていました。

178

ます。グラフやSQLの作成はデータアナリスト（やBI担当など）が行います。全社的なダッシュボードを作成するときは、そのような可視化だけ担当するBIツールだけで十分なときも多いでしょう。また、このようなBIツールの利点はリードオンリーユーザーの場合は料金が低く抑えられている場合が多く、リードオンリーユーザーとエディター（編集者）を分けることによって、可視化におけるデータ活用をコストを抑えて導入することが可能です。

編集者が多い場合に利用するBIツール　大半のBIツールはこの部類

　多くのBIツールは、可視化（ダッシュボードの作成）とSQLの実行がユーザーにて自由に実行可能です。それらは、ユーザー自身がSQLを通して、データを可視化して利用できます。（完全な自由ではないものの、）好きなフォーマットで可視化できるので、表現できる自由度が広がります[84]。よって、参照者＜編集者のような場合に有効な選択になります。

　代表的なBIツールは以下のとおりです。

- **Redash** 画面4.8　URL https://redash.io
- **Metabase**　URL https://www.metabase.com
- **Power BI**　URL https://powerbi.microsoft.com
- **Tableau**　URL https://www.tableau.com
- **Looker**　URL https://looker.com

画面4.8　Redash※

※ URL https://redash.io/data-sources/google-bigquery

[84] 自作することになりますが、場合によっては、JavaScriptライブラリのD3.jsのような可視化に特化したライブラリも使うことができます。

第4章 データ分析基盤の技術スタック
データソースからアクセスレイヤー、クラスター、ワークフローエンジンまで

SQLの提供　最強のデータ分析/活用技術

ストレージレイヤーに保存されたデータを利用する手段として最も有効なのは、今も昔もSQLといえます。本項ではBIツールからの実行について記述しますが、SQLは汎用的なデータを検索するツールであることに加え、BIツール経由以外にも、SparkやHiveからも使えたり、機械学習のモデルを作れたりと、データ活用の多くの場面で活躍が見込めるツールです。また、現役のエンジニアであれば、誰しもSQLは一度は触ったことがあるほど一般的な技術であることも強みです。

BIツールを通してSQLを実行し、ダッシュボードの作成や分析業務を行うのは典型的な作業です。すべてのデータをSQLで分析やモデリング（*modeling*, データのパターンや型を一般化すること）できるようになれば、これほど心強い味方はいません。最近の「データ」界では機械学習のモデルもSQLで作成できるようになっているくらいで[85]、SQLによりデータ関連の業務が完結するという流れに向かっていくと考えられます。そのため、ぜひ身につけておきたいスキルの一つです[86]。

本章では、アクセスレイヤーでよく利用される「Trino（Presto）」と「PostgreSQL」を紹介します。
（トリノ）（プレスト）

Presto（Trino）　BIツールを通して、よく実行されるSQLのタイプ❶

Presto[87]はJavaで書かれたインメモリー型のクエリーエンジンです。Prestoのクエリーエンジンで実行されるSQLのことを「PrestoSQL」と呼びます[88]。

比較対象として挙げられるHiveとの違いは、Hiveは途中の計算結果をディスクに吐き出しながら[89]処理を進めるのに対し、Prestoはメモリー内（*in-memory*）のみで処理を完結させます（ディスクにスピルする設定もある）。

ディスクのI/O（*Input/output*, 入出力）よりもメモリーのI/Oの方がより高速に処理することが可能なため、PrestoはHiveに比べ高速に動作します。一方でメモリーに収まりきらなかったり、大人数（数百人規模）での並列利用を想定したときにはHiveやSparkのほうが素早く処理できます。この特性から、アドホック分析で頻繁に使われる傾向があります。

自前で構築する以外にも、Prestoベースのサービスとして「Amazon Athena」[90]が利用できます。

PostgreSQL　BIツールを通して、よく実行されるSQLのタイプ❷

ビッグデータでPostgreSQL自体を直接利用する機会は多くはありませんが、ビッグデータのプ

---

[85] ・Amazon Redshift ML　**URL** https://aws.amazon.com/jp/redshift/features/redshift-ml/
　　・BigQuery ML　**URL** https://cloud.google.com/bigquery-ml/docs/introduction/

[86] データ分析基盤の世界では、SQLライクなものとSQLの2種類が混在しており、各プロダクトごとにSQLの構文が少しずつ異なります。

[87] 『Presto: The Definitive Guide; SQL at Any Scale, on Any Storage, in Any Environment』が参考になるでしょう。本書原稿執筆時点で、後継の『Trino: The Definitive Guide』も無償のPDF版も提供されています。
　　URL https://trino.io/blog/2020/04/11/the-definitive-guide.html

[88] 少し前までPresto（DB、SQL）と呼ばれていましたが、商標の問題などで「Trino」にリブランディングしました。
　　URL https://trino.io/blog/2020/12/27/announcing-trino.html

[89] ディスクに吐き出しながら進む処理はスピル（*spill*, 漏れる）とも呼ばれます。

[90] **URL** https://aws.amazon.com/athena/

ロダクトはPostgreSQLをベースとしたプロダクトが数多くあります。分析でよく用いるウィンドウ関数が豊富で便利です。

　PostgreSQLをベースとしたプロダクトではPostgreSQLのSQLの文法がそのまま利用できることもあり、たとえば現在ビッグデータの分析プロダクトとして一定の地位を獲得しているAmazon RedshiftはPostgreSQLベースのSQLで構成されています。

ノートブック　多様なデータアクセスを提供するインターフェース

　SQLやBIツールを通したデータへのアクセスは万人向けのツールや機能であるため便利に使えますが、機能が制限されていたり、大人数で使うと処理が詰まってしまったりすることがあります。そして、データの扱いに慣れたユーザーであれば、ストレージレイヤーに直接アクセスをしてデータを利用する方が楽なときもあります。

　そのような場合、少しのエンジニアリング力が必要になりますが、自分自身で拡張可能な「ノート

Column

さまざまなSQL　ANSI対応、非ANSI対応、関数の違い

　SQLの種別は乱立しています。ANSI対応であったり、そうでなかったり微妙に何か関数が違っていたり……。正直なところ、どれかに統一してほしいと思っている方も少なくないでしょう。社内に数万というクエリーが存在していて、いざ別のプロダクトへ移行を行おうと考えたときに、SQLの規格が違うとかなりの苦労を想像し尻込みをしてしまうことがあります。プロダクトの提案を受けるとき、それがプロパガンダなのかそうでないのか選択するエンジニアはしっかりと見極める必要がありますが、そもそもさまざまな規格が統一されていれば苦労しなくて済む部分は多いです。

　これらの移行を実行するときは、移行用のドキュメントに「よくテストをして」とだけ記載があることがほとんどで、どのようなテストを行うかどうかは、当然ですがエンジニアに委ねられています。

　実際そのとおりで近道はないのと、完璧にやろうとすると果てしない時間がかかるので稼働しているシステムの要件に合わせて

- シンタックス（文法）の確認を行う
- エラーが出たものは一覧にしてユーザーに修正依頼
- 一定の移行期間を設けてそれ以外のエラー（たとえば、関数の戻り値が違うことによる結果が不整合）などは運用の中で潰してもらう

などの流れにすると良いと思います。

　ここで簡単に、HiveSQL、PrestoSQL、SparkSQL（Sparkで実行するSQLの呼び名）の各SQLの互換性を触れておくと、「HiveSQL」と「SparkSQL」のみ互換性があります。つまりHiveSQLはそのままSparkで実行可能ですし、Sparkで実行できるSQLはHiveでも実行できます。一方、HiveSQLからPrestoSQLへは書き換えを行う必要があります。

ブック」を通してスキーマオンリード方式を利用して直接ストレージレイヤーにアクセスを行うことも可能です。ノートブックはデータラングリングやデータ分析をするには最適で、データエンジニアリングの重要ツールです。ここでは、Jupyter Notebookを取り上げます[*91]。

Jupyter Notebook オープンソースの対話型ツール

Jupyter Notebookとは、Webブラウザ上でアドホックにデータを操作可能なツールです 画面4.9 。その名のとおり、ノートのように分析した道筋を残しておくことが可能なツールで広くデータ分析やデータ処理に利用されています。

- Apache SparkやApache HiveによるSQLの実行（スキーマオンライト方式）
- ストレージレイヤーへの直接アクセス（スキーマオンリード方式）
- 可視化
- Pythonプログラムの実行
- クラスターへ接続（MPPDBへ接続やHadoopクラスターと連携）
- メタデータストアの操作
- 開発業務（モデルの作成やETLツールの作成など）を追加

など、さまざまなことをノートブック上で実行することが可能です。分析者だけでなく開発者もこのノートブックが存在するだけでほかのデータを操作するツールは必要ないかもしれないくらい高機能です。

画面4.9 Jupyter Notebook

APIを提供する　データ分析基盤へのインターフェースとして活躍

データ分析基盤におけるAPIの提供は、ローデータそのものを提供するという意味合いはあまりありません。なぜならばAPIでデータを返せるほどデータが小さくないからです[*92]。

そのためデータ分析基盤において、APIの用途は大まかに以下の3つに分類されます。

[*91] Jupyter projectとJupyterLabの違いは、Jupyter projectの中の1プロジェクトがJupyterLabと呼ばれています。そして、Jupyter Notebookの次世代版と呼ばれているのがJupyterLabという位置づけです（いずれもノートブックですがJupyterLabのほうがより拡張性やモジュール化が考慮されています）。

[*92] AWSのAPI GateWayは10MBで制限されているようです。
URL https://docs.aws.amazon.com/ja_jp/apigateway/latest/developerguide/limits.html

❶ETL処理の命令やその他データ分析基盤に対する処理をラップ（*wrap*）する

❷プレゼンテーションデータを提供する

❸メタデータ（▶第5章）の提供

　❶は、たとえば処理を行うためのクラスターを起動したり、Jupyterノートブックを起動したりすることを指します。これらの作業を手順を元にエンジニア以外のユーザーが間違いなく実行することは簡単ではありません。そこでベースとなる設定を施した上で、APIとして特定のエンドポイントを叩くことによって簡単に起動できるようにサポートします。また、別のメリットとしてAPIにしておくと、GUIとも連携がしやすくなります。❷は、モデル適用後の推論データや集計データがKVSなどのデータベースに格納されている場合に、ユーザーからのリクエストに応じデータを取得しユーザーへレスポンス返却する際に利用します[93]。❸については第5章で詳しく取り上げます。

Note

APIを実現する技術は以下のようなものがあります。

- **API Gateway** URL https://aws.amazon.com/api-gateway/
- **Chalice** URL https://aws.github.io/chalice/
- **Amazon lambda** URL https://aws.amazon.com/lambda/

---

[93] データの流れは第0章や2.4節を参照してください。

Column

ノートブックサービスの選択肢

ノートブックを提供するクラウドサービスについて、以下におもなものを挙げました。

- **Amazon EMR JupyterHub**
  URL https://docs.aws.amazon.com/ja_jp/emr/latest/ReleaseGuide/emr-jupyterhub.html
- **AWS Glue**（コンソールでノートブックを使用）
  URL https://docs.aws.amazon.com/ja_jp/glue/latest/dg/console-notebooks.html
- **Amazon Sagemaker** URL https://aws.amazon.com/jp/sagemaker/
- **Google Dataproc** URL https://cloud.google.com/dataproc/docs/tutorials/jupyter-notebook/
- **Notebooks** URL https://cloud.google.com/notebooks/

上記以外にもDockerのイメージが提供されているものも含めると、選択肢はさらに広がります。興味のある方は、ご自身の使いやすく、管理のしやすいサービスを探してみてください。

第**4**章　データ分析基盤の技術スタック
データソースからアクセスレイヤー、クラスター、ワークフローエンジンまで

4.9 セマンティックレイヤー
統一的なデータを提供しよう

　2.8節で前述したとおり、セマンティックレイヤーはアクセスレイヤーを拡張する位置付けのレイヤーで、ストレージレイヤーとアクセスレイヤーにおける両者間のやり取りを円滑にする役割を担います。その「セマンティックレイヤー」に「ヘッドレスBI」を組み合わせることで、効率的かつ統一化されたデータアクセスが実現できます。

セマンティックレイヤーとは何か　アクセスレイヤーを拡張する

　データ分析基盤とスモールデータシステムには、一つの大きな違いが存在します。それは提供する「インターフェースの数」です。たとえばWebシステムであれば、おもにGUIとAPIの2種類のインターフェースを提供することでシステムが成り立ちます。しかし、データ分析基盤のインターフェースは多岐にわたります。

- API
- BIツール（SQL）
- ノートブック等からのストレージアクセス
- GUI（メタデータやデータ品質提供）
- 分散メッセージングシステム

　インターフェースやデータの数が増えてくると、「それぞれのインターフェースが、別々のデータを参照している」「同じデータを参照しているのに結果が違う」といったことが頻発するようになります。たとえば、Xという目的のために、BIツールからはAというテーブルを見ているが、別の人はノートブックから（もしくはAPIから）Bデータを参照している。もしくは、同じAのテーブルを見ているが発行するSQLが異なっており結果が違うといった場合です。この問題を解決するために生まれた考えがセマンティックレイヤーです。

　セマンティックレイヤーとは、アクセスレイヤーを拡張する概念です。データに対して自由奔放にアクセスする（させる）といった不確実性の大きい方法ではなく、あらかじめ用意した定義に従ってデータへアクセスする（させる）ことでセルフサービスながらも不確実性を下げる考え方です（▶2.8節）。

BIツールと連携したセマンティックレイヤー　セマンティックレイヤーの意義を実例を使って理解しよう

　実際にセマンティックレイヤーを挟んだ場合の一例を確認してみましょう。 図4.11 では、ユーザーがBIツールを通してDWH内に格納されたpurchaseテーブルに対して注文日ごとの売上の合計を算出しようとしています。

184

図4.11 セマンティックレイヤーとBIツールの連携

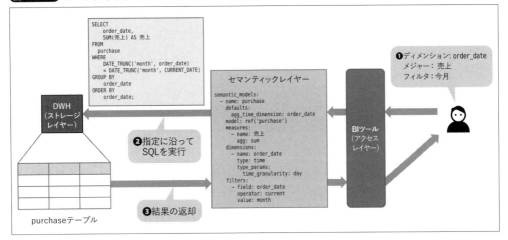

　BIツール（アクセスレイヤー）とDWH（ストレージレイヤー）の間には、セマンティックレイヤー（ディメンション（集計の単位）、メジャー（集計方法）、フィルターを元にSQLを生成する）が配置されています。

　ユーザーが❶で「order_date」をディメンションとして、集計方法として「売上（メジャー）」、集計範囲（フィルター）として「今月」とBIツールに入力しています。こと前に定義したセマンティックレイヤー内の定義は❶に紐付く定義（今回はyml[*94]）を確認し定義に従ってSQLを生成し実行します（❷）。そして最後は❷のSQLの定義に従って結果を返却し処理が完了となります（❸）。

　このようにユーザーがSQLを作成し発行するという不確実性の高い方式ではなく、事前に定義された情報に沿って機械的にSQLを発行するという不確実性を少ない方法で、統一化したデータの返却を目指すのがセマンティックレイヤーの意義です。

　以下に、セマンティックレイヤーを謳う機能を持つプロダクトの参考情報を紹介しておきます。

- dtb semantic layer　　　　　URL https://www.getdbt.com/product/semantic-layer
- Looker semantic data model　URL https://cloud.google.com/looker/docs/what-is-lookml?hl=ja
- Foundry Ontology　　　　　　URL https://www.palantir.com/docs/foundry/ontology/core-concepts/

ヘッドレスBIの活用　データ提供をより確実に簡単に実現する

　このセマンティックレイヤーをより有効に活用した考え方として**ヘッドレスBI**があります。ヘッドレスBIは、データをセマンティックレイヤーを通して標準化（統一化）し、その結果をAPI[*95]で返却するものです（▶2.8節）。

[*94] 説明のために今回はdbt Semantic Layerの定義方法（本文の参考情報を参照）の一部を利用しました。
[*95] ノートブック等の連携にも備えSQL等でのアクセスが可能な場合もあります。

第4章 データ分析基盤の技術スタック
データソースからアクセスレイヤー、クラスター、ワークフローエンジンまで

この、ヘッドレスBIにおける「APIで返却する」という機能がポイントで、p.72で取り上げた「サマライズしたデータ提供」について思い出してみましょう。このデータ提供の最終的なアウトプットはAPI経由でのデータの提供でした。開発者目線としての問題として、これらの実現はKVSのテーブル設計、キー設計、取得時のAPIにおけるビジネスロジックの実装など開発/保守/運用と多くのスキルセットを必要とします[96]。

この問題を軽減するために、ヘッドレスBIはDWH（やデータマート）からのデータをヘッドレスBIに内包されたデータベースにデータをインデックスしAPI経由でのデータ利用を可能にしてくれます[97]。また、ストリーミングにも対応しており、たとえばオンライン推論したデータをほぼリアルタイムでAPI経由で参照することが可能です。つまり、「サマライズしたデータ提供」構成におけるKVSとAPIの部分を代替し、プレゼンテーションデータストアに対する技術的な考慮事項のほとんど（すべてではありません、4.6節で紹介したいくつかの内容はヘッドレスBI利用時でも有効です。）から解放してくれます。

一方で、以下のような状況においてはヘッドレスBIは向きません。

- **数千rps等の非常に多くのリクエストを捌かなければならない**
  サービスの規模にもよるが「モデル適用後のデータ提供」活用については、「サマライズしたデータ提供」に比べ非常に高頻度のアクセス想定されるためKVSとAPIのパターンで構成すると良い[98]。

- **高度なデプロイ戦略やデータ活用戦略を取りたい**
  たとえば、デプロイ戦略としてトラフィックの1%単位での検証機能を入れたかったり、A/Bテストの切り替えなど高度なデータ活用を実現するには自由度の利くKVSとAPIのパターンで構成すると良い。これらの条件に当てはまらないのであれば、ヘッドレスBIを利用したデータ提供は作業者の負荷を大きく減らせる点とセマンティックレイヤーの利用による統一的なガバナンスを提供するという観点から理にかなった方法といえる。また、APIという親しみやすさから、データ活用の結果をSoE等のプロダクトに組み込むという開発を強力に推し進めることが可能[99]。

これらのことを踏まえて、p.72の「サマライズしたデータ提供」についてヘッドレスBIを利用して構成する場合は 図4.12 のようになります。

---

[96] これらについては、4.6節で紹介しています。

[97] 利用するヘッドレスBIのプロダクトによっては、独自データベースを持ち合わせておらず（つまりインデックスもされない）S3＋Athenaなど既存のクエリーエンジンを使って参照される場合もあります。

[98] 筆者の利用したヘッドレスBI製品にて確認している範囲だとヘッドレスBIにて5,600rpsは問題ありませんでした。to B向け、to C向け等前提とする条件はあると思いますので、導入前の確認は忘れずに行いましょう。

[99] 筆者の実体験として、KVS/API構成からヘッドレスBI構成に切り替えた際に開発/保守/管理として4人月➡1.5人月程度に減ったというほどの大きなインパクトがありました。

図 4.12 サマライズしたデータ提供（ヘッドレスBIを利用した構成）

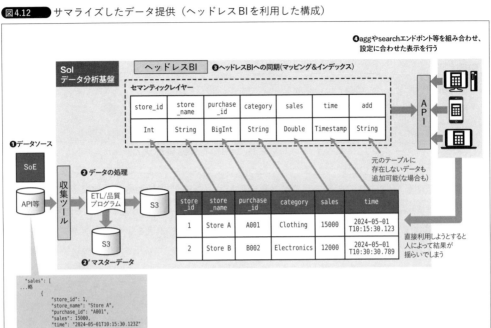

❶ではサードパーティのデータソースから売上データ（salesが売上）を受け取っています。❷では、事前に保存済みのマスターデータ（❷'）と❶のデータを利用してデータを整形しS3へ出力を行っています。p.72（プレゼンテーションデータストア）とは以下の点が異なっています。

- データの保存先がKVSからS3となっている
- aggエンドポイントを利用する前提であることからテーブルは一つのみ作成

❸ではヘッドレスBIへ❷のデータを同期しています。同期する際にはS3のデータをセマンティックレイヤーの定義にデータをマッピングし、またAPIからデータを高速に参照するためS3からヘッドレスBI内の独自のデータベースにインデックスしています。❹にてフロントアプリケーション側で、画面の構成やユーザーの設定に合わせてaggエンドポイントやsearchエンドポイントを駆使しつつデータをAPI経由で取得し表示します。KVS/APIの部分がヘッドレスBIに置き換わったことにより、かなりシンプル化されたことがわかったかと思います。

ヘッドレスBIを実現可能なプロダクトには以下のようなものがあります。

第4章 データ分析基盤の技術スタック
データソースからアクセスレイヤー、クラスター、ワークフローエンジンまで

ヘッドレスBI
- Cube　　　　　　　　　**URL** https://cube.dev
- Foundry Ontology　**URL** https://www.palantir.com/jp/platforms/foundry/foundry-ontology/

GUI [100]
- Streamlit　　　　　　**URL** https://streamlit.io
- Reflex　　　　　　　　**URL** https://reflex.dev

　一方、セマンティックレイヤーやヘッドレスBIを用いれば万事解決というわけではありません。そもそもの話として一部の特例のシステムのためのしくみや、つぎはぎで特定のインターフェースのみ機能を増やしていってしまっては、将来肥大化してシステムとしての動きが遅くなってしまいます。ただ単に「構築できた」だけではなく、長期的に障害や人への負荷が低い状態である「**運用できる**」を目指してインターフェースの導入は判断していきましょう。さまざまなインターフェースがあるからこそ、データ分析基盤に関するルールのある考え方が求められ、それに基づいて構築することが重要です。

---

[100]　ヘッドレスであるため、可視化には表示部分が必要。最近ではPythonだけで記述が完結しJavaScriptやCSSの記述が不要なフレームワークが多く登場しています。

Column

chmod&chownコマンド

　chmodはファイルやディレクトリの権限(パーミッション)を変更するコマンドです。chownはファイルやディレクトリのオーナーを変更するコマンドです。いずれも以下で説明するとおり2進数で管理するため、chmodやchownによる権限の管理はビット管理とも呼ばれます。

　「オーナー」「グループ」「その他のユーザー」に対してそれぞれ「読み込み」「書き込み」「実行権限(シェルスクリプトなどの実行ファイルを動かせる権限のこと)」の3つの権限を付与したり、削除したりします。グループは、特定の役割を持ったユーザーの集まりのことです。

　たとえば、「オーナー111(=2進数で7)」「グループ001(=2進数で1)」「その他のユーザー100(=2進数で4)」であれば、「オーナー」は「読み込み」「書き込み」「実行権限」すべての権限を持ち、「グループ」は「実行権限」を持ち「その他のユーザー」は「読み込み」の権限のみを持ちます。

　そして、「chmod 714 <ファイル(ディレクトリ)>」のように実行することで、権限を変更することが可能です。

　chownを実行することで、「chown オーナーB: グループB　<ファイル(もしくはグループ)>」とすれば「オーナーB」は「読み込み」「書き込み」「実行権限」すべての権限を持ち、「グループB」は「実行権限」を持ち、「その他のユーザー」は「読み込み」の権限のみを持ちます。

4.10 アクセス制御
アクセスレイヤーに対するアクセス制御

本節ではアクセスレイヤーに対するアクセス制御に着目し、データ分析基盤における「ユーザーの管理」と「データの権限」について押さえておきましょう。データ分析基盤における管理は対象のデータやユーザーの数が膨大になることが多く、効率の良い管理方法が求められます。そこで、データ分析基盤用の管理方法を一通り確認してから、データ分析基盤で特徴的なタグを用いた管理方法について紹介します。

ユーザーの認証と制御の歴史　大きなデータ(大量のファイル)を持つデータ分析基盤特有の悩み

データは組み合わせ次第では、強力な武器になる一方、使い方によっては、悪用されてしまう場合もあります。そのため、データに対する適切なアクセス権限、アクセス管理の設定は必須です。

データ分析基盤では、システム管理(Linux)で一般的なchmodやchwonといったビット管理によるアクセス管理以外にも、IAMやタグによるアクセス管理が出てきます 図4.13 。

図4.13 ❶ 〜 図4.13 ❸ では、ユーザーとデータの制御を行う代表的な技術について以下のようなストーリーで紹介しています。

❶ Linux時代から使われているchmodなどのコマンドを使ってデータ管理をしていた
❷ ❶だと大量のファイル(データ)を変更に時間がかかるため、IAMを使ってデータは変更せずユーザー側で制御を行う方式が出始めた
❸ ❷でもデータを大量に移動する場合に時間がかかり、移動している間の時間はセキュリティなどが無防備の状態になるのでタグを使って移動問題も解決する

図4.13　ユーザー制御とデータ制御のパターン

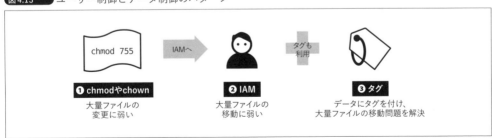

chmod/chown ジェネラルアクセスパーミッション

　データ分析基盤で初期に利用されていたものは、**ジェネラルアクセスパーミッション**（general-access-control）と呼ばれるユーザーとビット管理による直接権限をデータに設定する方式でした。しかし、データが大きくなる（ここではファイルの数が膨大になるという意味）につれて問題が出てきました。その問題とは、権限変更をするためのコマンド実行が終わらなくなってきたことです。

　数TBものデータ（おもに数万ファイル以上）をchmodコマンドの実行完了（たとえばchmod --recursive 777 *のようなコマンド）は数日掛かることもあります。組織の変更によってグループを変更（chownコマンド）する際もかなりの時間がかかります。そのため、だんだんとデータ分析基盤を運用する上で権限管理の運用ができなくなってきたのです。

IAM ロールベースパーミッション

　そこで、データに直接権限を設定することはいったん諦め、ユーザー側での制御を試みるようになります。そして、新たな権限の設定方法である**IAM**（*Identity and access management*）が登場します。ロールベースパーミッション（*role-access-control*）とも呼ばれることもあります。本書ではロールベースを実現する技術はIAMを前提に話を進めていきます。

　IAMは**認証/認可**の役割を持っています。IAMでは人やシステムに対してロール（役割）を与えます。認証とは、相手が誰（何）であるかを確認することで、認可とはリソースアクセスや実行の権限を与えることです。たとえば、何かしらのサービスにログインする時のユーザーとパスワードを入力する行為を「認証」と呼んでいて、ログイン後に操作可能な行動範囲を規定することを「認可」と呼んでいます。安全なシステムを作るためには認証と認可のどちらも揃っている必要があります。パスワード漏えいなどは認証の機能が働かなくなっている状態です。

　ビット管理の役割も持ちつつ、IAMはデータだけではなく、たとえばアクセスレイヤーにおける特定のインターフェースを使わせないなどといった制御も可能です。

　現在クラウドサービスでの権限管理はこのIAMを使って制御していることがほとんどです[101]。IAMを提供するサービスとしては以下のサービスが存在します。

- **AWS IAM** URL https://aws.amazon.com/jp/iam/
- **Cloud IAM** URL https://cloud.google.com/iam/

　第3章（テーブルのアクセス権限）でも紹介した、権限制御もIAMに定義することによって実現することが可能です。たとえば、S3に配置されたデータをデータベース単位で制御したいのであれば正規表現を使って以下のように定義することが可能です。以下の例は「common_」で始まるデータベースであれば参照を許可するとしています。

　＊101　社内にLDAPやActive Directoryの環境があれば、IAMと連携して一元的にユーザを管理することもできます。

```
"Statement": [
    {
        "Sid": "edit1",
        "Effect": "Allow",
        "Action": "s3:*",
        "Resource": [
            "arn:aws:s3:::data.platform/stagingzone/warehouse/common_*.db/*"
        ]
<略>
```

また、上記の例はデータに対する制御であるのに対して、メタデータ（テーブル定義）を使った制御を定義することも可能です。Amazon Glue Data Catalog に対する制御の例としては以下のように定義することが可能です。この例では、marketing_database データベースにおいて、「sample_」と先頭に付くテーブルのみ許可する設定としています。

```
"Effect": "Allow",
"Action": [
    "glue:CreateDatabase",
    "glue:UpdateDatabase",
    "glue:DeleteDatabase",
    "glue:GetDatabase",
    "glue:GetDatabases",
    "glue:CreateTable",
    "glue:UpdateTable",
    "glue:DeleteTable",
    "glue:GetTable",
    "glue:GetTables",
    "glue:GetTableVersions",
    "glue:CreatePartition",
    "glue:BatchCreatePartition",
    "glue:UpdatePartition",
    "glue:DeletePartition",
    "glue:BatchDeletePartition",
    "glue:GetPartition",
    "glue:GetPartitions",
    "glue:BatchGetPartition",
    "glue:CreateUserDefinedFunction",
    "glue:UpdateUserDefinedFunction",
    "glue:DeleteUserDefinedFunction",
    "glue:GetUserDefinedFunction",
    "glue:GetUserDefinedFunctions"
],
"Resource": [
    "arn:aws:glue:ap-northeast-1:*:catalog",
    "arn:aws:glue:ap-northeast-1:*:database/marketing_database",
    "arn:aws:glue:ap-northeast-1:*:table/marketing_database/sample_*"
<略>
```

ビッグデータシステムでは、**データとメタデータが明確に分かれている**ため、このような制御を個別で行うことが可能になっているという点は押さえておきたいポイントです。

タグ（属性）による管理

3.3節で、タグ（属性）によるデータ管理について触れました。タグによるデータ管理と同様、タグ情報をユーザーに紐付けることもできます。現在クラウドで利用されているIAMは、この**タグ**ベース（attribute-based access control, **ABAC**）と**ロール**ベース（role-based access control, **RBAC**）の2種類どちらもサポートしています。タグによるデータ管理とタグによるユーザー管理を合わせると、図4.14 のようになります。

図4.14　タグ管理とIAMの組み合わせ

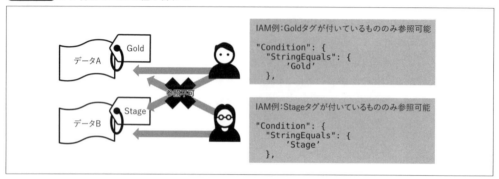

データ管理においては、IAMのロール単体では少し足りない部分があります。それは「データの移動」に関してです。大量のデータをA地点からB地点に移すことはコストの掛かることです[*102]。

そこで、タグと組み合わせることによってデータのタグを書き換えるだけで、元のデータに一切変更を加えず（移動せず）データ権限を変更することができるようになります。また、ユーザー側にもタグ情報を持っていますので、ユーザー側のタグを変更することでも権限の制御が実現可能です。

以下のプロダクトは、タグによる管理を提供しています。

- **AWS IAM**　　　　　　　URL https://aws.amazon.com/jp/iam/
- **Apache Ranger**　　　　URL https://ranger.apache.org
- **AWS Lake Formation**　URL https://aws.amazon.com/jp/lake-formation/

クラウドサービスを使っている方は、IAMは馴染み深いといえます。そのIAMとタグを組み合わせることによって、データおよびユーザーのアクセス制御をより柔軟に行うことができます。

[*102] 人にロール（role, 役割）を与えて管理することを「RBAC」、タグのように属性（attribute, 役職や勤務地、ステータスなど）を元に管理することを「ABAC」と呼びます。データ分析基盤の利用者が大人数になればなるほどロールの管理が難しくなったりデータの移動が大変になるという背景から、ABACによる管理方法がとられるケースも存在します。

4.11 コーディネーションサービス
分散システムを支える影の立役者

データ分析基盤でApache SparkやApache Flinkなどの分散システムを活用する際、システムの堅牢性を高め、障害復旧時の複雑さを軽減するためにコーディネーションサービスが利用されます。普段は目立たない存在ですが、分散システム下で煩雑になりがちなノードの管理や、障害時のサーバー間のデータ引き継ぎなど、重要な役割を果たす影の立役者的なコンポーネントです。

コーディネーションサービスとは何か　ノード間の同期を円滑にする要

コーディネーションサービスとは、分散システム内の複数のノード間での同期や構成情報の保持および共有を行うためのサービスです。ここではコーディネーションサービスの代表例を使って基本的な役割を理解していきましょう。

マスター（マスターノード）がノード（ワーカー）を指揮しながら処理を行う分散システム（SparkやFlinkの実行環境のこと）において、障害時に最も困るのはマスターの障害（クラッシュ）です。マスターが指揮するノードは故障しても必要なジョブの情報等はマスターが管理しているため、問題なく動作を継続できます。一方で、マスターに障害が発生するということはジョブの段取り（スケジューリング）を行う存在が不在となるため、すべての処理が停止することを意味します。

そこで、一般的なアーキテクチャの一つとして分散システムはコーディネーションサービスと合わせてマスターを冗長的に配置（2台以上のマスター）し、一方のマスターをスタンバイ状態にしておくことで、Aマスターが停止した際にBマスターがシームレスに代わりを果たす、アクティブ/（ホット）スタンバイ構成を取ります[103]。

スタンバイがアクティブの役割を引き継ぐ（フェイルオーバーという）際に、勝手に切り替わるわけではなく、Aマスターが利用していたメタデータ（ここでは、ノードの状態（ステート、稼働中/非稼働中など）や実行中のタスクの状態のことを指す）をBマスターへ同期することで、データのロス等を防ぎながらシームレスに正常な稼働状態に戻すことが求められます。

---

*103　分散システムもマスター/ワーカー型のアーキテクチャだけというわけではなく、たとえばApache Kafkaでは、複数のブローカー（サーバー）を配置し、データの高可用性を実現しています。この場合でもノード間の同期を行うという基本機能に変わりはありません。

第4章 データ分析基盤の技術スタック
データソースからアクセスレイヤー、クラスター、ワークフローエンジンまで

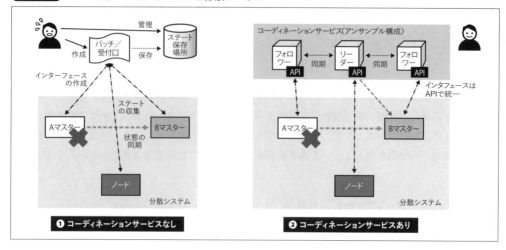

図4.15　コーディネーションサービスと分散システム

　これらのステートの管理は煩雑で、正確に行うには専用のバッチを作成したり、データのやり取りを行うためのインターフェース作成をしたり、フェイルオーバー時に（AマスターからBマスターへ）状態の同期をするようにしたり、ステートを保存したりと作成には多くの労力を要します[*104]。しかも、Aマスターは障害中のため、必要な最新状態をAマスターから取得することは不可能で、どこかに最新のステートを管理する場所を用意する必要があります　図4.15 ❶ 。

　ここで、コーディネーションサービスがそれらの煩雑な役割を引き受けます。コーディネーションサービスはアンサンブル構成（後述）をとり、ステートの承認や書き込みを行うリーダーノードと、ステートを保持しリーダーノードに従うフォロワーノードで構成されます。APIを通してやり取りが行われ、マスターを含む各ノードからステートを収集し、収集したデータはコーディネーション

[*104] つまり、労力をかければコーディネーションサービスを利用しなくても良い。

Column

技術の寄り道「Kerberos」　冥界の番人

　Kerberos（ケルベロス）という認証方法が存在します。筆者は利用しているプロダクトがなかなかKerberos対応しておらず利用できなかったり、バグを見つけてOSSを修正するなどもしていたのですが、使っている人はあまりいないという印象でした[注a]。

　認証/認可は開発ロードマップの後ろにされがちなので、導入を検討する際は気をつけておきましょう。

> 注a　余談ですが、以前筆者がHadoopの運用をKerberosとインテグレーションして運用していることを海外のエンジニアに話したところ、「本当に？　えらいね」といわれるほどでした。

サービス内の複数サーバーで冗長化して保存されます。保存されたデータは、ノードが故障した際に別のノードに処理を引き継ぐために利用されます　**図4.15 ❷**。

　分散システムだけでアクティブ／（ホット）スタンバイの状態を実現するのではなく、コーディネーションサービスと一緒に協力して行うところが一つポイントです。元々分散システムはしくみが複雑なので、メタデータ管理やフェイルオーバーの管理をコーディネーションサービスに委譲しました。個別の分散システム内部でコーディネーションサービスの機能を管理しようとすると、インターフェースもバラバラになり開発やメンテナンスが大変難しくなりますし、同様の実装を行うため非効率だったためです[105]。

コーディネーションサービスの役割　システムの安定性を支えるしくみ

分散システム下でのコーディネーションサービスのおもな役割は以下の3つです。

❶マスター選出（リーダー選出）
たとえば、分散システムとしてA（アクティブ）、B（スタンバイ）、C（スタンバイ）のマスターとD、Eのノードが存在していたとする。今回はスタンバイ状態のマスターがB、Cと2台存在しているためどちらかをマスターとして指名しなければならない。D、Eノードが自分勝手にそれぞれの気が向いたサーバーを新たなマスター認定としてしまっては分散システムの整合性が取れず、そこで、「今回はCサーバーをマスターとする」という意思決定をコーディネーションサービスが行い、マスター選出を行う

❷メタデータマネジメント
マスター選出後は対象のマスターに以前のマスターが持っていた情報（メタデータ）を同期する。コーディネーションサービスにおけるメタデータとは、マスターが指揮していたノードの状態（ステート、稼働中／非稼働中など）や実行中のタスクの状態など分散システムの状態や動作を管理するための重要な情報である。たとえば、Kafkaを利用しているとしてノードDのトピックの読み込みの状態（どこまでサブスクライブ済みなのか、もしくはパブリッシュ済みなのか）をコーディネーションサービスに保存しておくことでデータのロスを防いだりすることも可能

❸クラッシュディテクション
メタデータを正確に提供するためには、マスターだけでなく各ノードの状態も正確に把握しておく必要がある。そのため、ノードが不通（不通の原因は様々ある、ネットワーク遮断や高負荷による応答遅延など）か正常かを把握する

　コーディネーションサービスとしては以下のようなサービスがあります。基本的には同じような機能を備えていますが、ZookeeperはZab、etcdはRaft、KafkaではKRaftと異なるアルゴリズムを利用しています。

- **Apache Zookeeper** 　**URL** https://zookeeper.apache.org
- **etcd** 　**URL** https://etcd.io

＊105　Kafkaをはじめ、分散システム内で自前のアルゴリズム（KRaft）でコーディネーションサービスを実装するプロダクトもあります。昔はKafkaもZookeeperを利用していましたが、汎用的に構成されているZookeeprでは用途を満たさなくなったことからKRaftへの移行を開始しました。分散システム内にコーディネーションサービスが一緒に内包されているため、デプロイが楽になったりと良い面もあります。

195

- Consul　　　　**URL** https://www.consul.io

たとえば、以下のプロダクトはコーディネーションサービスを内部的に利用した（もしくは利用することでメリットのある）プロダクトの代表例です[106]。

- Apache Kafka　　**URL** https://kafka.apache.org
- Apache Hadoop　**URL** https://hadoop.apache.org
- Apache Solr　　 **URL** https://solr.apache.org
- Apache HBase　 **URL** https://hbase.apache.org
- Kubernetes　　　**URL** https://kubernetes.io
- Apache Spark　　**URL** https://spark.apache.org

■ アンサンブル構成　コーディネーションサービスも冗長化する

せっかく分散システムが冗長化できたのに、コーディネーションサービスが冗長化されていなければ本末転倒です。そこで、コーディネーションサービス自体の冗長化も考えます。コーディネーションサービスは一般に**アンサンブル構成**を取ることで冗長化します。

アンサンブル構成とは2n+1（nは0以外の整数）台のサーバーで構成することを指します[107]。すなわち、3, 5...台でコーディネーションサービス自体の冗長化を図ります。

たとえば3台構成の場合は、リーダーノード1台とフォロワーノード2台で構成されています。コーディネーションサービスは過半数（クォーラム）が達成された場合にマスター選出（自身のリーダー選出含む）やクラッシュディテクションなどの意思決定を行います。3台で構成している場合で、「分散システムにおけるノードがクラッシュしているという情報を書き込みたい」とします。3台の場合は過半数が2台以上となるためリーダーノード、フォロワーノードの各ノードが「クラッシュしているからOK」「クラッシュしていないからNG」を投票します（ACKを返すという）。「クラッシュしているからOK」が過半数を超えれば、その状態をコーディネーションサービス内のストアへ書き込みをしノードのクラッシュを認定します。

それでは、コーディネーションサービスにおける1台が故障したとします。その場合の多数決はどうなるでしょうか。3台構成の場合は過半数である2票を獲得すればいいので、残りの2台の足並みがそろえば処理は問題なく確定（および継続）可能です（蛇足ですが、「アンサンブル」とは2人以上の歌唱のこと。複数のサーバーが協調して動作するクラスターをアンサンブル構成と呼ぶ）。

しかし、1対1で票が割れてしまうこともあります。たとえば、コーディネーションサービスにお

---

[106] これらのほか、コーディネーションサービス自体は切り離し可能なのでTableauなどのBIツールの説明にも登場するほどで活躍の場面は非常に広いです。　**URL** https://help.tableau.com/current/server/ja-jp/server_process_coordination.htm

[107] つまり、1台はアンサンブル構成の定義外です。しかし、あくまでローカルでの確認用で1台でも起動することは可能です。本番環境は3台以上が基本構成となります。

けるリーダーノードがクラッシュした場合、残りのフォロワーノードがいずれも同時に「俺がリーダーだ」と名乗りをあげるようなリーダー選出があった場合です。その場合は過半数を獲得できず、処理を確定することができません。

そのような事態が続いてしまうと全体処理に影響を及ぼすため、利用しているコーディネーションサービスのアルゴリズムにもよりますが各ノードでランダムなタイムアウト等を設けることによって同時に投票が行われないように設計されています。そのため、票が割れてしまった場合でも一定時間後には一方のフォロワーノードが先に「俺がリーダーだ」と名乗りをあげることで、別のランダム時間待ったもう一方のフォロワーノードは「（先に名乗りを上げているノードがいるので）じゃあどうぞ」となります。また、コーディネーションサービス内のデータの一貫性と整合性の確保のためやり取りは必ずリーダーノードを通して実施されます。分散システムはどのコーディネーションサービスのサーバーと通信しても良いですが、コーディネーションサービス内ではフォロワーが受けたものはリーダーへ必ず回覧されリーダーが責任を持って承認された処理を実施します。

4.12 本章のまとめ

本章ではデータ分析基盤で使われてる技術スタックの機能や役割について解説しました。プロダクトは数多くありますが、プロダクトを調べる際にはどの部分に特化したプロダクトなのか、を念頭にしながら調査を行うと良いでしょう。まずは本書で紹介しているようなデータに関する基幹部分ともいえる技術スタックを知り、そこからどこのレイヤーで何を行いたいのか、どの技術と似ているのか、言語化や整理をすることでより適切な判断が可能になってくるはずです。

第5章

メタデータ管理
データを管理する「データ」の重要性

　本章ではデータ分析基盤において重要な役割を果たす、データを管理するデータである「メタデータ」について解説します　図5.A　。

　メタデータは3種類に分けられます。テーブルやデータベースの特性を表す「ビジネスメタデータ」、技術的な内容を表す「テクニカルメタデータ」、システムの運用やデータの移動過程などで生成される「オペレーショナルメタデータ」です。

　メタデータ（データ品質を含む。データ品質については第7章で後述）を整理することによって、データ利活用における非生産性的な活動の解決が見込めます。また、データの状態を明らかにする「データプロファイリング」、手元に存在しないデータを見つけるための方法であるデータカタログについて解説を行います。

　そして、データアーキテクチャとしてデータの設計書である「リネージュ」「プロバナンス」について RDB でよく利用される ER 図[注A] との違いを交えながら解説します。

注A　ER図とは Entity（物）Relationship（関係）を現した図で、テーブル同士のキーの紐付きやテーブルの定義について表現可能な設計手法です。データベース設計手法においてはデファクトスタンダードで、おもにトランザクション系のシステムで用いられることが多い手法です（▶Appendix）。

図5.A　データとメタデータ※

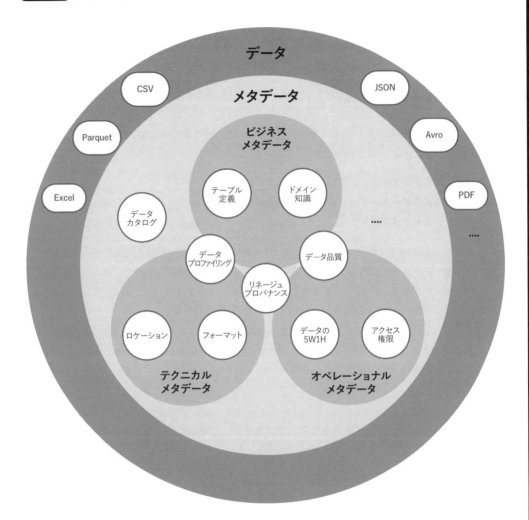

※ データを大別すると、「データ」と「メタデータ」に分けられる。「データ」はExcelやParquetなどのデータそのもので、「メタデータ」はデータの属性を表すデータのことで、ビジネスメタデータ、テクニカルメタデータ、オペレーショナルメタデータ、データカタログが存在している。

第5章 メタデータ管理
データを管理する「データ」の重要性

5.1 データより深いメタデータの世界
データは氷山の一角

データ以外で大切なのが、データを表すデータである「メタデータ」です。あのデータはどこにあるか、あのデータはどのようなフォーマットなのかなどを示す「データの設計書」となるのが、メタデータが果たすべき役割です。

メタデータとは何者なのか　データを表すデータ

本章冒頭で少し触れたとおり、**メタデータ** (*metadata*) は「データを表すデータ」のことで、以下の3種類に分けられます。

- **ビジネスメタデータ**➡テーブルやデータベースの特性を示す
- **テクニカルメタデータ**➡データに対する技術的詳細を示す
- **オペレーショナルメタデータ**➡システムの運用やデータの移動過程などで生成される

たとえば、ビジネスメタデータで例を挙げると「15」という値があったときにメタデータとして「年齢」が付与されることではじめて15という数字は「年齢」と、人に解釈されます。さらに、「年齢」というメタデータが付与された15という数字に対し「更新日時 (1987/11/11 11:11)」というメタデータを付与すれば、1987/11/11 11:11に更新された15という年齢となります。

このように、データそのものに対して何かしらの「属性」を与えるものがメタデータです。メタデータはアイデア次第ではいくらでも広がるものですので、そのためメタデータはデータよりも深く大きい領域を占めています。また、メタデータの整備をすることがデータを整備するということにつながるのです。

少し復習になりますが、メタデータはストレージレイヤーにおけるメタデータストアに格納されているデータになります。メタデータを提供する方法は、API方式やGUIとしてユーザーに提供する方法があります[*1]。

GUIやAPI形式でのメタデータ表現方法は様々ですが、**図5.1** のような要素を想定できると良いでしょう。

図5.1 は、メタデータストアにある情報を元にメタデータを以下の2種類のインタフェースを通して提供している例です。

---

*1　メタデータを管理するプロダクトについては、p.75のNoteを参照してください。

図5.1 GUI/API経由で提供するメタデータのイメージ

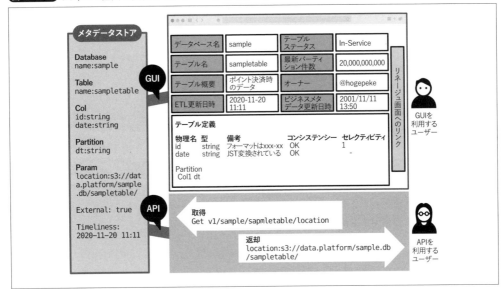

- **GUI**（Webインターフェース）
- **API**

メタデータストアは、キーバリュー（<key>：<value>）の形で保存されている状態です[2]。

- **Database**（name:sampletable）
- **Table**（name:sample）
- **Col**（カラム、id:string、date:string）
- **Partition**（パーティション、dt:string）
- **Param**（任意の項目。今回は3つ保存してある）
  - location:s3://data.platform/sample.db/sampletable/
  - External:true（慣例でLocationを持つテーブルには外部を指し示しているテーブルであることを示す「External」を付ける）
  - Timeliness:2020-11-20 11:11（ETLが完了した時間とする）

GUIでは、メタデータストアのキーバリューの形では見づらいので、GUIで各項目に対応してユーザーに伝えたい必要項目のみ画面表示をしています。メタデータストアに保存されている情報だけでなく、ユーザーの入力によって得られたビジネスメタデータ（たとえば「テーブル定義」における備考の部分）も一緒に合わせて表示しています。GUIであれば、リネージ（データアーキテクチャで後述）などの情報へもリンクを付けることでp.222の **図5.8** （リネージュとプロバナンス）のような画面にリンクすることも可能です。

---

[2] 情報をkey:valueの形で表現する方式です。たとえば「name:sample」であれば名前（name）がsampleであるデータを表します。

APIでは、メタデータストアに格納されたParamにおけるLocationを取得するためにユーザーが取得コマンド（Get）を発行しています。結果として「location:s3://data.platform/sample.db/sampletable/」が返却されます。

なぜメタデータを提供する必要があるのか
データを見つけるためにデータを検索するのは非効率

メタデータの管理は、データを管理/活用する上での出発点になります。メタデータを整備して、ユーザーに提供すべき理由として以降では5つ考えていきましょう。

❶疑問点の解消につながる（なぜ、どこに、どのような、誰に聞けば良いか）
❷データに対するドメイン知識のギャップを緩和できる
❸データを利用するシステムや人の動きを統一する
❹非同期にデータを利用する状況を作る
❺アクセス権限に縛られずデータを見つけるヒントになる

❶疑問点の解消につながる　解答の糸口を持っている

メタデータのない世界では、データレイク（もしくは、データウェアハウスやデータマート）を泳ぎ続けデータを見つけなければなりません[*3]。そうなると、データレイクを泳ぎ切りデータを見つけることが可能な技術力を持つ人は良いですが、そうでない人はデータを一切見つけることができません。そして、このようにデータを見つける過程や、データを見つけた後でもデータに対する疑問は発生します。

- このデータは、どこから生成されているか
- このカラムの値1, 2, 3は何を表しているのか
- このカラムはどのような状態のときに更新されるのか

といった疑問です。

データの利用者が増えれば増えるほど、疑問解決のための情報整理は情報伝達のためにも必要になってきます。人やシステムの数だけデータの「パターン」と「関係」を捻り出すためにも、まずはその源となるデータを効率良く見つけられる環境の整備は重要といえます。

❷データに対するドメイン知識のギャップを緩和できる

暗黙のルールは言語化しにくく、またできる人が限られている

もう一つが社内特有のドメイン知識のギャップを緩和できる点です。データ分析基盤のデータはさまざまなデータの集合体です。

たとえば部署の取扱商品によっては一律で税率10%のところもあれば、8%と10%が混同していることもあり得ます。また、そのデータがどのようにして生まれて処理されたのかという条件も取

[*3] 目的のデータを見つけにくい状態を「データの沼」などと表現されることもあります。

り込み元のシステムごとに存在しています。

　この内容をすべてのユーザーが都度個別のルールを調べて記録していくことは不可能と同時に非効率です。そのためドメイン知識が一同に集まるメタデータを保存するしくみがデータ分析基盤には不可欠です。

　ただし、はじめてデータを利用する人はどうしてもこのドメイン知識を獲得するために苦労しなければならないので、そのパイオニアとなる人はその記録をしっかりとメタデータとして残しておくことで、別のデータ利用者がそのデータを利用する際や、新規参画時におけるオンボーディング時の負荷を少なくできます。

❸データを利用するシステムや人の動きを統一する　指標を用いて統一感を出す

　データを利用するシステムや人の動きを統一させることもメタデータを使うことで可能です。データの利用は自由であるべきですが、正しくない（たとえば日次のETLの完了前など）データを参照してしまうことはできる限り避けていきたいところです。

　そこで、データ分析基盤としてデータ分析基盤のユーザーが一律参照することが可能な指標をAPIやGUIで提供して、ユーザーはその指標を利用して動いていくことで正しくないデータ利用による機会損失を減らしていきます。

　また、セルフサービスとしてデータ分析基盤をユーザーに対して開放していると、ルール作りをしているにもかかわらずルールにそぐわない利用をされてしまうことがあります。たとえば、データのフォーマットはCSVやJSONの利用を想定していないがテーブルフォーマットのメタデータを参照したところそのようなデータが見つかったというような状況です。このような状況でも、メタデータを取得/公開することで一種の啓蒙となり、改善を促すことが可能です。

❹非同期にデータを利用する状況を作る　生産性向上に寄与

　データの利用はセルフサービスモデルに見られるようにできる限り非同期でのやり取りが好ましいです。いちいちみんなで集まって合意をとっていたのでは時間がいくらあっても足りませんし、そもそも着眼点が人それぞれ違うため話もまとまりません。それは対システムも同様で何か新しいことを始めようと考えたときに都度調整や会議を行って、

- **データが何時ごろに生成されるのか**
- **データはどのような定義になっているのか**
- **データを集めるためにはどのようなインターフェースがあるのか**

を繰り返し説明していたのでは、生産性の良い行為とは言えません。このような摩擦を少なくするためにも、メタデータとしてデータの生成時間や、テーブル定義を全体に公開してデータ分析基盤の管理者とユーザーの間の同期する時間を極力減らしていくことにも役立ちます。

第**5**章 メタデータ管理
データを管理する「データ」の重要性

❺アクセス権限に縛られずデータを見つけるヒントになる データを見つけられないジレンマ

アクセス権限がないからデータを見つけることができないというような状況[*4]は、自律的な分析を支援するデータ分析基盤ではできる限り避けるべきです。

10人いれば10人分のデータの解釈が存在しているため、特定の人のみアクセス可能となってしまうとその領域に対してまったくといって良いほど、分析に対する知見が広がりません。そこで、メタデータを提供するという方法があります。データ自体は普段見せることはできない場合でも、メタデータであれば実際のデータを見るわけではありません。

この方法であれば、データ分析基盤に参画しているユーザーがアクセス権限を気にすることなく想像を膨らませることができます。そして、メタデータから仮説や目処が立てば、プロビジョニング方式を使って許可をとりつつ、一時的に分析をすることも可能です。

5.2 メタデータとデータ
3つのメタデータを整理/整備しよう

テーブルのサイズや、件数の表示など、アイデア次第で無限に広がるのがメタデータの世界です。本節では、「ビジネスメタデータ」「テクニカルメタデータ」「オペレーショナルメタデータ」について解説を行います。

データより深いメタデータ データ理解へのインターフェースとなる

データは氷山の一角で背後に隠れているメタデータは、たくさんの情報を持っています。そのため、本書で紹介するようなメタデータ以外の情報をメタデータとして扱うことが可能です。アイデア勝負のようなところもありますが、データ分析基盤のユーザーが少しでも便利に、楽に利用ができる環境になるのであれば、不要なメタデータなど一切ないといっても過言ではありません。

利用する人が多くなれば多くなるほど、1つのテーブルに対する疑問点や着眼点が増えてきます。そのため、その疑問を持ったユーザーからの問い合わせだけで1日が終わってしまうような状況になってしまっては、新しいものを生み出すための時間を取れなくなってしまう場合があります。

そのような負荷を軽減するためにも、メタデータを積極的に整備していきましょう。

---

*4 このような問題やこれが発生している状況は「Catch-22問題」と呼ばれることがあります。「Catch-22」は「どうもがいても解決策が見つからないジレンマ」を意味しています。

ビジネスメタデータ　テーブルやデータベースの意味を表すメタデータ

ビジネスメタデータとは、業務に関するルールや、テーブル定義を表現するメタデータです。「ドメイン知識」などと呼ばれることもあります。業務ルールなどの形式知や人の頭に隠れた暗黙知を表現する部分になりますので、エンジニアだけのコミットだけではなくデータオーナー[*5]やアナリストなど、データ分析基盤に参画するすべてのユーザーが積極的に参加し、ビジネスメタデータを構築していくことが好ましいです。

ビジネスメタデータとしては、**テーブル定義**、**データの意味の説明**、**関連性**、**組織内で使われる専門用語の意味や定義**、**ドメイン知識**、**機密性ラベル**（データが機密性のあるものなのかそうでないかを示す情報）、**利用目的**（データが一時的なものなのか、永続的なものなのかなどデータの利用目的を示す情報）のようにデータに関するドメイン知識やテーブル定義を提供します。

主要なビジネスメタデータであるテーブルの定義を例に、どのようなビジネスメタデータが考えられるかを見ておきましょう。テーブルの定義は、たとえばAテーブルの物理的な名称やカラムの名称を表すものです。データ分析基盤でのテーブル定義は第3章（データの管理パーティション）で紹介したような形をしていることがほとんどです。

- **テーブル名は何なのか**
- **テーブルのオーナーは誰なのか**
- **テーブルはパーティション付きなのか**
- **テーブルはアドホック目的で作成されたものなのかそうでないのか**
- **カラムの型は何型なのか（Integer？　String？）**
- **カラムに含まれるデータはセンシティブ情報か否か**

このように、テーブルはさまざまな要素を含んでおり、単に「テーブル定義」といっても表現できる情報はたくさんあります[*6]。

データプロファイリング　データの形はどのような形か

ビジネスメタデータの例で挙げた「ドメイン知識」を洗い出すにしても、すべての入力作業を人に依頼していたのではなかなか進まない部分もあるかと思います。また、入力した人が意図しないようなデータが混入されていることも考えられます。

そんなときにデータやメタデータの状況や状態（たとえば、データのxxx-xxxxといった形式など）を機械的に抽出し表現するのがデータプロファイリングです。データプロファイリングについては5.3節で後述します。

[*5]　テーブルのデータに異常があったときなど、データの生まれについて一番詳しい人もしくはチームのことです。

[*6]　ビジネスメタデータにてより有用な表現をするためには、テクニカルライティングの技能について理解すると良いでしょう。

第5章 メタデータ管理
データを管理する「データ」の重要性

テクニカルメタデータ　技術的な内容を表すメタデータ

テクニカルメタデータは、技術的なことを表現するためのメタデータです。以下の例のように、データに関する技術的な情報を提供します。

- テーブルの抽出条件
- リネージュやプロバナンス
- テーブルのフォーマットタイプ（ファイルフォーマットや圧縮形式など）
- テーブルのロケーション
- ETLの完了時間
- テーブルの生成予定時間
- データの最終更新日時

テーブルの抽出条件　実はオリジナルデータと違うかもしれない

テーブルの取得条件は、オリジナルのデータをデータ分析基盤へ取り込む際にどのような条件で取得されるかという項目です。たとえば、スモールデータシステムにおけるMySQLからのデータ取り込みであれば「where 1=1」のような条件を記載することが可能ですし、ファイル形式で対向のオブジェクトストレージにデータがあるのであれば、「A部署アカウントのオブジェクトストレージに格納」といったように、取得した条件を記載することで、ユーザーが期待していたデータかどうかの判断を行うときに役に立ちます[7]。

リネージュとプロバナンス　テーブルのデータはどこから取得しているか

取得条件に加えて、リネージュ（データの紐付き）とプロバナンス（データの生まれや起源）についても表現する方法もあります（5.5節で後述）。データの生まれと紐付きを表現する方法としては、スモールデータシステムで用いられるテーブルやカラムの関係を表現するER図[8]のような図表が用いられます。

テーブルのフォーマットタイプ　フォーマットの違いがもたらす課題に注目

テーブルのフォーマットタイプは、ストリーミング関係であればAvroのこともありますし、レガシーのテーブルであればParquet以外のファイルフォーマットであることは十分にあり得ます。

たとえば以下の例のように、プログラミング言語によっては読み込むための関数が分けられていることが多く、フォーマットを知らなければデータを読み込むことができず、手当たり次第に読み込みの関数を試すことになってしまいます。

---

[7] 筆者の経験で多いのは、引き継がれたユーザーがデータを参照したときに想定と違うデータが入っていたが理由がわからず、何ヵ月も立ち往生しているシステムがありました。

[8] Entity（物）とRelationship（関係）を表した図（▶Appendix）。

メタデータとデータ 5.2
3つのメタデータを整理/整備しよう

```
Sparkにて、ORCファイルを読み込むとき
spark.read.orc("ファイルパス（ロケーション）")
```

```
Sparkにて、Parquetファイルを読み込むとき
spark.read.parquet("ファイルパス（ロケーション）")
```

テーブルのロケーション　テーブルが参照しているデータはどこにあるか

　テーブルのロケーションについてもテクニカルメタデータの一つです。ストレージアクセスにて直接ストレージのデータを読み込もうと考えたときにわざわざ手打ちでロケーションを指定してデータを読み込むことは、予想以上に面倒なことです。そこで、ロケーションを表示（あわよくばコピーも）可能だとパスの打ち間違いもありませんし便利です。

ETLの完了時間　処理は終わっているか

　テーブルの生成時間は、アクセスレイヤーからデータを利用する人にとっては重要な情報です。なぜならば、ETLが完了していない段階でデータを参照したとしても、データが存在しないもしくは処理途中の意図しないデータを参照してしまう恐れがあるからです。

テーブルの生成予定時間　次はいつ実行されるか

　データを使ってシステムや人がスケジューラーなどの設定アクションを起こそうと思った場合、そのデータ生成ETLが毎日どれくらいの時間に完了するのかという目安が必要になってきます。そのために提供する指標です。

データの最終更新日時　データの鮮度を確認する

　データ分析基盤内のデータは、たとえデータの取り込みが停止（たとえば、データソース側のサービス停止などにより）していても今後の利用に備えて、データを残しておく傾向があります。しかし、すべてのユーザーがデータ更新が停止していることを認識しているわけではありません。そのため、ユーザーにいつまでデータを更新していたのかという情報を提供するのがデータの最終更新日時の役割になります。パーティションでデータを分けている場合は、最終パーティションも載せておくとより親切です。

オペレーショナルメタデータ　データの5w1hを表すメタデータ

　オペレーショナルメタデータはデータの処理とアクセスの詳細を表すメタデータのことです。データに対して5W1Hを表現するためのメタデータと考えても良いかもしれません。たとえば、誰（*who*）がAのテーブル（*where*）にいつ（*when*）どのような方法（*how*）で何（*what*）に何回アクセスしたのか？という情報やどこのシステムが、いつ、どのような理由（*why*）や方法（*how*）でテーブルを作成したのかという情報を表現するメタデータがオペレーショナルメタデータです。

207

たとえば以下のように、データに関する監査情報を提供します。

- テーブルステータス
- メタデータの更新日時
- 1ファイルのデータのサイズ
- 更新頻度

テーブルステータス　そのテーブルは使えるか、使えないか

　テーブルのステータスとは、テーブルが今どのような状況下にあるのかを表す指標です。いざ、利用しようと思ったテーブルが使えるのか、そうでないのかを表現するとユーザーはいちいち問い合わせをする必要がなくなります。

　たとえば、以下のように一つの指標で現在のデータ状況を示すことが可能です[9]。

- In-Service：当日のワークフローが完了した
- TimeLineness Violation：利用はできるが普段よりもデータ生成が遅延した
- Error：当日のワークフローでエラーが発生
- Investigating：原因調査中

メタデータの更新日時　ドキュメントはいつ更新したか

　テーブル定義の変更やロケーション、ドメイン知識など、人の目に触れるメタデータほど最新であることが当然ながら好ましいです。3年前からメタデータが更新されていないなど、資料として

---

[9]　筆者は、データパイプラインを管理するワークフローエンジンと連携してステータスが変動するしくみを作っていました。

Column

DMBOK

　ビジネスメタデータ、テクニカルメタデータ、オペレーショナルメタデータとは「データマネジメント」と呼ばれる知識体系のうちの一つです。データマネジメントの本として以下があります。

- 『DMBOK: Data Management Body of Knowledge: 2nd Edition』（DAMA Internationa 著、Technics Publications、2017）[注a]

　データアーキテクチャ、マスターデータ、データウェアハウスなどの概念に対しての課題点や解決への糸口となるヒントや体系的な知識がまとめられています。開発しているシステム作りにおいて、データをしっかりと管理するという別の視点を持つことができるでしょう。

注a　『PMBOK PROJECT Management Body of Knowledge』のデータバージョンです。PMBOKとは、プロジェクトを進める上でのプロジェクトマネジメントに関するノウハウや手法を体系立ててまとめた本です。

メタデータとデータ 5.2
3つのメタデータを整理/整備しよう

の最新性が保たれているかどうかを表現する項目です[10]。

1ファイルのデータのサイズ　スモールファイルは常に気をつける

　スモールファイルについて前述しましたが、データのファイルサイズはある一定以上であることが好ましいです。そのため、データのファイルサイズの中央値を表現しておくと、スモールファイルが対象のロケーションに対してどれくらいのサイズ感で含まれているのかを瞬時に理解することが可能です[11]。

更新頻度　データ更新の誤解を防ぐ

　データ分析基盤内のデータ(テーブル)は、一つ一つ更新の頻度が異なります。よく見られる更新の頻度としては以下のようなパターンが存在します。

- 定期更新
- 随時更新
- 不定期更新

　定期更新は、1時間、1日、1週間おきといった定期的にバッチにて更新されるものです。随時更新は、おもにストリーミングに関するテーブルで利用される表現です。不定期更新は、必要なときやオンデマンドで更新するなど何かしらのトリガーがあった場合に利用される表現です。

　思い込みで1日おきで更新されていると思ったら2日おきだったといった勘違いによる手戻りや無駄もしばしば発生するのでよく整理して表現していきましょう。

誰がアクセスしているか　オペレーショナルメタデータにおける5W1H

　アクセスしてくるデータに対してアクセスログを取得すると、誰がどこからアクセスしているのかわかります。「誰が」と「どこから」がわかると「なぜ」がわかりますので、データの監査をするうえでも誰がどのように、そしてどれくらいアクセスしているのかの確認を心がけると良いでしょう。当然取得するだけでは意味がありませんので、その取得したデータをメタデータとして表現することが好ましいです。

　たとえば、Amazon S3におけるアクセスログの分析であれば、以下の文献で紹介しているような方法があります。データへのアクセスログをテーブルとして表現できますので、テーブルを集計すれば5W1Hはすぐにわかります。なお、本書内で言及しているアクセスログに関してS3であればいずれもこの方法で処理可能です。

- 「Amazon Athena で Amazon S3 サーバーアクセスログを分析する方法を教えてください。」
  URL https://aws.amazon.com/jp/premiumsupport/knowledge-center/analyze-logs-athena/

---

[10] イメージとしては、Webの記事やブログであるような「この記事は公開されてから3年が経過しています」というような表現です。

[11] このような事情もあってか、クラウドベンダーは、ストレージをプロファイリングしてくれる機能も順次提供を開始しています。
- 参考 **URL** https://aws.amazon.com/jp/blogs/news/s3-storage-lens/

209

第**5**章 メタデータ管理
データを管理する「データ」の重要性

　実際に本節で紹介したメタデータについてはSaaS形式で提供しているプロダクトでも監視の対象になっています[*12]。そのため、SaaS型データプラットフォームのように用意された環境を利用する場合でも、その設定が存在する意義を理解するためには内部のしくみの理解も必要となります。それらが必要になる背景を理解することで思わぬ問題発生を事前に避けることができます。

5.3 データプロファイリング
データの状態を知る

　本節では、「ビジネスメタデータ」の項をはじめ、ここまでたびたび登場していた「データプロファイリング」について解説します。

▌ データプロファイリングの基礎　データの特性からデータそのものを推論

　データプロファイリング(*data profiling*)とは、データを調査してデータの特性からデータそのものを推論することです。データに対する事実のみを提供し、ユーザーがデータをSQLにてクエリーせずともデータがどのような状態になっているかを知ることができるようにするのが、データプロファイリングの目的です。そして、データプロファイリングをした結果は、メタデータストアに保存しAPIやGUIなどのインターフェースを通してユーザーがデータの状況を確認します。

　データプロファイリングは**データの状態を知る**ことなので、データプロファイリングから生み出されたメタデータの分類としては、ビジネスメタデータやテクニカルメタデータに分類されるメタデータです。

　プロセシングレイヤーで処理され、コレクティングレイヤーからのバッチデータやストリーミングデータに対して行われます。

　処理に使われる技術としては、第4章で紹介したApache Sparkがおもに利用されます。

　たとえば、バッチであれば、以下のような流れで実施されます。

- プロセシングレイヤーでSparkを利用し、ストレージレイヤーのデータを読み込む
- Sparkでデータプロファイリング処理を行う
- データプロファイリング結果をメタデータストアに保存する

[*12] たとえばデータの最終更新日時であれば、Last Updatedのように定義されています。他にも同様な項目があったりするので興味のある方は参照してみてください。
　・参考 **URL** https://www.palantir.com/docs/foundry/data-health/checks-reference。

・API/GUIで継続的に結果をモニタリング

データプロファイリング結果の表現方法　大別すると2パターン

データプロファイリングの結果を表現する方法は大別すると、以下のような表現方法が可能です。

❶ テーブル（もしくはカラム、データベース、データ分析基盤全体）単位で指定したルールを守っている、守っていないをYes/Noで表現する（以下、本書ではこの表現方法を「YES/NO表現」と呼ぶ）

❷ テーブル（もしくはカラム、データベース、データ分析基盤全体）単位で指定したルールを守っている/守っていないを数値で表現する（以下、本書ではこの表現方法を「数値表現」と呼ぶ）

図5.2 は、「日時はJSTに統一する」というルールを設定した場合の、データプロファイリングの結果の表現方法について表した図です。

図5.2❶ は、**プロファイリング結果をYes/Noで表現する方法**（YES/NO表現）です。date（ここでは、登録日時のようなものを考えてみてください）にJSTとUTCのフォーマットが混ざってしまっています、そのため結果としてはルールに従っていないため「No」となります。

図5.2❷ は、**プロファイリング結果を数値で表現する方法**（数値表現）です。こちらでも、JSTとUTCのフォーマットが混ざってしまっています、そのため結果としてはid:2のデータはルールに従っていますが、id:1のレコードはルールに従っていません。今回はルールに従っているレコードの割合を表現していますので「50%（1/2）」となります。

図5.2　データプロファイリング結果の表現方法

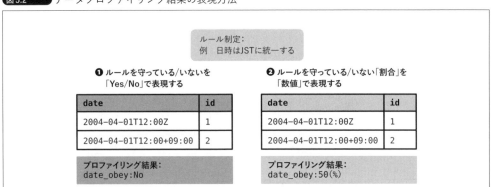

表現した値はメタデータストアに格納し、テーブル定義（ビジネスメタデータ）と紐付けてGUIで表現することによって、視覚的にどの値がどのような状態であるのかがわかりやすくなります。APIで提供しても良いでしょう。

また、ルールはデータ分析基盤の管理者が作成すると良いでしょう。たとえば、以下のようなルールを用意します。

第5章 メタデータ管理
データを管理する「データ」の重要性

- 数値はIntegerではなく、Longで取り込む（テーブル定義はLong型で定義する）
- 時刻はJSTに変換する

　ルールの作成時に気をつけるポイントとしては、あまりスモールデータシステムや対向のシステムの都合に合わせ過ぎないことです。都度スモールデータシステムの都合と合わせていたのでは、一向にデータ分析基盤内の統合が進みません。また、そもそもスモールデータシステムの細かな型（SmallintやTinyintなど。▶Appendix）はビッグデータシステムではサポートされていないこともあり、再現することが不可能な場合もあるからです。

　なお、エンジニアの領分を大きく超えますが、ルール制定にあたり、組織全体としてガバナンスを効かせ、データ分析基盤の変換コストを下げる方向で調整することができたなら、それは大きな効果につながるはずです。

データプロファイリングをどのレベル（単位）で表現するか
カラムレベルからデータベースレベルまで

　データプロファイリングはテーブル単位やカラム単位以外でも、データベース単位、データ分析基盤単位でもプロファイリング結果を表現可能です。

　まずは、小さく始めることが可能なカラムレベルでシステムへの適用を始めてみることをお勧めします。データベースレベルやテーブルレベルでの表現は、数値で表現する場合に数値が合算されたりと意味をなさない数値になってしまうことが多いからです。

　カラム単位、データベース単位、テーブル単位でのデータプロファイリングの結果表現について、図5.3 に図示しました。

図5.3　カラム/テーブル/データベースレベルでのデータプロファイリング結果の表現の例

ルール制定:
例 日時はJSTに統一する（idは数値型）

date	id
2004-04-02T12:00+09:00	1
2004-04-02T12:00+09:00	2

date	id
2004-04-01T12:00Z	1
2004-04-01T12:00+09:00	2
2004-04-01T12:00+09:00	3

カラムレベルでの評価
- プロファイリング結果: date_obey:YES JSTに統一されている
- プロファイリング結果: id_obey:YES idは数値
- プロファイリング結果: date_obey:No UTCとJSTが混在
- プロファイリング結果: id_obey:YES idは数値

テーブルレベルでの評価
- プロファイリング結果: obey:YES idもdataもルールに従っている
- プロファイリング結果: obey:No idはOKだがdateはUTCとJSTが混在

データベースレベルでの評価
- プロファイリング結果: obey:No データベース全体としては、従っていないテーブルが存在するのでNo

図5.3 では、カラム／テーブル／データベースレベルそれぞれでデータプロファイリングの結果を表現しています。チェックのルールは「日時はJSTに統一する」「idは数値型」の2つです。

カラムレベルでは、カラム単位ごとに評価を行います。結果として、右側のテーブルであればdateのデータはJSTとUTCが混ざっているので結果は「No」となりますが、idのデータは数値となっているので結果は「YES」となります。

テーブルレベルでの評価の場合は、テーブル単位で評価を行っています。テーブル単位では、カラムごとの評価を総合して評価します。結果として、右側のテーブルであればカラムレベルでのテスト結果はdateが「YES」、idが「NO」となりましたので、テーブル単位で見るとルールが守られていませんので「NO」となります。

データベースレベルでの評価の場合は、データベース単位で評価を行っていきます。データベース単位では複数のテーブルの結果を総合して評価します。結果として、左側と右側のテーブルレベルでのテスト結果はそれぞれ「YES」、「NO」となりましたので、データベース単位で見るとルールが守られていませんので「NO」となります。

以降で紹介するデータプロファイリングの各項目とデータプロファイリング結果のメタデータを通した表現方法はお互い独立していて、自由に組み合わせることができます。しかしながら、プロファイリングの結果によっては表現しやすい方式（カーディナリティであれば、数値表現がお勧めなど）がありますので、以下で紹介します。

カーディナリティ どれくらい値はばらけている？

カーディナリティ（*cardinality*）は、データがどれくらいばらけているのかを示す指標になります。性別は種類が少ないため、カーディナリティが低くなります。一方で、ipアドレスやIDはカーディナリティが高くなります。スモールデータシステムにおいては、カーディナリティが高いカラムはインデックス（▶Appendix）を付与するなど対処を行うことがありますが、データ分析基盤ではあくまで指標だけでカーディナリティが高くても低くても特段何かを設定するということはありません。しかし、「データスキューネス」の項で紹介したデータの偏りには、注意を必要とする場合があります。データプロファイリング結果は数値表現を使うのがお勧めです。

セレクティビティ ユニークさを表現する。1なら、そのカラムはユニークである

セレクティビティ（*selectivity*）とは、その対象のカラムを条件指定（たとえばWhere句など）したときにレコードが何件返却されるかという指標になります **図5.4** 。

第5章 メタデータ管理
データを管理する「データ」の重要性

図5.4 セレクティビティ

例　idのカラムで
データを取得する

Aパターン

date	id
2004-04-01T12:00Z	1
2004-04-01T12:00+09:00	2
2004-04-01T12:00+09:00	3

Aパターン:
データ総件数:3
重複を除いた件数:3
セレクティビティ(3/3):1

Bパターン

date	id
2004-04-01T12:00Z	1
2004-04-01T12:00+09:00	2
2004-04-01T12:00+09:00	2

Bパターン:
データ総件数:3
重複を除いた件数:2
セレクティビティ(2/3):0.6(小数点以下2切り捨て)

　この図では、idのカラムでデータを取得することを考えたとき、Aのパターンの場合は重複がないのでセレクティビティは1です。Bのパターンの場合は、一部のデータが重複していてレコードが2件返却されることになり、セレクティビティは0.6になっています。データプロファイリング結果は数値表現を使うのが良いでしょう。

デンシティNull　NullもしくはNullに匹敵するものの密度

　デンシティNull(*density null*)とはNullの密度を表す指標になります。Nullが多いということはそれだけデータから得られる情報が少ないということです。そのため、そのカラムはそもそも取り込まないかクエリーの対象から除外するというアクションにもつながります。

　なお、後述しますが、第7章のデータ品質の話を踏まえると、元からNullが多いのであればあまり気にしないかもしれません。しかし、ある日を境に急にNullが増加するということはよくあります。たとえば、最新のマスターデータに更新されていないと、JOINによる結合ができずNullが増加することも考えられます。データプロファイリングを通してモニタリングしていれば早めに気づくことができますが、モニタリングしていない場合は気づくのが数ヵ月先になってしまう場合もあります。データプロファイリング結果は数値表現を使うのがおすすめです[*13]。

コンシステンシー　一貫性があるか?

　コンシステンシー(*consistency*)は、データの間に一貫性があるかどうかを表現する項目です。たとえば、Timestamp型のカラムdate(たとえば、今回は入会日のようなものと考えてください)が存在していたとして、システムAからのデータはUTCで定義されている一方で、システムBからの取

[*13] Nullや歯抜けの多いデータのことをスパース(*sparse*, 疎)なデータと呼びます。歴史の長いデータだと、パッチワーク的に各々の部署が(既存のデータを変更したくないからと)カラム追加を選択することによって、ほとんどNullなカラムが数百と存在するスパースデータを目の当たりにする場面もあるでしょう。

り込みはJSTとなっていた場合は一貫性はありません 図5.5 。

図5.5 コンシステンシー

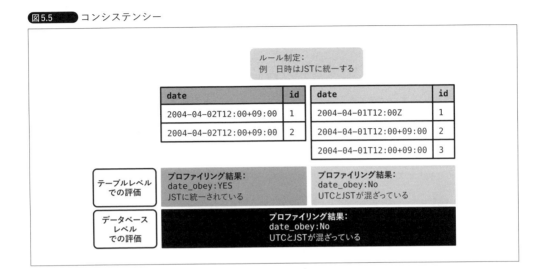

図5.5 では、ルールを「日時はJSTに統一する」とした場合の各テーブルのプロファイリング結果です。図5.5 の左側のテーブルでは、いずれもdateがJSTに統一されていますので、プロファイリングの結果は「Yes」と表現されています。図5.5 の右側のテーブルでは、UTC（id:1）とJST（id:2,3）が混ざっていますので、プロファイリングの結果は「No」と表現されています。

表現方法としては、データ分析基盤として決めたルールに対して、ルールが守られているかどうかをメタデータとして表現すると良いと思います。たとえば、図5.1 でGUIベースで表現するのであれば「テーブル定義」のカラム部分に、

- 「Timestamp型のカラムdateのUTC」の場合は、コンシステンシー「YES」
- 「Timestamp型のカラムdateのJST」の場合は、コンシステンシー「NO」

のようにYes/No（OK/NGでも大丈夫です）などで表現します。

データプロファイリング結果はYES/NO表現がおすすめですが、開発が進み、さらに細かな情報も必要な場合は数値表現で扱っても良いでしょう。

リファレンシャルインテグレティ（参照整合性） データにはお互いに結合（SQLなどでJOIN）できるのか

リファレンシャルインテグレティ（*referential integrity*）とは、参照整合性があるかどうかを示す項目です[*14]。

[*14] コンシステンシーは「データ」「メタデータ」のどちらにも使われる言葉ではありますが、リファレンシャルインテグレティはやや「メタデータ」寄りの用語です。本書では、コンシステンシーの中の一つの要素として解説を進めます。

第5章 メタデータ管理
データを管理する「データ」の重要性

　参照整合性は、データ分析基盤全体において使われているIDのフォーマット[*15]やカラムの論理名やデータのフォーマットに一貫性があり、整合性が取れているかどうかを示します。

　たとえば、論理名の一貫性を見る場合に、データ分析基盤として、更新日付のカラム名をdateとルールを制定していた場合を考えてみます 図5.6。AシステムのデータAはdateがテーブルの更新用カラムとして用意されており、BシステムのデータBはdatetimeがテーブルの更新用カラムとして用意されている場合、これらのデータをデータ分析基盤に取り込みを行うと、当然ながらAシステムのデータとBデータシステムそれぞれの更新用カラムが混在することになります。その場合、Aデータはデータ分析基盤としてのルールに沿っていますが、Bデータはデータ分析基盤のルールに沿っていないため、Bデータは参照整合性が取れていない（メタ）データとするという考え方です。

図5.6 リファレンシャルインテグリティ

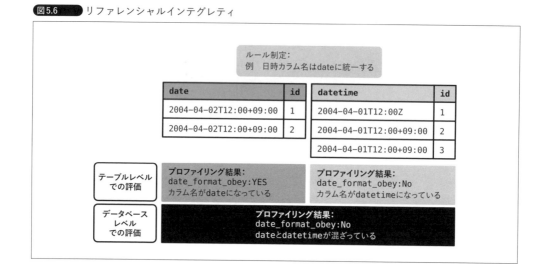

　データプロファイリング結果はYES/NO表現がおすすめですが、開発が進み、さらに細かな情報も必要な場合は数値表現で扱っても良いでしょう。

　本項目はデータ品質とも関係がある事項のため、第7章（データ品質）で改めて取り上げます。

コンプリートネス　値はNullではないか

　コンプリートネス（completeness）は、特定のレコードに必要な情報をすべて含んでいるかどうかを示す指標です。仮に、データがNullばかりであれば、あまり利用する価値がないかもしれませんし、そもそも正しいデータが転送されてきているかどうか、怪しくなります。

　そこで、その状態をより可視化するために、コンプリートネスを利用します。メタデータとして表現する場合は、すべて値が揃っているレコードがXX%、そうでないレコードがYY%のように表

[*15] たとえば、「222-22-22」「aaa-bb-ccc」など。

現すると簡潔に表現できます。デンシティNullはカラムレベルでの適用に対し、コンプリートネスはレコードレベルでの適用になります。データプロファイリング結果は数値表現を使うのがおすすめです。

データ型　年齢は数字か

　データ型(*data type*, 型)とは、データ分析基盤で制定したデータの型のルールに沿っているかを表現する指標です。

　年齢であれば数値（データ型はIntegerなど）であることが好ましいですし、住所であれば文字列（StringやVarchar）であることが好ましいです。データ分析基盤ではとあるシステムの年齢カラムは数値だが、別のシステムの年齢カラムは文字列という、システム間の不整合による不一致は起こり得ます[16]。

　型が違うということは、一方の型をキャスト(*cast*, 別の型への変換)して型を揃えないと利用できないことになってしまい生産性の低下を招きますので、確認しておきましょう。データプロファイリング結果はYES/NO表現を使うのが良いでしょう。

レンジ　特定の範囲内か?

　レンジ(*range*)は、値が特定の範囲（レンジ）に収まっているかどうかを表す項目です。たとえば、年齢であれば0〜125ほどの範囲になることが想定されます。このように値の上限や下限が決まっているときに、そのルールが守られているかどうかを確認するときに有効です。データプロファイリング結果はYES/NO表現がおすすめです。

フォーマット　郵便番号は7桁かなど

　フォーマット(*format*)は、郵便番号や電話番号など正規表現として表現可能なルールに従っているかどうかを表現するメタデータです。たとえば、郵便番号であればxxx-xxxxの形で表現することが可能ですし、これ以外のフォーマットの場合は間違えているか日本以外のフォーマットが入っていることになります。データプロファイリング結果はYES/NO表現を使います。

フォーマットフリークエンシー（形式出現頻度）　フォーマットのパターンはどれくらいある?

　フォーマットフリークエンシー(*format frequenceies*)とは、形式のパターンごとの出現頻度を表現するメタデータです。フォーマットフリークエンシーは複数のフォーマットが混合する場合に有効です。先ほどのフォーマットはあくまで一つのフォーマットが想定される場合に対して確認を行うメタデータでした。

　しかし、データはさまざまな国や人から生成されることがあるため、特定のフォーマットだけを探すだけでは物足りない場合があります。そこでフォーマットフリークエンシーでは、たとえば日

---

[16] 第7章のデータ分析基盤におけるデータ品質担保の難しさで後述します。

第5章 メタデータ管理
データを管理する「データ」の重要性

本式の住所のフォーマットがどれくらいなのか？海外の住所のフォーマットがどれくらいなのか？のように特定のフォーマットの塊ごとに量を表す表現方法をとります。

日本式の郵便番号に沿ったフォーマット「10%」、その他の郵便番号に沿ったフォーマット「90%」のような表現の仕方です（データプロファイリング結果は数値表現）。

その他の基本的なプロファイリング項目　年齢は数字か

また、件数や合計値など基本的（ここでは、簡単に取得できるという意味です）な項目に注目するプロファイリングも存在します。ただし、簡単に取得できる反面、取得して効果があるのかは事前によく検討する必要があります。

表5.1 は基本的なプロファイリング項目についてまとめたものです。データプロファイリング結果は数値表現を使うのが良いでしょう。

表5.1 基本的なプロファイリング項目

プロファイリング名	概要
合計（Sum）	データにおける合計を表す
最大値（Maximum、Max）	データにおける最大値を表す
最小値（Minimum、Min）	データにおける最小値を表す
平均値（Mean）	データにおける平均値（算術、幾何、調和）を表す
標準偏差（Standard Deviation、SD）	データにおける標準偏差を表す
サイズ（Size）	データにおける件数（テーブル全体の件数、パーティションごとの件数、ストリーミング処理における、1秒あたりの件数など）を表す

データリダンダンシー　データが何ヵ所に存在しているか

データリダンダンシー（*data redundancy*, データ冗長性）とは、データの冗長性を示すものです。データリダンダンシーは、データ分析基盤におけるSSoTの進行具合を表す指標と言えます。数値が高ければデータはさまざまなところに点在していますし、逆に数値が低ければデータが1ヵ所に集まっているということになります。

データ分析基盤においてはデータのコピーはなるべく避けるべきです。一度コピーを作り出すとコピーのコピーが発生し、いつの間にかデータのサイロ化を引き起こし、サイロ化が発生するとデータ分析基盤の管理者ですら、どこにデータが存在するのかわからなくなります。そのため、このデータリダンダンシーはできる限り「1」に近いことが好ましいといえます[17]。

この指標はシステム的にはかるというよりは、現状整理や状況把握のために手動で実施すると良いでしょう。把握をしたら、そこから数値をできる限り1に近づけていくためにシステムの設計を行っていきます。

---

[17] データが2ヵ所に存在していればデータリダンダンシーは2になります。

バリディティレベル　有効か否か

　バリディティレベル（*validity level*）は、対象のデータにおいて有効と判定可能なデータがどれくらい存在しているかを表現する項目です。たとえば、ストリーミング処理にてUTF-8ではないデータがどれくらいかを表現する場合、プロセシングレイヤーで対象データをUTF-8へバイト変換できない場合は、無効である旨のデータ（メタデータ）をプロセシングレイヤーで付与することにより、データをそのままリアルタイムでバリディティレベルの割合を見ることも可能ですし一度ストレージに格納した後バッチにてETLして有効でないデータはどれくらいなのかを表現することもできます。

フリークエンシーアクセス　どれだけアクセスされているか？

　フリークエンシーアクセス（*frequency access*, アクセス頻度）とは、どれだけデータ（テーブル）にアクセスされているのかの頻度を表現するメタデータです。データはストレージレイヤーや分散メッセージングシステムにデータ配置してからが勝負です。

　第2章で前述したとおり、作りっぱなしのテーブルや更新されていないデータは、不要物が蓄積し、あっという間に無法地帯となってしまいます。使っていないデータや使われる予定のないデータほどコストの高いものはありません。アクセスログによるデータやテーブルのアクセス頻度を取得し、不要なデータを検知するためにも、このメタデータは有効です。

5.4 データカタログ
手元にないメタデータはカタログ化しよう

　これまでは、すでに手元にあるデータに対するメタデータについてのみを対象としていました。本節では、手元にまだ存在しないデータに対するメタデータの表現方法である「データカタログ」について解説を行います。

▎データカタログとは　カタログを見て注文する

　普段、商品カタログなどさまざまなカタログを参照するときはどのようなときかを考えてみることは、**データカタログ**（*data catalog*）を知るための第一歩として効果的でしょう。カタログから何かを選んでいる場合は、いずれもその商品が「手元にない」ということです。手元にない商品をカタログから選択し、必要な商品を注文すると数日後に商品が届くというものです。

　そのことから、データカタログとはまだ「手元にない」データを登録し取り寄せるための、データのためのカタログになります。

　データカタログは、難しい準備は必要ありません。筆者はGoogleフォーム（簡単なアンケートな

どの作成ツール)とその結果を格納するGoogleスプレッドシートを使って、データカタログにあたる簡単なしくみを運用していました(後述)。

データカタログの必要性　データには3種類の認知が存在する

データには、大きく分けて3種類の**認知**が存在しています。

❶ストレージレイヤーに保存されていて、ユーザーが認知しているデータ
❷ストレージレイヤーには保存されていないが、誰かが認知しているデータ
❸誰も認知していないデータ

❶はストレージレイヤーに存在しており、データ分析基盤を利用しているユーザーであれば誰しもが認知しているデータです。

❷のデータはストレージレイヤーに取り込みされていない状態で、これからストレージレイヤーに取り込もうとしている、もしくはデータ分析基盤への取り込みを尻込んでいる状態です。

❸のデータは、必要(もしくは重要)なデータであるが誰もその必要性や重要性に気づいていない「誰も認知していないデータ」です。「誰も認知していないデータ」に気づくためには、「ストレージレイヤーに保存されているデータ」や「ストレージレイヤーには保存されていないが誰かが知っているデータ」の存在が不可欠です。データの発見は技術的なイノベーションが起こる場合と似ていて温故知新です。そのため天から降ってきたようにいきなり「すごいデータが存在している！」と気づくわけではなくて、既存のデータを知ったうえで別のデータを探し求め、未知のデータに気づくことがほとんどです。

この❸の誰も認知していないデータへ気づくためにも、データカタログのような「データの存在を仄(ほの)めかすしくみ」が必要になってきます。

データカタログはECサイト　データを取り寄せる

データカタログはどのような形をしているのかについて、AmazonのようなECサイトを思い浮かべると良いでしょう。大抵のECサイトには商品名から、簡単な説明、詳細な説明、似たような商品などが並べられています。そこまで作り込む必要は必ずしもありませんが、どのようなデータが存在していて、データを取り込むための方法(Embulkなのかdumpなのか)が選択可能で、プロビジョニングをするとしたら期限はいつまで利用可能なのかといった情報を載せることで、データの利用を促進していきます **図5.7**。そして、気に入ったデータがあれば、データを取り込み(ECサイトで注文し手元に取り寄せるイメージです)分析などの処理を行います。

図5.7では、Web画面上に表示されたデータカタログを示しています。データを見つけるためにユーザーに登録してもらうための画面を想像してください。ユーザーがデータカタログに、以下の項目を入力します。

- データタイトル
- 形式（CSVやJSON、スプレッドシートなど）
- オーナー（依頼者やデータを保有している人、コミュニケーションツールを通してやり取りをすることを想定）
- 備考（補足情報など）

　入力されたデータは、データ分析基盤のユーザー全員に開示され、既存のデータとの親和性などを鑑みて、カタログに登録されたオーナーと連絡を取り、第4章で紹介した「プロビジョニング」や「バッチ」「ストリーミング」などの方法を使ってデータ分析基盤に取り込み分析を行います。

図5.7 データカタログ

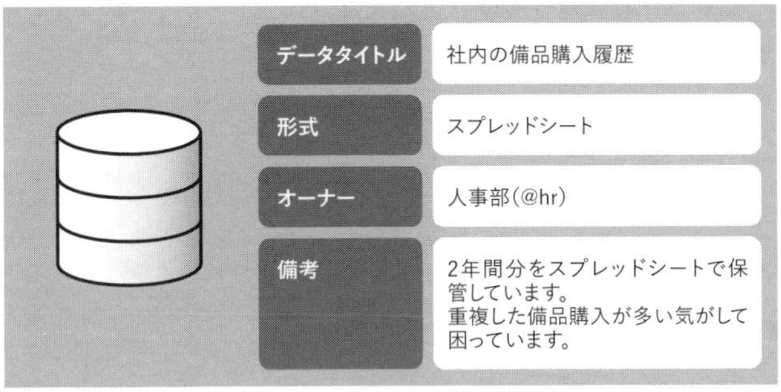

　なお、図5.7はWeb画面として紹介しましたが、筆者が前節で紹介したGoogleフォームの例でも同様の項目をユーザーに入力をお願いしていました。そのときのケースでは、システムを構築してしまうと保守管理が大変になってしまうほか、Web画面にログインして重々しく入力してもらうよりは気軽に入力してもらいたいと考え、シンプルにカタログの機能を実現できる方法としてGoogleフォームを採用しました。

5.5 データアーキテクチャ
メタデータの総合力としてのリネージュとプロバナンス

　「データアーキテクチャ」とはコレクティングレイヤーからアクセスレイヤーまでの流れを示した設計書のことで、データの生成経路のトラッキングやドメイン知識を組織内に伝達する用途で利用します。
　設計を言語化する手段として、リネージュ（*lineage*）とプロバナンス（*provenance*）があります。リネ

第5章 メタデータ管理
データを管理する「データ」の重要性

ージュとプロバナンスはビジネスメタデータ、テクニカルメタデータ、そしてオペレーショナルメタデータという3つの側面を持ち合わせています。

データアーキテクチャ　データフローの設計書

前述のとおり、データアーキテクチャとはデータにおけるコレクティングレイヤーからアクセスレイヤーまでの流れを示した設計書のことです。設計書であるため、現在行われているデータに関する活動や、これから起こり得るデータの活動について言語化しておく必要があります。

設計書として表現するための方法として、今回は**リネージュ**と**プロバナンス**を使います[*18]。

図5.8では、テーブル同士の紐付き（リネージュ）や生まれ（プロバナンス）をつかって、会計Tが持っているpekeテーブルと経理部とマスター管理Tが持っているマスタテーブルから最終的にCテーブルが生み出されるまでの通り道を表現しています。

図5.8　リネージュとプロバナンス

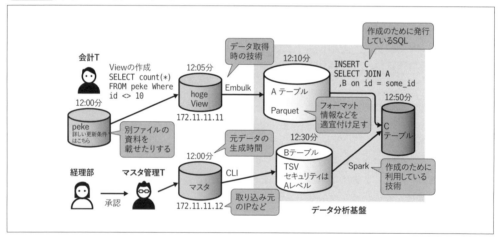

途中の経路では、以下の情報を交えながらリネージュとプロバナンスを形成し、設計書を作り上げていきます。

- 元データの生成時間（各フェーズでの生成時間は何時か）
- 取り込み元の情報（技術的な詳細ファイルや、サーバーのIPアドレスなど）
- データ取得時の技術スタック（EmbulkやCLIなど）
- データ分析基盤内のセキュリティレベル（どのような人がデータを見ることが可能なのか？）
- ファイルフォーマット（TSVやParquet）

[*18] データフロー図と呼ばれることもあります。

データアーキテクチャ
メタデータの総合力としてのリネージュとプロバナンス 5.5

- データ処理時間(作成のために利用している技術)の技術スタック(Spark)
- テーブル作成のために発行しているSQL(INSERT ...)

　以下は、データアーキテクチャやデータカタログの機能などに対応しているプロダクトの一例です。
　この手のプロダクトは一つの機能だけを有していることはなく、データアーキテクチャ用の機能やデータカタログ機能などを同時に有していることがほとんどです。p.75のNote(メタデータ管理のプロダクト)で紹介したプロダクトもメタデータ管理の一環としてデータアーキテクチャやデータカタログの機能を有していることもあります。

- Atlan　　　　**URL** https://atlan.com
- data.world　**URL** https://data.world
- Quilt　　　　**URL** https://docs.quiltdata.com

リネージュ　テーブルの紐付きを表す

　リネージュ(*lineage*)はテーブルの「紐付き」を表します。データ分析基盤ではER図(▶Appendix)という用語はあまり使われず、代わりに「リネージュ」という用語を使います。考え方はER図と同じですが、記載する内容がER図で使われる内容よりも少し細かくなります。
　リネージュ作成のメリットや特徴は、以下のとおりです。

❶データ生成の方法が記載されているので、利用している技術スタックの見通しが良くなる
❷障害時のトラッキングが行いやすくなる
❸オーナーの明確化が可能
❹データの設計書を残せる
❺プロバナンス(*provenance*)やメタデータと統合する

❶データ生成の方法が記載されているので、利用している技術スタックの見通しが良くなる

改善のヒントになる場合も

　❶のデータ生成方法が記載されている点について説明します。データ分析基盤はさまざまなデータソースからのデータが集う場所です。したがって、さまざまなデータソースを組み合わせてテーブルを生成することが想定されます。たとえば、既存のCSV形式で保存されたマスターテーブルとサイト上の回遊情報が保存されたAvro形式のテーブルを合わせて1つのParquetのテーブルを生成する、といったことも考えられます。
　そのため、どのようなデータソースからどのような技術スタックを使ってテーブルを生成したのかを何かしらの形で表現しておかないと作成した本人ですら、数ヵ月後にどのように生成したのかわからなくなります。

223

❷障害時のトラッキングが行いやすくなる　もしもの事態に備えよう

さらにリネージュは、障害時のトラッキングにも役に立ちます。リネージュの生成を行うことによってデータ分析基盤内/外のデータの流れが可視化されデータへの理解が格段に上がります。

複数データソースから成るテーブルがまた別のデータソースと組み合わさることで、さらに別のテーブルを生み出します。このように、データパイプラインが複雑になればなるほど、障害時の影響範囲の調査が難しくなります。

リネージュをあらかじめ整理しておくことで、障害時にも素早く正確に問題のあったテーブルを特定し関連するテーブル群を復旧することが可能になります。その結果、データの活用やデータに関するコスト/リスクの削減を進めることができるようになります。

仮にリネージュを整理していない場合は、さまざまなデータやテーブルが生成されていくデータ分析基盤において、何かの障害やインシデントが発生したときに、どこまでが影響範囲なのかということが即座にわかりません[*19]。

❸オーナーの明確化が可能　いざという時の問い合わせ先

❸は簡単にいうと、何かあったときにそのデータに対して疑問点など聞くことができる人を明確にする用途で使われます。管理者不在のデータはいざというときに面倒を見てくれる人がいません。

オーナーがいないからと言ってデータ分析基盤の管理者がすべて管理してオーナーシップ（主体性をもってデータ管理に取り組むことで、ここではデータとメタデータの管理のこと）とフォロワーシップ（自主的に、支援するための行動をおこすことで、ここではデータの発生元システム（データソース）の管理者などがプロファイリング結果を見た時に自主的に自システムの改善を行うこと）を発揮しなければならないというのは間違いです。データ利用が止まるそのときまで責任を持ってもらうためにも、オーナーの明確化は重要です。

❹データの設計書を残せる　データ分析基盤ユーザーのための設計書

リネージュは誰かにデータが利用されるという前提に立ち、データの設計書としての役割を果たします。

作成したデータは、その瞬間からデータ分析基盤のユーザー全員に使われる可能性があります。何か特定の目的があって作成したわけなので、データ分析基盤で作成したものは使われる前提で作成を行いましょう。なぜならばデータにはさまざまな側面があり、利用するシステムは人によって「パターン」や「関係」の創出を促進する必要があるからです。

よって、データの設計書を残すことによって、そのデータを利用する人やシステムが、各自でそのデータを利用可能かどうか判断することが可能になります。

[*19] まれに、影響範囲を頭の中に覚えていたりする人がいますが本当に稀です。

データアーキテクチャ
メタデータの総合力としてのリネージュとプロバナンス (5.5)

❺プロバナンスやメタデータと統合する　データのルーツをめぐる

❺について、リネージュは単体でも効力があるものなのですが、後述するプロバナンスやほかのメタデータと統合的に参照できるとさらに強力なツールになります。データの紐付きがわかり、データの生まれがわかり、データの定義がわかり、データの生成方法がわかり、データ利用方法がわかる。すると、まさにデータを利用するうえでの設計書が、ドキュメントとして表現できている状態に近づきます。

プロバナンス　データのDNAを表す

リネージュは、データの発生源の情報である**プロバナンス**(*provenance*)と一緒に記載すると効力を増します。データ分析基盤におけるデータの起源は、どことするのが良いでしょうか。データ分析基盤へデータが取り込まれたときからでしょうか。

データ分析基盤においては、さらにスモールデータシステムの設計書の段階までさかのぼります。少なくともデータ分析基盤へデータを取り込む前は、スモールデータシステムで生成されたデータがどのような条件下[20]で作成されたのかわかりません。

よって取り込みを行ったスモールデータシステムの設計書や更新条件などの明記がないと、そのシステムのドメイン知識が一向に蓄積されません。これも取り込み元のスモールデータシステムを作成した人とデータ分析基盤の管理者が違うことに起因します。

> **TIP**　**精度を高めるために利用可能なもの**　最後は人の手
>
> リネージュやプロバナンスを自動生成してくれるツールはたしかに存在するのですが(2.6節で紹介したメタデータツールを参照)、いずれも完璧なものを提供してくれるわけではありません。リネージュやプロバナンスに限った話ではありませんが、現状だとシステムがサポートして最後の一押しはユーザーの手によって完成するのが実状です。そのため、すべてをシステム任せにするのではなく、利用しているユーザーもメタデータの更新へ協力をしていくことが当面求められます。

データモデル　表現の粒度

データモデル(*data model*)とは、表現の粒度のことです。データアーキテクチャをどこまで細かく記載していったら良いのか、その際に考えるのがデータモデルです **図5.9** 。スモールデータシステムの言葉を用いると、ER図と同様のものです。

粒度表現の**理想を上げてしまうとカラムレベル**ですが、実現はそう簡単ではありません。筆者の経験上**まずは、テーブルレベルの紐付きでリネージュを示すのが良い**と考えています。

カラムレベルでデータモデルの表現をしようとすると、一気に粒度が細かくなります。そのため、まずはテーブルレベルでの表現を目指すことをお勧めします。そこから、エクスターナルコンシス

---

[20] たとえば、データへの更新がどのようなタイミングで実施されるのかという条件などです。

225

テンシー（外部一貫性）[21]を意識しつつ、重要なテーブルからカラムレベルでの表現を行っていくと、リネージュに関する開発も小さく始めることができると思います。

図5.9　データモデル

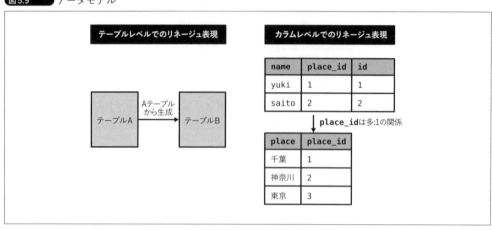

5.6　本章のまとめ

本章では、データ分析基盤で利用するメタデータについて解説しました。メタデータの世界は、データ以上に深い世界が広がっています。しかし、データの使い勝手を良くすることよりも、メタデータの使い勝手を良くすることのほうがデータ分析にとって近道であることが多いです。なぜならば、データを利用するプロセスは、

❶メタデータの理解と言語化
❷データの整理

だからです。❶のプロセスを頭の中や手元のメモで済ませて共有を他者に行わない場合、❶のプロセスを分析を行う人が毎回実施しなければならなくなってしまいます。これでは、分析を行う人数分の時間が無駄になってしまいます。そして、❶で整理した内容を元に❷の作業を行いデータを整形していきます。

[21] テーブル間やデータベース間の整合性を確認すること（第7章で後述）。

組織によっては、はじめはメタデータを整理や拡張する理解がすぐに得られないかもしれません。しかし、メタデータの整理や拡張を通してメタデータの理解と言語化を推進することができれば、必ず組織全体の中長期の生産性向上が見込めます。メタデータの整理をぜひ検討してみましょう。

第6章

データマート&データウェアハウスとデータ整備

DIKWモデル、データ設計、スキーマ設計、最小限のルール

　本章では、データマートとデータウェアハウスとデータウェアハウスのためのデータ整備について、DIKWモデル **図6.A** から解説を行います。なお、本章で多用されるデータマート、データウェアハウス、中間テーブル注A という概念については、本章では基本的にデータマートに統一し、明確に区別したいときのみ、データマート、データウェアハウス、中間テーブルという用語を使います。

　データマートの作成には、エンジニアリング要素も必要ですし、特定の分野に対するドメイン知識も不可欠です。これらには何度も試行錯誤が必要で、さらには作成したデータマートの定着には時間がかかります。

　このような時間がかかる作業をエンジニアが担当していたのでは、優先して対応すべきシステム改善やデータ改善に手を回すことができません。

　そこで、データエンジニアリングの役目は、データマートをユーザーに代わって作成してあげることではなく、ユーザーがデータマートを作成しやすいように、極力エンジニアリングを不要にしたり、トライ&エラーが何度もできるように環境を整備することにあります。

注A　中間テーブルは、データマートの作成までに必要な途中計算結果です。

図6.A　DIKWモデル※

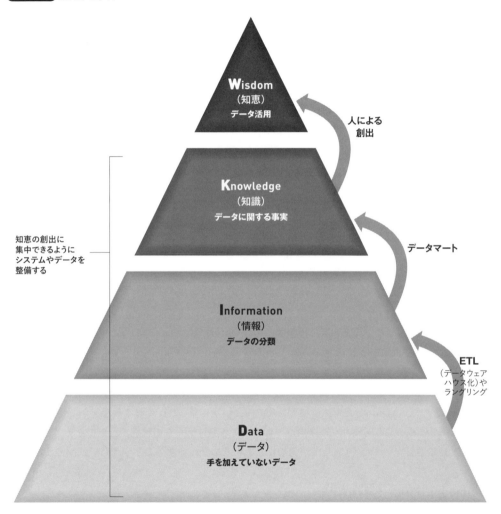

※ DIKWモデルは、データの整備されていく様子を示す図。ピラミッド状になっており、下から「Data」「Information」「Knowledge」「Wisdom」となっている。

- 「Data」は手を加えていない（たとえば、別のテーブルと結合されていなかったり、分析に必要な情報が付加されていなかったり）、そのままのデータを表す
- 「Information」は「Data」に手を加えたもの（たとえば、別のテーブルと結合したり、分析に必要な情報が付加したり）である
- 「Knowledge」は「Information」を元に「パターン」や「関係」を見つけ出す
- 「Wisdom」は、「Knowledge」から創出する新たな施策である。データの活用と呼ばれる部分である

第6章 データマート&データウェアハウスとデータ整備
DIKWモデル、データ設計、スキーマ設計、最小限のルール

6.1 データを整備するためのモデル
DIKWモデル

　データ整備のための技術的なツールは、さまざまな種類があります。それらのツールを利用するときに、自分自身がどのような目的の作業をしようとしているのかを認識することが大切です。本節では、DIKWモデルというデータ整備のためのピラミッドを使い、データ整備の過程を一度整理することからスタートしましょう。

DIKWモデル　データの整備されていくステージを示す

　DIKWモデル（p.163の 図6.A ）では、データのステージを「Data」「Information」「Knowledge」「Wisdom」として定義しています。これらの頭文字をとって「DIKWモデル」と呼ばれています。

- Data [1]
- Information（情報）
- Knowledge（知識）
- Wisdom（知恵）

Data　断片的なデータ

　DIKWモデルにおいて一番最下層に位置するのがDataです。Dataにあたる部分は、ローデータ（もしくはローデータに近い形）にあたり、データ分析基盤へ取り込みをした時点でほとんど手が加えられていない状態を指します。

　たとえば、RDB（構造化データ）から取り込みを行ったデータ内に売上が350円と記載があればそれがDataです。このDataを見た人は物事を350円という点でしか捉えることができません。また、非構造データにおいても同様です。非構造においてはさらにデータの状態が独自であることが多いため、Dataを見ただけではそのDataが何を指しているのか想像することが難しい状態です。

Information（情報）　分類されたデータ

　Dataだけでは物事を俯瞰して捉えることが難しいため、DataをInformationへと整理する必要があります。DataからInformationへの変換はデータの分類や整理を行います。第2章で紹介した、データラングリングにおいて行われる

---

[1]　本章内で出現する「Data」はDIKWモデル文脈でのDataです。本書内では、カタカナの「データ」とは区別して用いています。

データを整備するためのモデル **6.1**
DIKWモデル

- データストラクチャリング
- データクレンジング
- データエンリッチング

もデータを整理したり、必要な情報（たとえばセッション情報など）を付与する行為ですので、Data
から Information を作成するための行為といえます。

　分類とは、物事を順序良く並べたり、カテゴリーごとに分けること（またはその準備）をいいます。
分類には **LATCH** と呼ばれる分類の種別を使って行います。LATCH とは、以下の5つの分類方法の
頭文字をとったものです。

- **Location**（場所）
- **Alphabet**（アルファベット）
- **Time**（時間）
- **Category**（カテゴリー）
- **Hierarchy**（階層）

　Location（ロケーション）は場所ごとに分類することを指します。たとえば、神奈川県横浜市の全
体の売上は1500円といったように分けることです。

　Alphabet（アルファベット）は、辞書順のことです。たとえば、神奈川県横浜市中区の売上は950
円で1位で、神奈川県横浜市西区の売上は550円で2位というように、序列をつけることで意味をな
すものです。

　Time（時間）は、時間別に分類することを指します。たとえば、横浜市中区の売上は11時が350
円、12時が600円というように、時間と紐付けることで意味を付与するということになります。

　Category（カテゴリー）は、カテゴリー（種別）ごとに分類することを指します。たとえば、カテゴ
リーとしてスーパーとコンビニを利用したとすると、横浜市中区のスーパーの売上は11時が250円
で、横浜市中区のコンビニ売上は11時が100円という分け方をすることです。

　Hierarchy（階層）は、階層に分類することを指します。たとえば、横浜市中区の無店舗型のネッ
トスーパーおよびコンビニの売上は11時が250円で、横浜市中区の店舗型のスーパーおよびコンビ
ニの売上は11時が100円でという階層分けです。

Knowledge（知識）　データからパターンと関係を見つける

　Knowledge とは、Information を精査し、そこから得られた事実に基づくパターンや関係（規則や
ルール）のことを表します。

　図6.1 の例を見てみましょう。11/11の横浜市中区の無店舗型のネットスーパーおよびコンビニ
の売上は11時が250円で、横浜市中区の店舗型のスーパーおよびコンビニの売上は11時が100円
でした。

第6章 データマート&データウェアハウスとデータ整備
DIKWモデル、データ設計、スキーマ設計、最小限のルール

図6.1　Knowledge

場所	店舗タイプ	日時	売上
神奈川県横浜市中区	ネットスーパー	11/11 11:00	250
神奈川県横浜市中区	店舗型	11/11 11:00	100
神奈川県横浜市中区	ネットスーパー	11/10 11:00	25
神奈川県横浜市中区	店舗型	11/10 11:00	10

場所	店舗タイプ	日時	売上
神奈川県横浜市中区	ネットスーパー	10/11 11:00	250
神奈川県横浜市中区	店舗型	10/11 11:00	100
神奈川県横浜市中区	ネットスーパー	10/10 11:00	15
神奈川県横浜市中区	店舗型	10/10 11:00	20

毎月11日は何かを行っている?

　11/10の横浜市中区の無店舗型のネットスーパーおよびコンビニの売上は11時が25円で、横浜市中区の店舗型のスーパーおよびコンビニの売上は11時が10円でした。

　これを10月と比較してみたところ、10/11の横浜市中区の無店舗型のネットスーパーおよびコンビニの売上は11時が250円で、横浜市中区の店舗型のスーパーおよびコンビニの売上は11時が100円でした。10/10の横浜市中区の無店舗型のネットスーパーおよびコンビニの売上は11時が15円で、横浜市中区の店舗型のスーパーおよびコンビニの売上は11時が20円でした。

　この事実から、横浜市中区の無店舗型のネットスーパーおよびコンビニは毎月11日に独自のポイントアップキャンペーンを行っており、売上が毎回上がることがわかりました。

　以上のように、データを探ることでわかる事実がKnowledge（知識）です。データの利用でよく利用されるBIツールで可視化した「ダッシュボード」はまさに事実を表現したKnowledgeです。そのためダッシュボードを作っただけでは何も改善しません。あくまで事実がわかるだけです。

Wisdom（知恵）　ルールから新たなひらめきを産む

　Knowledgeだけでは、データから得た事実がわかるだけなので、そこから物事を改善しようというデータの活用に一歩及ばずです。そこで出てくるのがWisdomです。

　知恵と知識の辞書上の定義の違いからデータ分析基盤におけるWisdomの意味合いを考えてみます。知恵は、道理、賢いこと、賢明という言葉が当てられています。知識は、認識によって得られた成果という説明がなされています。知識は（今回の場合は）データを探れば発見できる（認識できる）成果（事実）である一方で、知恵とはより未来に向けた、判断や決定に傾いた言葉と言えます。

　「知恵」に別の日本語の説明を充てるとすると、**賢明に行動を起こす**という言葉が近いかもしれません。データを使った選択によって、会社あるいは自分自身が損害を被らないように賢明な選択をサポートするのが知恵です。データ利用における最終目標はこの知恵を生成することにあり、データ分析基盤としては知恵を出すためのサポートを全力で行うという立ち位置になります。

たとえば、先ほどのポイントアップキャンペーンは今は広く普及していますが、はじめに導入した人（もしくは企業）が生み出した「知恵」です。その背景を想像すると、知識として売上が平坦だった事実を見て特定日のポイントアップを思いついた、というようなストーリーはあったかもしれません。

現在だと、知恵を出すのは今でも人に頼っている部分です[*2]。誰かが知恵を出して、他の誰かがその知恵を知識として利用する、そしてまた誰かが知恵を出す、と競争を繰り広げていくことになります[*3]。また、一つのデータから一つの知恵しか出てこないということはありません。筆者は思いつきませんが、人によってはポイント以外の知恵もあるかもしれないのです。

6.2 データマートの役割
「Data」を整備して知恵の創出をサポートする

本節では「データマートの役割」について考えます。データマートは、組織のデータ活用の成功を担っていると言っても過言ではありません。なぜならば、DIKWモデルで表現するとデータマートの作成はWisdom（知恵）を出すために必要なInformation（情報）を作るステップにあたるからです。

以下では、復習も兼ねてデータマートの定義と重要性を再確認しておきましょう。

▌データマートとは何か　「Data」を「Information」にすること

データマートとはテーブルの集合体で、「Data」を「Information」にする作業のこと、あるいは「Knowledge」にする作業のことを「データマートを作成する（＝データマートに分類されるテーブルを作成する）」とします。「Information」や「Knowledge」になることによって、ユーザーは長いSQLを書かずに済むのでSQLを実行しやすくなりますし、事象をより早く正しく把握できるようになります。

また、データマートというと、どうしても溜め込まれたバッチデータに対してのみ考えがちですが、ストリーミングにおいても同様のことがいえます。ストリーミングはDataからKnowledgeまでの流れを瞬時に組み立て、役立てています[*4]。

[*2] 機械学習は入力されたデータがどのパターンに合致するのかという分類（たとえばLATCHにおける人カテゴリーに分け写真を人と判断する）を行い、知識を素早く発見します。

[*3] 知恵は他の人にまねされたり劣化の速度が早いことも特徴です。良い知恵はすぐに真似をしたくなります。真似されれば一般化されそれが当たり前になります。当たり前になった知恵は書籍やインターネット上のブログなどで知識化されます。

[*4] たとえば、不正検知システムはLocation（場所）がいつもと異なるという「知識」を使ってアラートを鳴らすという「知恵」を使ったしくみと捉えられます。

第6章 データマート&データウェアハウスとデータ整備
DIKWモデル、データ設計、スキーマ設計、最小限のルール

KnowledgeやWisdomのない世界　知識と知恵を生み出すための土台がない

　ここでは、もしデータマートが存在しなかった場合は、どのようになるのかから見ていきましょう。

　まずデータマートがないということは、データが整理されている状態である「Information」やデータの関係やパターンを見るために必要な「Knowledge」がない状態ですから、ユーザーはデータをただ1500円の売上があったということしか理解できません。また、情報を元にして発見される「Wisdom」も当然ありません。

　さらに、「Wisdom」がないということは、人海戦術(データ分析基盤の文脈だとSQLの大量発行)で物事に取り組むことになり、生産性の低下やコスト増大を招くことになります。以上のことから「データマートを作成する」という作業は、後続の「Knowledge」と「Wisdom」のための土台となるため重要な作業です。

データマートとデータウェアハウスの違い　データを掛け合わせて新価値を作る

　第1章で、データマートとデータウェアハウスの違いはグレーなゾーンがあるのみと紹介しました。

　技術的な観点では、データマートとデータウェアハウスとは、**テーブルの集合体**で、各テーブルは複数のテーブルを組み合わせて作成されています。データマートはより特定のユーザー向けに作成および利用されます。一方で、データウェアハウスはデータマートよりも多くの人に向けたものというのが現在の立ち位置です。

　ただ、実際にはデータマートとデータウェアハウス(の一部)内のデータベースやテーブルは特定のユーザーやチーム単位で用意することが多いです。そのため、データベースやテーブルを作るならあらかじめ定めたルールに従って、データエンジニアリングとしてIT部門が肩代わりするのではなく、「ユーザーがどうぞ自由に作って広めてください」というセルフサービスモデルに沿った形をとったほうが効率が良いのです。

中間テーブルとデータマートの違い　中間テーブルで十分な場合が多い

　昨今は、クラスターの計算能力の向上もあって「データマートを作る」というよりも、中間テーブル、すなわちInformation前段程度の整理で留めておき、いざ利用しようと考えた時点でSparkなどのエンジン内でデータマート部分の計算も含めて実施してしまうパターンが増えてきました。

　中間テーブルとデータマート内のテーブルの違いについて補足しておくと、中間テーブルはあくまで「Information」や「Knowledge」を出すことをサポートするものです。データマートになる一歩手前の状態のテーブルで中間テーブルを軸にデータマート(Aテーブル)、データマート(Bテーブル)が生まれる可能性のあるものと捉えるとわかりやすいでしょう。

　中間テーブルの作成は、たとえば「CSVのテーブルをParquetへ変換」や「長いクエリーを特定のテーブルにまとめる」といった作業です。したがって、中間テーブルの作成に関しては、チューニングなどを考え、IT部門が実施すると良いでしょう。

スキーマ設計 6.3
データに関するルールを設計する

■データマートを生み出す苦しみ　使ってもらうのは大変です

「有効なデータマートを生み出す」ことは難しい作業です。ドメイン知識やエンジニアリングの知識が必要なことが多々あることが事実で、いざ作ってみたもののまったく使われない、といったことは日常です[*5]。

そのため、データマートの作成には大量のトライ＆エラーが付きものといえます。また、データマートは作成して終わりではなく劣化も発生します。データマートの劣化とは、「理想とかけ離れている状態」のことです。たとえば、いざ作成したものの、結合テーブルの4半期の更新条件が想定したものと違い想定よりデータ件数が少なくなっていたりなどがあたります。

データマートの作成者はその対処を考えることも大切で、そのために時間を割かなければなりません。データ分析基盤としては決して誰かの代わりにデータマートを作成することではなく、データマート作成時にエンジニアの知識ができる限り不要な環境にすること、およびトライ＆エラーがしやすいように整備し、誰でも気軽にデータマートを作れる環境にすることが、長い目で見るとデータ利用の文化を成熟させるためにも重要なポイントです。そのためには、セルフサービス化を進めたり、メタデータの整備を行い、サポートを行っていきます。

6.3 スキーマ設計
データに関するルールを設計する

データマートを設計する際に利用できる「スキーマ設計」[*6]について紹介します。データ分析基盤においては、スキーマ設計において非正規化が推奨されているなど、RDBと設計思想が異なる部分があることも特徴です。

データエンジニアとしてデータマート作成の担当者に意見を求められる機会もよくありますので、基本を押さえておきましょう。

■スキーマ設計の考え方　スキーマ設計によりデータの利活用効率を上げよう

まずは、「スタースキーマ」を説明します。スタースキーマは長くスキーマ整理の方法の基本として紹介されるスキーマの設計方法です。

[*5]　データマートを作成した人がオーナーシップを発揮すべきですが、作成した人にフォロワーシップまで求めることはなるべくせず、メタデータの整備などを通してユーザーがフォロワーシップを発揮できる環境になると、より分析の幅が広がります。

[*6]　ビジネス要件やシステム要件に基づいて、テーブルやテーブル間のリレーションを含むデータ構造全体を設計することを、スキーマ設計の一環としてデータモデリングと呼びます。

235

念のため補足しておくと、スキーマ設計には大事な面がある一方で、完璧なものを作ろうとして作業が進まなくなってしまわないように注意が必要です。結局のところ自分や使う自システムが使いやすいように自らデータマートを設計していくことのほうが大切で、小さくトライ&エラーを繰り返しながら精緻なデータマートを作成することのほうが効率が良いです。

スターキーマ　オーソドックスなスキーマ設計の一つ

　スタースキーマ(*star schema*)とはファクトテーブル(*fact table*)と呼ばれるテーブルを中心として、そのテーブルに紐付くディメンション(次元)テーブル(*dimension table*)を配置したスキーマ設計のことをいいます 図6.2 。配置した形が星(スター)型に見えることからスタースキーマと呼ばれています。

図6.2　スタースキーマ

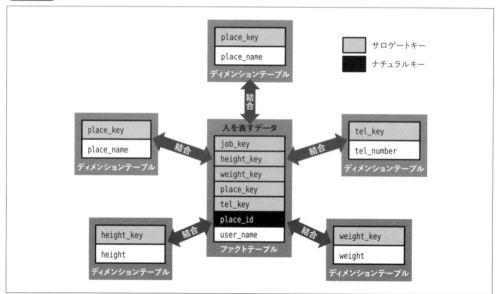

　ファクトテーブルは、「本体(実際何でも大丈夫ですが、数値で説明されてることが多い)」で、ディメンションテーブルは「本体」に対する「付加情報」をまとめたテーブルです。ファクトテーブルとディメンションテーブルが「1:n」で紐付くように設計します。

　ディメンションテーブルはあまり更新がない一方で、ファクトテーブルは頻繁に更新が発生し、データが増え続けていきます。ファクトテーブル内の結合キーとディメンションテーブルのナチュラルキー(*natural key*)[*7]とは別の結合キー[*8]を使うことによって分析を行います。

[*7] 業務システムで使うような coustmer_id などをいいます。
[*8] サロゲートキー (*surrogate key*) と呼ばれ、適当な連番をETL時に付与されたものです。

スキーマ設計 6.3
データに関するルールを設計する

　ナチュラルキーではなくサロゲートキーを使う目的は、「履歴を残す」ためでした。ナチュラルキーを使ってしまうと履歴を残すためにはversion_noのようなカラムが必要でクエリーを実行するときの効率が良くなかったのです。しかし、ビッグデータの世界になるとパーティションを分割するなどして更新したデータを都度保存しておくことが多いため、次に紹介する非正規化状態でのテーブル設計を行うケースが多いです*9。

　繰り返しますが、スタースキーマなどの既存の枠組みを超えて考えてみましょう。あくまでスタースキーマは整理の手段で、この形が崩れても良いのです。

非正規化　データ分析基盤特有のテーブル設計

　スモールデータシステム（とくにトランザクション系）を構築する際、正規化を用いてRDBの設計を行っていきます。しかし、データ分析基盤では、正規化の逆である**非正規化**を行い、テーブルの設計を行っていきます 図6.3 *10。

　正規化処理では、データは一貫性と効率性を求めるため（▶Appendix）にデータをエンティティごとと（placeとdate）にテーブルを作成し保存しています、一方で非正規化ではエンティティごとの分割は行わず一つのテーブルとして保存しています。

図6.3　非正規化と正規化

正規化				非正規化			
date		**id**		**place**	**date**		**id**
2004-04-02T12:00+09:00		1		新宿	2004-04-02T12:00+09:00		1
2004-04-02T12:00+09:00		2		渋谷	2004-04-02T12:00+09:00		2

place	**id**
新宿	1
渋谷	2

　データ分析基盤で非正規化が一般的となっている理由について、正規化における利点は、読み込むデータの量を少なくすることで、検索や更新のパフォーマンスが高まるといった汎用性のアップが挙げられます。

　一方で、データ分析基盤のデータやテーブルの数は非常に多くなりやすいためテーブルの結合数

---

*9　複数事業にまたがる巨大なデータ分析基盤においては、ファクトテーブルとディメンションテーブルを作成するのは経験上難易度が高いです。

*10　「意図的に非正規化状態にして1つのテーブルに大量のフィールド（カラム）を持たせることをしばしばワイドテーブルや大福帳テーブルと呼ぶことがあります。

を減らすシンプルなクエリーが求められたり、シンプルにすることによるデータへの理解と保守性の向上へ主眼が置かれるためです。

データ分析基盤でJOINはコストの高い操作

また、データ分析基盤は一つ一つのテーブルデータが大きくなることが多いため、JOINを何個も発行して結合しているとそれだけでパフォーマンスに影響を出すこともあります。したがって、データ分析基盤においてはデータを非正規化状態で配置しておくことがメインになります。

TIP　列指向フォーマットの進展と効率化

とくに列指向フォーマットの進展により、（過度に）正規化する理由はほとんどなくなりました。理由がないのであれば、JOINをあまり必要とせずクエリーを単純に実行することができる「非正規の状態」を作成して提供するほうが効率的という考え方も徐々に浸透してきたようです。

6.4 データマートの生成サポート
コミュニケーションの省略&活用

データマートの生成は、各自データを利用したい人に自由に作成させるセルフサービスモデルに沿った方向が良い場合が多くあります。ただ、そのままデータ分析基盤の管理者がデータマート作成について何もコミットしないかというとそうではありません。

データ設計とスキーマ設計で紹介したようなスキーマ設計について意見を求められることもありますし、中間テーブルを作成することによってデータマートの作成をサポートすることも可能です。

▌データ分析基盤ができるサポート　データマートを代わりに作ることではない

さまざまな人にデータマートを効率良く作成してもらうために、データ分析基盤がサポートできる内容はいくつかあります。

- データ利用のためのインターフェースを複数用意すること（第3章や第4章で解説）
- メタデータのためのシステムやしくみを整備していくこと（第5章で解説）
- 中間テーブルの作成や、データマート、データウェアハウスにおけるスキーマ設計についてアドバイスすること（本節で解説）

本節では、データエンジニアリング観点で解説するため、データマートではなく「中間テーブル」

という用語を用いて説明を行います。なお、本節では「中間テーブル」としていますが、ここで解説する内容はデータマートやデータウェアハウスの作成にも使えるテクニックです。データマート作成に携わっている方の場合は、本節内の中間テーブル部分をデータマートまたはデータウェアハウスに変えて読んでも活用できる解説内容です。

コミュニケーションの不要な中間テーブルの生成方法　粛々と中間テーブルを作成する

　まずは、コミュニケーションが不要である**中間テーブル**の作成方法について見ていきます。コミュニケーションをしっかりと取ろうすると、ミーティングに時間がかかったり返答に時間をとってしまったりとなかなか前に進むことができません。また、一度中間テーブルの作成が行えたとしても継続して改善していくためには、維持するシステムや保守をするユーザーのさらなるコストがかかります。そこでコミュニケーションを必要とせず、中間テーブルを機械的に生成する方式を紹介します。

アクセスログとExplainを使って機械的に生成する　アクセスの分析結果を活用する

　1つめに紹介するのが、**アクセスログ**（もしくは監査ログ）を使って中間テーブルを生成する方法です。データ分析基盤におけるアクセスログとは、いつ誰がどのようなデータにどのような方法でアクセスしたかというアクセスに関する情報を記録したものです。
　以下のステップで中間テーブルを作成していきます。

❶アクセスログよりアクセス頻度の多いテーブルを抽出する
❷アクセスの多かったテーブルを利用しているクエリーの**Explain**機能（▶Appendix）を使って機械的に結合しているテーブルを抽出する
❸出現頻度の多いテーブルを抽出し、そのテーブルを含むSQLに対して分析を行い、スタースキーマや非正規化を用いて中間テーブルを作成する

　Explainを利用すると以下のような情報が得られますので、JOINしているテーブルを多く見つけることができます。そのJOINの数を少なくすることによって、よりシンプルにクエリー可能な良い中間テーブルを作成していきます。

```
Amazon Athenaでの例（一部抜粋）
実行クエリー：
explain SELECT * FROM "sample"."sample_table" join "test".test_table on cast(sample_id AS VARCHAR)=test_
id where dt='2018-03-01' limit 10;のようなSQLを実行した場合のExplainの例

・ScanProject[table = awsdatacatalog:awsdatacatalog:sample:sample_table, originalConstraint = true] =>
[sample_id:integer... <以降カラム名が続く>
sampleデータベースのsaple_tableを読み込み（スキャン）します
<中略>
dt := HiveColumnHandle{clientId=awsdatacatalog, name=dt, hiveType=string, hiveColumnIndex=-1,
columnType=PARTITION_KEY, comment=Optional.empty}
```

```
::  [[2018-03-01]]
読み込むパーティションはdtで2018-03-01です。
＜中略＞
InnerJoin[("expr" = "test_id")][$hashvalue, $hashvalue_266]
joinしています。
＜中略＞
・ScanProject[table = awsdatacatalog:awsdatacatalog:test:test_table, originalConstraint = true] =>
[test_id:varchar... ＜以降カラム名が続く＞
join先のテーブルは、testデータベースのtest_tableです。
```

このように、Explainログも一行ずつ意味がありアクセス状況を読み取ることが可能です。

```
Amazon Athenaでクエリーを実行した時のS3のアクセスログの一例
hash sample.bucket.com [16/Jul/2021:23:01:16 +0000] 111.111.111 arn:aws:iam::number:user/redash_user hog
epeke REST.GET.OBJECT /user/hive/warehouse/test.db/test_table/dt%3D2018-05-13/000000_0 "GET /user/hive/
warehouse/test.db/test_table/dt%3D2018-05-13/000000_0 HTTP/1.1" 206 - 2685097 15452487 194 134 "-" "AWS_
ATHENA, aws-sdk-java/1.11.963 Linux/4.14.231-173.361.amzn2.x86_64 OpenJDK_64-Bit_Server_VM/25.292-b10 ja
va/1.8.0_292 vendor/Amazon.com_Inc., presto" - hash+/hash+hash SigV4 ECDHE-RSA-AES128-GCM-SHA256
AuthHeader sample.bucket.com.s3.us-west-1.amazonaws.com TLSv1.2 -

hash sample.bucket.com [16/Jul/2021:23:01:17 +0000] 111.111.111 arn:aws:iam::number:user/etl_tools pekep
ee REST.GET.OBJECT /user/hive/warehouse/sample.db/sample_table/dt%3D2018-05-11/000000_0 "GET /user/hive/
warehouse/sample.db/sample_table/dt%3D2018-05-11/000000_0 HTTP/1.1" 206 - 2135524 12594751 30 16 "-" "A
WS_ATHENA, aws-sdk-java/1.11.963 Linux/4.14.231-173.361.amzn2.x86_64 OpenJDK_64-Bit_Server_VM/25.292-b10
 java/1.8.0_292 vendor/Amazon.com_Inc., presto" - hash= SigV4 ECDHE-RSA-AES128-GCM-SHA256 AuthHeader
sample.bucket.com.s3.us-west-1.amazonaws.com TLSv1.2 -
```

たとえば、2つめのレコードの場合だと5W1Hは、以下のように情報を得ることが可能です。

- **Who**と**Why**（誰と何の目的に？）➡ arn:aws:iam::number:user/etl_tools（**ユーザー**「user/etl_tools」**が**「etl」**のために**）
- **When**（いつ）➡ 16/Jul/2021:23:01:17 +0000
- **Where**（どこ）➡ 111.111.111
- **What**（何）➡ sample.bucket.com **および** /user/hive/warehouse/sample.db/sample_table/dt%3D2018-05-11/000000_0
- **How**（どうやって）➡ AWS_ATHENA、Presto

アクセスログを利用した方法のさらなるメリット

また、AテーブルとBテーブルから生成した中間テーブル（C）を作成し再度アクセスログを調べ、たとえばアクセスが検索や中間テーブル（C）に傾いていれば良い中間テーブルといえますし、そうでなければ効果の薄い中間テーブルともいえます。作成した中間テーブルの良し悪しが定量的に判定できる点もアクセスログを利用した方法の魅力的なポイントです。

TIP 芋づる式で改善できる。同じようなクエリーはみんな書く

いざ、クエリーを分析してみるとわかることなのですが、一部の人気テーブルにのみクエリーが集中していることがあります。そのため、1つのクエリーについて中間テーブルを作ると、対象のテーブルに対してみな同じクエリーを記載することが多いので芋づる式でデータ分析基盤のパフォーマンス向上が見込めます。

コミュニケーションの必要な中間テーブルの生成方法
ビジネスに直結したクエリーしやすいテーブルを作成する

次に紹介するのは、データアナリスト（やデータサイエンティスト）とコミュニケーションを取りながら進める方法です。機械的に生成するよりもある程度答えがわかっていることが多いことが利点ですが、反面メンテナンスされないとあっという間に不要なデータになってしまう脆さもあります。

データアナリストが記載したSQLを、データエンジニアがチューニングおよびスキーマ設計することによって進め、本番稼働させます。とくに効果がある反面、属人化およびデータマートの効果範囲が特定のユーザーに限定される可能性がある諸刃の剣です。それであれば、セルフサービスのモデルとして中間テーブルやデータマートの作成はユーザーに任せ、データ分析基盤の管理者としては、データマートを作成する際のルールやそのルールをシンプルにするためのしくみやシステム作りをしていく方が良いでしょう。

Viewによる中間テーブルの作成　手軽にクエリーしやすくする

筆者としてはまずは中間テーブルを作成する前に、不格好でも良いのでViewによる**仮想的な中間テーブル**を作成してみることをお勧めします。Viewとは、「仮想的なテーブル」と呼ばれるものです。スモールデータシステムで採用されるMySQLなどのデータベースでも利用されているView（▶Appendix）と同じ機能を持っています。

また、図6.4 では、sampleのデータから特定のデータを抜き出したもの（where id=1）をViewとして定義（CREATE View）とし、「SELECT * FROM test」とSQLを実行することで「特定のデータを抜き出した」という条件をSQLへ記載せずとも取得することが可能になります。

Viewであれば、いざ不要となった場合はテーブルを削除（DROP）すれば良いだけですので、手間もかかりません。中間テーブルとしてのプロトタイプとして利用することにより、データを新しく生成せず圧倒的な速度で要/不要を判断し効率良くPDCAサイクル（*Plan-do-check-act cycle*, 品質管理などの継続的改善手法）を回すことができ、ユーザーからの評判を集めることが可能です。SQLの実行の速度はViewを挟んでいるだけなので変わらないのですが、クエリーの実行のしやすさや使い勝手は、Viewを用いて評価することが可能です。

Viewを使った場合と使わない場合のPDCAはどのように変わるでしょうか。以下の場合、前者のViewを使ったPECAの例のほうがPlanとDoそしてActionへかける時間が少ないことがわかると思います。

第6章 データマート&データウェアハウスとデータ整備
DIKWモデル、データ設計、スキーマ設計、最小限のルール

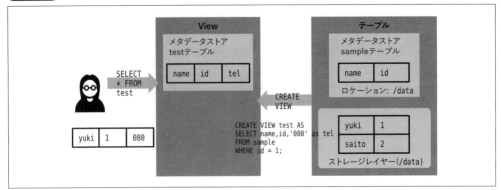

図6.4 Viewによる仮想的な中間テーブルの作成

- Viewを使ったPDCAの例
  - **Plan**「このデータマートあったら良いのでは?」(所要時間は数分)
  - **Do**「Create View xxxxx...」(所要時間は数分)
  - **Check**「View(データマート)を作成しました。利用してフィードバックいただけるとうれしいです」
  - **Action**「あまり評判良くなかったな」➡DROP View➡CREATE View➡以下繰り返し(もし評判が良ければViewを使わずテーブルを作成する)

- Viewを使わないPDCAの例
  - **Plan**「このデータマートあったら良いのでは?でも作成に時間かかるから各部署で調整してから作ろう」(所要時間は場合によっては数週間)
  - **Do**「Create Tableで別のロケーションにテーブルを作って、ETLしてデータを過去から再作成して……」(所要時間は場合によっては数週間)
  - **Check**「データマートを作成しました。利用してフィードバックいただけるとうれしいです」
  - **Action**「評判がいまひとつ」➡DROP Table➡データも削除し……➡CREATE Table➡以下繰り返し

Column

CTASによる作成

CTAS(*Create table as select*)は、SELECT文の返却結果からテーブルを作成する機能です。

CTASは、ユーザーがデータ分析基盤の管理者とコミュニケーションをとらずにデータマートまたは中間テーブルを作成できる点が利点です。しかし、簡単に作れるので大量の不要データが残らないようにCTASによる作成はテンポラリーゾーンにしか作らせないなどのルール作りが重要です。

```
CREATE TABLE new_table AS
SELECT hoge_table.id,peke_table.name
FROM hoge_table, peke_table;
```
CTASの例

履歴テーブルを作ろう　過去に遡る分析に備えよう

便利な中間テーブルとしての代表格は、履歴テーブルの作成があります。データ分析の現場では、今現在の揮発的なデータを利用して分析を行うというだけでなく、たとえばユーザーの嗜好を算出するために過去に遡ったデータを利用し分析および機能へ落とし込んでいくケースがよくあります。履歴テーブルの作成はオープンテーブルフォーマットを利用しない場合と利用する場合の2種類の代表的な方法があります。

オープンテーブルフォーマットを利用しない場合（データレイクそのままの場合）

オープンテーブルフォーマットを利用しない場合は、特定の単位（例 1日単位など）でデータをパーティションに分けて配置し現時点だけのデータではなく特定時間のデータの状態を保存することで、過去のデータ利用を可能とするものです。

図6.5 では、sampletableというテーブルがデータソース側にあり、そのsampletableをデータ

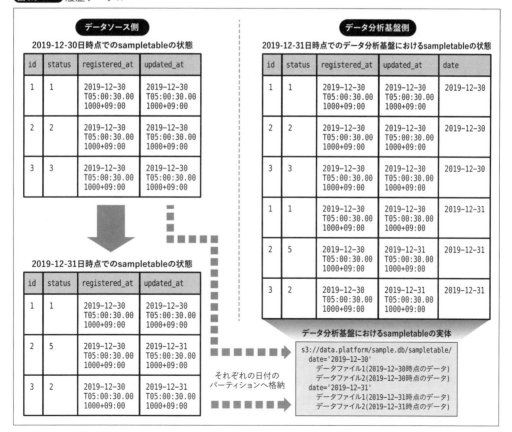

図6.5　履歴テーブル

第6章 データマート&データウェアハウスとデータ整備
DIKWモデル、データ設計、スキーマ設計、最小限のルール

分析基盤へ取り込みを行っています。sampletableは日々statusというカラムの値が変化する（たとえば、id=2におけるstatusが2から5に変わっている）ため毎日のスナップショットデータを取得し保存しなければstatusカラムの状態を過去に遡って確認することができません。

そこでパーティション（▶3.4節）機能を利用し「2019-12-30」時点のデータと「2019-12-31」時点のデータを分けてそれぞれ取得し保管することで過去データの参照を可能としています。

このようにスナップショット的にデータを蓄積することで、過去から現在までの状況の傾向を捉えることができるようになります。

オープンテーブルフォーマットを用いた場合

4.6節で紹介したようなオープンテーブルフォーマットを用いる場合は、Incremental Queryやタイムトラベルの機能を用いることで特定の状態を取得できます。そのため、「オープンテーブルフォーマットを利用しない場合」とは異なり取得時ごとのパーティションを保持する必要がなく効率的に履歴テーブルを作成することが可能です。

6.5 データマートのプロパゲーション
メタデータやルールの作成

データマートを作った後、データマートを継続して使ってもらうための環境を整えましょう。そのために、最小限決めておきたいデータマート作成時のルールについて本節で解説します。できるだけ簡単なルールやしくみを作り、ルールをユーザーに守ってもらえれば、不要なデータ満載になってしまう事態を防げます。

データマートを自由に作成してもらうために　作りっぱなしを防ぐ

データマートを自由に作成してもらうために必要なことは、統治のルールを決めることです。作成したルールの範囲内であれば自由とすることで大人数でも安心してデータマートの作成に集中できるようにします。

データマートを作成し運用する上で避けたい事態は、作りっぱなしになってしまい、誰からも利用されない状態に陥ることです。誰からも利用されないデータマートは、利益につながらず、コストだけがかかるばかりです。そのようなデータマートは作り替えるか、生成停止をしてデータ分析基盤から取り除く、すなわちデータ分析基盤から退場していただかなくてはなりません。

不要なデータマートをデータ分析基盤から取り除き、ユーザー自身が自由にデータマートを作成できる環境を実現するためには、以下の準備を行うと良いでしょう。ルール作りでは、頭を切り替えて、

次のデータマート作成に向かうために押さえたいポイントがありますので後ほど見ていきましょう。

- **定量的なデータを集める**
- **事前のルール作り**
- **メタデータの活用**

アクセス頻度を確認 　要不要はアクセスログが知っている

一番わかりやすい指標としては、**アクセス頻度**があります。アクセスログを追い続けることによって、対象のテーブルへのアクセス件数をチェックするなどの**定量的なデータ**を利用し、データマートを使っている / 使っていないを判断します。

使われないデータマートには以下のような兆候が見られます。

- **アクセスがそもそもない（アクセスが0）**
- **アクセスの回数が減ってきている**

このような兆候を察知できるように、継続的にデータマートを観測 / 監視しましょう。たとえば、S3はバケットのアクセスログが出てきます[11]ので、そのログを元に利用していないデータの判断を行います[12]。

当然アクセス件数が0件であれば、不要と判断できます[13]。

データマート生成停止の条件を定める 　作った後もしっかりとメンテナンスをする

次に大切なのは、停止の条件を定めておくことです。データマートは基本的に特定の用途向けのため、大量に作成された後、用途を満たさなくなった場合などに大量に廃棄されます。

そのため、毎度利用の状況がないからと言ってユーザーや作成者に声をかけていては「使うかもしれない」といった反応をもらい、停止しにくい状況になってしまいます。「使うかもしれない」は多くの場合、使う機会はありません。即座に止められるようにしておくように、条件を定めておきましょう。たとえば以下のような条件例です。

- **条件例**
  - 1ヵ月間のアクセス数が0は無条件で削除
  - 1ヵ月間のアクセス数が10以下は周知の上削除[14]

---

[11] アクセスログにおいてHadoopやGCSにも同様の機能が存在します。

[12] p.239の「アクセスログとExplainを使って機械的に生成する」項を参照。

[13] 厳密には0件にならない時があります。なぜならばデータマートを作成しているシステムも作成する時に対象データマートへアクセスをしているからです。

[14] このようなデータはオペレーショナルメタデータの一部といえます。このようにアクティブにメタデータを取得して利用していく活動を「アクティブメタデータ」（*active metadata*）と呼ぶこともあります。

アクセス数が減ってきたときの対応策　データマートは時間の経過とともに劣化する

アクセス数が減ってきた際、対応を考えておくことも重要です。なぜならば、作成したデータマートの価値が下がってきている可能性があるからです。その場合は、データマートの再作成や別のデータマートを生成し直すなど、必要な対策を洗い出しておきましょう。たとえば、キャンペーン対策用に作成したテーブルは、キャンペーンの終了後には利用しなくなる可能性があります。そこで本来テーブルを削除する際は、ユーザーと直接コミュニケーションを取るところを、アクセスログを用いて定量的に不要になったことを検知し、ユーザーとのコミュニケーションをできる限り減らし機械的に削除処理を走らせるといった対策が考えられます。

環境整備におけるメタデータの役割　情報伝搬のツールとして使う

第5章で紹介したメタデータを、データマートの生成開始／生成停止の情報伝搬ツールとして利用すると、コミュニケーションの量を減らすことができます。ここでは2つの活用例を紹介しましょう。

オペレーショナルメタデータ　活用例❶

たとえば、メタデータの一つである**オペレーショナルメタデータ**を、削除する予定のテーブルに付けておき（Depricateなどのマーク）その、3日後にテーブル定義のみが消え、1週間後にデータが消えるといったしくみを作ります[15]。そうすることで、データを利用する人に周知をする必要性が少なくなってきます。

ただし、ここではあくまで利用していないもしくは利用者が少ないテーブルの前提で、ユーザーが利用しているテーブルを止めるのであれば、それなりのコミュニケーションが必要であることは認識しておく必要があります。

ビジネスメタデータとしてデータマートのテーブル定義を管理　活用例❷

また、データマートのテーブル定義を**ビジネスメタデータ**として管理しておくことで、いざ他のユーザーが既存のデータマートを利用しようと考えたときに、メタデータを参照し、即座に分析を開始できます。

図6.6 では、とある分析者が作業の煩雑さから、アクセスレイヤーのインターフェースを通してデータマートを作成しています。作成されたデータマートのビジネスメタデータ（テーブル定義）は加工されGUIに表示されます。他のユーザーはデータマートを作成した分析者からテーブルの存在を知るのではなく、新たなテーブル情報等のビジネスメタデータをGUI経由で知ることになります。

---

[15] すぐにデータまで消さないのは、万が一のためです。

図6.6　データマートとメタデータ

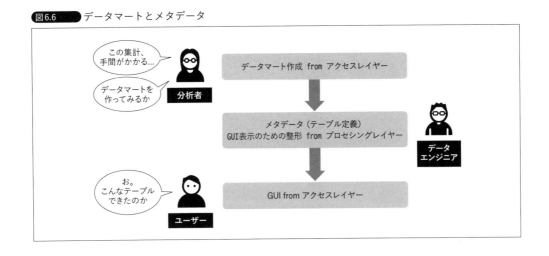

6.6 ストリーミングとデータマート
瞬時にKnowledge化する

「データマート」と聞くとストレージに配置されたデータに対するバッチ処理がまず思い浮かぶかもしれませんが、「ストリーミングにも適用可能な概念」です。本節では、ストリーミングデータにおけるデータマートを提供する場合に考慮したいポイントを紹介します。

ストリーミング処理におけるデータマート作成　バッチとは処理単位が違うだけ

はじめにストリーミングにおけるデータマート作成は、バッチ処理におけるデータマート作成と以下の点で異なります。

❶処理単位が小さい（1レコード単位から数分単位）
❷ETL後のデータはストレージレイヤーではなくおもに分散メッセージングシステムに格納される
❸ストリーミングシステムの停止はしづらい

しかし、基本的に実施すべき処理はバッチと変わりありません。ただ、処理の単位がバッチに比べると小さいだけです。そのためストリーミングにおいても、データマート作成は「Information」もしくは「Knowledge」の作成が目的となります。

❷について具体的には、コレクティングレイヤーから届いたデータをプロセッシングレイヤーにて

247

第6章 データマート&データウェアハウスとデータ整備
DIKWモデル、データ設計、スキーマ設計、最小限のルール

処理を行い、一意のIDやフォーマットのフラット化*16などを実施し、パブリッシャーとして分散メッセージングシステムにデータをパブリッシュします。ストリーミング処理における「中間テーブル」のようなものと捉えておくと良いでしょう。

中間テーブルであるため、後続の処理にて加工を行いAデータマートを作成し自システムで利用することも可能ですし、中間テーブルのデータをそのままp.147のコラムで紹介したA/Bテストに用いても良いでしょう。

ストリーミングにおけるデータマート作成の流れ　Avroフォーマットの活用

先ほどの❸で挙げた、ストリーミング処理では停止がしづらい特性に関して見ておきましょう。たとえば、スキーマ定義を変更することを考えてみます。スキーマ定義はパブリッシャーとコンシューマーで同時に変更を行わないとエラーになってしまうことがあるため、両者でリリースタイミングを一致させることが求められます。

まず、ストリーミングにおけるデータマート作成の流れを確認しておきましょう 図6.7 。以下の

---

*16 Array型である[1,2,3]を1:2:3のような文字列に変換する処理。

Column

データマートの作成、その前に　データウェアハウスとの使い分け

「データ分析基盤といえば、データマート」というほど、「データマート」という用語は浸透してきました。しかしながら、データを利用するにあたって、必ずしもデータマートを作成しなければならないというわけではありません。

使えるのであれば、データウェアハウスのデータ（場合によってはデータレイクのデータも）を誰しも使ってしまっても良いのです。というのも、とくにデータマートは時間を掛けて、各部署と調整し作っても、結局特定の人にしかリーチしないことが多いのです。

そのため、本来であれば似たようなデータを作成することは避けるべきですが、計算リソースやストレージのコストが廉価になっていくにあたって、別の用途が出てきたときにそのデータマートを都度修正して作り直すのではなく、それぞれ新規で作ってしまった方が十分早いこともあります。

たとえば、Apache Sparkなど、処理の途中で都度テンポラリーテーブルを作成可能な技術であれば、それを「データマートとして利用」し、わざわざデータマートとして一度ストレージレイヤーに吐き出さないことで、そのときの処理で状況に応じてSparkのプログラムを変更して実行する方が遥かに効率が良いこともあります。

データマートを所有することは、過去データの再集計などのリスクにもつながります。再集計にはメンテナンスをする人のコストもかかりますし、計算するコンピューティングコストも同時にのしかかってきます。「データマートを作らなければならない」というマインドを一度捨て置いたうえで、柔軟に考えることは、長くデータ分析基盤を管理する上でも大切な考え方です。

ような流れになります。

① データソースからのデータの発生（今回の例では、各自宅に配置された冷蔵庫とする）
② コレクティングレイヤーで受け付けし、分散メッセージングシステムにパブリッシュ
③ パブリッシュしたデータをプロセシングレイヤーでサブスクライブしデータ加工し、分散メッセージングシステムへパブリッシュする（中間テーブルと捉えても良いし、データマートと捉えても良い）
④ ③のデータをデータの利用者がサブスクライブしデータを活用する

図6.7　ストリーミングにおけるデータマート作成の流れ

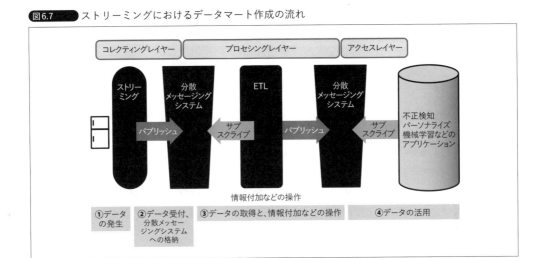

ここで、パブリッシャー側とコンシューマー側でリリースタイミングを合わせて停止することは、パブリッシャー側のデバイスの数やコンシューマー側のシステムが多くなるにつれて実質不可能になります。

そこで登場するのが、第4章で取り上げたAvroフォーマットです。Avroフォーマットは、以下の特徴を持ちます。

- 前方互換性と、後方互換性、完全互換を持ち複数のシステム間で速度の違う開発を行うことが可能
- スキーマエボリューションを提供する

Avroフォーマットとデータマート作成

上記の特性をデータマートの作成時にも利用します。たとえば、IoTのデバイスの付属した家庭向け冷蔵庫のデータ取得を考えてみます（①）。はじめから完璧なスキーマを作成しようと考えずに、シンプルな以下の項目をAvroフォーマットとして定義を行いましょう（スキーマバージョン1とする。▶4.6節）。

- デバイスの型番
- 消費電力
- 送信時間

　上記に加えて「温度」の情報が取れるように、IoTデバイスにおけるソフトウェアが後日アップデートされた場合を考えてみると、ソフトウェアアップデートするタイミングは冷蔵庫が配置されている家庭ごとに様々です。そのため以下のように、送信されてくるレコードの状態が異なってきます。

レコードパターン❶
- デバイスの型番
- 消費電力
- 送信時間
- null（対象のカラムなし）

レコードパターン❷
- デバイスの型番
- 消費電力
- 送信時間
- 温度

　データを受信する側（つまりコレクティングレイヤー）は、Avroフォーマットにおいて温度のカラムを追加し後方互換の設定（新しいアプリケーションが古いアプリケーションをサポートすること）を行います（新たにAvroスキーマに対して温度を追加したスキーマバージョン2を利用する。❷）。そうすることで、後は順次冷蔵庫のソフトウェアがアップデートされるのをデータ分析基盤側としては待てば良い状況を作ることができます（❷）。

　また、データを受信したら、プロセシングレイヤーで何かしらの情報（今回の場合はレコード識別番号（UUID, *Universally unique identifier*）を付与）を付与してDataをInformation化します（❸）。

Information化したレコード（プロセシングレイヤーによる処理後）
- デバイスの型番
- 消費電力
- 送信時間
- 温度
- レコード識別番号（UUID）

　最後にInformation化したデータを分散メッセージングシステムへパブリッシュし、コンシューマーによるサブスクライブ（＝データの活用）を待ちます（❹）。

分散メッセージングシステムの連鎖　Aの出力はBへの入力

　分散メッセージングシステムは1つだけでなく、いくつも並べられます。たとえば、最初の分散メッセージングシステムではJSONフォーマットで、それをサブスクライブしてTSVへ変換し、別トピックへデータをパブリッシュします。コンシューマーがTSV形式がほしければ、TSV形式で格納されたトピックからサブスクライブすれば良いですし、JSONフォーマットがほしければ、JSON

フォーマットのトピックからサブスクライブすれば良いという考え方です。

これは、好きなように取得してOKというセルフサービスモデルにあたります。

6.7 本章のまとめ

　本章では、データマートの基本的な管理方法について紹介しました。データマートを作成するツールや技術は世の中に溢れています。そのようなツールのおかげで、誰しもが簡単にデータマートが作成できてしまう反面、ブラックボックスなデータマートになってしまい、意味もわからずツールが利用され、結果として悪影響を及ぼす可能性が高まります。

　ツールを社内に展開して完了としてしまうのではなく、**展開する前**に、本章で紹介したアクセスログのチェックやルール作りを行うことで、長期で運用可能なコストパフォーマンスの良いデータマート作成環境を構築することができるでしょう。

第7章

データ品質管理
質の高いデータを提供する

　本章ではデータ品質管理について紹介します 図7.A 。セルフサービスを謳う場合に、すべてのデータを保持するだけで何もせず放っておくわけにはいきません。データはできる限り品質の高い状態で、ユーザーに自由に利用してもらう必要があります。

　品質管理に取り組むうえで、本章の前半で、まずはデータ品質管理の必要性、そしてデータの「劣化」ポイントから確認することにしましょう。データの劣化とは「パターン」と「関係」の理解を妨げるノイズのようなものです。音楽であればノイズがないほうが音がクリアに聞こえるのと同様、データもノイズの除去をすることが好ましいです。

　次に、データの劣化に気づけるように、データ品質の導入について概説してから、具体的なデータ品質およびメタデータ品質のチェック方法について解説していきます。データの品質のチェックとしては、「件数チェック」を行うという簡単なアイデアから、「if-then」テストのようにアプリケーションの単体テストで行うようなデータ品質のテストまで取り上げます。

　最後に、そのデータ品質のチェックから得た事実を元に、データ品質を向上させる改善アクションについて紹介します。

図7.A　データ品質管理のサイクル※

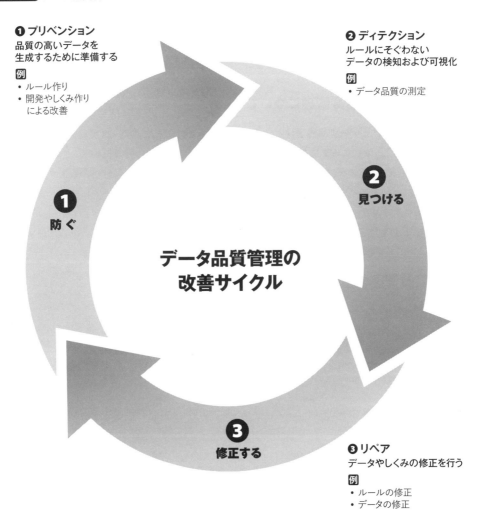

❶ プリベンション
品質の高いデータを
生成するために準備する
例
- ルール作り
- 開発やしくみ作り
  による改善

❷ ディテクション
ルールにそぐわない
データの検知および可視化
例
- データ品質の測定

❸ リペア
データやしくみの修正を行う
例
- ルールの修正
- データの修正

❶ 防ぐ
❷ 見つける
❸ 修正する

データ品質管理の
改善サイクル

※ データ品質管理のサイクルは、データの品質を高くする目的で実施され、「防ぐ」「見つける」「修正する」の3つから成り立っている。
❶「防ぐ/プリベンション」は、組織でのルール作りやシステムの開発によってより精度の高いデータを目指していく
❷「見つける/ディテクション」は、ルールにそぐわないデータの検知や可視化を行い、「防ぐ」や「修正する」につなげる
❸「修正する/リペア」は、「見つける」によって可視化された情報を元に、実際のデータ修正や場合によっては組織のルールの修正を検討し、「防ぐ」につなげる

第**7**章 データ品質管理
質の高いデータを提供する

7.1 データ品質管理の基礎
データ蓄積から次の段階へ進む

膨大なデータが、価値を生み出すのではありません。「精度の良い、正しいデータ」が価値を生み出してくれます。本節では、昨今、データ分析基盤の構築段階から重要度を増している「データ品質管理の必要性」から見ていくことにしましょう。

本書で扱うデータ品質管理について

まずは、本書における**データ品質管理**という用語の定義を考えます。データ品質を可視化し、適切なアクションをとり、改善するまでの一連の流れを本書では「データ品質管理」と呼ぶことにします[*1]。

たとえば、データ品質のテストを行い、その結果データの不備が発見されたとします。不備を発見したのであれば、その不備をできる限り解決しなければデータの品質は一向に改善しません。解決するためにはまずはデータ品質の可視化を行い、その可視化された結果に対してデータや組織内のルールを修正するアクションを取ります。

データ品質管理の三原則　事前に防ぐ。見つける。修正する

データ品質管理には、3つの原則があります。

❶防ぐ / 予防（プリベンション / *prevension*）
❷見つける / 検知（ディテクション / *detection*）
❸修正する / 修理（リペア / *repair*）

❶では事前に防ぐことで、ルール作りや作成したルールが守られているかを徹底したり、データ品質のチェックの結果を用いて根本からシステム的に改善し事前に防いでいく行為のことを指します。

❷では、データ分析基盤にすでに存在するデータについてデータ品質のチェックを行うことによって、ルールにそぐわないデータの検知および可視化をしてプリベンションもしくはリペアにつなげます。

❸では、ディテクションで検知されたデータの不備を再集計などの手法を使って想定した適切な値に戻していきます。また、データを修正するだけではなく社内のルールや、レギュレーションを作成 / 修正、システム修正もリペアの段階で検討します。

---

*1　データ品質におけるPDCAサイクルのようなものです。planはプリベンションに該当し、doはディテクションやリペア、checkはプリベンション、actはプリベンションとリペアに該当します。

データ品質管理のサイクルをうまく回すことが、データ品質管理として重要です。最初の改善は小さいかもしれませんが、最初は自分たちのチームやグループから、次にグループから部へ、そして部から全社へと改善の輪を広げていくことで、より良いデータを保持するデータ分析基盤が形作られていきます。

三原則の適切な割合　どれかに偏り過ぎるのはNG

ここで考えるのは、業務に適用する際のデータ品質管理の三原則について、それぞれどれくらいの割合が望ましいのかです。著者の私見ですが、本書の結論としては、データ品質管理三原則の割合はプリベンション40、ディテクション40、リペア20が良いと考えています 図7.1 。

図7.1　データ品質管理三原則の適切な割合

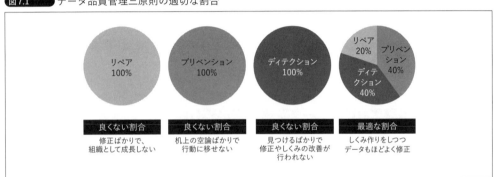

陥りやすいパターンとしては、すべてのデータは完璧に修正されるべきという完璧主義に陥っている場合です。これは、プリベンション0、ディテクション0、リペア100にあたります。この状態はデータ分析基盤の管理者は一切データの不備に気づいておらず、データを利用しているユーザーからの指摘のみでデータの不備に気づきデータの修正を行っている状態です。修正ばかり行っており、効果が高く優先して実施すべきである検知の自動化や改善の構築に手が回せていない状態です。また、しくみ作りを怠り現場エンジニアによる修正にのみ頼り切っている状態でもあります。

大切なのは既存のデータを直すことではなく、検知（ディテクション）して、事前に防ぐ（プリベンション）ことです。すべてを直すことを考えるよりも、検知と事前に防ぐことに力を回しましょう。

一方、プリベンションのみに注力してしまうと、机上の話ばかりになり物事が進みませんし、ディテクションばかりに注力しても見つけるだけでアクションを取らないのであれば何も改善しません。

これらのことから最適な比率をもって、データ品質管理の運用を行うことが好ましいです。繰り返しになりますが、完璧なデータなど存在しません。
完璧が存在しない以上、継続的に改善するための最適な比率を維持した品質管理のしくみを運用する必要があります。

第7章 データ品質管理
質の高いデータを提供する

データ品質について　データの状態を継続的に可視化し改善を示唆する

次はデータ品質管理のなかで、チェックと継続的な可視化を担当するデータ品質とは何かについて定義を行います。本書の「データ品質」の定義とは以下です。

- **正しいデータが、正しいときに、正しいユーザーに、正しい意思決定をするために存在していること**

これらの値が高く、状態が良いデータが品質が高いということになります。たとえば、いくつかのバリデーション（件数チェックや範囲（レンジ）テスト）を通っていれば、何もしていない状態よりも正しいデータつまり品質の高いデータが提供されていると考えます。

ここで、はじめに断っておきたいのが、「正しい」が連続してしまうと、データ品質として100％を求めてしまいがちなのですが、常に100％を目指す必要はありませんし、不可能です。まずはデータ（およびデータ品質）は完璧ではないということを認識することが、データ品質を理解するための一歩になります。

また、データ品質の定義そのものもデータを利用する用途によって異なってきます。本書では、データ分析の際に利用されるとくに汎用的なツールであるSQLでの利用を想定しています。

データ分析基盤におけるデータ品質担保の難しさ　ステークホルダーがあちらこちらにも

データ分析基盤とスモールデータシステムの決定的な違いは、アプリケーションを作成した人がそこに存在しないことにあります。たとえば、スモールシステムとしてAシステムはAさんが設計構築、BシステムはBさんが設計構築したとします。

そうすると、AさんとBさんは違うユーザーですから、設計の細部で違いは絶対に出てしまいます。つまり、Aシステム、Bシステムそれぞれのシステム内では一貫性が取れていたとしても、その2つが合わさるデータ分析基盤では一貫性が取れない状態に陥ります。

たとえば、Aシステムは論理削除する方針だが、Bシステムは物理削除する方針にする、といったルールの違いがそれにあたります。このような違いを何も考えずにデータ分析基盤に取り込んでしまうと、Aシステムからのデータの取り込みにおいては、論理削除されたレコードが存在するため、クエリーの方法によってはデータの重複が発生する一方で、Bシステムにおいては重複が発生しません[*2]。

また、メタデータの統一という観点でも、やはり品質担保の難しさは同様です **図7.2**。Aシステム/Bシステム/Cシステムそれぞれがid/iD/IDで統一しており、ユーザーがいざデータ分析基盤へ取り込み統合的に分析を開始しようとしても、まったく統一されていないという自体に容易に陥るのです。

データ分析基盤は何十というシステムのデータが集まる基盤です。そのため、ちょっとした定義が一致せず、データ品質が低下するということが当たり前のように起きてしまうのです。

＊2　この場合は、データ分析基盤においてETL時に論理削除されたデータを取り除くことで統一可能です。

図7.2 データ分析基盤における品質担保の難しさ

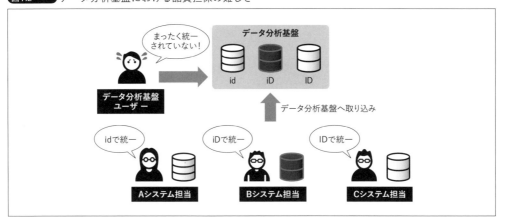

　データ分析基盤は本来全社レベルで取り組むべき事項です。しっかりとガバナンスを効かせ構築することが好ましいのですが、既存のシステムがすでに稼働していることがあったり、そもそも品質に疎かったりすることが実状です。そのため、エンジニア自身として現状を改善するために「自ら改善を行ったり」「時には上位の人に働きかけて」とエンジニア主体でじっくりと進めていくことが肝要です。

データ品質を測定する　6つの要素

　先ほどのデータ品質について、もう少し要素分解をしてみます。データ品質は要素分解を行うと、以下の6つの要素に分けることができます 図7.3 。

❶正確性（*accuracy*）
❷完全性（*completeness*）
❸一貫性（*consistency*）
❹有効性（*validity*）
❺適時性（*timeliness*）
❻ユニーク性（*uniqueness*）

　そして、データ品質管理におけるデータ品質の役割はこれら項目を可視化し、データ品質を改善することです。可視化と言ってもグラフで表現することも可能ですし、品質の結果を表形式で可視化する方式でも問題ありません 表7.1 。グラフで表現するのであれば、日々の品質測定結果が日付ごとにテスト結果としてどうだったかを表すのも良いと思います。

第7章 データ品質管理
質の高いデータを提供する

図7.3　データ品質を測定するための6つの要素

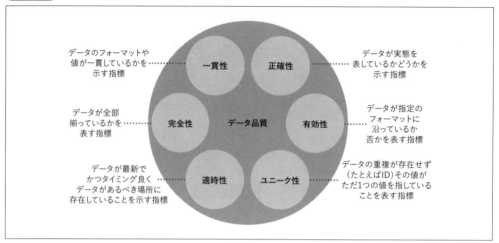

表7.1　単純な可視化例

テーブル名	品質測定結果
hogehoge	NG
hogepeke	OK

　そして、測定したデータ品質は最終的に可視化し共有することが大事です。可視化については「メタデータと連携したデータ品質の表現方法」にて例と一緒に紹介します。

データ品質の指標とデータの見方

　表7.2 に、データ品質6つの要素が揃っていないテーブルの例を示します。この内容を交えて、各項目を確認してみましょう。

表7.2　データ品質6つの要素が揃っていないテーブルの例

id	birth_date	age	place
1	1987/11/11	34	null
1	1987-11-11	34	null
2	1987/11/11	45	Tokyo

❶正確性 ➡ データは実態を表しているか
　データが実態を表しているかどうかを示す指標。たとえば、2021年10月時点で、とある年齢のカラムを考えたときに、1987年11月11日生まれであるにもかかわらず、年齢が2021年時点で45才というデータだったとする。本来は33才が正しいので、このデータは正確性に欠けていると考える

❷完全性➡データは全部揃っているか

レコードの全カラムに必要な値が存在しているかという指標。データが抜け (null) ばかりでは利用価値がほとんどない。できる限り、抜けが発生しないようにデータマートの設計やデータの生成を設計することが好ましい。データマートであれば第6章で紹介したViewによるテーブル作成が効果的である。テーブルを作成し最低限の抜け漏れが無いことを確認後、データ品質管理の三原則に従って改善ループを回すと良いだろう

❸一貫性➡データは一貫しているか

テーブル内およびテーブル間でデータのフォーマットや値が一貫しているかを示す指標。たとえば、男性を「male」と記載するシステムと「man」と記載するシステムが混在している場合は一貫性はない。とくに複数のデータを掛け合わせて作成する、データマートの作成時に劣化が発生しやすい項目である

❹有効性➡データはフォーマットに沿っているか

データが指定のフォーマットに沿っているか否かを表す指標。たとえば生年月日のフォーマットを考えたとき、仮に「1991-11-11」のようなフォーマットで統一しているのであれば、「1991/11/11」は有効ではないという判定になる

❺適時性➡データは正しく存在するか

データが最新でかつタイミング良くデータがあるべき場所に存在していることを示す指標。データは時間が経過するにつれて劣化する。たとえばすでに存在しない商品のIDやインフレが起こった際の貨幣の価値がそれにあたる。データが最新の状態で利用可能な状態を作ることが重要である。またデータは利用したいときにデータ分析基盤に存在する必要がある。そのためシステムとして約束した時間にデータが存在しているかどうかを確認する必要がある

❻ユニーク性➡データは重複していないか

データの重複が存在せず (たとえばID) その値がただ1つの値を指していることを表す指標。とくにマスターデータとトランザクション系のIDで同じ `ID：1` だとしても別々のものを指していたり、`ID：1` が2回以上同一のパーティションに存在している場合はユニーク性がないとみなす

データ品質 　システム観点での重要性＋コスト削減効果も

　そもそも、なぜデータ品質による可視化が必要なのでしょうか。本項ではシステム観点で、一つ例をとって考えてみようと思います。一兆レコードあるデータを参照したときに、取得したデータの値がすべて1円ずれていたとします。そうなると最終的な結果が1兆円ずれてくることになります。データを元に意思決定 (データドリブン) するわけですから、このずれを是正しない限り大きく間違えた意思決定をすることになります。

　しかし、いざデータを修正をしようと考えたときに「修正コスト」の壁にぶつかることになります。データ分析基盤とスモールデータシステムの大きな違いはその規模と修正のコストにもあります。

　一般にデータ分析基盤が扱うデータは数GBから数PBに及ぶことがあり、そのデータを横断的にすべて修正することは現実的ではありません。そのため、データ不備をできるだけ早い段階で気づき、正しておかないと後々の工程で取り返しがつかない事態につながります[*3]。影響範囲が大き過ぎると最悪の場合、再集計自体は諦めるといった選択肢をとらざるを得なくなることもあるのです。

---

*3　事実、筆者も再集計だけで3ヵ月以上かかった苦い経験もあります。

第7章 データ品質管理
質の高いデータを提供する

分析観点での「データ品質」の重要性　分析のための煩雑な作業を緩和する

次は、**分析観点**で、データ品質の必要性について考えてみましょう。データを利用する立場に立ってみると、たとえば以下のような点が気になります。

- いつデータの集計(ETL)は終わるのか
- 各テーブル間のデータに一貫性があるか
- 利用しているデータは重複があるか、ないか
- どのようなドメイン知識が必要なのか

これらのことを事前に定義/表現しておかないと、無駄にクエリーを発行したり1日中データを探し回っていることにもなりかねません。クラウドの世界では従量課金(使った分だけお金を取られる)が基本ですから無駄なクエリー発行は極力避けるようにデータ分析基盤を設計することが好ましいのです。

また、データ定義名やデータフォーマットのちょっとした違い[4]でクエリーがJOINできないことも生産性低下を招き、バリュー(価値)から遠のく原因になります。

不確実性観点での「データ品質」の重要性　揺らぎを排除できるか?

次は、不確実性観点でデータ品質の必要性について考えてみましょう。データ分析基盤の利用者は多様な考えやバックグラウンドのある人たちの集まりです。そのため、一人一人自身の中にある感覚や前提としている条件が異なります。

たとえば、人の感覚(だいたいこれぐらいだろうという)という不確実性ついて考えてみます。一つの事象に対して、人々が感じることはさまざまで、人によって「65%くらいだろう」や「15%くらいだろうと」とばらつきが出ます。

ここでは、データセットが2つありデータセット❶は「男」「1」、「女」「0」のように混ざっており一貫性のないデータとなっています。データセット❷は「1」を男として「0」を女としてすべて統一をし一貫性のあるデータとなっています 図7.4 。

---

[4]　Aテーブルはxx-xxxxだが、Bテーブルはx-xx-xxxとなっているなど。

データ品質管理の基礎 **7.1**
データ蓄積から次の段階へ進む

図7.4 データ品質と不確実性

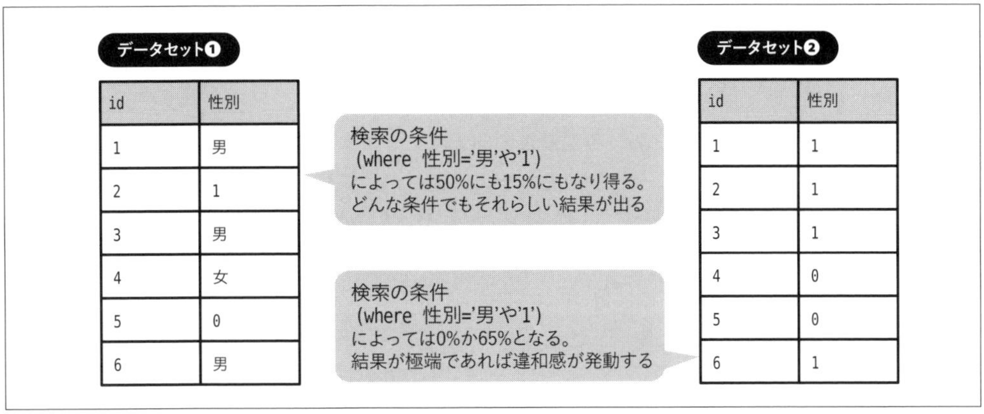

データセット❶	
id	性別
1	男
2	1
3	男
4	女
5	0
6	男

検索の条件
(where 性別='男'や'1')
によっては50%にも15%にもなり得る。
どんな条件でもそれらしい結果が出る

検索の条件
(where 性別='男'や'1')
によっては0%か65%となる。
結果が極端であれば違和感が発動する

データセット❷	
id	性別
1	1
2	1
3	1
4	0
5	0
6	1

とあるユーザーAさんが、データセットに含まれる男のデータは全体の15%くらいだろうという感覚を持っていたとします。そこでいくつかのデータを調査しました。

調査❶ →**データセット❶**に対して「where 性別='1'」としてデータを検索した

その場合、返却されるデータはid=2、つまり1/6レコードのデータが返却されたことになるため16%ほどという結果が出たことになる。この場合、Aさんが取る可能性のある行動の一つとして自身の感覚である15%に近かったため、間違えているにもかかわらず調査を終了する可能性がある

調査❷ →**データセット❷**に対して「where 性別='1'」としてデータを検索した

その場合、返却されるデータはid=1,2,3,6、つまり4/6レコードのデータが返却されたことになるため66%ほどという結果が出たことになる。自分の感覚とは違ったが、正しい結果なので問題はなし

調査❸ →**データセット❶**に対して「where 性別='男'」としてデータを検索した

その場合、返却されるデータはid=1,3,6、つまり3/6レコードのデータが返却されたことになるため50%結果が出たことになる。この場合、Aさんが取る可能性のある行動の一つとして自身の感覚である15%に遠かったため、再調査しデータの一貫性のなさに気づく可能性がある

調査❹ →**データセット❷**に対して「where 性別='男'」としてデータを検索した

その場合、返却されるデータはない、つまり0/6レコードとなるため0%という結果が出たことになる。この場合、Aさんが取る可能性のある行動の一つとして0%という極端な数値が出たことにより、異常に気づき再調査により自身のクエリが悪かった（しかし、別にデータが悪いわけでない。むしろビジネスメタデータが整理されていないことがこの場合は本質的な問題）ことに気づきクエリを修正するだろう

つまり、データセット❷のように品質が確保されているデータほど、最終的な結果に対する不確実性が小さく（皆が正しい答えに近づきやすく）なっていきます。

このようなバラバラなデータが存在するのかと思うかもしれませんが、多くのデータソースからのデータが集うデータ分析基盤では日常茶飯事です。なぜなら、データソース側のシステム開発者が別々であることに起因しています。データソースごとに多くの人がシステム作りに参画していれば、当然ながらデータソースごとに小さなずれも発生します。このようなあからさまな例でも頻繁に発生するものだということを知っておきましょう。

261

第7章 データ品質管理
質の高いデータを提供する

生産性観点での「データ品質」の重要性 「ちょっと違う」に要注意!

そしてもう1点、データ品質とは何もデータの品質だけではありません。第5章で紹介したメタデータも同じようにデータ品質（メタデータ品質）をチェックできます。メタデータにおけるデータ品質向上の目的は、組織や利用における**生産性**の向上にあります。

例を挙げると、1Q（1クォーター）と聞いたときに、皆さんは何月から何月を思い浮かべるでしょうか。ある人は4〜6月、ある人は9〜11月といったように人によって異なっているはずです。

別の例として、SQLを書く人の立場になった際に、id同士をJOINすることを考えてみます。Aシステムを担当しているAさんのチームはidはidで統一、しかし、Bシステムを担当しているBさんのチームはidはiDで統一するとなった場合、これらのデータをデータ分析基盤に取り込み、データアナリストが2つのテーブルを結合しJOINしたいとします。しかしながら、そのテーブルのJOINはおそらくうまくいきません。なぜならば、id = iDであり、クエリーでのエラーが発生するからです。

これが単純なアドホックのクエリーであれば、ダメージはそこまで少なくないかもしれません（大量なサブクエリーの最後に実行していた場合はダメージを被りますが）、しかし、これが何日もかかる処理の最後に記述され実行されていた場合は最初からやり直しになるという悲惨な状態を招く可能性もあります。極端な例かもしれませんが、できる限りクエリーを書く際の脳のリソースを分析をするという仕事に回すことができれば、無駄なコストが削減されより価値（成果）が出やすくなります。

データエンジニアにとっても、「**ちょっとだけ違う**」「**Aの部分は（意味もなく）特別な作り**」となっている場合はしくみ化がしづらく、専用のバッチを用意するなどコストの増加につながってしまいます。

そこで、データ品質管理を用いて特例を洗い出し改善することによって、よりしくみ化しやすい状況を作っていきます。

7.2 データの劣化
データは放置するだけで劣化する

蓄積していくデータが劣化すると、分析しても正しい結果を得られないことにもつながります。本節では、データが劣化する4つの原因を知ることにより、データ劣化対策の準備を行いましょう。

データの劣化の原因 データの移動時と時間の経過に注意

データが劣化する原因として、以下の4つが挙げられます 図7.5 。以下で順に見ていきましょう。

❶データの往来
❷データの変換
❸時間の経過
❹人的要因

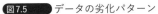
図7.5　データの劣化パターン

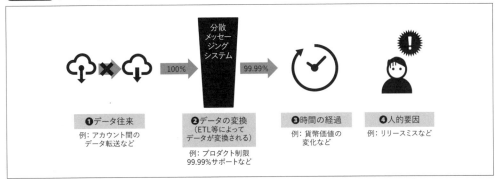

データの往来　データ分析基盤に到着する前にも劣化する

データの往来時に発生するデータの劣化パターンとして以下が挙げられます。

①通信要件
②データを転送時（第4章のデータ転送にて）

①通信要件は、データソースからデータを送信する際に、電車に乗っていてトンネルに入ってしまい通信が途切れてしまった場合などがあたります。発生する条件は様々ありますが、たとえば、以下のような条件が挙げられます。

- 無線の接続ポイントが切り替わった
- 有線接続時のルーターの電源が落ちた
- スマートフォンの電源が落ちた
- クラウドベンダーでシステム障害が発生した

②データ転送時の劣化は、データをクラスターやアカウント間でデータを転送する際の「転送の失敗」によってデータが劣化するパターンがあたります。

データの変換　システムの守備範囲、データマートの作成

データが別の形へ変換されるときも、データは劣化します。データの劣化の種別としては、大きく以下の3点です。

第7章 データ品質管理
質の高いデータを提供する

- ビッグデータシステムとスモールデータシステムの守備範囲の違い
- データマート含むETLによる変換
- プロダクト連携時

ビッグデータシステムのプロダクトとスモールデータシステムで利用されるプロダクトの違いによる劣化が存在します。データを取り込んだがビッグデータとスモールデータシステムの守備範囲の違いで元データと形が違うといった事象が発生することがあります。元々、ビッグデータの世界はスモールデータシステムに比べると少し大雑把に作られています[*5]。

たとえば、MySQLなどのRDSは、ディスクスペース削減のためInt型だけでも複数の種類も存在します（Smallint、Bigint、Int...など）、一方でビッグデータではBigintがメインで使われることが多くビッグデータで利用するプロダクトによっては、Bigintのみのサポートとなり実態と異なることになります。

また、データマートの作成や、データラングリングのような行為も「データの変換」にあたります。たとえば、データマートを作成しようと複数のテーブルを結合して作成したとします。その際に間違えたID同士を紐付けてしまい結果として正しくないデータを生成してしまった、といった事例がこれに含まれます。

さらに、プロダクトの制限においては、利用しているプロダクトが99.9％のSLO（*Service level objective*）を保証していた場合、全データのうち0.1％はロスの可能性があります。

たとえば、**図7.5**のように分散メッセージングシステムに対してデータを格納した場合、データが内部でシリアライズやデシリアライズされ分散メッセージングシステム内に格納されます（≒変換される）。その変換時にデータが一部欠落する可能性があるということです。

時間の経過 10年前のデータは正しいデータか

時間の経過もデータ品質を劣化させる原因です。

- 貨幣価値
- すでに終了してしまったサービスのデータ
- 当時は利用されていたがアクセスがなくなったデータ

たとえば、10年前のデータが存在しているが、現在社内で使っているマスターデータのコードとすでに紐付かない状態となっている場合などは、時間の経過によって品質の劣化が発生しているといえます。

また、別の例としては貨幣の価値が挙げられます。たとえば、Aのユーザーが100円の商品を2011年（10年前）に購入した場合と2021年に100円の商品を購入した場合では意味が異なります。

なぜならば、貨幣の価値は時代の経過によりインフレ（もしくはデフレ）が進むことによって影響を受けます。たとえば、100円は、今も昔も100円です。しかし、マクドナルドのハンバーガの値段がだんだんと60円➡100円➡120円とインフレを続けていることを考えると、昔100円で購入できたものは、今の100円では購入できません。

[*5] これは一部を捨てることで、全部失うよりも良いという考え方です。

このように、経済で物価のインフレが発生すると貨幣の価値は物価に対して相対的に少しずつ減っていきますから、10年前の100円が今日の100円と同じ価値ということはあり得ず、同じ100円でも10年前の貨幣のほうが価値が高いのです。このように数値が正しくても、時が流れればデータは次第にそもそもの値の意味を失っていきます。

人的要因　人にはミスがある

人的要因は、人の設定ミスやプログラムミス、考慮漏れにより、間違えたデータが送信されてしまい処理されてしまったというパターンや、そもそもデータが取得できていない状態（データ取得用のSDKの埋め込みを忘れたなど）を指します。また、Webブラウザからの攻撃など、意図的に間違えたデータを送信するようなことも人的要因にあたります。

さまざまな劣化に早く気づき修正する

これらの劣化を事前に防ぐことも重要ですが、もっと重要なのは「劣化に如何に早く気づき修正するか」です。そこで、以下のように一つ一つ解説を進めていきます。

- 7.3節 ➡ データの劣化に早く気づくためのデータ品質のテスト
- 7.4節 ➡ メタデータ品質の改善改善のための対策
- 7.5節 ➡ データの劣化に気付いた場合に取るべきアクション

7.3　データ品質テスト
劣化に気づくための品質チェック

本節では、データの品質劣化に気づくために、どのような手立てを打てば良いのかについて解説を行います。

データも、Webアプリケーションなどと同様に、「データ自体の品質のテスト」を行うことができます。なお、テスト自体はバッチ処理だけでなく、ストリーミングにも適用可能であることに注意してください。2.4節で紹介したDeequは、Amazonで利用されているデータ品質テストツールです。PySpark（Pythonで実装したSparkのこと）およびScala Sparkによる実装になっており、Sparkが動く環境であれば大規模なデータに対してデータ品質のテストを行うことが可能です[6]。

＊6　URL https://aws.amazon.com/jp/blogs/news/test-data-quality-at-scale-with-deequ/

第7章 データ品質管理
質の高いデータを提供する

データ品質テスト実施の流れ

図7.6 にデータ品質テストの流れをまとめました。以降では、次のような順番で紹介をしていきます。

❶ レベルの設定を行う
❷ テストの実施を行う
❸ 結果の可視化を行う
❹ 結果から改善の手立てを打つ（7.5節）

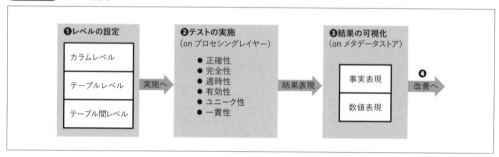

図7.6　データ品質テスト

レベル　品質テストを行う粒度の設定

まずは、データ品質テストで利用される「レベル」という用語を説明します。データ品質におけるレベルとは、データ品質のチェックをテーブル単位で行うのか、カラム単位で行うのかといった、データ品質を行う粒度の基準になります。テーブルレベルであれば、テーブルの単位でデータ品質のテストを行うといった形になります。

以降では「カラムレベル」「テーブル間レベル」「テーブルレベル」のデータ品質テストを紹介します。今回紹介するテストについて適用範囲を 表7.3 にまとめました。以降の解説は表の一部を利用し、各テストの特徴を中心に説明します。実業務に適用する際は、表を元に適用の範囲を検討してみてください。

データ品質テスト **7.3**
劣化に気づくための品質チェック

表7.3 データ品質テスト

テスト名/テスト概要	カラムレベル	テーブルレベル	テーブル間レベル	正確性	完全性	一貫性	有効性	適時性	ユニーク性
if-then➡プログラムのテストのように分岐をしながらテストする（分岐テスト）	○	○	○	○	○	○		○	○
ゼロコントロール➡四則演算の結果を確認する		○	○	○			○	○	
レイショーコントロール➡変動の割合を確認する		○				○		○	
辞書➡あらかじめ用意した「辞書」に沿ってテスト	○					○	○		
レンジ➡データが想定した値の範囲内なのかをテスト	○					○	○		
ユニーク性➡一意になっているかをテスト	○						○		○
インターナルコンシステンシー➡一つのテーブル内で一貫性が取れているかどうかのテスト	○	○					○		
タイムラインネス➡約束した時間までに処理が完了しているかをテスト		○	○					○	
パターンマッチ➡特定の正規表現に準拠するかテスト	○				○			○	
半角空き/Nullチェック➡データにどれくらい半角空き/Nullが含まれているかのテスト	○				○			○	
エクスターナルコンシステンシー➡複数のテーブル間でナチュラルキーの紐付きがどれくらい一致しているか、一貫しているかをテスト			○			○			○
件数チェック➡しっかりとデータは処理されているかをテスト		○				○		○	
スキーマテスト➡スキーマが想定通りかを確認するテスト		○					○	○	
その他チェック➡最大/最小/基本統計量などのテスト	○					○			

カラムレベルで行うことができるテスト　データの単体テスト

　まずは、カラムレベルで行うことができるデータ品質のテストについて紹介します。カラムレベルでのテストは、分岐のテスト（本書の場合はif-then）のようにプログラムの単体テストに似たテスト方法が使われます。プログラミング経験のある方なら、プログラムテスト時の「テストコード」を思い浮かべるとわかりやすいでしょう。

267

第7章 データ品質管理
質の高いデータを提供する

正確性のテスト 基本的なデータ品質の項目

データの正確性を担保するためのテストです。繰り返しますが、完璧を求めるためのテストではないことに注意してください。想定できる範囲でデータとはこうあるべきだというデータの状態に向けてデータ品質テストを行います。

- **if-then ➡ もし、AであればBを満たせているか**
  データにもプログラムのテストのように分岐をしながらテストを行う、それがif-thenテストである。たとえば、2021年の時点で生年月日が1987/11/11という値があったとして年齢の項目が38才だとするとこのテストは失敗することになる。このような、特定のカラムを利用して別のカラムとの整合性が取れているかどうかをテストすることをif-thenテストと呼ぶ。分岐が大量になることもあるが、概ね繰り返せば理想のデータか否かを判別することができる

- **ゼロコントロール**（*zero control*）**➡ 四則演算の結果は合うか**
  ゼロコントロールは、端的にいうなら四則演算の結果が想定どおりかをチェックするテスト。たとえば、図7.7のように、消費税10%で100円の買い物をしたときの総額は110円だがその計算結果に間違いがないかどうかを計算することを指す。数値の違いはそのまま予測の違いにつながるため、金額や物、人が関わるところに多く使われる傾向がある。たとえば、消費税10%の場合に価格100円の商品を1つ購入した結果が108円であれば、本来の110円と不一致のためテストは失敗する

図7.7 　ゼロコントロール

- **レイショーコントロール**（*ratio control*）**➡ 今日の値は正常？異常？**
  レイショーコントロールとは、想定した割合にデータの件数や統計量が収まっているかどうかをテストする方法 図7.8 。割合制御とも呼ばれる。男女の出生率がおおよそ1：1であることを利用して集めたデータの男女比に、極端な差がないかの比を比較し確認することなども含まれる。異常検知などのシステムでこのしくみを利用することがあるが、データ品質のチェックとしてもこのしくみは利用される

図7.8 　レイショーコントロール

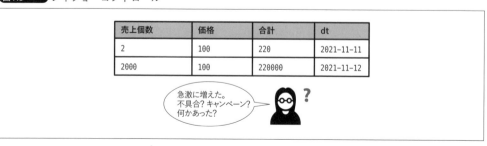

たとえば、ストリーミングデータにおける刻々と流れてくるデータの毎時件数や、バッチ処理における日次の件数がレイショーコントロールのテスト対象になる。レイショーコントロールは、とくに外的要因の変化に目を向けることができる特徴がある。たとえば、データ転送側の手違いでデータを三重に送ってしまった場合はデータ量が3倍になるため、レイショーコントロールによるチェックにより当日中に変化に気づくことが可能である

ユニーク性と有効性のテスト　社内の常識の範囲

データがユニークか、もしくはデータが想定した値の範囲内なのかをテストします。これらは、ソフトウェア開発の「単体テスト」(*unit test*)をイメージすると良いでしょう。

- **辞書**(*dictionary*)➡**事前に用意された項目に収まっているか**
  辞書テストは、あらかじめ用意した「辞書」[7]に沿ってテストを行う手法。たとえば、日本の都道府県であれば「北海道」から「沖縄」まで47都道府県から選ぶことができるので、47都道府県以外の値が入ってくる場合はデータの劣化の原因のうちのいずれかのフェーズでデータに不具合が発生しているだろう

- **レンジ**(*range*)➡**数値は特定の範囲に入っているか**
  ある範囲に値が含まれているかどうかについて確認を行う手法。たとえば、年齢であれば0〜125歳くらいまでの間に入ることが想定され、制限によっては18〜60歳などもあり得る。このテストを行うことによって外れ値を確認し、システムや途中のデータ変換の不備などに気づき対処を行える

- **ユニーク性**(*uniqueness*, **ユニークネス**)➡**各種idは一意になっているか**
  データのユニーク性、つまりidが一意であるかも重要である。あからさまに重複している場合は、普段確認しているダッシュボードなどで即座にわかるが、少しだけ重複している場合はダッシュボードではなかなか気づくことができない。RDBからの取り込みであれば、この制約は比較的PK(▶Appendix)の制約によって達成しやすいだろう。しかし、IoTデータなどのストリーミングデータとなると、再送制御やそもそものストリーミングにおけるプロダクトの制約により急に重複データが発生しやすくなる。IoTにおけるユニーク性は一意であることを「期待した」番号を割り当てるため、場合によっては重複することもあり得るため、重複を見越して対応する必要がある

一貫性のテスト　一貫性は取れているか

データ(やメタデータ)のフォーマットに一貫性[8]があるのかをテストします。RDSなどPKや外部キーがある場合はこの制約は守られていることが多いのですが、データ分析基盤になると、とたんにこの制約を守ることが難しくなります。確実にテストをして品質を担保していきましょう。「ちょっとだけ違う」のはシステムとして非常にしくみ化しづらいため、できる限り可視化を行い、原因を元から断っていきたいところです(▶7.5節)。

- **インターナルコンシステンシー**(*internal consistency*)➡**内部のデータは整合性が取れているか**
  インターナルコンシステンシー(内部一貫性)は、一つのテーブル内で一貫性が取れているかどうかのテストを指す。とくに複数のデータを結合して作成されるデータマートでは、一つのテーブルの中に複数のデータフォーマットが存在していることがある(英字表記の日付と日本語表記の日付の混在など)。このようなフォーマットの違いに気づくためのテストである

---

[7]　プログラミング言語の型でいうとDictionary型のようなものです。

[8]　リファレンシャルインテグリティ (*referential integrity*) と表現されることもあります。第5章でも紹介した「リファレンシャルインテグリティ」(参照整合性)をデータ品質としても測定します。

適時性のテスト　必要なときに正しいデータが存在しているか

適時性のテストでは、必要なときに正しいデータが存在しているかのチェックを行います。

- **タイムラインネス**(*timeliness*)➡**約束した時間までに処理が完了しているか**
  タイムラインネスは、データがあるべきときに然るべきところに存在しているかどうかを表す。データは利用されることではじめて意味を成す。よってデータをいざ利用しようとしたときに、データが然るべき場所に存在していることが求められる。一般には、データを生成するETLジョブの実行時間がいつもより遅くなっていないかを確認する、といったことが行われる

- **パターンマッチ**(*pattern match*)➡**特定の正規表現に準拠するレコードの割合**
  パターンマッチは、特定の正規表現に準拠するレコードの割合がどれくらいあるかのテストを指す。たとえば、生年月日であれば「1991年11月11日」のようにある程度フォーマットが決まっており、単一テーブルや単一システム内であれば統一は簡単である。しかし会社全体と、海外の部署のシステムでは11/11/1991、日本向けの経理システムでは1991年11月11日と表記されているようなケースがあり、これは機械的に見るとデータは一致しているとはいえない。別の例としては、テーブルにより、JSTやUTCなどフォーマットがバラバラになることによって必要なデータがSQLで絞り込めないことがある。データ品質をテストし、すべてをJSTないしUTCに変換し改善をすることによって、日付によるデータが絞り込めない事態を防ぐことが可能である

完全性のテスト　データはしっかりと情報を持っているか

完全性のテストは、必要なデータが埋まっているか、必要な属性を含んでいるかを確認します。

- **Nullチェック➡データにはどれくらいNullが含まれているか**
  Nullがどれくらい含まれているかというテスト。データは値があるからこそ利用価値があり、Nullの数は少ないほうが好ましい。しかし、ビッグデータでは、最初の1万行はデータがすべてNullというケースもあり得るし、逆にはじめはNullが存在せず、1万1レコードめからずっとNullというケースもある。また、データの劣化によってたとえば、マスターデータの特定IDが削除されたがトランザクション系のデータは修正されていない場合データの紐付きを表現することができず、Nullが増加するということも考えられる。
  データがNullばかりであれば、昔は利用していたデータだったけれども、現在利用していないといった外部の状況変化があるかもしれず、そもそもそのデータを取り込む必要がなくなる可能性もある。
  不要なのであれば対象データを取り込むと混乱を招くため、ETL処理を停止して削除する必要がある。
  一方、データが実は必要で、そのデータを使い今まで間違えた結果を出し続けてきたのであれば、別の手段で代替する必要性もあるだろう

▍テーブル間で行うことができる一貫性のテスト　データを整えるために必要なテスト

ここでは、テーブル間で行うことができるエクスターナルコンシステンシー(後述)を確認するテストについて紹介します。

本書では、エクスターナルコンシステンシーのうち、ジョイナブル(*joinable*)[9]であるかについて紹介します。データは単体では効力を発揮することができません。より価値を高めていくためにはSQLによってデータ同士の結合が必要になります。したがって、特定のテーブル同士でどれくらい

---

[9]　結合可能かを意味しています (▶Appendix「SQL」項のJOINの解説部分)。

結合することが可能なのかを可視化することは、分析をする上でも重要なポイントになります。

一貫性のテストでは、以下の流れでテスト実施を行っていきます。

- ナチュラルキーを指定する
- 結合可能と思われるテーブル間でエクスターナルコンシステンシーをテストする

ナチュラルキーの特定を行う　トランザクションIDなど

まずは**ナチュラルキー**（*natural key*）の特定を行いましょう。ナチュラルキーとは、分析をする際にメインとして使われるIDなどの識別子です。たとえば、以下のような所属する組織の業務システムで利用しているキーなどです。

- 購入した際のトランザクションID
- 物や人に付けられた管理番号

エクスターナルコンシステンシー　外部と一貫性をテストする

ナチュラルキーの洗い出しが終わったら、そのナチュラルキーが含まれているテーブルをいくつか見つけます。**エクスターナルコンシステンシー**（*external consistency*）とは、複数のテーブル間でナチュラルキーの紐付きがどれくらい一致しているか、一貫しているかをテストすることです 図7.9 。

企業/組織によってさまざまなナチュラルキーが存在していますが、そのナチュラルキーがデータ分析基盤が保持しているすべてのテーブルでフォーマットや名称含め一致しているかどうかは、SQLがJOINしやすいかどうか（価値が出やすいかどうか）に関わってきます。

このテストを通して、どれくらいの割合でJOINが可能なのかを定量的に表し、改善へのヒントを見つけるためのテスト方法です[10]。

図7.9 　エクスターナルコンシステンシー

Aテーブル

購入個数	価格	合計	purchase_id
2	100	220	P12894
1	100	110	P12895
2000	100	220000	X12896

購入マスターテーブル

購入日付	purchase_id
2021-11-11	P12894
2021-11-12	P12896
2021-11-12	X12895

- P12896が2テーブル間で存在していない
- X12896がなぜか存在する（採番ミス?）
- これらはJOINができない（=一貫性がない）値

➡ JOIN可能な割合は33%

---

*10 ナチュラルキーが含まれていないテーブルやデータは、データ分析基盤内で単体でしか利用できない可能性が高いです。

第7章 データ品質管理
質の高いデータを提供する

テーブル単位で行うことができるテスト　シンプルなテストでも効果絶大

ここでは、テーブル単位で行うことが可能なテストについて紹介をします。テーブル単位で行うテストはシンプルなものが多く、実装しやすいものが多いのが特徴です。

- **件数チェック　➡しっかりとデータは処理されているか**
  その日処理したデータの件数がどれほどなのかを確認するチェックのこと。たとえば、先日まで存在していたプロダクトが、急に、いつのまにかなくなっているということもあり得る。
  その際に件数チェックを仕込んでおくことで、その変化にも気づくことができる。たとえば、日次のETLした件数が0件であるかどうかの「0件チェック」などがこれにあたる。単純なテストだが、数万といったテーブルを管理するデータ分析基盤では一つ一つの動向を目で追うことは不可能で、必須のテスト項目と考えておくと良い

- **スキーマテスト　➡定義の変更にいち早く気づく**
  テーブルにおけるスキーマが想定と一致しているかを確認するテストのこと。たとえば、ETL後に思わぬ型になっていたり、思った以上にカラムを落としてしまう場合もあり得る。とくに、スキーマオンリード(▶2.7節, p.77)の場合などは事前のスキーマ定義をしないので確認するポイントを設けないといつまで経ってもデータの変更に気づけない場合がある。導入することで、エラーの早期発見と一貫性および有効性が確認可能

Column

スイスチーズモデル

　チェックは、可能な範囲で幾重にも用意しておくことが好ましいです。現在は監視ツールが豊富にありツールの活用も重要ですが、監視ツールも完璧ではありません。

　筆者の経験では、ストリーミングの処理でいつの間にか監視のログ受け付け上限に達しており、アラートが発信されていないことがありました。しかし、件数チェックをバッチ側で実装していたため、その日のうちに気づくことができ、対処することができました。

　このように1つのテストや工程には必ず障害が発生するポイントが存在すると考え、幾重にも準備する対処方法は「スイスチーズモデル」(Swiss cheese model)による対処と呼ばれます　図C7.A　。

図C7.A　スイスのチーズモデル

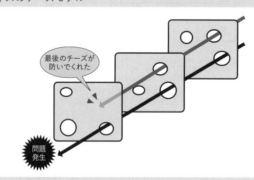

データ品質テスト　7.3
劣化に気づくための品質チェック

その他のテスト　データの基本的な特徴を表す

最大（*maximum*）、最小（*minimum*）、平均（*mean*）、中央値（*median*）、最頻値（*mode*）、分散（*variance*）、標準偏差（*standard deviation*）のような、基本統計量や合計（*sum*）を取ることもデータ品質を確認する一つの手立てになります。比較的取得しやすく、データ品質チェックの第一歩としては扱いやすいものが多い反面、有効に使えるかどうかは対象のデータセットと目的により異なるため、確認しながら進めます。実装するのであれば、カラムレベルでのテストになるでしょう。

単体テストとデータ品質のテストは違う（?!）　2つのテストで相乗効果を狙おう

Pytest（▶第0章）等で行う単体テストと本節で紹介したテストにはどのような違いがあるでしょうか。

Column

dbt　データ品質関連のツール

dbt（*data build tool*）[注a] というプロダクトがデータ品質関連のツールとして注目を集めています[注b]。dbtはデータモデリングのツールですが、ymlでデータ品質のテストを記載できるため、データ品質の実施においてコードを組む必要性を少なくしてくれるツールです。

たとえば、ユニーク性のテストであれば、以下のようなymlを定義することによって、繰り返しテストを行うことが可能です。この例では、orders_idに対してユニークテストとnot_null（nullを許可しない）のテストを行っています。

```
version: 2

models:
 - name: orders
   columns:
    - name: order_id
      tests:
        - unique
        - not_null
```

※ URL https://docs.getdbt.com/docs/building-a-dbt-project/tests#schema-tests

以前は、自前でSparkなどのエンジンを利用して品質用のプログラムを自前で作成する必要がありました。しかし、dbtのようなツールの登場で段々とデータ品質のチェックを簡単にする技術が発展してきてCI/CDも以前と比べると手軽にできるようになりました。余談ですが、p.158で紹介したデータ品質確認用のSQLはdtbのtestコマンドの実行後に作成されたSQLと同機能のSQLになっています。ただし、dbt自体はあくまで定義をするだけです。そのため、定義を実行するバックエンドとしてSparkやSaaS型データプラットフォームは必要になります。

注a　URL https://www.getdbt.com/product/data-testing/
注b　URL https://towardsdatascience.com/the-top-5-data-trends-for-cdos-to-watch-out-for-in-2021-e230817bcb16

273

第7章 データ品質管理
質の高いデータを提供する

Pytestなどのライブラリを用いた単体テストは、おもにプログラミング観点のテストでコードが正しく動いているかに主眼が置かれています。一方で、本節で紹介した品質テストはデータが正しい状態かどうかを確認するためのテストになります。たとえば、ETLを行うPysparkのプログラムはPytestを用いて単体テストを行い、生成されたデータはデータ品質のテストを行うというイメージです。

よって、一方だけ実施していれば良いわけではなく、いずれも実施することでより堅牢なデータ分析基盤を運営できます。最近ではデータ品質テストをサポートするライブラリ群も多く出てきています。以下はデータ品質テストを実施する際に利用されるライブラリの代表例です。

- PyDeequ　　　**URL** https://github.com/awslabs/python-deequ/
- Great Expectations　**URL** https://greatexpectations.io

7.4 メタデータ品質
生産性を向上させるために

本節では、データそのものではなく、メタデータの品質について紹介をします。メタデータの整理を行うことによって、「生産性の向上」および「データ分析基盤内のデータに統一感」が生まれます。

メタデータの名寄せ　テーブルの名称やカラムは統一されているか

本書での「名寄せ」とは、バラバラのカラムの論理名やデータのフォーマットを統一させて使いやすくすることを表します。たとえば、単語のつなぎには人によって「-」(ハイフン)が好みの人もいれば、「_」(アンダースコア)が好みの人もいます。このように、ユーザーによって異なる定義を統一していくことを名寄せと呼びます。この名寄せ作業をメタデータに適用する例としては、「sample-id」と「sample_id」が存在していた場合に「sample_id」に統一するといった作業が該当します。

言語の認識合わせ　あなたの第一クォーターは、あの人の第一クォーターか

思っている以上に、自分自身と相手との間には認識の違いがあります。たとえば、7.1節で紹介した「1Q」(1クォーター)の話があたります。そのため、すべての人は違う人で違う認識を持っていることをより意識してデータ分析基盤の構築を行う必要があります。

対策としては、定義をしっかりと統一するという品質観点の改善、もしくはビジネスメタデータへドメイン知識としてメタデータに蓄積する方法が考えられます。

7.5 データ品質を向上させる
品質テストの結果を活かす

データの品質テストを行って結果が出たら、そのテスト結果を元にアクションを取っていきましょう。本節では、データ品質を向上させるためのアクションである「データのリペア」について紹介をします。

▍データのリペア　データ不備を修正する／未然に防ぐ

本書では改善アクションを担当するデータの修正（*repair*, リペア）について解説します。リペアは大きく分けて3種類あります。

- **データ品質管理におけるプリベンションにつなげる方法**
  - データの不備をレギュレーション作りやシステム作りによって事前に防ぐ
- **すでにストレージレイヤーに存在するデータの不備を見つけてその場でデータを修正**
  - データ分析基盤にすでに存在するデータをデータ品質チェックで洗い出し修正する
- **ユーザーからのデータ修正依頼**
  - 外(ユーザー)から改善を促進する

データ品質管理におけるプリベンションにつなげる　リペア方法❶

データの不備を元から断つことができればこれほどスマートなことはありません。なぜならば、後の工程にかかる人的コストやシステムコストを一挙になくすことができるからです。そのためこのポイントで防げることが一番費用対効果としても高くなります。しかしながら、はじめから防げれば良いのですが必ずしもそれがうまくいくとは限りません。

組織に合わせた徹底したルール作りは当然必要なのですが、すでに動いているアプリケーションも存在することがほとんどです。そのためいきなりすべてをしくみ化して実施するわけでなく、できるところから取り掛かりましょう。たとえば、ルール作りの一例としてはViewとviewなど違う文字を見つけたら、対向のシステムにView ➡ viewに修正してもらうといった方法です。

すでにストレージレイヤーに存在するデータの不備を見つけて修正する　リペア方法❷

次に検討するのは、すでにストレージレイヤーに存在するデータの修正です。修正方法としてまず考えられるのは、以下のいずれかでしょう。

- 特定日付のETLをすべてやり直す
- Apache Hudiのようなオープンテーブルフォーマットを用いたしくみを利用してピンポイントでデータの修正を行う

275

たとえば、Viewとviewなど違う文字を見つけたらlower_caseを変換処理（SQLでの実施でも十分）に入れるといった簡単な方法でも問題ありません。

一般にデータ分析基盤のプロダクトは更新（*update*）をサポートしていないことが多いです。そのため、何かを修正する際は特定日付の集計をはじめからやり直す必要があります。

しかし、データ分析基盤のデータはそもそも処理し切れないほどのデータ量が存在しています。はじめからやり直していたのではとんでもない時間がかかります。そこで、Apache Hudiのようなしくみを利用してピンポイントでデータを更新することも視野にいれると良いと思います。データをトランザクション系のシステムのように利用することができるのでデータの修正には役に立つときがあります。

ユーザーからのデータ修正依頼　リペア方法❸

3つめはユーザーからの修正依頼です。エラーを発見してもらったり、異常な値を確認できた場合にユーザーから連絡をもらいます。自発的に行う前者2つの方法に比べてこの方法は受け身の方法です。ユーザーからの要望なので、よっぽど特殊でなければ修正内容を取り込むことでデータ品質の改善が見込める対処方法です。

インサイドアウトとアウトサイドイン　内から、外からデータを修正する

「データ不備を事前に防ぐ」と「データのエラーを見つけて修正する」はインサイドアウトと呼ばれる手法です。インサイド（内部）から見つけてデータのリペアを行いその結果を周知（アウト）することからインサイドアウトと呼ばれます。

逆に「ユーザーからのデータ修正依頼」はアウトサイド（外部）からイン（連絡）することからアウトサイドインといいます。インサイドアウトとアウトサイドインが相互に噛み合えば、内部からそして外部からもデータのリペアを行うことで、データ品質向上へのサイクルを多く回せるので良いデータ品質になりやすくなります。

チェックし過ぎに注意　80%を善しとする

ここで1点注意しておきたいのが、データを見つけてエラーを修正する場合は沼にハマると一生抜け出せない場合があります。見つけたエラーをすべて直さなければならないといったマインドに陥るのではなく、データを利用するアプリケーションがどれくらいエラーを許容できるかを把握することが大切です。なぜならば、テストを行うということはそれらを計算するコンピューティング費用も比例して大きくなるからです。そのため、ROIの観点から第3章のデータのバックアップで紹介したように優先度の高いデータのみに絞ってテストを導入していくことがしばしば求められます。

一般に精度が100%でないと困るということはなく1〜5%の範囲でデータの不備は許容されることが一般的です。データ品質管理の三原則を忘れずバランスを保ちながらデータ品質管理の設計を

していきましょう。

　たとえば「時間の経過」で紹介した貨幣価値の変動を例にすると、すべてのデータを直さずとも、データの補正のためのマスターデータ（たとえば経済の年代ごとのインフレ（デフレ）率）を用意して元のデータは変更せずそのインフレ率と合わせてSQLを実行することで回避することもできます。

　データ品質管理の目的は、すべてを直さなければならない！というマインドに立つのではなく、あくまで事実を知り改善に役立てるものと考えるとデータ品質管理のサイクルがうまく回ります。

　また、データ品質のテスト項目として無駄なテストを行うことは避けるべきです。たとえば、年齢のカラムに対して合計の値を取得し評価しても意味があるデータ品質の可視化になるとは思えません（平均や中央値は意味があると筆者は考えますが）。テスト方法は様々あると思いますが、まずは対象のデータセットに対して本当にそのテストが必要かを考えてみることも大切です。なぜならば、テストを行うということはそれらを計算するコンピューティング費用も比例して大きくなるからです。そのため、ROIの観点から第3章のデータのバックアップで紹介したように優先度の高いデータのみに絞ってテストを導入していくことがしばしば求められます。

メタデータと連携したデータ品質の表現方法

　ここではデータ品質をユーザーや自組織に見せるための可視化方法について見ていきます。ここでは、「❶単純に事実を表現する」「❷数値で表現する」の2種類に分けて確認しておきましょう 図7.10 。

図7.10　データ品質の可視化

データの品質を事実で表現する

　❶は、データ品質の「事実」を表現する方法です。テストしたデータ品質を「メタデータ」というインターフェースを通してユーザーに伝えていきます。たとえば、フォーマットテストを例にとると、フォーマットに沿っているデータより沿っていないデータが気になると思います。そこでフォーマットに沿っていないデータの一例をメタデータとして登録することで可視化し改善へつなげていく方法です。

　最も単純なデータ品質の可視化方法は、テストした結果（事実）がNGなのであればNGであったデータの一部を表現します（もちろん全部表現しても問題はない）。

　たとえば、テーブルのカラムにデバイスタイプというカラムが存在し、デバイスカラムに対しては「スマートフォン」「PC」のみが想定されるデータとします。しかし、辞書テストを行ったところ、

第7章 データ品質管理
質の高いデータを提供する

テスト結果はNGとなったため、NG項目であった「SmartPhone」をメタデータに登録し画面上に表示させます。そして、「SmartPhone」が想定したものであれば良いですが、そうでないのであればリペアアクションを取る必要が出てきます。

データの品質を数値で表現する

❷は、データ品質のチェック結果を数値として表現する方法です。データ品質を確認したのであれば、どうしても品質としての数値を出したくなるものです。ただし、自前で数式を作成し、数値を出すことは筆者としてはお勧めしません。理由は、単純に量が多くて現実的ではないのと、データの品質は利用する用途によって変化するため一つの式で表すことはほぼ不可能だからです。一度完成したとしても、一瞬で陳腐化してしまいます。

そこで、効果的に使えるデータ品質の数値の表現として、タグクォリティとキュレーションクォリティの2つの方法を紹介します。

- **タグクォリティ**(*tag quality*)
  カラムやテーブルに対してどれだけテストが行われているかを示す指標。たとえば、年齢と名前のカラムを持つテーブルが存在していた場合、年齢カラムのみへのデータ品質のテストを考えてみると年齢カラムへレンジテストを適用し、100件中90件がこのレンジに入っていたとすると、データ品質として「90%がルールに沿っている」とレンジテストの結果として表すことができる。しかし、テーブルには名前カラムも含まれており、名前カラムにはテストが実施されていない。この場合、テーブルに対してのタグクォリティは50%となる。さらに名前に対するテストも適用すれば100%となる。データ品質のカバレッジ(*coverage*, 適用範囲の網羅率)ともいえる

- **キュレーションクォリティ**(*curation quality*)
  人のメタデータへの介入がどれくらい存在するかを示す指標。完全に自動化することがデータを利用する組織にとって好ましいが、人が持っている暗黙知など一部機械では見つけることができない情報も存在する。そのようなときには、やはり人の手によってメタデータ(とくにビジネスメタデータ)を更新してもらう必要がある。人が介入することによって、より正確なメタデータになる。まずはシンプルに人の手が介入しているかそうでないかを0と1で表示するだけでも効果があるだろう

Column

データ品質管理とデータプロファイリングの違い

第5章(メタデータ)で紹介したデータプロファイリングについて、データ品質管理でも同じようなことを行っていることに気づいた人もいると思います。

両者の違いは「事実を元に行動するか」にあります。データプロファイリングはあくまでデータに関する事実を表現することが目的である一方で、データ品質はデータ品質管理を達成するために行うデータのテストとしての手段という立ち位置です。そのため、データ品質のテストを行う際に、合わせて、データプロファイリングの項目をメタデータとして表現してしまうことによって、少しだけ手間が省けるかもしれません。

7.6 本章のまとめ

　本章では、データ品質管理の方法について紹介しました。

　データ品質はデータを正しく扱うために必要ですが、データ品質を実際に運用しているデータ分析基盤はまだ多くはありません。クラウドのサービスも、データ品質を目的としたサービスは不足しているのが現状です。そのため、自身が持っているシステムと必要な品質のテストについて自前でデータ分析基盤を構築していくことも求められます。

　業務要件によっては、本書では紹介されていないようなテスト方法が必要になることがあるかと思いますが、その際も、自身が担当されているデータ分析基盤に合うテストを選び、確実に改善のためのサイクルを回し、よりデータ品質を高めていきましょう。

第8章

データ分析基盤から始まる
データドリブン

データ分析基盤の可視化&測定

　本章では第7章までに解説した内容を活用し、データドリブンな文化を作るためのデータ分析基盤の可視化および測定方法について解説を行います 図8.A 。

　データの収集や蓄積、メタデータの取得と表示、データ品質チェックを実践する段階までは、各種クラウドベンダーにおけるマネージドサービスの登場もあり、それらをブロックのように組み合わせることで実装はたやすくなってきました。しかし、主眼はデータ分析基盤を構築することではありません。構築したシステムから取得したデータ品質の結果やメタデータの値を使って、課題に対してアクションを起こしていくことが重要なことです。

　まず、アクションを起こすためには「可視化」や「定量化」が必要です。今回は可視化や定量化の方法としてKGI/KPIを用い 図8.B 、データ分析基盤の開発として確認可能なKGI/KPIについてアイデアを紹介します。

図8.A　データ分析基盤から始まるデータドリブン

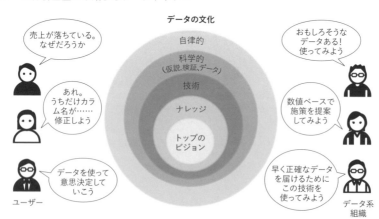

図8.B　KPI選定と仮説の検証[※]

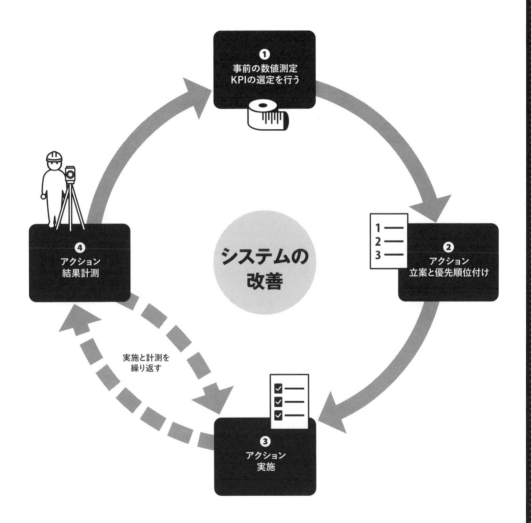

※ システムの改善を可視化するためには定量化を行うことが近道だ。KPIを通して定量化を行い、アクションを通して改善を推進、そのアクション結果を振り返り、また改善につなげていく。

8.1 データ分析基盤とデータドリブン
エンジニアもデータドリブンに行こう

昨今、データドリブンという用語は浸透しています。データドリブンとはデータを元に行動することです。データ分析基盤とデータドリブンはどのような関係があるものなのでしょうか。本節では、本書におけるデータドリブンの定義から説明します。

データドリブンと狭義のデータドリブン　データのみを元に行動を起こす

データドリブンとは「データを元に行動を起こす」ことです。日本語だと「データ駆動」と呼ばれるものです。

データの世界で広く使われてるデータドリブンは、「売上や行動ログを用いて、ユーザーの購入ルートを調べそれを元に売上の予測やレコメンドの作成を行う」ことを意味します。ビジネスの世界では売上を上げることに主眼が置かれますので、この意味でのデータドリブンが浸透しているといえるでしょう。

本書では、このデータ（分析）を元に施策を打ったから売上が上がったといった「行動」を意味するデータドリブンを狭義のデータドリブンとして扱います。

広義のデータドリブン　メタデータとデータ、両方用いて行動する

さらに、範囲の広い広義のデータドリブンについても考えてみましょう 図8.1 。

図8.1　狭義/広義のデータドリブン

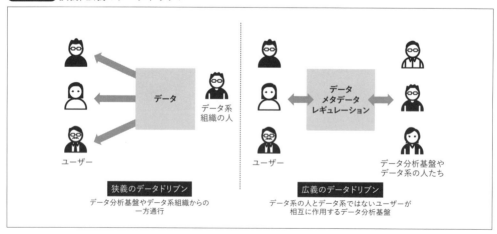

広義のデータドリブンは、もう少し見る範囲を広くとり、「メタデータ」や「データ」そのものを改善し、データ分析基盤以外のプロダクト作りにも影響を伝搬させるデータドリブンを指します。

データ活用はデータサイエンティストやデータアナリストといったユーザーの守備範囲と思えるかもしれません。実際に、データ部門は組織上は間接部門であることが多く、改善の成果が見づらい部分もあります。狭義のデータドリブンでは「売上」という結果が見やすい一方で、それらをサポートするシステム（今回だと「データ分析基盤」というプラットフォーム）は売上はとくに見えづらく、データ分析基盤が上げている成果がわかりづらいという状況になります。

簡単な例ですが、本章で取り上げる広義のデータドリブンは以下のように改善による成果を示します。

7.4節（メタデータ品質）で紹介した「メタデータの名寄せ」を例にとって考えてみましょう。idという名称のカラムに注目し、データ分析基盤が保持しているテーブルのカラム名がどれだけ一致しているかを表す指標をKPI（後述）として定義した場合、元々の状態が「id,id,ID,Id,iD」だったら3/5＝60％、改善を行い「id,id,ID,id,id」へ改善したら4/5＝80％となり、この改善をデータ分析基盤の成果とします。さらに、エラーになったクエリーの数やエラーになるまでの実行時間を総計すると、この改善がどれくらい有効なのかも定量的に出しやすくなります。

・・・

改善活動はデータ分析基盤の管理の一環として実現してもかまいませんし、広義のデータドリブンの目的である、データ分析基盤以外のプロダクト開発にも影響することによっても改善していきます。

本章では、一般的なKPIをいくつか紹介したのちデータ分析基盤らしさが出るKPIの設定ポイントを紹介します。KPIは「重要業績評価指標」のことで、目標までの達成具合を示すものです。KPIを達成するための方法はいくつもあり、正解があるわけではありませんので、アイデアの一つとして筆者の経験や本書の内容からKPI達成に向けたアクションも合わせて紹介します[1]。

8.2 データドリブンを実現するための準備
データ分析基盤のPDCAと数値

データドリブンになるための準備として、データ分析基盤におけるPDCAの流れを押さえておきましょう。また、データ分析基盤ならではの指標の設定ポイントについても紹介します。

---

[1] 本書では詳しく取り上げられませんが、別のデータドリブンの取り組みとしてデプロイの回数を調べたり、チームのエンゲージメントを調べたりするのは、開発やマネジメントにおけるデータドリブンといえるでしょう。

データドリブンのためのPDCA

データドリブンを実現していくためには、以下のようなPDCAを回していくことが大切です。

- KGI/（CSF）/KPIを設定する（目標を設定する）
- 改善前のKPIに関する数値を取得する
- （さまざまな方法で）改善する（施策、システム改善）
- 改善後のKPIに関する数値を取得し、評価する

この流れで施策や、システム改善による効果を表現します。CSFはなくてもかまわないため、上記では括弧を付けていますが、設定すると課題がより明確になるので設定をお勧めします。

KGI/（CSF）/KPIを定義して課題設定する　まずは目標設定から

データドリブンを実現していくためには、まずは「何を目標とするか」です。本書ではKGI/（CSF）/KPIによる達成度合いを確認する手法を紹介します[2]。はじめに、用語の整理をしておきましょう。「Key」や「Critical」は、いずれも「重要」を意味します。

- **KGI**（*Key goal indicator*）➡ **重要目標達成指標**
  「最終目標」である。KGIは「戦略」にあたる部分である。短期で達成できるものではないため、まずは方向を定めるためにもKGIの設定を行おう

- **CSF**（*Critical success factor*）➡ **重要成功要因**
  「重要成功要因」とは、達成のための「重要な課題を可視化」した状態と捉えると良い

- **KPI**（*Key performance indicator*）➡ **重要業績評価指標**
  KPIは、KGIを達成するため（CSFを解決するため）の小目標である。「戦術」にあたる部分で、普段の業務ではこちらの方が馴染みがあるだろう。KPIの設定は「KGIに紐付いていること」[3]、「SMART特性」[4]を満たす必要がある

データ分析基盤におけるKGI/（CSF）/KPIの設定

データ分析基盤は「関係」と「パターン」の気づきをサポートするシステムです。そこで、

- **コスト削減する**（コスト削減KGIで紹介）
- **安定したシステムを提供する**（SLOで紹介）

といった一般的なシステムで定義する項目以外にも、

---

[2] KPIマネジメントに関しては『最高の結果を出すKPIマネジメント』（中尾隆一郎著、フォレスト、2018）が参考になるでしょう。

[3] KPIが数値なので、KGIも数値の目標になります。

[4] SMARTとは目標の設定方法の一つで、Specific：「明確」、Measurable：「計測可能、数字になっている」、Achievable：「達成可能な」、Relevant：「関連性（たとえば会社の目標に対して関連性があるか）」、Time-bound：「期限が明確」の頭文字ををとったもので、このSMARTを含む目標が良いとされます。

- データの利用者を増やす（データエンゲージメントKGIで紹介）
- データの取り込みパターンを増やす（種類を増やす）（データマネジメントKGIで紹介）
- データを見つけやすくする（p.293の「クエリーのしやすさKGI」で紹介）
- データを素早く届ける（フリクションKGIで紹介）

といった**データ**に関するポイントに対してKGI設定を行うことがおすすめです。

CFSやKPIは所属している組織によってさまざまな問題もあると思いますが、KGIを達成するために、筆者の経験から役に立ったものをいくつかそれぞれのKGIの解説時に紹介しています。

測定用のツールで改善前後の数値を測定　事前の数値取得は忘れずに

KGI/（CSF）/KPIが決定できたら、改善前後の数値を測定/可視化するツールを選定しましょう。ツールから選定しがちですが、あらかじめ目標（今回の場合はKGIやKPIのこと）の設定が先であることは忘れないようにしましょう。

BIツールでの可視化　ベーシックな可視化手法

一番ベーシックな可視化手法は、BIツールでの可視化です。取得したKPIに関するデータをストレージレイヤーに格納し整形してKPIダッシュボードを作成します。

画面8.1 は、BIツールRedashを用いてS3のディレクトリ（キー）ごとのサイズを可視化した例です。

画面8.1　BIツールでのS3のディレクトリ（キー）ごとのデータサイズを可視化

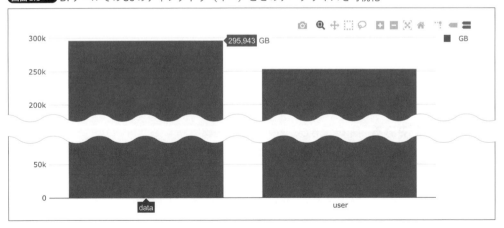

監視ツールでの可視化　便利なツールはいっぱいあります

　Datadog[*5]などの監視ツールには、システム面でのKPIの達成度合いがどれくらいかを測定してくれる機能が存在しています。そのため、システムがどれくらい正しく動作しているかを判定するためには監視ツールによる確認が効果的です。画面8.2 は、監視ツールDatadogを用いてレスポンスコード200の返却率についてSLOを可視化した例です。

画面8.2　監視ツールでの可視化

他ツールでの可視化　見やすくすることを意識しよう

　ここまではシステマチックな方法を紹介してきましたが、目的は可視化することなので可視化の方法は何でも良く、スプレッドシートでの管理でも問題ありません。筆者の経験としては、一時的に可視化するのであればスプレッドシートで管理するのもすぐにできるという点で良いと思います。

　とはいえ、誰かしらに共有するのであれば共有機能と可視化を兼ね揃えたBIツールを使うことが好ましいです。また、長期にわたる記録を取得する場合はスプレッドシートの管理では続きませんので、運用が軌道に乗ってきたらシステマチックに運用可能なしくみに移行していきましょう。

アクションを決める　簡単にできて効果の高いものを選ぶ

　アクションを決める際には、何も難しい課題ばかりを選ぶ必要はありません。むしろ簡単で効果の高いものから始めましょう。

　アクションとは、KPIを達成するための施策です。たとえば、処理速度をあげようとして「新しいクラスターへの移行」「圧縮方式の変更」というアクションがあった時に同程度の効果が見込めそうなのであれば「圧縮方式の変更」を選びましょう。ということです。意外かもしれませんが、圧縮形式のようにちょっとした修正で大きく改善できることはたくさんあります。

［*5］　URL https://www.datadoghq.com

データドリブンを実現するための準備 8.2
データ分析基盤のPDCAと数値

アクションの実施　複数チームや組織における実行

　自チームだけで解決できるのであれば、アクションの優先順位をつけて粛々と実施していくだけで問題ありません。

　しかし、アクションの実施は1チームだけで完結できるものばかりではありません。複数のチームや組織が混ざり合う場合は、さまざまな人や役割が存在しているからこそ、スケジュールの確保や、本来の自分達の仕事にコミットをするためAチームはここまで、Bチームはここまでという領分やルールを決定しながら進めていきましょう[6]。

SLO　システムが交わすユーザーに対して守るべきKPI

　SLO（*Service level objective*）は、サーバーやネットワーク、ストレージなどの各領域の稼働率、性能、可用性、セキュリティといった項目ごとに、守るべき数値を明言した目標/評価基準です。SLOを公開することには、以下の利点があります。

- データ分析基盤の管理者の立場では、ユーザーに対して数値的な目標を共有し開発における優先順位を決めやすくなる
- ステークホルダーからの過剰な要求（事実上達成不可能な品質要求など）を回避することができる

　本書で紹介したコレクティングレイヤーからアクセスレイヤーまですべてにおいてSLOを定めることが可能です。各層におけるSLOの設定例を、以下に示します 図8.2 。

図8.2 SLO

コレクティングレイヤーにおけるSLO

　コレクティングレイヤーは、データを集めることを目的としたレイヤーです。そのため、データを漏れなく収集できているのかに着目します。

　ストリーミングにおいては、データを取得するための入り口が正常に稼働しているかを示すレス

---

*6　先にいろいろ取り決めをしておかないと水掛け論になることもあります。Noと行った後Yesはいいやすいですが、Yesといった後Noとはいいづらいからです。

287

第8章 データ分析基盤から始まるデータドリブン
データ分析基盤の可視化&測定

ポンス応答率[7]を取ることも可能ですし、第5章で紹介した、有効なデータ（バリディティレベル）が90%以上存在していることのような目標をSLOに定めるのも良いです。

プロセシングレイヤーにおけるSLO

たとえば、エラー率が一定数以下であることをSLOとして規定することも可能です。

- バッチ例➡7日間でバッチのエラーが1件以内30日間で3件以内
- ストリーミング例➡7日間の正常応答レスポンス率が99.9%以上

ストレージレイヤーにおけるSLO

ストレージに関しては、可用性の項目について、第3章（データのバックアップと復元）で紹介したバックアップを取得することによるデータの可用性を定義しておくと良いでしょう。

アクセスレイヤーにおけるSLO

アクセスレイヤーにおいては、コレクティングレイヤーと同様に稼働率に注目すると良いと思います。APIとして提供しているプロダクトのレスポンス応答率、メタデータを提供しているGUI画面の稼働率。分散メッセージングシステムへのデータ追加エラー率がSLOとして設定可能な値になります。

また、約束という意味では、Aさんが□□のデータへアクセス可能だが△△のデータにはアクセス不可能などのセキュリティ面も、データガバナンスとしてので定義しておく（スライドでもOK）ことも重要です。誰がどのようなところにアクセス可能なのかを明確にし、ルール作りをしておくと、問い合わせのときなどに返答しやすいです[8]。

8.3 KPIをどのように開発に活かすのか
データ分析基盤の「コスト削減KGI」の例

以上の準備が整ったら、後は実践に移すのみです。本節はKPIをどのように開発の方向決めへ活かしていくのか、そのためにはどれくらいの粒度で数値をとった方が良いのかなどの方法について説明します。

---

[7] HTTPのステータスコードで200が返却されている率。

[8] ただし、データは基本オープンであるべきです。

PDCAを高速に回す　Planに時間をかけ過ぎない

　PDCAとは「Plan」「Do」「Check」「Action」の頭文字をとった略称です。この冒頭の「Plan」に時間をかけ過ぎることは得策ではありません。たとえば手の込んだプレゼン資料であったり、ステークホルダーに合意を取るプロセスを何段階も踏んでいては、本来優先して行うべきである改善になかなか手が回りませんし、そもそも合意を得たところで、そのPlanが確実に成功する保証はどこにもないのです。

　KPIを改善するための仮説(plan)を即座に実行(do)し、失敗したのであればそこから学び(check)、次なる行動を起こす(action)ことを目指しましょう 図8.3 。KGIを達成するための、CSFであり、CSFを達成するためのKPIであり、KPIを達成するためのアクションとなるため、自然とツリー形式で表現されることが多くKGI/(CSF)/KPIツリー(もしくは、簡単にKPIツリー)と呼ばれます。

図8.3　KGI/(CSF)/KPIツリー

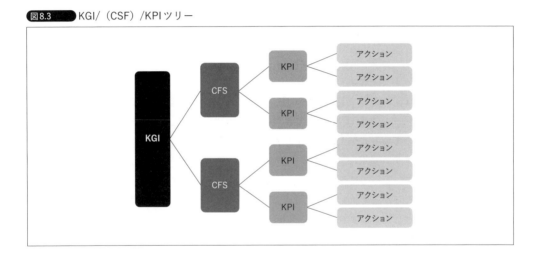

　なお、注意点として、人事評価の方式は「減点」方式(A案で失敗したから100点満点から10点引いて90点とする方式)ではなく、さまざまな施策を試し高速に回すのであれば、「加点」方式(案件を対応したら10点加算のような方式)を取る方が良いでしょう。

コスト削減KGI　間接部門のわかりやすい成果指標

　以下では、データ分析基盤の**コスト削減KGI**の例を紹介します 図8.4 。ここでは、人(人件費)やシステムのコストを考えます。

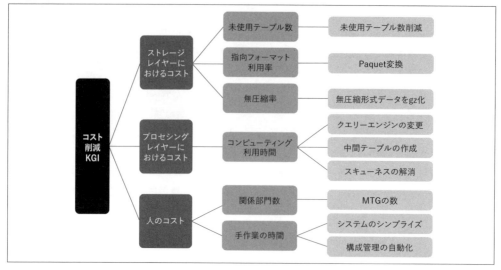

図8.4　コスト削減KGI

　クラウドの時代になり、金銭コストをかければ何とか分析をすることが可能な時代になりました。しかしながら、無駄なシステムやデータを放置していないか、常に確認することが必要です。月に10万円のコストが浮くのであれば10万円売上（税金を考えればもっと）があったことと同じですので、データ分析基盤の管理者の売上はコスト削減といっても過言ではないかもしれません。月に数100TBを処理するシステム費用は、ストレージだけでも数百万円かかることもありますし、コンピューティングリソースに至っては気づかず使ってしまい数千万円の支払いが必要になったという事例もあるほどです。したがって、常にコストへの意識は忘れずに、的確に可視化しましょう。

　ただし、コストも厳しく管理すれば良いというわけではなく、どのくらいの対応でどの程度コストが抑えられるのか、費用対効果は考えるようにしましょう。クラウド環境には**コストタグ**（cost tag, コスト配分タグ）と呼ばれるものがあり、何にどれくらいのお金を使っているのかを判断するための機能が存在します。適用事例としては、ストリーミング処理に関するプロダクトには「streaming」、バッチ処理に関するプロダクトには「batch」とタグを付与することで、それぞれの費用がどれくらいなのかを可視化することが可能です。タグは一つである必要はなく、複数のタグを付与してより詳細に分析可能なので、必要に応じて活用しましょう。

データ分析基盤のためのPDCAの例

　以下では、コスト削減KGIから、例を交えて順に見ていきましょう。

コスト削減KGIの設定　コストは安いほうが良い

　ここではコスト削減KGIとして、「データ分析基盤における総コストを10%下げる」というKGIを

設定したとします（ 図8.4 の左端）。そして現在の総コストが100万円だったとします。

コスト削減CSFの設定　どのような課題があるか

コスト削減KGIを達成するためのCSFを定義します（ 図8.4 の左から2列め）。ここでは以下3点を挙げてみます。

- **ストレージレイヤーにおけるコスト**
- **プロセシングレイヤーにおけるコンピューティングにおけるコスト**
- **人のコスト**（手順書作成などの手作業で行っているものや、ミーティングの時間）

状況は様々ですが、データ分析基盤においてはストレージコストと、処理コストおよびさまざまな組織にまたがった調整を行うことが多いので例としてこの3つを選択しました。KGIの達成計算式としては1 -（改善後の総合コスト/改善前の総合コスト）>= 0.1で達成になります。

コスト削減KPIの設定　重要な指標を選択する

先ほどのCSFに対して、KPIを設定してみましょう（ 図8.4 の左から3列め）。ストレージレイヤーであれば「未使用テーブル数」「指向フォーマット利用率」「無圧縮率」の3点、プロセシングレイヤーであれば「ETLを行うコンピューティングコスト」人のコストであれば「関係部門数」「手作業の時間」の2点をそれぞれKPIとします。

たとえば、ストレージの全体サイズを取得するのであれば、Amazon S3 Storage Lens[9]があります。取得したら、第5章で紹介したようなアクセスログの取得により、利用されていない不要なデータマートを削除したとするとストレージレイヤーの全体容量は減ることが想定されます。その減った差分を改善としてみることが可能です。

KPI改善のためのアクション設定　意外とある簡単でも効果の高いもの

一つのKPIに対して、複数のアクション（いわゆる施策、 図8.4 の左から4列め）が考えられます。しかしながら、どのアクションが正しいかわかりませんのでひととおりアクションを列挙して、効果が高そうと想定されるものから順次試していく方法がお勧めです。

たとえば、それぞれ以下のような仮説を立て、優先順位を付けた上でそれぞれ実行を行っていきます。
- **ストレージ容量の場合**
  - 使っていないテーブルがあるかもしれない（第5章）
  - 圧縮形式（第4章）が間違えているかもしれない
  - ファイルフォーマット（第4章）が適切ではないのかもしれない
- **プロセシングレイヤーの場合**
  - データのサイズが均一でないのかもしれない（データスキューネス）
  - クエリーエンジンを変えてみると良いのかもしれない
  - 中間テーブルが存在していないのかもしれない

＊9 **URL** https://docs.aws.amazon.com/ja_jp/AmazonS3/latest/userguide/storage_lens.html

第8章 データ分析基盤から始まるデータドリブン
データ分析基盤の可視化&測定

- 人のコストの場合
  - またがる部門が多過ぎるのかもしれない
  - 読めばわかる報告系のMTGが多いのかもしれない
  - 構成管理が自動化されてないのかもしれない

アクションから得る学び 　成功や失敗を次に活かそう

　アクションを実行した結果、アクションが必ずしも成功するとは限りません。見落としがあるかもしれませんし、算出したときの精度が荒かった場合もあり得ます。最初から完璧な計画を立てられることはほとんどありませんので、何度も改善を繰り返しながら精度を上げていくことが必要です。

Column

VSM

　VSM（*Value stream mapping*）とは「機能要求が発生してから要求が顧客に届くまでの流れのこと」を指します。元々は製造業で利用されていた方法ですが、この方法をそのまま開発業務に適用してみましょう。とくに人にかかるコストを可視化しやすい方法です。

　図C8.A では、顧客からA機能の追加依頼があったとき、そのA機能が顧客に提供されるまでの道筋（*value stream*）を表しています。登場人物、フェーズ、ツール、処理時間をワンセットとし、たとえば「マネージャが要件を顧客からメールで受け取り、要件の整理には3時間かかりました。」という状況を表現しています。各フェーズ間では「リードタイム（次のフェーズに入るまでにかかる時間のこと）」が存在し、たとえば、デザイナーの実装フェーズからマネージャーによる承認のフェーズまで99時間かかったことを表しています。

　このように、機能が提供されるまでの間の経路を可視化することによって無駄を見つけるのがVSMの役割です。あくまで見つけるだけで、どのように改善するかはまた別の話となります。

図C8.A　VSM

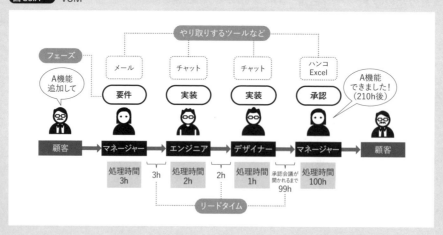

8.4 データ分析基盤観点の KGI/(CSF)/KPI 改善の着眼点

　前節では、データ分析基盤における「コスト改善」の例を上げました。本節ではコスト改善以外の例として、「クエリーのしやすさKGI」「フリクションKGI」「データマネジメントKGI」などを見ていきましょう。

クエリーのしやすさKGI　SQLの実行しやすさ

　クエリーのしやすさKGIは、ユーザーがどれだけクエリーをストレスなく実行できているかを示す指標です 図8.5 。改善には、第6章（データマート）で紹介した中間テーブルの作成などを用いてKPIを達成していきます。SQLはデータ利用に活用されている主要なツールであるため、広く分析のためにユーザーにデータ分析基盤を使ってもらうために、クエリーのしやすさは重要な目標です。

図8.5　クエリーのしやすさKGI

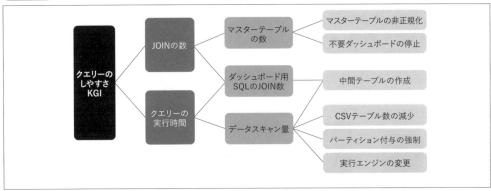

　結合するテーブルの数が減ったなど、機械的な目標でもかまいませんが、別の事前情報収集手段としては、利用しているユーザーにアンケートを取る方式も十分有効です。

JOINの数　一体いくつのテーブルが結合されているのか

　SQLの実行における最大のコストは、SQLの実行時にいくつものテーブルを結合することです。SQLにおけるJOINの数が多くなればなるほど、当然クエリーは複雑になり、実行時間は比例し長くなる傾向があります。また、長いSQLは人が構築するのに時間もかかりますし、引き継ぎの際は読解に苦労することになります。

クエリーの実行時間　クエリーが遅過ぎる

　クエリーの実行時間も、クエリーのしやすさに直結します。仮に、一度実行して数十分も待たされてしまったのでは、次のクエリーを実行しようとは思えないからです。実行時間の短さにも限度はあるのですが、あまりにも実行に時間がかかっている場合は実行エンジンの変更やテーブルのパーティション化、中間テーブルの作成を行うなどの考慮が必要な場合もあります。

データスキャン量　どれくらいのデータがスキャンされているか

　現在のクラウドは、使った分だけ料金を支払う従量課金方式が大半です。そのため、データのスキャン量については常に気をつける必要があります。データスキャン量とは、SQLを実行したときにストレージレイヤーに配置されたデータを読み込んだデータ量のことです。

　もちろん分析に必要であれば必要な分のデータスキャンはすべきですが、意図せず大きなスキャンを実行してしまうことは避けるようにしましょう。適切な中間テーブルが揃っていないから大量のデータをスキャンせざるを得ないという可能性もあります。プロダクトによっては、パーティションをつけないとSQLを発行できないように設定可能なものもあります[*10]。

フリクションKGI　データを利用するまでにかかる時間

　フリクション（*friction*）とは、摩擦のことです。フリクションKGIはデータを取り込んだり調整を行ったり、ユーザーが利用したいと思ってからそのデータが実際に利用開始されるまでの時間削減を目標としたKGIです 図8.6 。たとえば、フリクションを可視化をする方法としては、VSMによる可視化方法が存在します。システムがリリースされるまでの調整コストを表現し改善につなげます。

図8.6　フリクションKGI

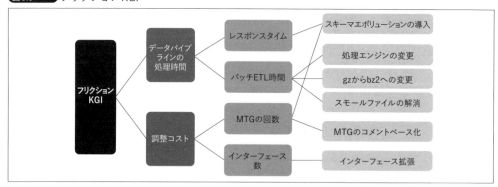

データパイプラインの処理時間　データを早く届ける

　わかりやすい指標としては、データパイプラインの処理時間です。データパイプラインの処理時

---

*10 Google BigQueryは対応しています。

間はデータがコレクティングレイヤーに辿り着いてから[*11]ストレージレイヤーもしくは分散メッセージングシステムへ格納されるまでの経過時間です。バッチ処理であればETLの処理時間をそのまま使うことができますし、ストリーミング処理であればレスポンスタイムの平均を利用できます。

データパイプラインの処理時間は第3章、第4章で紹介した、データフォーマットや圧縮方法、データスキューネスなどのテクニカル的な方面から改善を行うこともできますし、そもそも処理エンジンをApache HiveからApache Sparkに変更したり、クラウドベンダーを変更するといった大がかりな変更を行う必要があるときもあります。

調整コスト　より合理的に無駄を省く

ときに話し合いは必要ですが、多くの話し合いは減らすことができます。たとえば、サーバーを作成するために都度別チームに依頼をしていたり、設定を変更するために都度お伺いを立てていたとしたら、事前のドキュメント整備や申し送りなどでそのような時間を減らすことができるはずです。

インターフェースが少ない(もしくは適切でない)が故にデータ活用まで遠回りの方法を選んでいる場合も、調整のコストやお互いの作業の待ち時間が発生してさらに時間がかかっているということも考えられます。たとえば、ストリーミングにおいてAvroのようなスキーマエボリューション機能を有していないフォーマットを利用しているなどです。筆者の場合は、ドキュメント化を進めつつ、関係する部署を減らすためにチームの統廃合やクラウド移行を進めていました。

データマネジメントKGI　データをしっかりと守っています

データマネジメントKGIは、データを適切に管理してるかどうかを示すKGIです 図8.7 。データマネジメントという範囲が広すぎるので、データ品質周りを中心として紹介します。改善のためのメインアクションとしては、第5章(メタデータ)や第7章(データ品質)で紹介した方法が役立ちます。

図8.7　データマネジメントKGI

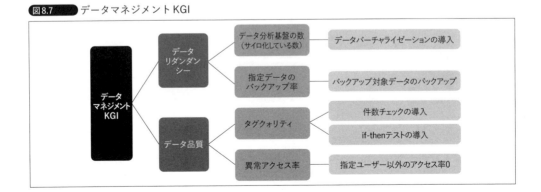

[*11] もしくはそれより前も検討します。なぜなら、コレクティングレイヤーのインターフェースが適切でないがゆえに、データソースの提供元が遠回りをしてデータ連携している場合もあるからです。

データリダンダンシー　データの冗長性はどれくらいある？

第5章でも紹介した、データリダンダンシー[*12]もデータマネジメントKPIとして利用できます。データのコピーが大量に存在していると利用する人はどこを参照して良いかわからず混乱してしまいます。そのため、データリダンダンシーの数値はできる限り「1」にすることが好ましいです。

データ品質　データの「良さ」を定量的に表現する

第7章で取り上げたデータ品質の測定結果を、KPIとして設定することも可能です。先述のとおり、あまり品質を統合的に管理するような特殊な数式を自前で作成することは、メンテナンスのしづらさからお勧めしませんが、たとえば件数チェックが入っているテーブルがXX%とテストした割合[*13]を示すことは比較的簡単です。データ品質をKPIとして利用するのであれば、むしろこちらの方が個別ごとの改善が良く見えるため管理しやすいでしょう。

また、アクセスログを用いて指定のユーザー（管理しているIAMユーザーなど）以外からアクセスがないかの確認も、品質担保のマネジメントの一環として捉えることができます。

データエンゲージメントKGI　データ利用はどれくらい広がっている？

データエンゲージメントKGIは、ユーザーがどれだけデータ分析基盤を使ってくれているかを示します　図8.8 。つながりや浸透を図るための指標といっても良いでしょう。

図8.8　データエンゲージメントKGI

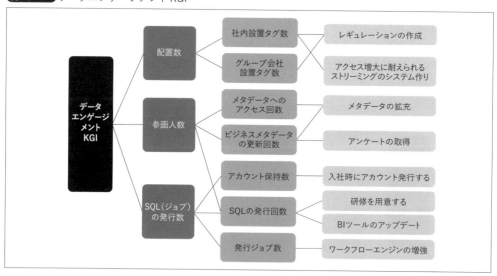

[*12] データのコピーがどれくらい存在しているか（どれくらい冗長か）を示す指標。
[*13] このような指標が「タグクォリティ」です（第7章）。

データ分析基盤はシステムですから、利用されてからこそ、価値を発揮します。また、データエンゲージメントが低いとデータのサイロ化を招き、さまざまなところでデータ分析基盤が乱立してしまうことにもつながり、組織にとって良くありません。筆者はデータエンゲージメントKGIの改善として、上位の人から別組織の人へ声をかけてもらったり、都度リマインドしたり、社内で勉強会を開いたり、SQL教室などを通して認知を拡大し改善していました。

配置率　センサーやJavaScriptファイルなど

配置率は、データを取得するためのソフトウェアやハードウェアがどれくらい対象物に配置されているかを示します。IoTであれば、配置率は、たとえば騒音センサーの配置率などです。

Webの場合、たとえば、ユーザーのWebサイトの回遊情報をストリーミングデータとして取得する際は、各ページやページのアクション[14]ごとにタグ[15]を配置してデータを取得することが求められます。Webサイトでいえば、トップページから末端ページ（商品ページ）までの総ページに対してタグがどれくらい埋め込まれているかという数値が配置率になります。

WebサービスにおいてはサービスのユーザーがWebサイトへ到着してから、どのような商品を見てどのようなリンクを踏んで、購入に至ったのかもしくはサイトから離脱（ブラウザを閉じる）してしまったのかという一連の流れをデータとして記録する必要があります。

そのため、この一連の流れのなかで一部でもタグが埋め込まれていないページやアクションがあるととたんにそのユーザーの流れ（ユーザーストーリー）が追えなくなってしまい、正しい分析を行うことができなくなってしまいます。

参画人数　メタデータのエンゲージメントはどのくらいか

メタデータにおいて、どれくらいユーザーからのビジネスメタデータの記入に協力してくれているか、どれくらい埋めてくれているかを示す数値です。ビジネスメタデータはドメイン知識の塊であることが望ましいですから、できる限り社内のドメイン知識を持った人が参加すると良いでしょう。そのため、内部の管理者以外にもどれくらいのユーザーがメタデータ更新へ参画してくれてるかをアクセスログや入力履歴から取得することで数値化します[16]。

ドメイン知識は、蓄積すればするほど効果的です。まとまった資料のリンクを貼り付けるだけでもかまいませんし、もちろんメタデータ管理システム内に直接記載しても問題ありません。整理することは後でできますので、まずは集めることから始めましょう。

SQLの発行数　全体で発行されているSQLの数

SQLの発行数は、データ分析基盤に対してどれくらいのSQLが実行されているかという指標になります。単位は「/日」や「/時」が利用されることが多いです。

＊14　カートに入れた、カートから出したなど。
＊15　おもにJavaScriptベースで、Google Analyticsなどが使われます。
＊16　これはキュレーションクォリティ（第7章）です。

SQLの発行数はデータ分析基盤がどれくらい利用されているかという指標になりますし、この
SQLの発行数を増やしていくために、さまざまなデータソースを取り込んだり、インターフェース
を改善することによってデータ分析の参画者を増やしていきます。

また、発行しているユーザーとSQLの実行数を比べてみると、特定のユーザーばかりSQLを発行
していてそれ以外のユーザーはSQLを発行していないというような状況も把握できます。ユーザー
がどのテーブル対してSQLを実行しているのかを可視化すると人気のテーブルや作成した中間テー
ブルやデータマートへSQL実行がどれくらい行われているかわかるため、中間テーブルやデータマ
ートの良さを定量的に表すことにも使えます。

発行ジョブ数　データ分析基盤の成長指標

データ分析基盤も、経済のGDP成長のように成長していくことが一つのシステムとしての成果に
なります。その際に使える指標としてプロセシングレイヤーにおける発行ジョブ数が挙げられます。
発行ジョブ数は、ETLをするジョブ、データ品質を測定するジョブの総合計、ストリーミングであ
れば、rps（records per second, 1秒間あたりのレコードの処理数）を対象としてみると良いでしょう。

参画人数　アクセスログを使う

単純にアクセス申請をしてくる人数を数えても良いのですが、なかには申請するだけで実際には
利用する機会がない人もいるでしょう（閲覧のみのユーザーも）。

そこで、第5章で紹介したアクセスログを使うことで、実際に利用しているユーザー規模を判別
し、その値をデータ分析基盤への参画人数とすることが可能です。実利用者が増えていけばいくほ
ど、データのスキャン量やクエリーの発行数は増えていきます、そこで参画人数あたりのクエリー
数を算出することで、データのスキャン量などの指標に対する改善効果は正確になっていきます。

さまざまな数値がKPIになり得る　数値管理との違い

何かボトルネックになっていると感じた場合は、まずは数値を取得してみると良いかもしれませ
ん。何も綺麗な表現でなくてもかまいませんし、自分だけが見るものだけでも良いでしょう。マネ
ジメント関連であれば、エンゲージメントを測るパルスサーベイ（pulse survey）サービスの利用も可
能ですし、引き継ぎが順調に進んでいるかどうかを表現するためにAチームが外部からのチケット
とBチームのチケットの処理数をKPIとして測定したりすることも可能です。

しかし、KPIの設定にあたって、あれこれ数値を取得し過ぎるのは数値管理になってしまいます
ので、「重要なKPI」を選択しましょう。

8.5 本章のまとめ

　最初にデータドリブンを始めようと考えたときには、さまざまなものが不揃いであることに驚愕すると思います。社内統制が取れていなかったり、システムが対応できていなかったり、さまざまな事態に遭遇するでしょう。統一感のあるシステム化（いわゆるDX推進）は新規事業より難しいという人もいるほどで、単純なデジタライゼーションとは比較にならないほど考慮すべき点が多いです。

　しかしながら、データ分析基盤の改善が進んでいくにあたって、社内のWebタグの配置がレギュレーションとして義務付けられていったり、対向システムにおけるRDBのIDのフォーマットが統一されていったり、メタデータを中心にユーザーが会話を交わしてくれたり、データ分析基盤の改善から周りのプロダクトの作り方へ影響を及ぼし、データを利用し統一感のある体制が順次整っていくというまさに「データ分析基盤から始まるデータドリブン」を筆者は経験しました。

　改善には年単位の期間が必要で、即座に効果が出るものばかりではありませんが、本書で紹介した内容を少しずつ実践してユーザー全員がデータから「関係」と「パターン」を見つける文化を醸成していきましょう。

Column

KPIを測定するタイミング？

　システム的なメトリクス（*metrics*）には、取るべきタイミングがあります。システムに明らかに欠陥がある状態なら、数値をとっても欠陥があります。したがって、細かく数値を取っていくというより、SLOを設定するくらいにしていったんシステムを作り上げ、機能を拡張していくフェーズで、一度改善のためのKPIやKGIを定めてみると意味のある測定になるでしょう。

　一方でマネジメント系で欠陥がある場合は、時間がかかっても改善のためのKPIを規定し、測定することが好ましいです。マネジメントに関しては後から取得し直しがきかないことと、人との対話を行う際に必ず納得してもらうための情報が必要になってくるからです。

第9章

[事例で考える]データ分析基盤のアーキテクチャ設計

豊富な知識と柔軟な思考で最適解を目指そう

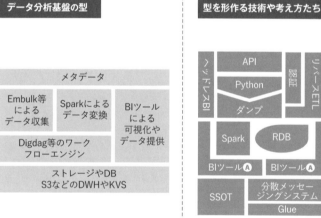

図9.A　データ分析基盤の技術スタックの組み合わせ※

本章では、一つのテーマに沿いながらここまでの知識を活用してデータ分析基盤のアーキテクチャ設計に取り組んでいきます。アーキテクチャ設計を行うということは目的のために手持ちのパズルを台紙にあてはめていく作業に似ています。本書ではデータ分析基盤はコレクティングレイヤー、ストレージレイヤー、プロセスレイヤー、アクセスレイヤーというパズルの台紙の集合体であり、「バッチ」「ストリーミング」「リバースETL」「メタデータ」「データ品質」といった考え方と「Spark」「API」「BIツール」といった技術スタックの組み合わせはその台紙に組み込むために用意されたピースともいえます。

　実現したい事象を実現するためにピースをあてはめたり、外したり試行錯誤しながらいかに違和感なく組み込むかを考えていきます。今回紹介するアーキテクチャはあくまで無数にある解の一つです。本章で大事なことは、内容を覚えるというより思考の順番を練習していくことです。

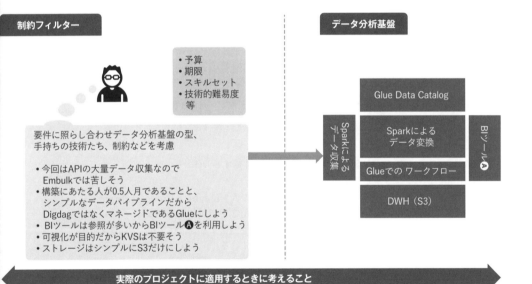

※ データ分析基盤の構築は、自身の中にあるデータ分析基盤の型とそれらを支える技術や考え方をもとに、実際の制約や要件と照らし合わせて最適な構成を練っていく。たとえば、コレクティングレイヤーとしてEmbulkを利用するというデフォルトの型が自身の中にあるとして、それらが今回の条件に合致するとは限らない。その際には柔軟にデータ取得部分をEmbulkからSparkに変えてみたり、Dumpに変えてみたりとパズルのピースを台紙にあてはめるように何度も脳内でさまざまなケースを想定しトライアンドエラーを繰り返すことが大事。

第9章 [事例で考える]データ分析基盤のアーキテクチャ設計
豊富な知識と柔軟な思考で最適解を目指そう

9.1 テーマとゴールを考えてみよう
基本的な要件で思考の順番を掴もう

本節では、データ分析基盤のアーキテクチャ（アーキテクチャダイアグラム）を作成するためのテーマを決めます。実際のテーマはより複雑なことが多いですが、シンプルな要件を元に考え方の練習をしていきましょう。

> **テーマとゴール** 基本的な要件でアーキテクチャのイメージを掴もう

今回はテーマとして店舗ごとの売上データを取得し、売上データを店舗別、時間別に可視化できるデータ分析基盤構築です。本章のゴールとしては、データ分析基盤のアーキテクチャダイアグラム[*1]を 図9.1 のように作成することとします。アーキテクチャダイアグラムにおいてはネットワークなども考慮すると図が複雑になりすぎるので、データパイプラインのみに注力することとします。

図9.1 は最終形態で、なぜこのようなアーキテクチャダイアグラムになるかは詳しくは順次解説をしながら確認しますが、基本的に①➡⑨（⑩は補助としてのしくみ）の方向に向かってデータが流れていくイメージを持ってください。

> **Note**
> 9.2節に「[補足]設定のポイント整理＆リファレンス」として、今回の事例をAWS環境で試した際のキャプチャやコードを紹介しています。必要に応じて参考にしてみてください。
>
> - DDL ➡ Athenaからクエリーするためのテーブル定義を作成するDDL
> - DML ➡ Athenaからクエリーして集計するためのDML
> - codes/get_exchange.py ➡ 為替データを取得するプログラム。master.currency_ratesテーブルの実データを作成。AWS GlueのPython shell (Python 3.9)で動作確認済み
> - codes/feth_sales_data.py ➡ 売上データAPIからデータを取得するプログラム。今回考えるAPIは架空のAPIのため返却値等はモックデータを利用している。AWS GlueのSpark (Glue ver. 4.0, Spark 3.2)で動作確認済み
> - codes/datamart.py ➡ 為替データと売上データを利用し可視化のためのデータを作成するプログラム。money.salesdataテーブルの実データを作成。AWS GlueのSpark (Glue ver. 4.0, Spark 3.2)で動作確認済み

[*1] アーキテクチャダイアグラムの作成には、draw.ioなどの作図ツールを利用すると良いでしょう。 URL https://draw.io

9.1 テーマとゴールを考えてみよう
基本的な要件で思考の順番を掴もう

図9.1 データ分析基盤アーキテクチャダイアグラム

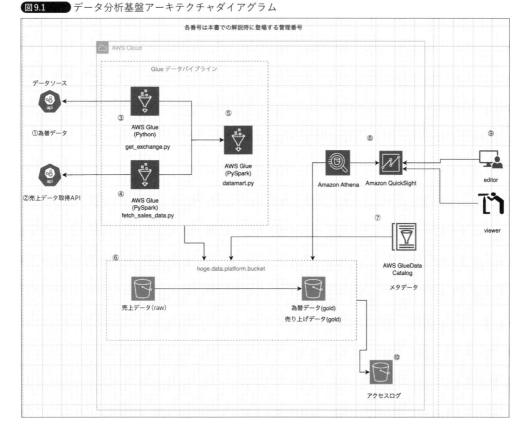

　　　＊　　＊　　＊

　今回のデータ分析基盤を作成するための機能要件としては、下記のような要件とします。実際のプロジェクトでは、要件を調査するところから始まりますが、今回は事前に調査済みでわかっているものとします。

- **データ取得に関する要件**
  - ❶店舗は合計で5000店舗あるが、売上データは一元管理されている
  - ❷売上データはPoS受付システムと連携しており、売上データは即時API形式で取得可能（ 図9.1 ❶ の部分）
  - ❸データの提供はAPI経由で行い、データベースへの直接接続は禁止
  - ❹APIで1時間分の売上データを取得すると、1時間あたり15,000,000~20,000,000程度の売上データが取得される
  - ❺ページごとのデータ取得のラウンドトリップ（リクエストしてレスポンスが返却されるまで）は1秒とする
  - ❻売上データの修正はないものとする

[事例で考える]データ分析基盤のアーキテクチャ設計

豊富な知識と柔軟な思考で最適解を目指そう

- ダッシュボードに関する要件
  ❶日本(円、Yen)とUSA(ドル、US Dollar)の2拠点の売上のダッシュボードを作成したい
  ❷ダッシュボードの更新は1日に1回の頻度で更新してほしい
  ❸ダッシュボード上の表現は円(Yen)で
  ❹ダッシュボードの編集者は3名以下、参照は1万人(図9.1 ❽ の部分)
  ❺店舗ごとの日ごと(最低粒度は時間ごと)の売上を可視化したい

技術的な前提条件の整理　基本的な要件でアーキテクチャのイメージを掴もう

次に要件に出てきた、データソースについての情報をもう少し詳しくみていきましょう。今回は売上データを取得するためにAPI経由でのデータ取得が必要となりそうです(データ取得に関する要件❸)。

まずは、データソースの一つである売上データ取得API(図9.1 ❷の部分)について確認しておきましょう。

- 売上データ取得APIの仕様[*2]
  ❶データ取得APIの呼び出しにはトークンが必要(トークンの有効期限は2時間)
  ❷❶のトークンと一緒にデータの取得には店舗コードを指定する
  ❸店舗の売上データが返却される(最大1000件ごとにランダムアクセス可能なOffset式ページネーション)
  ❹トークンは「https://hoge.token.token.jp/oauth2/token」からusername, password, client_id, client_secretを利用して一時的なトークンを取得し利用する

- トークンの取得APIリクエストとレスポンス
  ❶https://hoge.token.token.jp/oauth2/tokenに対して、認証情報を加えトークン取得リクエストを送信する
  ❷レスポンスはJson形式でaccess_tokenに含まれているJWT形式のTokenを売上データ取得APIの利用時に使用する

```
トークンの取得APIリクエストの例
curl -s -X POST -d $DATA "https://hoge.token.token.jp/oauth2/token"
```

```
データの例
grant_type=password&username=hoge&password=peke&client_id=clientid&client_secret=secret
```

```
トークンの取得APIレスポンスの例
{"access_token":"<JWT形式*の認証文字列が返却される　>","refresh_token":"8cfed3a9-aaaa-312b-1111-8874a7e57195","scope":"default","token_type":"Bearer","expires_in":7200}
```

※ JWTはJSON Web Tokenの略で、情報を安全に送受信するための方式。

- 売上データの取得APIリクエストとレスポンス
  ❶取得したい時間の幅(startTime, endTime)、page番号を指定し「http://shop.hoge.com/openapi/v1/shops/salesdata」へリクエストを送信する
  ❷レスポンスとして、Json形式で各店舗の売上データが返却される

[*2] 本来APIの仕様は、OpenAPI(RESTful APIを記述するためのフォーマットのこと)などのフォーマットで記述されることが多いですが今回のケースにおいては本質でないので割愛します。

テーマとゴールを考えてみよう 9.1
基本的な要件で思考の順番を掴もう

```
┌─ 売上データのリクエスト例 ─┐
curl --location 'http://shop.hoge.com/openapi/v1/shops/salesdata' \
--header 'Content-Type: application/json' \
--header "Authorization:Bearer ${JTWトークン}" \
--data '{
    "startTime": "2024-05-01 10:00:00",
    "endTime": "2024-05-01 11:00:00",
    "page": 1
}'
```

```
┌─ 売上データの取得APIレスポンス例 ─┐
{
  "page": 1,                          // リクエスト時のpageに一致する、全体のうちの何ページめのデータか
  "per_page": 1000,                   // 1ページあたりの件数。最大1000件
  "total_pages": 15000,               // 今回のリクエストに対する全ページ数
  "total_items": 15000000,            // 今回のリクエストに対する全売上データ (total_items/per_page=total_pages)
  "data": [                           // 今回のリクエストに対する売上データを含んだ配列
    {
      "store_id": 1,                           // 店舗のID (店舗ごとに付けられたユニークなID)
      "store_name": "Store A",                 // 店舗名
      "purchase_id": "A001",                   // (全購入中で) ユニークな購入ID
      "sales": 15000,                          // 売上。単位はJPY/yen (円) またはUSD/us_doller (ドル)
      "time": "2024-05-01T10:15:30.123Z",      // 売上データ生成日時 (UTC)
      "scale": "yen"                           // yen (円) またはus_doller (ドル)
    },
    {
      "store_id": 1,
      "store_name": "Store A",
      "purchase_id": "A002",
      "sales": 8000,
      "time": "2024-05-01T10:00:30.456Z",
      "scale": "yen"
    },
    <中略>
    {
      "store_id": 2,
      "store_name": "Store B",
      "purchase_id": "B001",
      "sales": 20000,
      "time": "2024-05-01T10:59:35.456Z",
      "scale": "us_doller"
    },
    {
      "store_id": 2,
      "store_name": "Store B",
      "purchase_id": "B002",
      "sales": 12000,
      "time": "2024-05-01T10:30:30.789Z"
      "scale": "us_doller"
    }
    <中略>
  ]
}
```

今回はこのデータソースを利用して、データパイプラインを作成しBIツールで可視化します。

305

第**9**章 ［事例で考える］データ分析基盤のアーキテクチャ設計
豊富な知識と柔軟な思考で最適解を目指そう

9.2 データ分析基盤の骨格を考えよう
まずは大きなデータの流れについて考慮しよう

　本節では先ほど決めたテーマを元に、データソースからアクセスレイヤーにおけるデータ提供までの一連の流れについて解説を行いながらデータ分析基盤の骨格を作成します。アークテクチャを作る際には、最初にデータのアウトプットとインプットの整合性確認から始め、最後にどのような処理を行ってデータ整形するのかまで想定しながら組み立てを行います。

▌データのアウトプットを起点に考えよう　目的のないデータ分析基盤の構築はやめよう

　アーキテクチャの構築では、制約条件等も同時に考える必要もありますが、基本的な順序としては以下のようにアウトプットとインプットを見比べることから始めると手戻りが少ないと思います。

❶インプットとアウトプットを見比べて全体のロジックはつながるか
❷データ収集に技術的障壁がないか
❸データをどこに保存するか
❹データをどのように処理するか

　❶では、最も大切な目標であるアウトプットが実現できるかを確認するためインプットデータとアウトプットデータに整合性があるかを確認します。仮に、この時点で必要なデータが足りない場合は、別のデータを引き込む必要があり調整等が必要となるため、まずは大雑把でも良いのでデータが画面に見えるまでの道筋のロジックが立つことまでを目標にすると良いでしょう。

　❷ではデータ収集について問題がないかを早めに確認します。なぜなら、データソースは技術的にデータ活用向けになっていないことが多いこと（▶p.70の「データ活用型のマスターデータ管理」、9.3節）から、（データ分析基盤から見て）技術的に問題になることが多いことと、いざ変更を調整するとなると自分たち以外との調整に発展することもあるため時間がかかることが想定されるためです。

　❸では取得したデータや変換したデータを、プレゼンテーションデータやプロセスデータなどの分類に基づいて、どのストレージもしくはDBにデータを格納していくかを考えます。

　最後に❹ではデータをどのように処理するかを考えます。保存場所や想定するテーブル定義などによって処理方法が変わってくるため最後に考えると良いでしょう。

▌インプットとアウトプットを見比べて全体のロジックをつなげる
データソースとインプットは整合性が取れているだろうか

　先ほど挙げたうち❶について、さっそくアウトプットとインプットを見比べていきます。今回実

現の可能性を見る際に必要となるポイントは3つあります。順に見ていきましょう。

アウトプットとインプットデータの整合性確認

今回p.304のダッシュボードに関する要件❺として、「店舗ごとの日ごと（最低粒度は時間ごと）の売上を可視化したい」がありました。この可視化を実現するためにはデータの項目としては、店舗情報、売上、時間が必要そうですが、幸い今回の売上データAPIのレスポンスには当該データが入っていますので「日ごと、時間ごとの売上を可視化したい」という要件にも対応できそうです。また、売上は即時APIで参照できるようになっていることと、店舗のデータはAPIに一元管理されているため、売上データAPIを利用することで売上に関するデータ取得はこのデータソースを起点に考えても問題なさそうなのとダッシュボードの更新要件である1日1回であること（ダッシュボードに関する要件❷）と照らし合わせても十分です（データ取得に関する要件❶❷）。

仮に、目的を達成するために必要なデータ項目が足りなそうであれば、別から補完するかAPIの改修などをデータの提供元と調整する必要があります。

どのようなBIツールを利用するか

また、今回のアウトプットは売上データの可視化なので、アクセスレイヤーとしてBIツールを利用したデータ参照の実施で良さそうです。また、ダッシュボードに関する要件❹からダッシュボードの編集者が少ないため「参照者が多い場合に利用するBIツール」（▶p.178）で紹介したようなBIツール（今回はAmazon Athena + Amazon QuickSight）での実現が良さそうと判断できそうです[*3]。S3とQuick Sightを直接つなぐこともできますが、間にAthenaを挟むことで、SQLベースのクエリーによる柔軟なデータ処理、S3上のデータに対して外部テーブルを作成することによるデータスキーマの変更にも柔軟に対応可能、コストの削減、クエリーの再利用などいくつかのメリットがあります。これで、図9.1❸の部分が決定しました。

為替の考慮

データの売上単位がus_dollerである場合（ダッシュボードに関する要件❶）も考えて、日米の為替情報をデータソースとして取得する必要がありそうです。今回は、openexchageratesのデータ（図9.1❶ の部分）を利用するとして、https://openexchangerates.org/為替は取得時点での値を利用することとしましょう[*4]。

openexchangeratesにおける為替のデータは以下になります。レスポンスデータは1USDに対して各通貨、たとえば、JPYが156.672538円といったようになっています。

[*3] Amazon Athena + QuickSightでは、AthenaでGlue DataCatalogに保存されたスキーマ情報をもとにSQLでクエリーしAmazon AuickSightで可視化するというものです。

[*4] 実際のプロジェクトではプランについても考慮する必要があります。今回の用途であれば無償プラン（月1000呼び出し、更新のレートは1hに1回）で十分だと思います。商用利用（規約によっては、無償プランの場合は利益を目的とした商用利用が禁止されている場合もあります）も可能です。

```
{
    disclaimer: "https://openexchangerates.org/terms/",
    license: "https://openexchangerates.org/license/",
    timestamp: 1449877801,
    base: "USD",
    rates: {
        JPY: 156.672538,
        AFN: 66.809999,
        ＜中略＞
    }
}
```

これで、データを受け取ってから、技術やデータストアは何であれ何かしら整形（為替なども含め）していけばアウトプットまで行けそうという以下のような道筋が立ちました。

①為替データを取得する

②売上データを取得する

③ ①②を利用して可視化用データを作成する

まずはアウトプットとインプットにおいてロジックが成り立たないと始まりませんので、一番にアウトプット（目的）を整理してインプットとつなげていくクセをつけましょう。

どのようにデータを収集するか　技術的に達成可能か

一定程度見通しが立っところで今度は問題になることが多いデータ収集部分について考えを移します。「データの取得に思ったより時間がかかってしまい処理が終わらなかった」「データソース側のスペックが大規模なデータ提供に追いついていなかった」など技術的な問題が多く発生する部分であるため早めに潰していきましょう。

データ取得および処理は時間内に終わるか

今回のように大きなデータを扱う際に気にしたいのは、データの処理時間です。今回売上データ取得API（ 図9.1❷ の部分）のデータを取得する際にページごとのデータ取得におけるラウンドトリップが1秒（データ取得に関する要件❺）かかります。また、一時間ごとにデータを取得した場合最大で20,000,000売上データが見込まれます。この場合、ページ数で割ると20,000回もAPIを呼び出さないと（20,000,000/1000=20000）データ取得が終わらないことになります（データ取得に関する要件❹）。

たとえば、1時間あたりのデータ量である20,000,000件程度の売上データがあったとすると単純に直列でAPIを呼び出しデータ取得すると5.5時間ほどかかります。1時間分のデータを取得するのに5時間以上かかっていたのでは合理的とはいえません。

こうなると、並列で処理を動かさなければ処理が時間内に終わらなそうです。今回の売上データAPIがランダムアクセス可能なOffset式であることと、売上データへの変更がない（データ取得に関する

要件❻)ことから、解決するための手段としてはデータ取得としてコンテナを複数起動してファンアウト[*5]する方式やconcurrencyなどの非同期処理を実装しても良いですが、並列や分散のしくみをアーキテクチャ的に用意することはメンテナンスも考えると一苦労です。そのため、ソースコード一つで分散処理可能なSpark UDFを用いてページごとにデータ取得を走らせる方式とします（▶4.3節「API経由でのデータ収集」、p.138のTIP「[参考]並列分散による大量データ処理の処理時間」）。

Sparkが起動するノードの構成にもよりますが、ページごとに並列してAPIの呼び出しを行うことにってデータを取得することで処理時間の短縮を図ります。たとえば、20並列でデータを取得すれば16分ほどで完了が見込めますので他の処理（為替を取得したり、整形したり）の時間を考慮しても60分以内に終わりそうです[*6]。

ダッシュボードは1日に1回可視化されれば良いので、売上データ取得も1日1回で良さそうですが大量のデータを一気に取得するとエラー時のリトライ等が煩雑になるのでデータ取得は小刻みに1時間ずつ（直前の1時間分）取得することにします。

また、為替データの取得は1日1回で良いのでSparkを使うまでもなく、Pythonで問題なく取得できそうです。

APIトークンはどのように扱うか

今回は売上データAPIへアクセスするために、アクセストークンを発行し利用する必要があります。アクセストークンの有効期限は無期限ではなく、有効期限が2時間です。そのため必要に応じてアクセストークンの更新を行う必要があります。2時間の有効期限であれば、今回は1時間に1回の売上データの取得を行うので、売上データ取得処理の起動時にアクセストークンを都度発行し利用すればアクセストークンの期限が切れる前に取得が完了しそうです。

次にアクセストークンの保持方法ですが、Sparkは分散処理フレームワークであることから、すべてのノードからアクセストークンが参照できるようにしなければなりません。そのため、単一のノードで処理するような通常のPythonであれば以下のようなコードで実現できますが、Sparkでは基本的にできません。

```
def hoge(access_token):

    headers = {
        'Content-Type': 'application/json',
        'Authorization': f'Bearer {access_token}'
    }
    data = {
        "startTime": "2024-06-01 12:00:00",
        "endTime": "2024-06-01 13:00:00",
        "page": page
    }
    response = requests.post(url, headers=headers, json=data)
```

＊5　不特定多数の処理を起動すること。

＊6　この時点で確認用のプログラムを記載しフィージビリティーを確認する場合もあります。

[事例で考える] データ分析基盤のアーキテクチャ設計
第**9**章 豊富な知識と柔軟な思考で最適解を目指そう

Sparkにて複数のノードから値へアクセスできるようにするためにはいくつかの方法があります。

❶アクセストークンの列をデータフレームへ含んでしまう

SparkのUDFは引数としてデータフレームの列単位でしか原則渡すことができない(そのため、Stringなどの文字列を合理的な方法で渡せる方法がない。不合理な方法であれば、1行ずつループして渡すという方法もある)。それであれば、取得したアクセストークンをデータフレームに含んでしまってその列を関数に引き渡しその値を利用する方法を取れるということ。一番シンプルでわかりやすい方法

❷ブロードキャスト変数に格納する

すべてのノードからアクセスできる変数として、ブロードキャスト変数がある。そのためこのブロードキャスト変数にアクセストークンを設定し、UDFで利用する方式

```
get_exchange.pyより一部抜粋
# トークンをブロードキャスト変数に設定
access_token_cast = spark.sparkContext.broadcast (token)
＜中略＞
# UDFを定義して各ページのデータを取得
def fetch_page_data (page) :
    access_token = access_token_cast.value
    print("アクセストークン:" + access_token)
```

❸パラメーターストアに格納しSparkのUDFからデータを取得する

パラメーターストアにアクセストークンを格納し利用する方法は、たとえば次のようなパターンがある。
- AWS Secrets Manager[7]のようなシークレット情報を保持する場所(パラメーターストア)に、アクセストークンを配置しUDF内でそのパラメーターストアにアクセスし情報を取得し利用する方式
- オブジェクトストレージにファイルとして有効なアクセストークンを格納しておき利用する方式。

この方法は、トークンの有効時間内に処理が終わらずトークンを更新する必要があるような長時間の処理に対応する手段として利用する。この場合、パラメーターストアのデータを更新し続ける別のプロセスが必要になる

今回は上記のうち❷の方法で実現します。❷の方法であればソースコードだけで完結するためアーキテクチャに対しては新たなダイアグラムの追加はありません。

スケジューラーやワークフローの有無

今回は、売上のデータを取得するためにPull型のAPI(▶4.3節)を利用したデータ取得を考えていくことになります。そのためこちら側でスケジューラーないしワークフローエンジンを用意し処理の起動を制御しなければなりません。また、為替データを取得(Python)したり、売上データに対してSparkによるデータ整形をする必要性も考えるとGlueのようなワークフローエンジンを用意した方が良さそうです(▶4.5節)。今回はインフラ部分の負荷の軽減のためにもフルマネージドのSpark環境兼Python環境であるAWS Glueをワークフローエンジンとすることとしましょう[8]。

---

[7] **URL** https://docs.aws.amazon.com/ja_jp/secretsmanager/latest/userguide/intro.html

[8] より今後複雑なワークフローや大規模になる場合は、AWS Step FunctionやDigdagなどへの移行を考えると良いでしょう。

310

これでデータ取得に関する懸念点はなくなり、**図9.1**でいう③④が決まりました。あとは残りのパーツを順次埋めていくとしましょう。

どのようなストレージが最適か、どのように保存するか

次に、データの配置について考えていきたいと思います。データの保存場所と保存形態についてここでは考えていきましょう。

データの保存先をどこにするか

今回は、**表2.1**の星取表に沿って考えるとプレゼンテーションデータがBIツールで参照する目的となるため、最終的なアウトプットデータはDWHへ格納するのと、DWHはオブジェクトストレージ(S3)で構成します。また、処理の途中データであるプロセスデータも同様にS3に格納とします。

メタデータストア

今回はGlueを利用することから、AWS Glue DataCatalogを用いてメタデータを管理することにしましょう(**図9.1❼**の部分)。

データのゾーン管理

データレイク/DWHの管理方法(▶2.6節の「データのゾーン管理」項)で紹介したゾーン管理として今回は各ゾーンのパスプレフィックスは以下のようにします。

- **ローゾーン** ➡ s3://hoge.data.platform.bucket/raw/
- **ゴールドゾーン** ➡ s3://hoge.data.platform.bucket/gold/

今回は機密データについては扱いませんので、クォレンティーンゾーンについては考慮しないこととします。また、単純化のためステージングゾーンは扱わずローゾーンとゴールドゾーンにてデータを管理するものとします。

まず、ローゾーンには取得した売上データをほぼそのまま保存していきましょう。売上データは毎時に取得する予定のため、上書きされないようにYYYY-MM-DD/HHのように階層を分けて保存していきましょう。

- **売上データ保存先** ➡ s3://hoge.data.platform.bucket/raw/companyA/shop/sales/

```
raw/companyA/shop/sales/
              YYYY-MM-DD/HH/データ (parquet&snappy)
              YYYY-MM-DD/HH/データ (parquet&snappy)
```

ローデータはスキーマオンリード(▶2.7節の「ストレージへの直接アクセス」項)での読み込みを基本として、ローゾーンにはテーブルを作成しない方針です。

[事例で考える] データ分析基盤のアーキテクチャ設計
豊富な知識と柔軟な思考で最適解を目指そう

　ゴールドゾーンには、為替のデータと売上データを処理することでBIツールで参照するデータマート状態のデータを配置しましょう。為替のデータは変換の余地があまりないため、ローゾーンへ配置することはせず、最初からゴールドゾーンへ直接保管することにしました。
　ゴールドゾーンへの各データは、それぞれ以下に保存することにします。

- **為替データ保存先** ➡ s3://hoge.data.platform.bucket/gold/master.db/currency_rates/
- **売上データマート保存先** ➡ s3://hoge.data.platform.bucket/gold/companyA/shop/sales/asset/money.db/salesdata/

　ゴールドゾーンは、アクセスレイヤーからはAthenaのSQL経由でデータを参照します。SQL経由でデータ参照を行うためスキーマオンライトを採用しテーブルを事前に作成します。また、データを生成するプログラムからは引き続きスキーマオンリードでの参照とします。

ゴールドゾーンへ作成するテーブルのパーティションはどうするか

　為替データはマスターデータとして利用し、パーティション(▶3.4節)は日付ごとの利用となりそうなので、retrieval_date (取得日) をパーティションとしてデータを履歴テーブル(▶6.4節「履歴テーブルを作ろう」)のように保存していきましょう。パーティションのイメージは次のとおりです。

```
[為替データテーブル]
gold/master.db/currency_rates/
                    retrieval_date=YYYY-MM-DD/データ(parquet&snappy)
                    retrieval_date=YYYY-MM-DD/データ(parquet&snappy)
```

　売上データはデータを配置するためのパーティションは店舗ごとにBIツールで参照/集計することを考えると今回は日付/店舗の複数パーティションを作ると良さそうです。パーティションのイメージとしては以下のようなイメージです。経験則ですがパーティションは、より確実に作成されたり、固定のものほど上位に持ってくると処理しやすいです。今回の場合は、retrieval_dateは取得日なので確実に作成される一方でshop_idは当該shopで売上があるか不確実なのでretrieval_dateより下位に持ってきています。

```
[売上データテーブル]
gold/companyA/shop/sales/asset/money.db/salesdata/
                    retrieval_date=YYYY-MM-DD/
                                        shop_id=A/データ(parquet&snappy)
                                        shop_id=B/データ(parquet&snappy)
                    retrieval_date=YYYY-MM-DD/
                                        shop_id=A/データ(parquet&snappy)
                                        shop_id=B/データ(parquet&snappy)
```

保存フォーマットをどうする?

　今回は保存のフォーマットはparquet形式、圧縮形式はsnappyとし、オープンテーブルフォーマットは利用しません(▶4.6節の「列指向フォーマットと行指向フォーマット」項)。

この時点で、取得したメタデータ含めたデータがどのように保存されていくのかというイメージが湧いてきたと思います。これで、**図9.1**でいう❻❼の部分が決定しました。

DIKWモデル（▶第6章）に沿って、だんだんとローゾーンからゴールドゾーンへ向かってデータが意味のあるデータになっていくイメージがつけば大丈夫です。慣れてくると、この時点でソースコード含めどのようなデータパイプラインになるのかほとんど頭の中に浮かんでくるようになります。この時点ではソースコードについてはイメージできればOKで、ソースコードや実現のイメージが沸かないのであれば9.3節に紹介するような内容で現実的なアーキテクチャに構成を精錬させていくことが求められます。

データ処理をどのように行うか　目的に向けてどのようなデータ変換を実施するか

データ処理方法の検討は細部の調整になりますのでアーキテクチャ構想段階の最後の方に詰めていくと良いでしょう。今回の場合はAthenaから参照する予定のテーブル定義を決めてしまい、テーブル定義に合うようにデータを変換していくことが得策です。

メタデータ　テーブルの定義はどのようにするか

ゴールドゾーンはスキーマオンライトで利用の予定のため事前にテーブルを作成する必要があります。それぞれの以下の定義とし、このテーブル定義に合うようにデータを整形していくことにします。まずは今回の為替データのテーブル定義を示します。

為替データのテーブル定義

テーブル名: currency_rates
データベース: master
テーブルの要約:1USDドルに対して各通貨がいくらかを管理するテーブル。1日1回取得(2:30 AM)で履歴データ保持あり。
列:
　currency: 通貨の種類を表す文字列。JPYなどがある（STRING）
　rates: 通貨のレートを表す。1USDドルに対していくらか　（DOUBLE）
パーティション: データの取得日(retrieval_date)でパーティション化
ストレージ形式: Parquet形式で保存し、Snappy圧縮する
ロケーション: s3://hoge.data.platform.bucket/gold/master.db/currency_rates/

続いて、今回の売上データのテーブル定義は次のとおりです。ダッシュボードに関する要件❸❺を実現するためにそれぞれ「sales_jpy」「hh」が含まれるようにテーブルの設計をしています。また、実質的なPKであるpurchase_idを持つことで重複データを弾きデータ品質の担保（▶7.1節および7.3節の「ユニーク性」関連）を行えるようにしています（後述）。

売上データのテーブル定義

データベース名: money
テーブル名: salesdata
テーブルの要約:店舗の売上データを保持するテーブル。master.currency_ratesテーブルと毎時取得する売上データ「s3://hoge.data.platform.bucket/raw/companyA/shop/sales/」を用いて1日1回算出（2:30 AM）で履歴データ保持あり。
列:
　page: 売上データAPIのデータ取得時のページ番号を表す整数　（INT）
　purchase_id: 購入IDを表す文字列。全購入でユニークなID　（STRING）

第9章 [事例で考える]データ分析基盤のアーキテクチャ設計
豊富な知識と柔軟な思考で最適解を目指そう

```
scale: 決済通貨の種類を表す文字列(yenもしくはus_doller) (STRING)
store_name: 店舗名を表す文字列 (STRING)
time: 購入時間を表すタイムスタンプ (TIMESTAMP)
sales: 売上額を表す。単位は日本円もしくは米ドル。 (DOUBLE)
sales_jpy: 売上額（日本円換算）を表す。取得時点のドルの値を用いて計算をしている。 (DOUBLE)
ymd: 売上の日付を表す (DATE)
hh: 売上の時間を表す文字列 (STRING)
パーティション: データの取得日(retrieval_date)および店舗ID(store_id)でパーティション化
ストレージ形式: Parquet形式で保存し、Snappy圧縮する
ロケーション: s3://hoge.data.platform.bucket/gold/companyA/shop/sales/asset/money.db/salesdata/
```

データの型ですが、迷うようならすべてStringでも問題ありません。StringであればあとからJsonオブジェクトに変換できたり、数値にも変換可能だからです。

[補足] 設定のポイント整理&リファレンス

Athena経由で上記に対応するDDLを発行し、データベースとテーブルを作成しました 画面9.1 。

画面9.1　Athenaからのテーブル作成

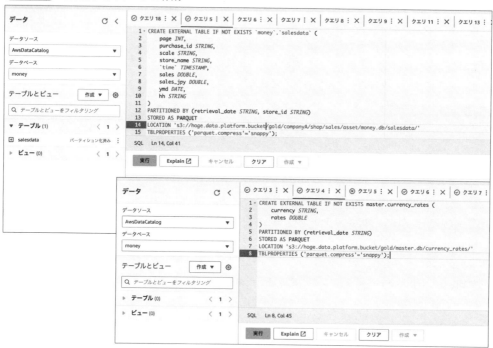

作成後のテーブル情報は、AWS Glue DataCatalog Tablesから確認できます 画面9.2 。

画面9.2 メタデータ（テーブル定義）

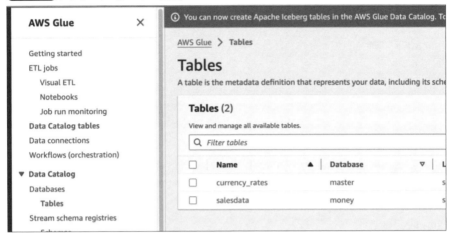

データパイプラインはどのようになったか

それでは、データ処理するデータパイプラインについて確認をしましょう。今までの内容をまとめると以下のようなパイプラインになります。

- **売上データ取得パイプライン（毎時0分起動）**
  ❶売上データの取得/保存
  　❷売上データの取得
  　❸売上データの保存（ローゾーン）
- **データマート作成パイプライン**
  ❶為替データパイプライン(2:30AMごろ起動) ➡ get_exchange.pyで処理
  　❶為替データの取得(openexchangerates.orgより取得する)
  　❷為替データの整形
  　❸為替データの保存（ゴールドゾーンへ保存する）
  ❷売上データの整形(2:30AMごろ起動＆為替データパイプライン完了後) ➡ datamart.pyで処理
  　❶売上データの保存（ローゾーン）(24時間分)と為替データの読み込み
  　❷為替データとの結合
  　❸為替データを用いたドルから円への変換しデータマートを作成
  　❹データをゴールドゾーンへ保存する

これで 図9.1 におけるGlueデータパイプライン（❸❹❺の順番）が決定しました。

第9章 [事例で考える]データ分析基盤のアーキテクチャ設計
豊富な知識と柔軟な思考で最適解を目指そう

TIP　Glue Jobを動かす

Glue Jobを動かすには、以下の3つの準備をします。

- IAM ROLE　URL https://docs.aws.amazon.com/ja_jp/glue/latest/dg/create-an-iam-role.html
- S3バケット
- Network Connection　URL https://docs.aws.amazon.com/glue/latest/dg/glue-connections.html

---

為替データ取得は外部のネットワークへ通信を行うため、JobへのConnections設定が必要です。外部通信が可能なコネクターを作成し、Job detailsからconnections設定を行ってください。

3つの準備ができたらcodes配下のソースコードを 画面9.3 のようにGlueのScriptへそれぞれ別のJobとして貼り付けを行います。

画面9.3　Glue Jobの作成

Glue Jobを動かすと 画面9.4 のようにS3へデータが配置されます。以下はsalesdataの配置の例です。salesdataテーブルは、retrieval_date/store_idのパーティションとなるように配置しており、Athena経由で作成したテーブルのパーティションの定義に合うようにS3へ配置しています。

画面9.4　salesdataの配置の例

また、データ作成だけでなくパーティションも作成されています。データとメタデータが分離さ

れているため明示的にS3へデータが配置されたことを知らせるためにパーティションをコードの下部で追加しています。パーティション情報はメタデータの一部なので、追加されるとAWS Glue DataCatalogで 画面9.5 のように確認することが可能です。

画面9.5 パーティションの例

この時点でデータがAthena（Amazon QuickSightからも）からデータが参照できるようになっています 画面9.6 。

画面9.6 Athenaからのデータ参照の例

実際のプロジェクトではこの時点でプログラムを書き切ることは不可能です。より、手戻りの少ないアーキテクチャへと精度を上げていくためにはプログラムを書かずともプログラムの細部までイメージが湧くように日々自身の中に知見をためていくことが大切です。

今回ひととおりのデータパイプラインを作成したので、動かして可視化をしてみました。

パイプラインのスケジュールは以下のように設定しました 画面9.7 。

- fetch_sales_data.py：毎時0分起動
- get_exchange/datamart：毎日2:30AMに起動。get_exchange.py完了後にdatamart.pyが起動し前日分の売上データを取得し処理を行う

[事例で考える] データ分析基盤のアーキテクチャ設計
豊富な知識と柔軟な思考で最適解を目指そう

画面9.7 Glueでのスケジュール設定

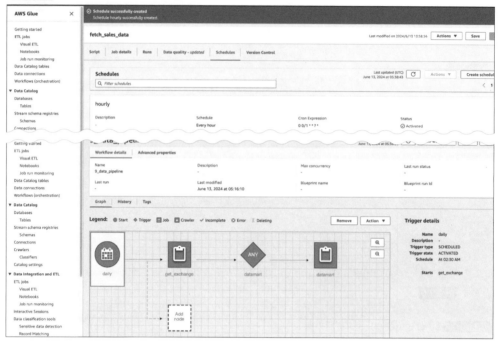

最後にAmazon QuickSightから店舗の日ごと/時間ごとの売上を可視化しました **画面9.8**。

画面9.8 Amazon QuickSightによる可視化

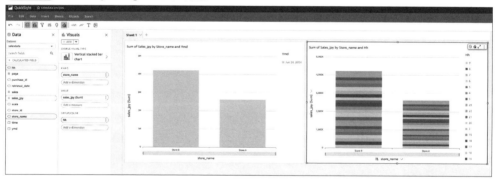

　Amazon QuickSightによる可視化にはSQLの記述は不要なのですが、集計のイメージをつけるためにDMLをcodes/DMLに記載しています。

9.3 データ分析基盤構築における不確実性に備えよう
ソフトスキルも大事にしよう

データ分析基盤の構築は、技術力（ハードスキル）を元にした相手とのコミュニケーション（ソフトスキル）の連続です。時には技術力だけでは突破することが不可能（もしくは合理的でない）な思いがけない障壁にぶつかる場合もあります。ハードスキルを持ち合わせた上で、ソフトスキルを用いて先読みした調整や行動を行うことが大事です。

パズル台紙にはめられない場合はどうする？
ソフトスキルやソフトウェアエンジニアリングが必要な場面も

データ分析基盤のアーキテクチャを考えている際に、「この条件だけどうにかなれば」といったような事態によく直面します。データ活用は自社だけで完結するものではなく、サードパーティ企業とのデータ連携などでプロジェクトを進めている場合もあり、自社（や自分）の当たり前や正論が通用しない場合も多くあります。実際のところ、世の中のデータソース、データ、要件が自分の思いどおりになっていることはほとんどありません。また、最終的な結果が0 or 100で決着がつくこともほとんどありません。

その際に取れるアクションとしては4つあり、以下の優先順位で対応していくと良いでしょう。

❶データソースを最適化してもらうように働きかける
（❷要件に合う別の協力先やサービスを探し直す）
❸自社サービスの要件を変える
❹型にはめられるように、データ分析基盤側で吸収する

❶はデータソース側にデータ活用に応じた新しいしくみを開発してもらうという手段です。つまり理想に合わせてデータソース側が最適化されることとなり、大きな効果が見込めます。反面、会社間の関係性や部署内の開発優先度の違いなどもあり実現されるか不確実性の高い方法になります。たとえば、今回の例だとAPIの呼び出し回数がかなり多くなってしまいます。であれば、APIのレスポンス上限を1000件ずつにではなく10000件ずつに緩和してもらったり、売上データを1hごとにS3などに配置してもらいイベントドリブンのようなしくみにしてもらうように調整したりする行為のことです。

❷は再度、理想に合わせたデータソースを探すことです。ただそのような上手い話はないのが現実で、新たなデータソースを探すパターンとしては目的のためにデータが足りず補完のために追加で模索する場合がほとんどでしょう。

❸はAという要件を緩和してBという要件にすれば型にはめられるような場合です。たとえば集計の時間を1時間単位から1日単位にすることで無理なく処理できる。などの調整があたります。あ

第9章 【事例で考える】データ分析基盤のアーキテクチャ設計
豊富な知識と柔軟な思考で最適解を目指そう

まり無理な要件を飲み込んでしまうと、「構築はできたけど運用できない」などの状況に陥ってしまうため、合理的にできるかどうかの情報（たとえば、データの取得に数時間かかってしまうから合理的でない。このままA要件で行けば1ユーザーあたり（や1台あたりなど）の単価で500円費用が上がる。などです。）をしっかりとステークホルダーとコミュニケーションします。その影響が無視できない状況になればプロダクト要件の変更を考える可能性が出てくるということです。

❹は技術力で本来あてはめたかった型に整形するということになります。たとえば、本来はSaaS型データプラットフォームに直接データを連携したかったが、処理の複雑性や取得の要件が合わず、データ分析基盤とデータソースの間につなぎ役としてクッションのように別システムを構築するといったような場合があてはまります。要件を実現するための最後の砦となる部分ですが、技術的に無理をしてしまう場面が残る場合はプロダクトの制約としてSLO等に明記することを忘れないようにしましょう。

制約もアーキテクチャの考慮に入れよう　一つ違うだけで大局が変わることもある

プロジェクトを進めていく上では、リソース、期限、予算、チームのスキルセットなどさまざまな制約があります。実際のところ、システムのアーキテクチャはこれらの制約に影響される部分が多く、不確実性をできる限り排除しながらアーキテクチャの決定を進めていくことになります。

制約の一例

- **メンバーのスキルセット**

  Aメンバーは、当該技術に詳しい。Bメンバーは詳しくない。といった情報も変数の制約の一部となり得る。また継続的にプロダクトを運用していく上では採用も含めた長期的な観点も必要となる

- **期限**

  たとえば、3ヵ月後リリースの場合、ツールを導入したくても合意形成までに時間がかかるため利用できないといった場合や、決済に間に合わないなどの組織の手続き的な問題で別の方法（代わりに、内製するなど）を取る場合もある

- **予算**

  開発に対して何人メンバーをアサイン可能なのか？といった人に関するコスト、（便利なSaaS機能を見つけても）ユーザー数と照らし合わせたところ予算規模に合わず使えないといったシステムに関するコストが予算に収まるかによってシステムの構成が変わる場合もある。技術的に実現できても、期限、予算感、保守時の負荷等の要件に合わなければ考え直し

- **どれくらいのリクエストが秒間にあるのか**

  3.10節のSLOにて定めることを推奨した項目についてもアーキテクチャへの考慮が必要になってくる。たとえば、ダッシュボードに対してどれくらいのアクセスがあるのかによって、インフラの採用技術が変更となる場合がある

- **データソース側／データ提供側に制限がないか**

  データソース側に対する考慮としては、たとえばAPIによるデータ取得を行う際に5分間隔でデータ取得をしなければならないとAPIの仕様がなっていた場合、データを取得するために1000回呼び出しを考えるだけでも果てしない時間がかかる。また、データをデータベースから取得する際にデータソース側のシステムを邪魔しないか？といった制約がかかる場合もある。たとえば、11時台がプロダクトを利用するユーザーが多いため、毎時のデータ取得を11台だけ停止するといった対応をデータ分析基盤側

する場合もある。データ提供側に対して必要となる考慮としては、リバースETL等でデータ分析基盤の外へデータを提供する際に、データ提供先のインフラ環境に負荷をかけすぎていないかなど、性能的な問題によってスケジュールの調整や処理方式の変更が発生する場合もある

- **セキュリティや法規制**
  個人情報保護法等によって、匿名加工や仮名加工等（▶2.4節）のデータ処理を行うパイプラインを追加する必要があったり、特定のユーザーにしかデータを見せないようにするといったアクセス制御等（▶4.10節）によってよりデータパイプラインが複雑になっていくケースもよくある

- **将来構想の考慮**
  「将来的にXXXXXのような機能を実装予定」「△△△△△を統合予定」等の将来の見通しによって、それらをアーキテクチャへ考慮として入れる場合がある。一方、それらが実現するかは不明確なので最初のベースラインを作る場合は、機能は最低限に抑えつつより汎用的な作りにして機を待つと良いだろう

これらの制約はその時点ではすべて排除しきれない場合がほとんどで、前提条件を整理しながら情報が揃っていない中で決断しアーキテクチャを決めていくことがしばしば求められます。

9.4 データ分析基盤に必要な機能を揃えよう
非機能についても目を向けよう

　データパイプラインができたからといって、データ分析基盤の作業は完了ではありません。本節では、機能を実現するだけでなく継続的にデータを利用するという観点から非機能についても目を向けてみましょう。具体的にはメタデータの管理とデータ品質を確認するアプリケーションをデータ分析基盤の骨格に対してアドオンします。

■ データ品質実行アプリを付け足す　データを常に監視しよう

　データが正しいという前提に立つのではなく、データは間違えているという前提に立ち作成したGlue Jobに品質のチェック（▶第7章）のコード追加を行ってみましょう。今回は、purchase_idは全体でユニークであることから、purchase_idが本当にユニークであるかを確認を行います。purchase_idに重複があった場合はエラーとしパイプラインを停止するようにします コード9.1 。 コード9.1 は 図9.1 ❺ （datamart.py）の後に新たにGlue Jobを追加しても良いですが、今回はdatamart.pyのデータを書き込む前にこのコードを入れることとします。

第9章 [事例で考える] データ分析基盤のアーキテクチャ設計
豊富な知識と柔軟な思考で最適解を目指そう

コード9.1 データ品質テストコード（datamart.py より一部抜粋）

```
#### 品質検証
# purchase_idがユニークであるかチェック
window_spec = Window.partitionBy("purchase_id")
# purchase_idごとの件数を数える
result_df = result_df.withColumn("count", F.count("purchase_id").over(window_spec))

# グループごとのpurchase_idが1件以上あるデータを抜き出す
non_unique_ids = result_df.filter(F.col("count") > 1).select("purchase_id").distinct().collect()

# データが一件でもあればエラーとする
if non_unique_ids:
    non_unique_ids = [row.purchase_id for row in non_unique_ids]
    # 今回はエラーとしたがワーニングとして処理を継続しても良い
    raise ValueError(f"Non-unique purchase_id found: {non_unique_ids}")

#####
```

ユニークであることを確認することによって、重複したデータが集計されてしまうことを防ぐことが可能です。また、テーブル全体でユニークであることをチェックするためには以前処理した分もdataframeに読み込みチェックを行う必要があります。

実際に筆者が開発していたところ、**画面9.9** のようなエラーが発生し問題に気づけました。

画面9.9 品質チェックエラー

⊗ Error Category: INVALID_ARGUMENT_ERROR; ValueError: Non-unique purchase_id found: ['A0011', 'A00110', 'A0012', 'A0013',
025', 'A0026', 'A0027', 'A0028', 'A0029', 'B0011', 'B00110', 'B0012', 'B0013', 'B0014', 'B0015', 'B0016', 'B0017', 'B0018', 'B0019',

（続き）
'A0014', 'A0015', 'A0016', 'A0017', 'A0018', 'A0019', 'A0021', 'A00210', 'A0022', 'A0023', 'A0024', 'A0
'B0021', 'B00210', 'B0022', 'B0023', 'B0024', 'B0025', 'B0026', 'B0027', 'B0028', 'B0029']

一点注意点としては、7.5節の「チェックし過ぎに注意」項で言及したとおり、すべてのデータ（テーブル）においてテストを実施する必要はありません。重要でコスト効果の高いデータから品質チェックの対応を順次追加していきましょう。

アーキテクチャにメタデータの管理の考慮を入れてみよう
データを多くの人に知ってもらおう

データの意味を多くの人に理解してもらうために、メタデータ（▶第5章）を今回の対応に含んでいきましょう。

ビジネスメタデータとテクニカルメタデータ（▶5.2節）として、テーブルにコメントおよび技術的な観点を付け足してみましょう。「為替データのテーブル定義」「売上データテーブル定義」で確認した、テーブルの情報をAWS Glue DataCatalogへ追記します **画面9.10** 。

画面9.10 Glue Data Catalog（メタデータストア）へビジネスメタデータとテクニカルメタデータを追記

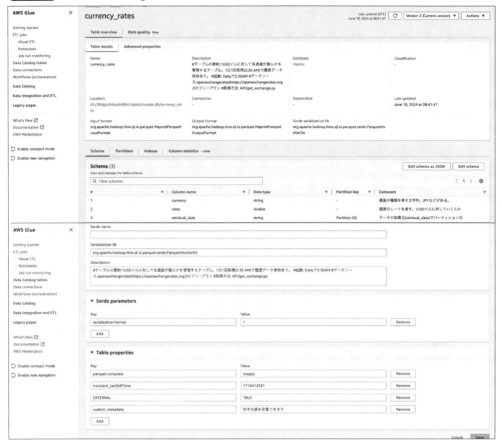

今回追加するメタデータはそれぞれ以下とします。

- ビジネスメタデータ
  テーブルの要約 ：1USDドルに対して各通貨がいくらかを管理するテーブル。1日1回取得（2:30 AM）で履歴データ保持あり
  "Comment" ："通貨のレートを表す。1USDに対していくらか"等のビジネス的な情報

- テクニカルメタデータ
  起動 ：Dailyで2:30AM
  データソース ：openexchangerates（https://openexchangerates.org/）のフリープラン
  取得方法 ：API/get_exchange.py等の技術的な情報

第**9**章 **[事例で考える] データ分析基盤のアーキテクチャ設計**
豊富な知識と柔軟な思考で最適解を目指そう

> **TIP** **AWS Glue DataCatalog**
>
> 「"custom_metadata": "好きな値を定義できます"」のようにkey:valueの形で好きなメタデータを順次追加することが可能です。よって、うまく使いこなすことによって今回の場合はメタデータストアをAWS Glue DataCatalogとし、前出 **図5.1** のような機能を実現していくことが可能です。

画面9.10 のメタデータ入力後にメタデータをAWS CLIで取得した場合の例です。以下のようにjson形式でレスポンスがあり、システムに統合することも容易です。

```
aws glue get-table --database-name master --name currency_rates
```

```
{
  "Name": "currency_rates",
  "DatabaseName": "master",
  "Description": "#テーブルの要約:1USDドルに対して各通貨が幾らかを管理するテーブル。1日1回取得(2:30 AM)
で履歴データ保持あり。 #起動: Dailyで2:30AM #データソース:openexchangerates(https://openexchangerates.o
rg/)のフリープラン #取得方法: API/get_exchange.py",
  "CreateTime": "2024-06-15T00:49:41.000Z",
  "UpdateTime": "2024-06-18T08:41:47.000Z",
  "Retention": 0,
  "StorageDescriptor": {
    "Columns": [
      {
        "Name": "currency",
        "Type": "string",
        "Comment": "通貨の種類を表す文字列。JPYなどがある。"
      },
      {
        "Name": "rates",
        "Type": "double",
        "Comment": "通貨のレートを表す。1USDドルに対していくらか"
      }
    ],
    "Location": "s3://hoge.data.platform.bucket/gold/master.db/currency_rates",
    "InputFormat": "org.apache.hadoop.hive.ql.io.parquet.MapredParquetInputFormat",
    "OutputFormat": "org.apache.hadoop.hive.ql.io.parquet.MapredParquetOutputFormat",
    "Compressed": false,
    "NumberOfBuckets": -1,
    "SerdeInfo": {
      "SerializationLibrary": "org.apache.hadoop.hive.ql.io.parquet.serde.ParquetHiveSerDe",
      "Parameters": {
        "serialization.format": "1"
      }
    },
    "BucketColumns": [],
    "SortColumns": [],
    "Parameters": {},
    "SkewedInfo": {
      "SkewedColumnNames": [],
      "SkewedColumnValues": [],
      "SkewedColumnValueLocationMaps": {}
    },
    "StoredAsSubDirectories": false
```

```
  },
  "PartitionKeys": [
    {
      "Name": "retrieval_date",
      "Type": "string",
      "Comment": "データの取得日(retrieval_date)でパーティション化"
    }
  ],
  "TableType": "EXTERNAL_TABLE",
  "Parameters": {
    "parquet.compress": "snappy",
    "transient_lastDdlTime": "1718412581",
    "EXTERNAL": "TRUE",
    "custom_metadata": "好きな値を定義できます"
  },
  "CreatedBy": "aaaaaaaaa",
  "IsRegisteredWithLakeFormation": false,
  "CatalogId": "aaaaaa",
  "IsRowFilteringEnabled": false,
  "VersionId": "2",
  "DatabaseId": "aaaaaaaaaaaa",
  "IsMultiDialectView": false
}
```

次に、オペレーショナルメタデータの原資として、S3のアクセスログを取得を設定しましょう **図9.1 ❿**。アクセスログを保存しておくことで、のちの改善に利用することが可能です*9。

　一歩進んだ管理のためには、今回構成したデータパイプラインのリネージュ等を整理しておくことによって、さらにデータへの理解が深まります。一方で、オーバーエンジニアリング（▶p.125のコラム「オーバーエンジニアリングに注意」）にならないように、プロジェクトの開始時に必要かどうかを考えることも重要です。

9.5 本章のまとめ

　本章では、実ケースへの適用を例にとって、これまで本書で紹介した知識を利用してデータ分析基盤のプラットフォームとしての考え方を紹介しました。

　データ分析基盤は単体で存在するシステムではなく、スモールデータシステムや人と協調しながらデータ活用を促進し価値を出していくシステムです。そのことから、データ分析基盤はステークホルダーが多くなりやすく、やり取りも複雑化する傾向にあります。データ分析基盤の構築には、

＊9　p.112のコラム「使われていないデータを探す」でも紹介した文献なども参考になるでしょう。
　　・「Amazon Athena で Amazon S3 サーバーアクセスログを分析する方法を教えてください。」
　　URL https://aws.amazon.com/jp/premiumsupport/knowledge-center/analyze-logs-athena/

325

第9章 [事例で考える] データ分析基盤のアーキテクチャ設計
豊富な知識と柔軟な思考で最適解を目指そう

一定程度決まったルールがあるものの、時には型にはめるためにデータソース側も巻き込んで全体として構成を見直す場合などもあります。

型にはまる、はまらないに限らず技術をベースとした非エンジニアとのコミュニケーションも必要となったり、開発にはデータ開発に関する知識に加えインフラ、ネットワーク、フロントアプリなどまるで総合格闘技のように広範囲なスキルを求められます。その際に役に立つのは、本書で紹介したような基本的な事項における特徴の理解と目的に合わせた手段の選択です。

手段を増やすためには特徴を捉えAはBに似ているといったようにアナロジーを効かせることでアーキテクチャにも柔軟性が出てきますので、日々多く発表される新しい技術に惑わされるのではなく、まずは本書で紹介した内容を身につけて「このルールに似ている」「どの目的を達成するための技術／考え方なのか探る」というスタンスで情報に向き合っていくと良いでしょう。

Column

DR（ディシジョンレコード）　意思決定の履歴を残そう

アーキテクチャ、データスキーマ、要件定義は大量の意思決定の連続です。さらに複雑かつ、時間の経過とともに変化します。システムやプロジェクトのはじまりは少人数でスタートし、ステージに沿ってだんだんと人数やスキルセットの違う人が加わったりと人の変化もあります。そのために設計書や意思決定を都度更新しておかないと、メンバーの退職時や後々参画してくる方においては当時になぜそのような意思決定したのかわからなくなり既存構成変更の妨げになります。

理論的に考えれば、Aのような方式を取るべきという場合でも、「当時は制約によってBという方式を取らざる終えなかった」そんな場面がいくらでもあります。その制約による意思決定は後から参画した人には見えづらく理解しにくいのです。

その問題を解決するために筆者が利用しているのがDR[a]です。日本語に訳すと「意思決定の記録」となりますが履歴形式で決まったことを順次残していくということです。

表C9.A では、意思決定した内容や関連する情報を時系列順に並べています。記録をNotionなどのドキュメンテーションツールで、（たとえ体裁が整っていなく雑だとしても、）管理していくだけでも後々役に立つ場面が多くあるはずです。

表C9.A　DR（ディシジョンレコード）

決まったこと	資料（Notion[1]など）	更新日
初期アーキテクチャを決めた	アーキテクチャの考え方	2021/11/11
マスターデータの取り込みをダンプからAPI形式とした	やり取りの履歴など	2021/11/12
AAAAの大量データ処理の方式を決めた	Miro[2]のリンク	2021/11/13

※1　オンラインドキュメンテーション Notion **URL** https://www.notion.so/ja-jp
※2　オンラインホワイトボード Miro **URL** https://miro.com/ja/online-whiteboard/

*a　とくにアーキテクチャに関したDRをADR（アーキテクチャディシジョンレコード）と呼ぶ場合もあります。

Appendix

［ビッグデータでも役立つ］
RDB基礎講座

　Appendixでは、本書を理解するのに役立つデータベース（おもにRDB, *Relational database*）の基本事項について、凝縮して紹介します。ビッグデータシステムはRDBの知識を前提に作られていることも多く、RDBの知識はビッグデータを扱うエンジニアはもちろん、幅広いユーザーの方々にとって大いに役立ちますので、以下で基本をしっかり押さえましょう。本文解説とAppendixの比較ポイントを 表A.A にまとめましたので学習の参考にしてみてください。

表A.A　本文解説とAppendixの比較ポイント一覧

▶**観点**

比較ポイント

▶**対処方法や考え方の違いについて**

ビッグデータシステムでは、「One Size Fits All問題」（3.6節）に見られるような方法で同時実行性を上げている。一方、同時実行性を上げる過程で捨てたものもある。たとえば、ビッグデータシステムにはトランザクションという概念が存在しない（一部Google Spannerなどビッグデータ用途でもサポートしている製品もある）。よって、同時に更新を行った場合、後勝ち（あとで更新した方の更新が反映される）となる場合がある。また、「データクレンジング」（第2章）では重複が発生することを前提としていたり、RDBではさまざまな数値を表す型があるが、「データの劣化」（7.2節）で紹介するように型の種類が少なく定義されていることが多いのも考え方の違いからきているものである

▶**インデックスなどのパフォーマンスチューニングについて**

パフォーマンスチューニングについて「データストレージへのデータ配置」（第4章）、「列指向フォーマットと行指向フォーマット」（第4章）、「データプロファイリングのカーディナリティ」（5.3節）で比較対象となる内容を取り上げた。キーワードとしては「スモールファイル」「データスキューネス」「行指向、列指向フォーマット」に注目したい

▶**スキーマ**

本編ではメタデータと呼ばれるデータの一部として登場する。「メタデータとデータテーブル定義」（5.2節）にて紹介する、スキーマだけではないさまざまなメタデータと比較してみてほしい

▶**テーブルの追加／更新／削除と列指向、行指向フォーマットの関係性について**

「列指向フォーマットと行指向フォーマット」（第4章）では、同じ行指向でもビッグデータでは追加がメインになる点、RDBでは馴染みの薄い列指向が登場する

▶**データの設計書を表現する方法**

RDBにおけるアーキテクチャでは、ER図を用いて設計図を表現する。一方、ビッグデータシステムでは「データカタログ」（5.4節）、「スキーマ設計」（6.3節）における「リネージュ」と「プロバナンス」を用いたデータ設計の表現法を解説

▶**障害対策の方法**

RDBにおける障害対策は、サーバーの冗長化とデータの冗長化だが、ビッグデータの観点でも方向性は同じである。ビッグデータシステムではサーバーの冗長化とデータの冗長化は「データの管理」（3.4節）、「One Size Fits All問題」（3.6節）で関連する解説を行っている

▶**SQLとSQLライク**

本書のSQLは**ほぼ**MySQLと同じだが、厳密にはSQLライクな（のような）SQLである点には注意が必要だ

Appendix A
[ビッグデータでも役立つ] RDB基礎講座

A.1 データベースとは何か?
検索、更新、制約機能を持った入れ物

データベースとは、「必要なデータを見つけ出す検索」「必要なデータを更新する(登録/修正/削除)」「入力制限や配置場所を決める制約」の3つの機能を持っています。

データベースの機能と形態

データベースとは、以下の3つの機能を兼ね揃えたデータを保存する入れ物です。

- 必要なデータを見つけ出す**検索**
- 必要なデータの**更新**(**登録/修正/削除**)
- 入力制限や配置場所を決める**制約**

データベースの形態は様々で、お馴染みのExcelも3つの機能を満たすことで、データベースとしての役割を果たすことができます。

表A.1 は、データベースの基本機能について、ExcelとRDBを比較した表です。とくに大きな違いは、Excelでは手動やVBAマクロで操作を行いますが、RDBではSQLを通して操作を行う点やパフォーマンス向上のための方法としてインデックス作成、同時実行のためのトランザクション、運用/保守向上として正規化と呼ばれる作業が登場する点です。

表A.1 データベース機能の比較[※]

データベースの種類	検索	更新	制約	操作	パフォーマンス向上	同時実行	運用/保守性向上
Excel	Ctrl + F など	セルの更新	入力規則	手動(またはVBAマクロ[※]など)	—	共同編集	—
RDB	SELECT	INSERT/UPDATE/DELETE	スキーマ(PK/FK、型情報)	SQL	インデックス作成	トランザクション	正規化

※ Microsoft Officeの拡張機能として提供されているプログラミング言語。

データベースの基本は、Excelなどのスプレッドシートで管理しているデータから始まりました。Excelで管理するデータは社員の番号であったり、メールアドレス、所属部署だったりします。イメージとしては 画面A.1 のようなものです。実は、この時点でExcelはデータベースとしての基本機能は満たしています。

データベースとは何か？ A.1
検索、更新、制約機能を持った入れ物

画面A.1 Excel管理台帳（Excelデータベース）

	A	B	C	D	E	F
1	No	氏名	部署	年齢	電話番号	ステータス
2	1	斎藤　友樹	経理	30	11111	在籍
3	2	田中　太郎	人事	35	22222	在籍
4	3	鈴木　太郎	営業	28		2021/11/11退職
5	4	佐藤　太郎	営業	29	33333	在籍

Excelデータベースの限界　データベースの基本機能を満たせるか

　前述のとおり、データベースとなるためには、必要なデータを見つけることが可能な**検索**機能と、そのデータが不要になったときや、変更があったとき（たとえば、今回の場合は異動など）の**更新**（**登録／修正／削除**）機能、そして、間違えたデータや人によって入力内容がバラバラにならないようにする**制約**機能の3つを持ち合わせることです。

　Excelはデータベースとしての基本機能は満たしていると、前項で伝えました。それは、Excelであれば Ctrl + F で検索機能は提供されていますし、更新はセルの削除や更新、追加を行うことによって実現可能です。制約は項目名に「氏名」や「年齢」と付与することで入力する場所を間違えないようにしたり、Excelの入力規則を使って入力値を制限することも可能だからです。

　しかしながら、このようなExcelデータベース管理では以下のような問題があります **画面A.2**。

• 処理のパフォーマンスが出ない

パフォーマンス（性能）とは、「どれくらいの速さで処理できるか？」という値。都度「 Ctrl + F で検索して対象物を特定する」➡「更新（登録／修正／削除）を反映する」のようなステップを踏んでいたのでは、Excelの対象の人数や物が増えるにあたって処理をする時間はどんどん伸びていってしまう。さらに削除や、登録は単純に値を置換するだけではできないのでExcelだけでは量が増えるにあたって処理を行うのがさらに厳しくなる

• 原則一人しか更新することができない（同時実行性）

Excelデータベースで処理をする人を増やして作業を完了させようと同時にExcelで更新処理を行おうとすると、AさんとBさんが同じ人物を処理することによって不整合が起きる可能性がある。たとえば、Aさんは部署を省略名で更新しようとしたがBさんは部署を省略名なしで更新しようとしていた場合、どちらかの更新が反映されていないという事態に陥る。また、管理する人数が多くなるにあたって半角で入力すべきところを全角で入力してしまうなども発生しがちである

• 細かな制約を規定できない

さらに、会社が大きくなりExcelデータベースが大きくなってくると、管理番号の重複といったミスも発生しやすくなる。また、作成者が異なることにより、別の独自の部署名の記載を行ってしまい、ちょっとした表現の違いから「部署」同士の比較ができなくなる可能性も高まる

329

Appendix A
[ビッグデータでも役立つ] RDB基礎講座

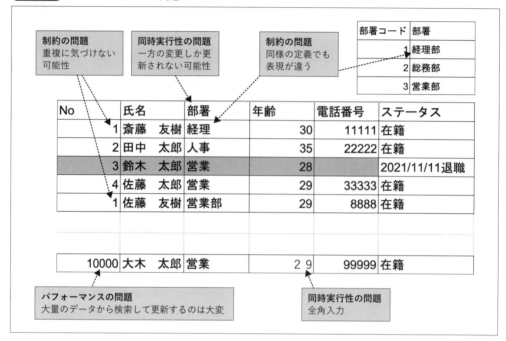

画面A.2　Excelデータベースの問題

RDBの誕生　データベースと言えばコレ

そこで、Excelのようなデータベースで解決することができなかったこれらの問題は、今日でも利用されているRDBで解決できます。

本章ではデータベースといえばExcelデータベースではなく「RDB」のことを指します。

A.2 RDBの基本
データベースの基本を振り返る

RDBはデータベース3つの機能を持ち合わせながら、Excelでは解決できなかったパフォーマンスの向上や同時実行性を高めたデータベースです。基本的な考え方は、Excelの表形式から着想を得ているものなのでベースとなるExcelと対比しながら基本概念と用語を理解していきましょう。

RDB　現実世界を表す表形式のデータ集合体

RDBは、**テーブル**（*table*）という、**行**（*record*, レコード）と**列**（*column*, カラム）からできている現実世界を表す表形式のデータ集合体です。RDBの表形式を表現する身近な例として、身長と体重を使った表形式を利用します。

表形式では、「スキーマ」を元にデータを保存します。**スキーマ**（*schema*）とは型情報や名前のことで、たとえば「12」というただの数字に対して、「age」という名前と「Integer」という型情報を与えることによって、ただの「12は数値型のage」と認識するということになります。データの操作にはSQLを利用し、検索や更新といったデータの操作を行います。

図A.1 にRDBで利用する用語や処理をまとめました。以下の4つの要素について見ていきましょう。

- テーブル
- 列と行
- スキーマ
- SQL

図A.1　RDB

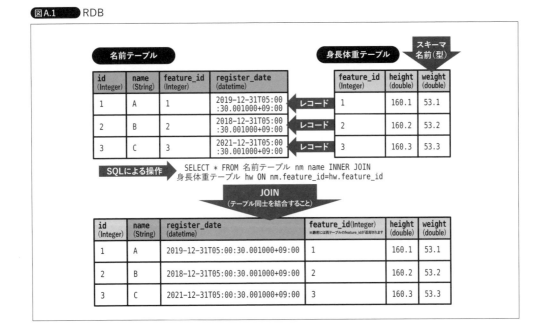

A Appendix
[ビッグデータでも役立つ] RDB基礎講座

▍テーブル テーブルを定義するのは3つの要素

　RDBは、**2次元の表**である「テーブル」と呼ばれる形式でデータを保存します。RDBではすべては2次元の表で保存されます。たとえば、「名前テーブル」と「身長体重テーブル」のように新たなテーブルを作ることでデータを管理します。

　数を作りすぎると管理がしづらくなりますし、数が少なすぎると何を表したいテーブルなのか不透明になりメンテナンスが面倒になります。丁度いい粒度はエンジニアの実力が問われるポイントかと思います。テーブルには、「行」「列」「スキーマ」という3つの要素が含まれています。

　テーブルは2次元の表であるため、通常の2次元の表と同じように「行」と「列」を持ち合わせています。そしてExcelデータベースにおける「入力規則」に似た機能である「行」と「列」に制約を付与する**スキーマ**が存在しています。

　実は、このあたりからRDBの製品（後ほど「代表的なRDB」で紹介）ごとに、実体は同じようなものでも名称や呼称が変わってきます。そのため、まずは軸となる言葉とExcelなどの身近なものと紐付けながら概念の理解に徹していきましょう。

行（レコード） 横方向のデータ塊

　行は、**横方向のデータの塊**のことで「レコード」と呼びます。たとえば、**図A.1**だと「1」「斎藤　友樹」「経理」「30」「11111」「在籍」といった横方向のデータがレコードです。入力可能な値は、後続で紹介するスキーマによる制約により決定されます。

　RDBは**行に対しての登録/更新/削除が得意**です。そのことから、**行方向へのデータの保持をしている**と言えます。そのようなデータの保持の仕方は**行指向**と呼びます。

列（カラム） 縦方向のデータの塊

　列は、**縦方向のデータの塊**のことで「カラム」と呼びます。たとえば、**図A.1**だとNoにおける「1」「2」「3」「4」といった縦方向のデータがカラムです。入力可能な値は、後続で紹介するスキーマによる制約により決定されます。

スキーマ 行と列に制約を課す

　「スキーマ」というと少し聞き慣れない言葉かもしれませんが、日本語に訳すと「枠組み」という意味です。スキーマは行と列に対して意味を付与する役割であるカラム名としての役割や、入力できる値を制約する情報を定義します。RDBにおけるテーブルは、このスキーマに沿ってデータを保存します。大きく分けると以下の3つに分けることができます。

- **カラム名**（Excelのヘッダーにあたる）
- **型情報**（Excelの入力規則にあたる）
- **キー制約**（Excelの入力規則にあたる）

カラム名は、Excel データベースだと名称が記載された「ヘッダー」と呼ばれるところがスキーマにあたるところです。たとえば **図A.1** だと「No」「氏名」「部署」などがカラム名になります。**型情報**は Excel データベースだと数値のみ入力可能といった「入力規則」の機能に似ている機能です。**キー制約**は Excel には存在していない機能で、入力内容をさらに厳密にチェックするための機能です。

型情報　データの特性を決める

型とはスキーマ（枠組み）における、特定の情報しか受け付けないようにする制約情報のことです。RDB のスキーマに置いては、Integer（数値）、String（文字列）、Datetime（日付）といった型が頻繁に使われています。Integer であれば、数値しか入れてはいけないという制約になりますし、String であれば文字列しか入れてはいけないという制約になります。

- **数値型➡数値で表現するもの**
  Integer や Long、Double で指定される型を数値型と呼ぶ。年齢や、お金の情報は数値型の型で指定されることが一般的である。整数には **Integer**（-2,147,483,647〜2,147,483,647）、大きい整数には **Long**（-9,223,372,036,854,775,808〜9,223,372,036,854,775,807）、少数には **Double**（負の数値の範囲➡-1.79769 × 10^{308}〜-2.22507 × 10^{-308}、正の数値の範囲➡ 2.22507 × 10^{-308}〜1.79769 × 10^{308}）を使うといったルールがある。とくに RDB では容量節約のため数値を表す型が何種類も登場する[*1]

- **文字列型➡文字で表現するもの**
  String や Varchar で指定される型を文字列型と呼ぶ。ユーザーの入力フォームであったり、住所や名前を保存する時に利用されることが一般的である。余談だが、数値も文字列で表現できるのでシステムによって型がバラバラな場合もある

- **日付型➡日付や時間**
  Datetime や Timestamp で指定される型を日付型と呼ぶ。規格は ISO 8601[*2]で国際的に定められているフォーマットはあるものの強制されているものでもないのと、さまざまな日付のフォーマットが存在しているためバラバラになりやすかったりもする。また、日付型にはタイムゾーンがあり UTC（世界協定時）を基準にオフセットを付け足した形で表現される。たとえば、JST であれば、9時間の時差（オフセット）があるため日本標準時の現在時刻は UTC+0900 と表現される。JST「2018年12月31日5時00分00秒」を ISO 8601 で表現すると以下のような形になる

```
2018-12-31T05:00:00.000000+09:00
```

主キーと外部キー　RDBにおける大事な制約

RDB のスキーマには、もう一つ特徴的な制約があります。それが主キーと外部キーです。

主キー（*primary key*/プライマリーキー、PK）とは、テーブルの各行を一意（ユニーク）に識別する値が格納された単一の列または複数の列の組み合わせのことを指します。すなわち主キーを検索条件として指定することでレコードを一意に特定することが可能です。

図A.2 においては、それぞれ「feature_id」と「id」が主キーとなっています。

[*1]　たとえばMySQLの場合、Tinyint、Smallint、Mediumint、int（Integerのこと）、Bigintなど

[*2]　URL https://www.iso.org/iso-8601-date-and-time-format.html

Appendix
[ビッグデータでも役立つ] RDB基礎講座

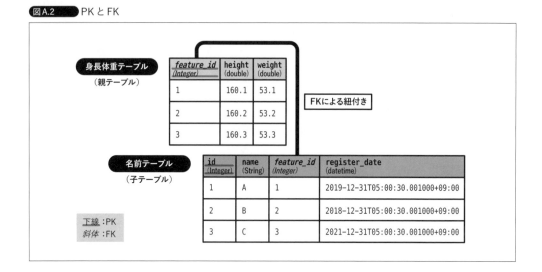

図A.2 PKとFK

　外部キー（*foreign key*／フォーリンキー、FK）とは、2つのテーブルのデータ間にリンクを確立および設定することによって、外部キーテーブルに格納できるデータに制約をするための単一の列または複数の列の組み合わせになります。また、テーブル間のリンクを確立するという特性から後述するJOIN（複数のテーブルを結合する）にもメインとして使われるキーです。 図A.2 においては、「feature_id」が外部キーとなっています。

　外部キーの観点からテーブルをみると、身長体重テーブルが親テーブルで名前テーブルが子テーブルとなります。子テーブル（名前テーブル）は親テーブル（身長体重テーブル）に存在する値しか入力ができず、格納できるデータを制約できるようになります。

　また、子テーブル（名前テーブル）に特定のfeature_idが残っている場合は、親テーブル（身長体重テーブル）から特定コードを削除することができない制約も付与できます。

SQL　データを操作する最も汎用的な技術

　SQL（*structured query language*, エスキューエル）は**構造化されたデータを探索するための言語**です。そのため、SQLは構造化データにしか適用することができません。構造データとは、ある定められた構造となるように定義されたデータのことです。ある定められた構造＝RDBでは、スキーマにあたります。SQLはいかなるシステムでもデータを操作する定番の技術要素です。学んでおいて損はない技術といえるでしょう。

　データベースには前述したとおり、検索、更新（登録／削除／更新）、制約の3つの機能があります。これらの機能の作成／利用を実現するのがSQLです。以下ではまず、基本となる構文を3つ紹介します。

- SELECT
- INSERT/UPDATE/DELETE
- CREATE TABLE（View）

SELECT（検索）　目的のデータを見つける

データベースにおける検索では、**SELECT**文が利用されます。とくに、検索のSQLを実行することを「クエリーする」ということがあります。クエリーとは「問い合わせする」ということで、SQLで検索をして必要なデータを問い合わせる行為を指しています。

では、テーブルから特定の条件を満たすレコードを検索しています。

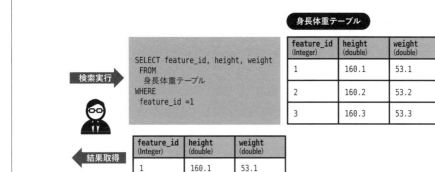

図A.3　SELECT（検索）

実行しているSQLは、身長体重テーブルからid-1のデータを抜き出して検索しています。

```
SELECT feature_id , height, weight   ←feature_id、height、weightを抜き出す
    FROM
        身長体重テーブル   ←身長体重テーブルから
WHERE
 feature_id =1   ←id-1（feature_id=1）のデータを指定して
```

SELECTは「選択する」で、FROMは「～から」WHEREは「～どこから」というイメージです。WHERE以下を「WHERE句」や「検索条件」と呼ぶこともあります。

また、複数のテーブルを結合し検索することを**JOIN**するといいます。p.331の 図A.1 では、以下のSQLを実行し「名前テーブル」と「身長体重テーブル」をそれぞれのfeature_idで結合しています。結合することによって、名前テーブルだけではわからなかった身長と体重という情報も同時に見れるようになりました。

```
SELECT * FROM 名前テーブル nm name INNER JOIN 身長体重テーブル hw ON nm.feature_id=hw.feature_id
```

副問合せ（サブクエリー） SELECT文を使用する際に、他のテーブル結果を条件にしてデータを抽

Appendix
[ビッグデータでも役立つ] RDB基礎講座

出したいことがあります。そんな時に使えるのが副問合せです。副問合せではクエリーを入れ子にしながら条件抽出を行っていきます。以下の例では、副問合せのSQLを2つ用意して、それぞれで抽出したカラム名1とカラム名2を条件としてカラム名3を取得しています。

```
SELECT サブクエリー名2."カラム名2"
FROM
  (
    SELECT サブクエリー名1."カラム名1",tbl2."カラム名2"
    FROM
      (
          SELECT "カラム名1"
          FROM "テーブル名1"
      )
      AS "サブクエリー名1","テーブル名2" as tbl2
  )
AS "サブクエリー名2"
WHERE サブクエリー名2.カラム名1 = サブクエリー名2.カラム名2
```

身長体重テーブルの副問い合わせ結果を使って名前テーブルを検索するSQLを記載してみます。

```
SELECT * FROM 名前テーブル where feature_id in (SELECT feature_id FROM 身長体重テーブル)
```

INSERT/UPDATE/DELETE（登録、更新、削除）　対象のデータを更新する

RDBは、データベースですから、登録、更新、削除についてもサポートしています。決まった構文があり、INSERT/UPDATE/DELETEと呼ばれる構文を使います。

図A.4 は、登録と、更新と削除を身長体重テーブルに対してそれぞれ実行しています。

図A.4 INSERT/UPDATE/DELETE（登録、更新、削除）

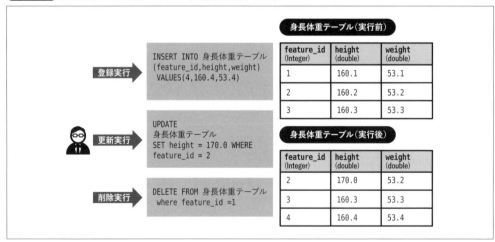

INSERTは登録を実行するSQLで、今回はfeature_idが4のレコードを登録しています。

```
INSERT INTO 身長体重テーブル (feature_id,height,weight)  VALUES(4,160.4,53.4)
```

INSERTは「挿入する」、INTOは「〜の中に（今回は名前テーブル）」、VALUESは「値」という意味です。UPDATEは更新を実行するSQLで、今回はfeature_idが2のレコードにおける身長を160.2から170.0に更新しています。

```
UPDATE
 身長体重テーブル
SET height = 170.0
WHERE
feature_id = 2
```

UPDATEは「更新する」SETは「〜を設定する」という意味です。DELETEは削除を実行するSQLで、今回はfeature_idが1のレコードを削除しています。

```
DELETE FROM 身長体重テーブル WHERE feature_id =1
```

CREATE TABLE　テーブルを作成する

RDBでは「CREATE TABLE」でテーブルを作成します。さまざまなオプションを付与可能ですが、おおよそ基本的な構文は以下のように定義されます。以下では、身長体重テーブルを作成しており、テーブルのカラムとしてfeature_id（Integer型）とheight（Double型）とweight（Double）型を持っています。そして、主キーとしてfeature_idを設定しています。

```
CREATE TABLE 身長体重テーブル(
    feature_id INT  NOT NULL,
    height DOUBLE NOT NULL ,
    weight DOUBLE NOT NULL ,
    PRIMARY KEY (feature_id));
```

CREATE View　別名を付ける

View（ビュー）は元となるテーブルから必要な情報を取得して別の名前を付けたものです。Viewを作成する時の構文が「CREATE VIEW」です。

以下の例では、身長体重テーブルからfeature_idが3の情報を抜き出し、レコードに 'view' を付けたものを身長体重_ビューとして定義する構文です。

```
CREATE VIEW 身長体重_ビュー AS SELECT feature_id, height,  weight, 'view' FROM 身長体重テーブル WHERE
feature_id = 3;
```

このビューを以下のSQLで検索すると（*はすべてのカラムを意味する）、「3」「160.3」「53.3」「view」が返却されます。必要な情報をシンプルに取り出せるようにするのがビューの役割です。

```
SELECT * FROM 身長体重_ビュー
```

┃トランザクション　同時実行性を解決する

RDBでは、Excelデータベースでは制御することが難しかった同時実行性の問題を解決する「トラ

Appendix
[ビッグデータでも役立つ] RDB基礎講座

ンザクション」というしくみを持っています。**トランザクション**（*transaction*）とは、複数のSQL文によるデータ更新を1つの処理としてまとめてデータベースに反映（確定）させることです。

トランザクションによる恩恵を理解するためには、やはり身近な例を使って考えてみるのが一番です。たとえば、トランザクションを適用していない場合の預金の振替処理を考えると、以下のように2回UPDATE文を実行する必要があります。

❶口座Aから1万円を引き落とす（残高が減る）➡ここで一度UPDATEを適用し確定

❷口座Bに1万円を振り込む（残高が増える）➡ここで一度UPDATEを適用し確定

❶のみがデータベースに反映されると、一時的にデータベース全体としてデータが不整合な状態になりますし、❶の実行が終わった後に何かしらのトラブルが発生し処理が止まってしまった場合は残高が1万円だけ減ってしまう事態が発生します。また❶の時点で対象のテーブルにクエリーする（検索SQLを使った残高照会のような処理だと考えてみてください）と1万円減った状態で表示されます。しかし、トランザクションの機能を使えば、これらの処理を同時に実行できます。

トランザクションを適用した場合の預金の振替処理を考えると、

❶トランザクションの生成（BEGIN）

❷口座Aから1万円を引き落とす（残高が減る）➡ここで一度UPDATEを適用（変更内容は一時的にメモリー（やディスク）に退避）

❸口座Bに1万円を振り込む（残高が増える）、➡ここで一度UPDATEを適用（変更内容は一時的にメモリー（やディスク）に退避）

❹トランザクションの終了（❷❸のUPDATEした内容を確定しデータベースに反映する、COMMITまたはROLLBACK）

のように処理できます。トランザクションがある場合は、❷の状態で処理が失敗したとしても、変更を一時的に退避している状況ですから、その退避した内容を破棄すれば[3]問題ありませんし、正常に終了したのであれば処理を確定する[4]ことで正常な状態を保つことが可能です。また❷の時点で、トランザクション処理以外の場所から対象のテーブルにクエリーする[5]と変更されていない状態（残高はそのままの状態）で表示されます。

インデックス　検索性能を向上させる

インデックス（*index*）とは、データベースの**検索**性能を向上させる方法の一つです。インデックスは特定のカラム値を並び替えたり整理することでレコードを素早く見つけるために利用します。

インデックスがない場合、多くのRDBでは関連する行を上から順番に走査し必要なデータを見つ

＊3　トランザクション中の処理結果をなかったことにすることをROLLBACK（ロールバック）といいます。

＊4　トランザクション中の処理結果を反映させることをCOMMIT（コミット）と呼びます。

＊5　検索SQLを使った残高照会のような処理だと考えてみてください。

ける必要があります。一番下に関連するデータが存在する場合はデータの取得までに多くの時間を浪費することになりますし、テーブルの件数が多くなればなるほど浪費する時間は長くなります。

そこで、効率の良いデータの探し方を考えなければならなくなりインデックスが登場します。感覚として掴んでいただきたいのですが、**図A.5** はインデックスがある場合とそうでない場合のイメージを示したものです。たとえば「8」を探したいときにインデックスがない場合は、順番に（1、9、5、10…）データを走査していく必要があり、12回めでデータを見つけることが可能です。

インデックスパターン1のインデックスは数値を3つの区画に分割しそれぞれの区画で数値を並び替えています。この場合は、まずどの区画に存在するかをチェックすると2回めで対象の区画を見つけることができます。そして、そこからデータを順番に走査することで3回めでデータを見つけることができるので合計5回のチェックで8を見つけることが可能です。

インデックスパターン2のインデックスは、4で割り算した場合の余りの値ごとに分割した場合です。この場合は、まず8を見つける場合は8をルールに従い、4で割った余りが0であることがわかります（1回）。そして、余りが0の区画から順番に見つけると2回めで8にたどり着くことができるので、合計3回のチェックで8を見つけることが可能です。

このように、インデックスの有無やその種類、方法によって検索速度は数倍も違うことがあります。

図A.5 インデックスイメージ

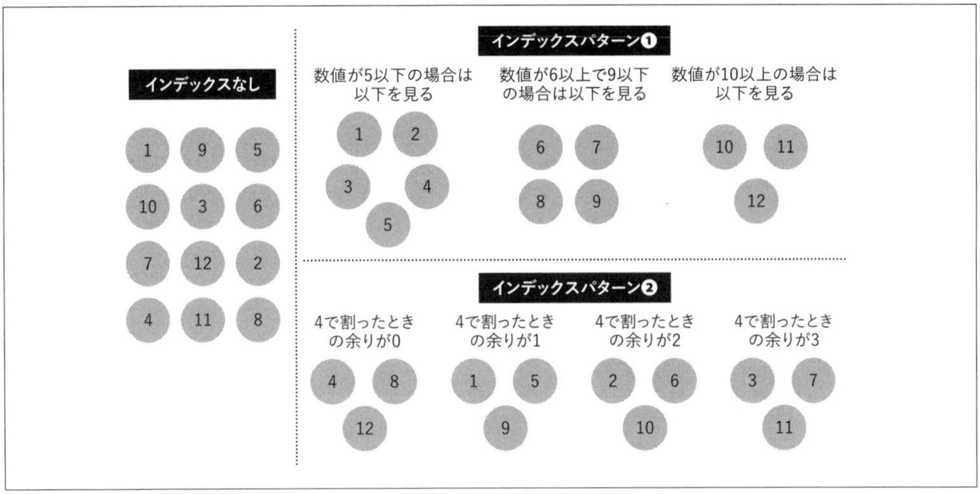

インデックスの作成方法はクエリーエンジンや保存するデータにより様々で、多くはユーザーは意識せずとも数行のコマンドを発行するだけで使えるようになっています。

たとえば、MySQLでインデックスを作成するときは以下のインデックス作成コマンドで作成を行います。以下のコマンドでは、名前テーブルにおけるnameカラムに対してindex01という名前のインデックスを作成しています。インデックス作成は、とくに名前テーブルに限られたものではなく、好きなテーブルの好きなカラムに付与できます。

Appendix

[ビッグデータでも役立つ] RDB基礎講座

```
ALTER TABLE 名前 ADD INDEX index01(name);
```

最後に、インデックスを作成すれば、常に速度の向上が期待できるわけではありません。以下のような場合はインデックスを作成しないほうが速い場合もあります。あくまで、検索性能を向上させるのがインデックスということを忘れないようにしましょう。

- テーブルが小さく将来的にも増える予定がない
- 頻繁に更新(登録/更新/削除)が行われる
- WHERE句の条件として指定されないもの
- カーディナリティの低いもの(値がどれだけバラけているかの指標)

インデックスが想定どおりに設定されているかどうかは、**Explain**(6.4節)を使って調査をすることが可能です。ExplainとはSQLがどのように判断してSQLを実行したかという情報で、インデックスを利用しているかどうかの情報も提供してくれます。

なお、主キーには自動的にインデックスが割り当てられています。

代表的なRDB　概念理解が大事

RDBの機能を提供する主要製品は、さまざまな種類があります。機能としての違いはたしかにあるのですが、ほとんどの製品は同じ機能を有しています。ただし、製品ごとに使う用語が違うため実質的には同じことを表していても、用語の違いで別物に見えてしまうことが大半です。そのため細かな機能の違いよりも、ここまで紹介した概念や用語が何を意味するか、その背景の理解が重要であることを心に留めていただければと思います。代表的なRDBとして以下が挙げられます。本章で紹介するSQLはMySQLの構文を使用しています。

- **Oracle**　URL https://www.oracle.com/jp/database/
- **MySQL**　URL https://www.mysql.com
- **PostgreSQL**　URL https://www.postgresql.org
- **SQL Server**　URL https://www.microsoft.com/ja-jp/sql-server/

クエリーエンジン　SQLを動かすソフトウェアやミドルウェア

クエリーエンジンとは、SQLを動かすソフトウェアやミドルウェアのことを指します。エンジンとは、物を動かす動力源のことです。RDBもクエリーエンジンでMySQLもクエリーエンジンですし、SQL Serverもクエリーエンジンと呼ぶことが可能です。

ITの分野でエンジンは、「Web検索エンジン」(GoogleやYahooなど)のように、物事を実行する内部のソフトウェアやミドルウェアのことを指す傾向があります。そこで、「クエリー(SQL)を動かす」ということから、クエリーエンジンと呼ばれています。

340

A.3 RDBにおけるアーキテクチャ
RDBの設計

　RDBでは、運用/保守性の向上を目的としてテーブルの設計作業を行います。その設計作業のことを「データアーキテクト」と呼び、RDBでは「正規化」と呼ばれる作業を行います。
　そして、できあがったテーブルの設計を「データアーキテクチャ」と呼び、データアーキテクチャを表現する方法として、RDBでは「ER図」がよく使われます。

アーキテクチャとは何か　構成を考える

　アーキテクチャとは日本語だと「構造」と表現されます。システムにおけるアーキテクチャに2つの側面があります。

- システムの構成を表す
- データの保存方法を表す

　システムの構成はとくに「システムアーキテクチャ」と呼ばれ、システム同士の関係やデータのやり取りを規定します。データの保存方法を表すときはとくに「データアキテクチャ」と呼ばれ、ER図作成などのデータアーキテクト作業を通してRDBにおけるデータの保持方法を規定します。

データアーキテクトとデータアーキテクチャ　データの保持方法と表現方法

　データアーキテクトとはデータの保存方法や表現方法を設計することです。またデータアーキテクチャは、データアーキテクトによる成果物のことです。
　RDBの世界では、データアーキテクトを行うときには「正規化」と呼ばれる考えを表形式のテーブル設計に適用し、その結果をER図として表現することが一般的です。

正規化と正規型　データの保存方法の整理

　正規化（*normalization*）とは、テーブル設計においてデータの重複をなくしたり、整理をすることによって効率的にデータを扱うようにデータを保存することです。単純に言い換えると「ルールに従ったしっかりとした形になっているかどうか」を規定するものです。また、正規型とは非正規型のテーブルに対して正規化の規則を適用した後の形のことを指します。
　正規化にはレベルが設定されており、第1～第5正規化まで存在しています。しかし、多くのRDBを利用するアプリケーションでは、第3正規化までを理解しておけば問題ないでしょう。

A Appendix
[ビッグデータでも役立つ] RDB基礎講座

RDBの制約などにとらわれると、少し正規化は理解しづらいものとなってしまいますので、ここからは一度、RDBの制約やルールなどは横に置いて、Excelのようなただの表形式を例に非正規型から正規化を通して正規型にするまでの流れを見てみましょう。

非正規型 横方向にカラムが増えていく

正規化作業の説明を行う前に、まずは非正規化の状態について定義をしていこうと思います。**図A.6** では、ユーザーの商品購入履歴をテーブルとして表現したものです。「購入者」「よみがな」「購入日時」「購入品1」「購入品2」「店舗名」「店舗タイプ」を含んでいます。このように、同じような値が複数回登場するものを**非正規型**といいます[6]。この非正規型テーブルの場合は、同時に購入する商品が増えるにあたってカラムを増やして行く形になります。

図A.6 非正規形

購入者	よみがな	購入日時	購入品1	購入品2	店舗名	店舗タイプ
斎藤 友樹	さいとう ゆうき	11/11 11:00	プリン	餃子	戸塚	店舗型
田中 太郎	たなか たろう	11/11 11:00	ポテト チップス	プリン	ネット	ネットスーパー
鈴木 太郎	すずき たろう	11/11 11:00	歌舞伎揚げ		熱海	店舗型
佐藤 太郎	さとう たろう	11/11 11:00	焼肉弁当		ネット	ネットスーパー

RDBは表形式なのでレコードの追加は得意ですが、カラムの追加は苦手です。そこで同時に購入する商品が増えても、カラムを増やさなくて済むようにします。そこで行うのが第1正規化です。

第1正規化 横方向のカラム整理

第1正規化(*first normal form*)とは、主に横方向へ増え続けるカラムを整理していくことです。RDBはレコードの追加が得意であるため、正規化を通して縦方向にデータを追加できる形に変更していきます。具体的には「購入品2」をいかに削除するかを考える問題となります。

図A.7 では、上記の「購入品2」を削除し、「購入品」に統一してレコードを組み直し、第1正規化を行っています。これで、横方向のカラムを整理して、縦方向にデータを保持できるようになりました。

---

[6] 非正規型は説明によっては、「複数回登場する」を1レコードで複数の情報を含む「繰り返し」と呼ばれる方法で表現される場合もありますが、意味は同じです。

図A.7 第1正規化

購入者	よみがな	購入日時	購入品	店舗名	店舗タイプ
斎藤 友樹	さいとう ゆうき	11/11 11:00	プリン	戸塚	店舗型
斎藤 友樹	さいとう ゆうき	11/11 11:00	餃子	戸塚	店舗型
田中 太郎	たなか たろう	11/11 11:00	ポテトチップス	ネット	ネットスーパー
田中 太郎	たなか たろう	11/11 11:00	プリン	ネット	ネットスーパー
鈴木 太郎	すずき たろう	11/11 11:00	歌舞伎揚げ	熱海	店舗型
佐藤 太郎	さとう たろう	11/11 11:00	焼肉弁当	ネット	ネットスーパー

第2正規化　主キー属性における従属関係の分離

第2正規化（*second normal form*）とは、主キー属性と従属関係にあるデータの分離となります。従属関係はレコードを一意に定める要素と、それ以外の項目（**非キー属性**）との関係を指します。

先ほどの第1正規化で利用したテーブルの従属関係について 図A.8 にまとめました。

図A.8 従属関係

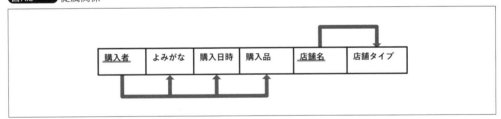

図A.8 では、購入者（主キー属性）に対して、非キー属性である「よみがな」「購入日時」「購入品」、店舗名に対して、非キー属性である「店舗タイプ」の項目がそれぞれ従属関係にあります。

第1正規化まで完了しましたが、データ管理の観点からはまだまだ不十分です。たとえば、店舗名が途中で変更になったときに複数のレコードを更新しなければならないため不整合が生じる場合があります。これは、店舗名や購入者といった独立した情報を同一のレコードとして管理しているためです。

第2正規化は従属関係にあるデータの分離ですから、それぞれの従属関係にあるカラムをそれぞれ分離していきます。独立可能なデータを整理するために、従属関係を分離してみましょう。

図A.9 では、従属関係にあったテーブルをそれぞれ「購入者テーブル」「店舗テーブル」に分離を行っています。分離を行う際に店舗IDを付与することによって、店舗名の更新があった際でも複数レコードを更新しないように設計しています。これで、いずれのテーブルでも非キー属性は主キー属性に従属している形になります。

A Appendix
[ビッグデータでも役立つ] RDB基礎講座

図A.9 第2正規化

購入者テーブル

購入者	よみがな	購入日時	購入品	店舗ID
斎藤 友樹	さいとう ゆうき	11/11 11:00	プリン	1
斎藤 友樹	さいとう ゆうき	11/11 11:00	餃子	1
田中 太郎	たなか たろう	11/11 11:00	ポテト チップス	a
田中 太郎	たなか たろう	11/11 11:00	プリン	a
鈴木 太郎	すずき たろう	11/11 11:00	歌舞伎揚げ	2
佐藤 太郎	さとう たろう	11/11 11:00	焼肉弁当	a

店舗テーブル

店舗ID	店舗名	店舗タイプ
1	戸塚	店舗型
2	熱海	店舗型
a	ネット	ネットスーパー

第3正規化　非キー属性における従属関係の分離

　第3正規化(*third normal form*)とは、すべての非キー属性についても従属関係の分離を行っていく作業のことです。

　第2正規化まで完了したのですが、まだ十分とはいえません。たとえば、購入者が購入した購入品の名称が変わった場合、やはり複数のレコードを更新する必要が出てきてしまいます。そこで、第3正規化を行い非キー属性についても従属関係の分離を行っていきましょう。

　図A.10 では、非キー属性である、購入品と店舗タイプの分離を行い、それぞれ「商品テーブル」と「店舗タイプテーブル」に分離を行いました。また、商品テーブルには商品IDを、店舗タイプテーブルには店舗タイプIDを付与し、更新があった時でも複数レコード更新しないようにしていきます。

図A.10 第3正規化

購入者テーブル

購入者	よみがな	購入日時	商品ID	店舗ID
斎藤 友樹	さいとう ゆうき	11/11 11:00	s1	1
斎藤 友樹	さいとう ゆうき	11/11 11:00	s2	1
田中 太郎	たなか たろう	11/11 11:00	s3	a
田中 太郎	たなか たろう	11/11 11:00	s1	a
鈴木 太郎	すずき たろう	11/11 11:00	s4	2
佐藤 太郎	さとう たろう	11/11 11:00	s5	a

商品テーブル

商品ID	商品
s1	プリン
s2	餃子
s3	ポテト チップス
s4	歌舞伎揚げ
s5	焼肉弁当

店舗タイプテーブル

店舗タイプID	店舗タイプ
a1	店舗型
a2	ネット スーパー

店舗テーブル

店舗ID	店舗名	店舗タイプID
1	戸塚	a1
2	熱海	a1
a	ネット	a2

正規化のメリットとデメリット　手順に囚われすぎないようにしよう

正規化の作業を通じて、データの冗長性が軽減され、整合的に管理できるようになっていく過程が掴めたでしょうか。ここで一度正規化を行うメリットについてまとめてみましょう。

- **メリット➡汎用性のアップ**
  データが整理されることで、他システムとの連携や移行などが行いやすくなる
- **デメリット➡検索のパフォーマンスが低下する場合がある**

整理しすぎると（正規化しすぎると）、条件により目的のものを取り出しづらくなってしまうケースが発生します。そのため速度重視の場合は、あえて正規化を行わ（もしくは、第1正規形で止めるなど）ないこともあります。

細かく行えば、今回紹介した事例もまだまだ正規化の作業は行う余地はあるのですが、実際のシステム開発ではシステムの都合や検索の効率を考えて、あえて正規化の段階を途中で止めることもあります。手順やルールにこだわりすぎることはせず、柔軟に設計をできるように目指していきましょう。

ER図　データやテーブルの表現方法

ER図は「Entitiy and Relationship」のことで、現実世界のエンティティ（物）同士のリレーション（関係）を示した図です。RDBにおけるER図は、正規化を通して増えてきたテーブルを効率良く管理するための手法として用いられることが多いです。しかし、それはER図の一部の側面で、現実世界の状況をいかに表すかという点が重要です。

たとえば、商品という「エンティティ」と、人という「エンティティ」の「リレーション」を考えてみると、

- **製造工場と商品**
- **発案者と商品**
- **購入者と商品**

のように、それぞれの立場から関係を考えることができます。

とくにRDBで用いられるER図では関係の間の数に注目します。たとえば、製造工場と商品は1対多（1つの工場でいくつもの商品を製造する）ですが、発案者との関係は1対1、購入者と商品だと多対多と考えることが可能です。これらの事象をER図で表すと **図A.11** のように表現できます。

Appendix
[ビッグデータでも役立つ] RDB基礎講座

図A.11 エンティティとリレーションシップ

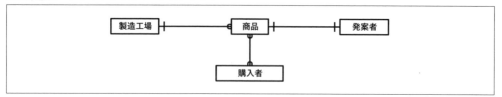

図A.11 では「製造工場」「商品」「購入者」「発案者」をER図を用いて記載しています。また、数の表現にはIE記法を用いています。IE（*Information engineering*）記法では、

- ○ → 0を表す
- | → 1を表す
- 鳥の足（三本線の足のつま先 **図A.11**）

を用いて表現します。単体でも使うことができますが、組み合わせて使うことも可能です。たとえば、単体であれば「○」は0件を表し、「○|」だと0か1件を表します。

Column

RDBにおける障害対策　冗長化の基本的な考え

障害対策はDR（*Disaster recovery*）とも呼ばれ、万が一の故障に備えて準備をしていくものです。RDBにおける障害対策は冗長化です。冗長化とはサーバーやデータのコピーを複数用意することで、一方が破壊されてももう一方で稼働ができるようにする（もしくは、できる限り早く復旧する）ことを指します。冗長化には以下の2つのパターンが存在します。

- サーバーの冗長化（プライマリー/レプリカ方式）
- データの冗長化（バックアップなど）

サーバーの冗長化では、プライマリー/レプリカ方式と呼ばれる方式が使われます。プライマリーとレプリカの間はネットワークを通して同期されており、プライマリーに適用された変更（たとえばUPDATE文による変更など）を常時プライマリー/レプリカ間で同期します。
そして、プライマリーが故障した際にはレプリカをプライマリーとして扱うことによって1台が壊れてもシステムを継続できるようにします。データの冗長化では、更に最悪のシナリオを想定します。今回の場合はサーバーが2台とも故障してしまった場合などです。その際にシステムの継続は不能になりますが、それとともにRDBに保存されたデータまでも同時に失っては困ります。そこで、データのバックアップを取得しRDBのサーバーとは別の領域に保存しておくことで有事の際にバックアップから復旧を行います。
RDBの冗長化自体はクラウドサービスの出現によって意識する機会は減りました。しかし、冗長化という考え方は、RDBに限らず規模を変え、場所を変え（たとえば、日本と北米で冗長化する。Excelファイルをコピーして冗長化するなど）いかなるところでも通ずる考え方です。

先ほど正規化した第3正規形をER図を用いて表現してみると 図A.12 のようになります。

- 購入者テーブルと商品テーブルの間では購入者と商品が多対多
- 購入者テーブルと商品テーブルの間では商品IDが多対1
- 店舗タイプテーブルと店舗テーブルの間では店舗タイプIDが1対多
- 購入者テーブルと店舗テーブルの間では店舗IDが多対1

図A.12　エンティティとリレーションシップ

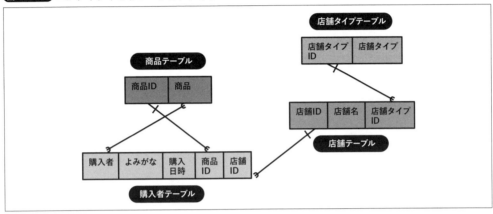

A.4 Appendixのまとめ

　Appendixでは、RDBの基本概念と用語について解説を行いました。今やRDBはいかなるシステムに関わる際にも必要となるほどの重要な前提知識となりました。それはビッグデータシステムでも同じです。RDBはさまざまなシステムで利用されていますが、ビッグデータという領域から見た場合に、数百人単位の利用には向いていなかったり、保存できるデータが少なかったり、時に何兆というレコードを処理するには性能の限界があります。本書では、区別のため規模には関係なくデータ分析向けではないシステムのことをスモールデータシステムと呼び、分析用のシステムのことをビッグデータシステムと呼んでいます。しかし、ビッグデータシステムもRDBと完全に別物となったわけではなく、ビッグデータを扱うプロダクト（本書だとApach HiveやMPPDBなど）はRDBの延長線にいるものがたくさんあります。ここで解説したような基本を理解し、このAppendixと本編を対比してみるとおもしろい発見があるかもしれません。p.327の 表A.A に本文解説とAppendixの比較ポイントをまとめましたので、必要に応じて参考にしてみてください。

索引

アルファベット

A/Bテスト 147
Amaozn S3　➡S3
API 9, 51, 80, 138
Athena 112
Avro 28, 79, 163, 249
AWS 24
Azure 24
BIツール 4, 13, 51, 77, 178
BigQuery 69, 77
Bigtable 7
CI/CD 16
CLI 16, 137, 146
Cloud Storage 69
CSF 284
CSV 20
Datadog 286
DataOps 41
Dataproc 132
Deequ 63
DIKWモデル 230
DR 326
DWH 7, 69
DX 33
DynamoDB 7
ELT 54
Embulk 137
EMR 132
ER図 345
ETL 7, 50, 54, 55
Excel 328
Explain 239
Firestore 7
FK 334
GAパターン 98
Google Cloud 24
GUI 51, 75
Hadoop 23, 29, 128, 130
Hive 23, 143
IAM 190, 192
Iceberg 167
if-then 268
IKEA 27

JOIN 238
JSON 20
Jupyter Notebook 68, 182
Kafka 23
KGI 284
KPI 17, 284
Kubernetes 31, 128, 133
KVS 7
Macie 100
MongoDB 7
MPPDB 30, 128, 133
NoSQL　➡KVS参照
OpenStreetMap 9
ORC 79
pandas 30
Parquet 28, 78, 163
PDCA 283
PII 33
PK 333
PostgreSQL 180
Presto 180
PySpark 14
Pytest 14
RDB 7, 330
Redshift 69, 77
S3 ....7, 69, 112
SaaS型 87, 128, 134
SageMaker 66
SLA 118
SLO 17, 118, 287
SoE 4, 21
SoI 4
SoR 4, 21
Spark 14, 23, 30, 66, 142
Spark Structured Streaming 145
SPOF 99
SQL 51, 331, 334
SSD 169
SSoT 92
Trino 180
TSV 20
UUID 250
Vertex AI 66

カナ

アウトサイドイン 276
アクセスキー 124
アクセス制御 105
アクセスレイヤー
 ....5, 44, 51, 75, 87, 178
アクセスログ 124, 239
圧縮形式 166
アドホック 23
暗号化 50, 59
一貫性 259
イベントドリブン 50, 53, 141
インサイドアウト 276
インターナルコンシステンシー ...267
インデックス 338
エクスターナルコンシステンシー
267
オブジェクトストレージ 7, 168
オープンテーブルフォーマット
 ....172, 243
オペレーショナルメタデータ 207
オンライン推論ション 65
可視化 13
型 333
カーディナリティ 213
カラム 7, 332
監査ログ 124, 239
完全性 259
機械学習 13
行指向フォーマット 162
クエリーエンジン 340
クォレンティーンゾーン 72
クラウド 23
クラスター 22, 28, 108, 130
クロスアカウント 79
件数チェック 267
構造データ 20
個人識別情報 33
コーディネーションサービス 193
コールドストレージ 111
ゴールドゾーン 71
コマンドライン 16
コモディティ化 28

348

索引

コレクティングレイヤー	
...........5, 44, 49, 52, 87, 135	
コンシステンシー 214	
コンセンサスアルゴリズム............28	
コンプリートネス 216	
サイロ化 35	
サマリー化 111	
サロゲートキー 236	
辞書 267	
シングルノード 22	
スイスチーズモデル 272	
スキーマ 20, 331, 332	
スキーマエボリューション.......173	
スキーマオンライト 77	
スキーマオンリード...............51, 77	
スキーマ設計 235	
スキーマテスト 272	
スケールアウト/スケールアップ....29	
スタースキーマ 236	
ステージングゾーン 54, 71	
ストリーミング	
................50, 51, 52, 138, 247	
ストレージレイヤー.....5, 44, 50, 87	
スプリッタブル 166	
スモールデータシステム 21	
正確性 258	
正規化 341	
セマンティックレイヤー...........83	
セルフサービスモデル 42, 91	
セレクティビティ 213	
ゼロコントロール 268	
漸次的 70	
ゾーン 95	
ゾーン管理 70	
タイムトラベル 173	
タイムラインネス 267	
タグ 95	
ダッシュボード 178	
単体テスト 14	
中間テーブル 234	
デカップリング............23, 106, 131	
適時性 259	
テクニカルメタデータ 206	
データアーキテクチャ 222, 341	
データアナリスト 37	
データウェアハウス	
..................26, 27, 94, 234	

データエンジニア 36	
データエンリッチング............58, 79	
データカタログ 219	
データクラウド 94	
データクレンジング 57	
データサイエンティスト...............37	
データスキューネス 171	
データスチュワード 39	
データストラクチャリング...........57	
データソース 36, 44	
データディスカバリーツール......112	
データ転送 146	
データドリブン 47, 282	
データバーチャライゼーション....115	
データパイプライン 36, 155, 315	
データ品質 50, 63, 113	
データ品質管理の三原則...........254	
データフレーム...............................14	
データプロファイリング 205, 210	
データ分析基盤......2, 4, 21, 44	
データベース................................328	
データマート.............26, 27, 94, 233	
データメッシュ 95	
データモデル................................225	
データラングリング..........50, 55, 59	
データリダンダンシー 218	
データレイク 7, 26, 69, 94	
テーブル 7, 101, 332	
デンシティNull 214	
テンポラリーゾーン 72, 77	
匿名化 50, 59	
トランザクション 172, 173, 337	
難読化 50, 59	
ノートブック.........................68, 181	
ハイブリット構成 114	
バージョニング 104	
パターンマッチ 267	
パーティション 102	
ハッシュ化 60	
バッチ 50, 52	
バッチ推論 65	
バリディティレベル 219	
半角空き/Nullチェック 267	
半構造データ 20	
非構造データ 20	
ビジネスアナリスト 39	
ビジネスメタデータ 205	

非正規化 237	
ビッグデータ 327	
ファイル連携 78	
フィジカルSSoT 93	
フェデレーション 115	
フォーマット 217	
フォーマットフリークエンシー....217	
フリークエンシーアクセス 219	
プレゼンテーションデータ.....66, 174	
プレゼンテーションデータストア....72	
プロセシングレイヤー	
............5, 44, 50, 55, 87, 142	
プロセスデータ 66	
プロダクトストレージ 168	
プロバナンス 206, 221	
プロビジョニング...........50, 52, 140	
プロビジョニングパターン 99	
分散メッセージングシステム	
...................51, 81, 139, 145	
ヘッドレスBI 12, 85	
マスターデータ管理 69	
マルチノード 22	
メタデータ	
.........27, 50, 63, 66, 113, 200	
メタデータストア...............74, 311	
モダンデータスタック 135	
モデリング 180	
モデル 50, 63, 65, 142	
有効性 259	
ユーザー 44	
ユニーク性 259, 267	
ライフサイクル管理...........70, 109	
リネージュ 206, 221	
リバースETL 66	
履歴テーブル 243	
レイショーコントロール 268	
レコード 7, 332	
レコメンド 21	
列指向フォーマット...........162, 238	
レンジ 217, 267	
ロケーション 101	
ロジカルSSoT 93	
ローゾーン 54, 71	
ローデータ 7	
ローンチ 17	
ワークフローエンジン 155	

349

●著者略歴

斎藤 友樹 Saito Yuki

SIerで官公庁、年金、広告などのシステムの要件定義〜保守運用まで、SEやマネージャーとしてフロントエンド〜サーバーサイドまでひととおり経験。現在は、事業会社にてビッグデータ分析に関するシステムの構築、蓄積したデータの活用を行う仕事に従事している。直近では利用者が数千万を超える環境で、ストリーミングデータの処理や一日あたり5000超のETLジョブを捌くデータ分析基盤のアーキテクチャ設計やデータ活用のためのしくみ作りを担当。また、AWSなどのパブリッククラウドイベントの登壇などを通して積極的に情報発信を行っている。

装丁・本文デザイン	西岡 裕二
図版	さいとう 歩美
DTP	酒徳 葉子（技術評論社）

改訂新版
[エンジニアのための]データ分析基盤入門〈基本編〉
データ活用を促進する! プラットフォーム&データ品質の考え方

2022年 3月 8日 初　版　第1刷発行
2024年 11月 16日 第2版　第1刷発行

著者	斎藤 友樹
発行者	片岡 巌
発行所	株式会社技術評論社 東京都新宿区市谷左内町21-13 電話 03-3513-6150 販売促進部 　　 03-3513-6177 第5編集部
印刷／製本	昭和情報プロセス株式会社

- 本書の一部または全部を著作権法の定める範囲を超え、無断で複写、複製、転載、あるいはファイルに落とすことを禁じます。
- 造本には細心の注意を払っておりますが、万一、乱丁（ページの乱れ）や落丁（ページの抜け）がございましたら、小社販売促進部までお送りください。送料小社負担にてお取り替えいたします。

©2024 Yuki Saito
ISBN 978-4-297-14563-7 C3055
Printed in Japan

> ●お問い合わせについて
> 本書に関するご質問は記載内容についてのみとさせていただきます。本書の内容以外のご質問には一切応じられませんのであらかじめご了承ください。なお、お電話でのご質問は受け付けておりませんので、書面または小社Webサイトのお問い合わせフォームをご利用ください。
>
> 〒162-0846
> 東京都新宿区市谷左内町21-13
> ㈱技術評論社
> 『改訂新版［エンジニアのための］データ分析基盤入門』〈基本編〉係
> URL https://gihyo.jp/book（技術評論社Webサイト）
>
> ご質問の際に記載いただいた個人情報は回答以外の目的に使用することはありません。使用後は速やかに個人情報を廃棄します。